Was steht in diesem Buch?

Die Themen dieses Buches decken den Lehrplan der Klassenstufen 12 und 13 des Grundkurses Biologie in Baden-Württemberg ab und bieten selbst für den Leistungskurs das Grundlagenmaterial. Darüber hinaus ergänzen und erweitern spezielle Themenhefte für den Leistungskurs die jeweilige Thematik.

Die *Grundlagen der Vererbung* stehen am Anfang. Hier wird geklärt, auf welche Weise genetische Information von den Lebewesen auf ihre Nachkommen vererbt wird. Es wird untersucht, ob die Vererbungsregeln auch für den Menschen gelten.

Die *Molekulargenetik* erforscht auf molekularer Ebene die Speicherung und Weitergabe genetischer Information. Die *Gentechnik* ist die Umsetzung der Forschungsergebnisse in neue Technologien.

Eng verwandt mit molekularbiologischen Arbeitstechniken ist die Forschung im Bereich der *Immunbiologie*. Sie stößt auf großes Interesse, da es meist direkt um die Gesundheit des Menschen geht.

Das Thema *Nerven, Sinne und Hormone* ist Ihnen aus Klassenstufe 10 bekannt. Durch intensive physiologische Untersuchungen konnten zahlreiche Funktionsmechanismen aufgeklärt werden, wodurch das Kapitel in den Klassenstufen 12/13 ganz neue Aspekte erhält.

Die Fachrichtung *Evolution* liefert die übergeordnete Theorie der Biologie — und nicht nur der Biologie. Alle naturwissenschaftlichen Phänomene sollten auf die Frage untersucht werden: „Wie ist das entstanden?" Daraus ergibt sich ein deutlich umfassenderes Verständnis der Sachverhalte.

Abschließend werden einige Aspekte der *Verhaltensbiologie*, der *Ethologie*, erarbeitet. Zur Erklärung und zum Verständnis zahlreicher Verhaltenselemente werden die Grundlagen der vorangehenden Kapitel benötigt.

Wie Sie sicher in der Klassenstufe 11 schon erlebt haben, wird in der Oberstufe von Ihnen mehr und mehr selbständiges Arbeiten verlangt. Das bedeutet unter anderem, daß Sie aufgefordert werden, sich alleine ein Wissen über Sachverhalte und Zusammenhänge zu erarbeiten. Dazu verwenden Sie u. a. Informationen aus dem Schulbuch, aus Lexika oder aus spezieller Literatur zum Thema. Sie benützen die Ergebnisse von selbst durchgeführten Versuchen für Ihre Folgerungen oder Sie erhalten Informationen über Versuche, die schwieriger und langwieriger in ihrer Durchführung sind, und lösen mit diesen vorgelegten Versuchsergebnissen ein gestelltes Problem.

Natura 12 /13 Baden-Württemberg ist so aufgebaut, daß es diesen Anforderungen in vielfältiger Weise gerecht wird. Durch eine spezielle Seitengestaltung werden die oben angesprochenen Arbeitsweisen leicht zugänglich:

Informationsseiten: Hier wird die grundlegende Information zu einem Thema geliefert. Durch zahlreiche Abbildungen werden schwierige Sachverhalte durchschaubar. Mit kurzen Aufgaben zum Text können Sie Ihr Wissen und Verständnis überprüfen.

Lexikonseiten: Diese Seiten bieten eine Fülle von zusätzlicher Information, die das bisher Gelernte in einen größeren Zusammenhang stellen und damit überschaubarer machen. Es werden Bereiche angeschnitten, die nicht direkt im Lehrplan vorgesehen sind. Diese Seiten regen zum Weiterlesen an.

Materialseiten: Auf ihnen befinden sich umfangreiche Informationen zu einem Thema und dazugehörige Aufgaben. Sie sind an den Anforderungen der gymnasialen Oberstufe orientiert und deshalb umfangreicher als die Aufgaben der Informationsseiten. Weiterhin erfordern sie eine intensive Auseinandersetzung mit dem dargebotenen Material und den zugehörigen Informationsseiten.

Praktikumsseiten: Sie finden hier Anleitungen zu Versuchen, die Sie selbst durchführen können. Für gute Auswertungen sind sauberes Arbeiten und ausführliche Protokolle unerläßlich.

Experimente im Unterricht

Eine Naturwissenschaft wie Biologie ist ohne Experimente nicht denkbar. Experimentieren mit Chemikalien ist jedoch nie völlig gefahrlos. Deswegen ist es wichtig, vor jedem Versuch mit dem Lehrer die möglichen Gefahrenquellen zu besprechen. Insbesondere müssen immer wieder die im Labor selbstverständlichen Verhaltensregeln beachtet werden, wie sie z. B. in den „Merkblättern für den naturwissenschaftlichen Unterricht" vom Landesinstitut für Erziehung und Unterricht (LEU) festgelegt sind. Die Vorsichtsmaßnahmen richten sich nach der Gefahr durch die jeweils verwendeten Stoffe. Daher sind in jeder Versuchsanleitung die verwendeten Chemikalien mit den Symbolen der Gefahrenbezeichnung gekennzeichnet, die ebenfalls auf den Etiketten der Vorratsflaschen angegeben sind. Dabei bedeuten:

C = ätzend

F = leichtentzündlich

X_i = reizend

X_n = gesundheitsschädlich

Chemikalien mit höherem Gefahrenpotential sollen bei Schülerversuchen nicht zur Verwendung kommen.

Inhaltsverzeichnis

Zellbiologische Grundlagen der Vererbung

Molekulargenetik

Immunbiologie

Nerven, Sinne und Hormone

Evolution

Verhaltensbiologie

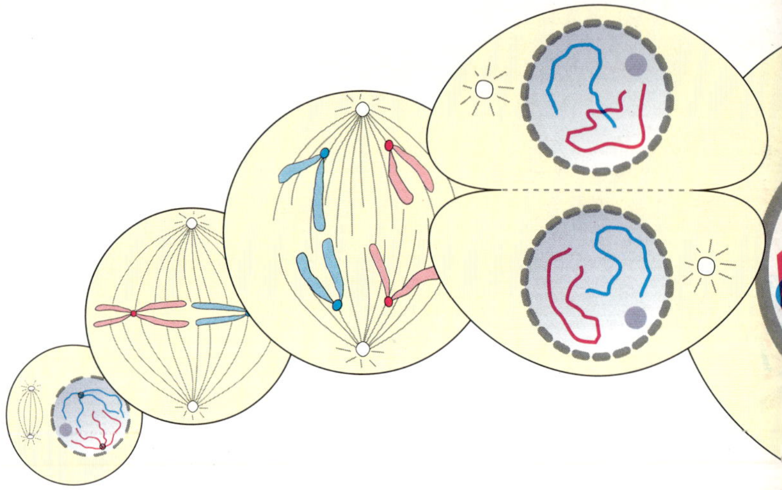

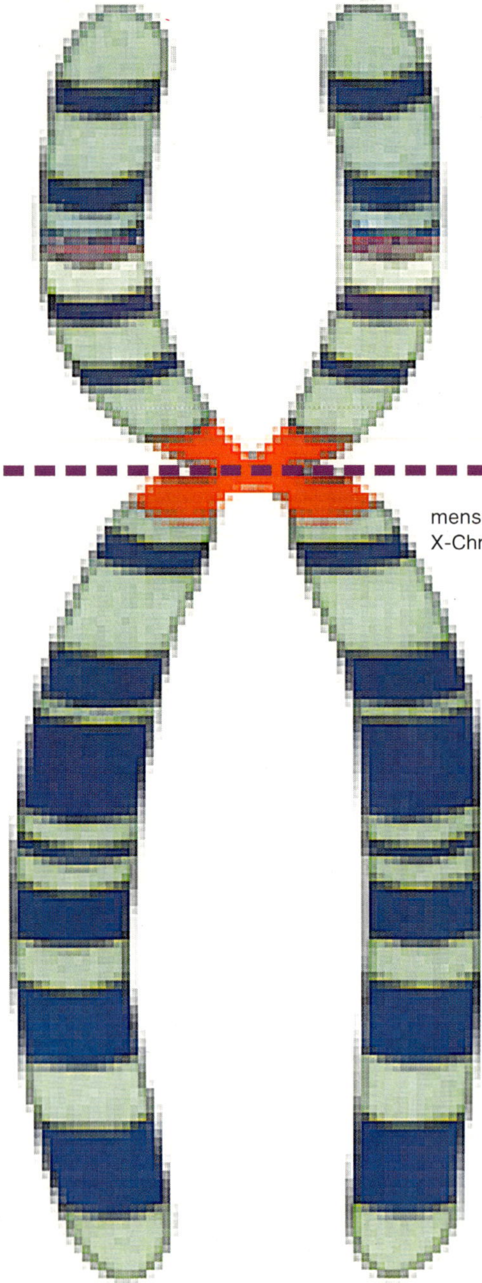

menschliches
X-Chromosom

Fruchtfliege
Drosophila

Wunderblume Mirabilis jalapa

J. G. MENDEL

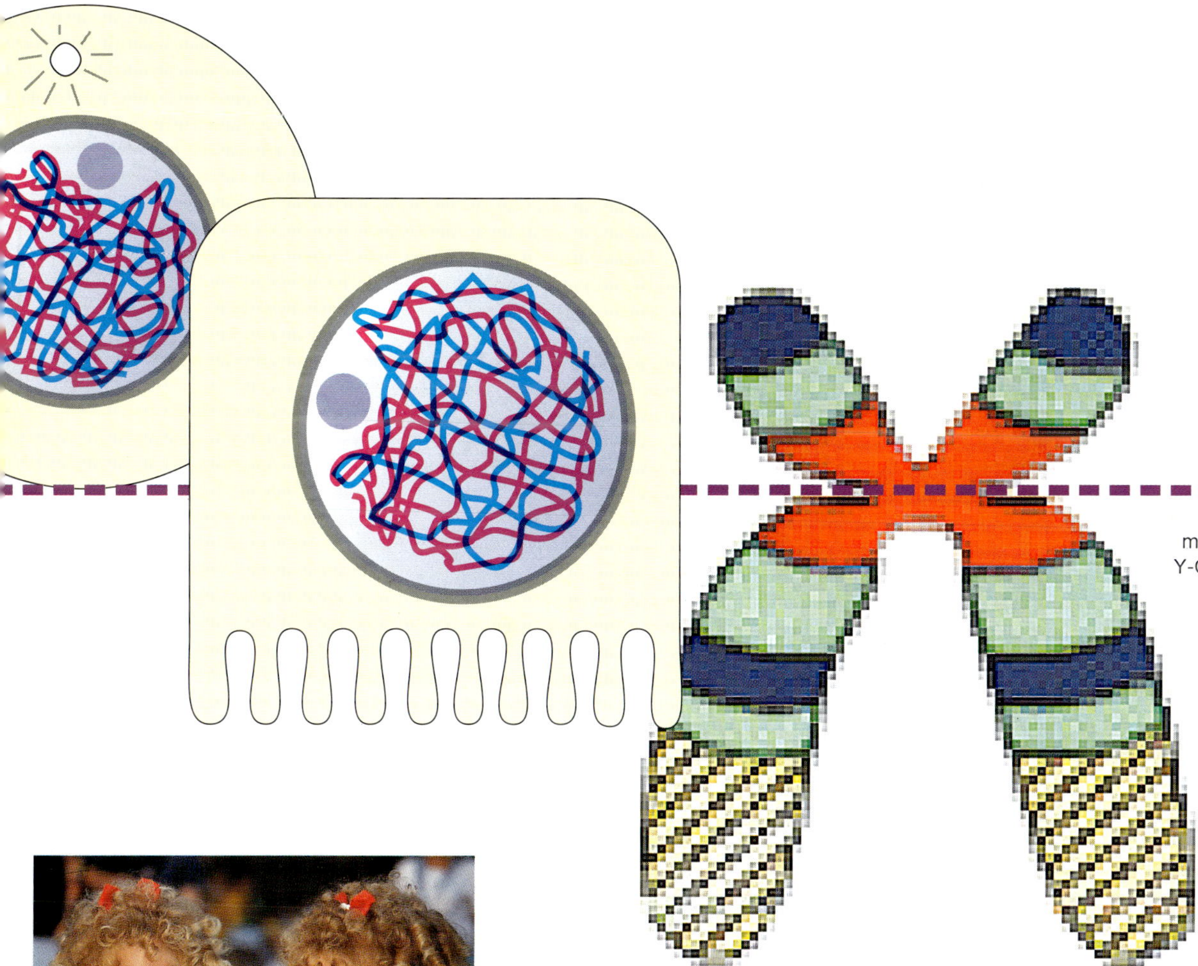

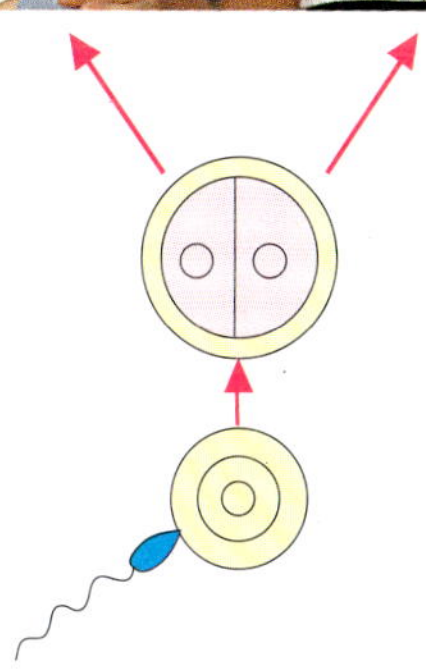

Zellbiologische Grundlagen der Vererbung

Im 5. Jahrhundert vor Christus lehrte der griechische Philosoph Anaxagoras, daß das Geschlecht eines Kindes nur vom Vater abhängig sei. Nach seiner Hypothese entsteht ein Mädchen, wenn der „männliche Samen" aus dem linken Hoden kommt. Jungen sollten dagegen aus dem rechten Hoden hervorgehen.

Ähnlich dachte Aristoteles (384 – 322 v. Chr.), der nur dem Mann Erbanlagen zugestand. Das weibliche Geschlecht sollte ausschließlich ernährende Funktion haben. Solche Vorstellungen über *Vererbung* und *Fortpflanzung* prägten die naturphilosophischen Überlegungen abendländischer Forscher bis in die Neuzeit.

Erst 1865 gelang dem Augustinermönch Johann Gregor Mendel durch *Kreuzungsversuche* mit Pflanzen der naturwissenschaftliche Durchbruch. Seine *Vererbungstheorie* wurde durch die mikroskopischen Beobachtungen der *Zellbiologie* eindrucksvoll bestätigt. Auf dieser Grundlage konnte im 20. Jahrhundert die moderne *Genetik* große Fortschritte machen.

Die *Humangenetik* klärte die Vererbung vieler körperlicher Merkmale und Krankheiten des Menschen auf. Bei den Verhaltensweisen des Menschen ist es jedoch bis heute umstritten, wie stark sie durch die Erbanlagen oder durch die Erziehung beeinflußt werden.

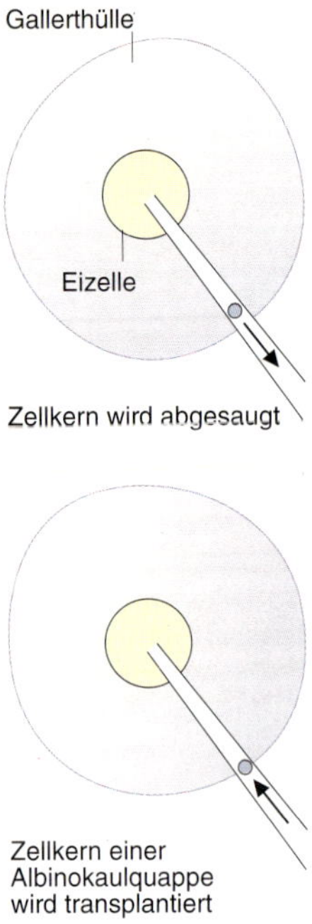

1 Krallenfrösche (Albinos)

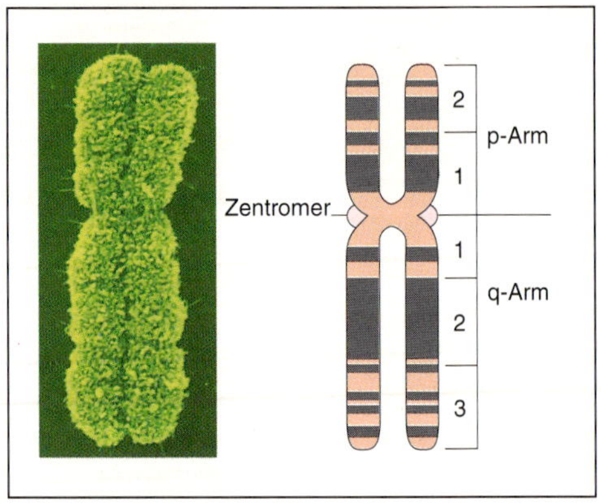

2 Chromosom (REM-Aufnahme/schematisch)

Genetik — die Sache mit dem Kern

Im Jahr 1961 gelang dem britischen Biologen JOHN GURDON ein aufsehenerregendes Experiment mit dem afrikanischen *Krallenfrosch.* Er saugte mit einer feinen Glaspipette den Zellkern aus einer unbefruchteten Eizelle eines normal gefärbten Frosches. In die kernlose Eizelle brachte er anschließend einen Zellkern aus der Darmzelle einer *Albinokaulquappe.* Die manipulierte Eizelle entwickelte sich zu einem *Albinofrosch.* Dieser Versuch zeigt, daß die *Erbinformationen* des Frosches im Zellkern der Zelle enthalten sind und bestätigt Beobachtungen, die seit Beginn des 20. Jahrhunderts bei anderen Lebewesen gemacht wurden.

Schon in der Mitte des 19. Jahrhunderts wurden in den Zellkernen von Zellen, die sich teilen, fädige Strukturen entdeckt. Sie sind mit bestimmten Farbstoffen anfärbbar. Der deutsche Anatomieprofessor WILHELM VON WALDEYER gab ihnen 1888 den Namen *Chromosomen.* Mit modernen Färbetechniken entsteht auf den Chromosomen ein bestimmtes *Muster von Querbanden,* weil sich nicht alle Bereiche gleich stark anfärben lassen.

Chromosom
gr. *chromatos* = Farbe,
gr. *soma* = Körper

diploid
diplo, gr. *diploos* = doppelt
. . . *id,* gr. *eidos* = Aussehen, Ähnlichkeit

In Zellen, die sich teilen, bestehen Chromosomen aus zwei parallel liegenden Fäden, die am *Zentromer* zusammenhängen und als *Chromatiden* bezeichnet werden. Die Chromatiden eines Chromosoms haben das gleiche Bandenmuster und tragen die gleiche Erbinformation. Sie sind *genetisch identisch.* Die Erbinformation liegt also im Chromosom vor einer Zellteilung doppelt vor. Bei der Zellteilung bekommt jede Tochterzelle ein Chromatid und somit die vollständige Erbinformation des Chromosoms, allerdings nur in einfacher Ausführung. Heute wird statt von Chromatid stets vom Chromosom gesprochen, unabhängig davon, ob es aus einem oder zwei Chromatiden besteht.

Vom Zentromer aus gesehen hat das Chromosom zwei Arme. Man bezeichnet den kürzeren als *p-Arm,* den längeren als *q-Arm.* Nach dem Bandenmuster werden die Arme in verschiedene Regionen (1, 2, 3, . . .) eingeteilt.

Vergleicht man Gestalt und Bandenmuster aller Chromosomen einer Körperzelle miteinander, so stellt man bei den meisten Lebewesen fest, daß jedes Chromosom zweimal vorhanden ist und sich diese beiden jeweils zu *homologen Paaren* zusammenstellen lassen. Diese homologen Chromosomen stimmen im Aussehen zwar überein, sind aber genetisch *nicht identisch.* Es liegen also zwei Chromosomensätze mit jeweils n Chromosomen vor. Zellen mit zwei Chromosomensätzen bezeichnet man als *diploid.* Die Anzahl der Chromosomen in diploiden Zellen (2n) ist ein *arttypisches Kennzeichen.*

Taufliege	2n = 8	Hausmaus	2n = 40
Saaterbse	2n = 14	Tabakpflanze	2n = 48
Zwiebel	2n = 16	Schimpanse	2n = 48
Krallenfrosch	2n = 26	Salzkrebschen	2n = 168

3 Beispiele von Chromosomenanzahlen

Die Chromosomen des Menschen

Über die Anzahl der menschlichen Chromosomen herrschte lange Unklarheit, da sie bei der Zellteilung sehr dicht beieinander liegen und deshalb einzeln nur schwer zu erkennen sind. Erst im Jahr 1956 wurde eine Methode entwickelt, mit der die Chromosomen nebeneinander zu liegen kommen und so identifiziert und gezählt werden können. Es zeigte sich, daß diploide Körperzellen des Menschen *46 Chromosomen* ($2n = 46$) enthalten.

44 dieser Chromosomen sind sowohl in männlichen als auch in weiblichen Zellen vorhanden. Sie werden als *Autosomen* bezeichnet und können zu 22 homologen Paaren zusammengestellt werden. Im verbleibenden Chromosomenpaar, den beiden *Geschlechtschromosomen* oder *Gonosomen,* unterscheiden sich die Zellen von Männern und Frauen. Frauen besitzen zwei relativ große *X-Chromosomen* als homologes Chromosomenpaar (XX), Männer nur ein X-Chromosom und ein weiteres, sehr kleines *Y-Chromosom* (XY).

Nach einer 1971 in Paris beschlossenen internationalen Vereinbarung werden die Chromosomenpaare nach Größe und Gestalt zum *Karyogramm* geordnet. Die Autosomen werden dabei nach abfallender Größe mit den Ziffern 1 bis 22 belegt (Abb. 2). Jedes Karyogramm kann in einer Kurzformel, dem *Karyotyp,* beschrieben werden. Dabei wird zunächst die Anzahl aller Chromosomen genannt, und anschließend folgt die Angabe der Gonosomen.

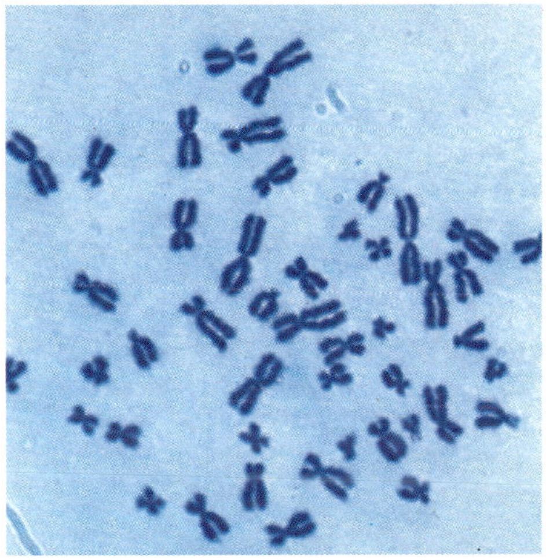

1 Die Chromosomen des Menschen

Karyogramm
gr. *karyon* = Kern

Menschliche Karyotypen
Frau: 46, XX
Mann: 46, XY

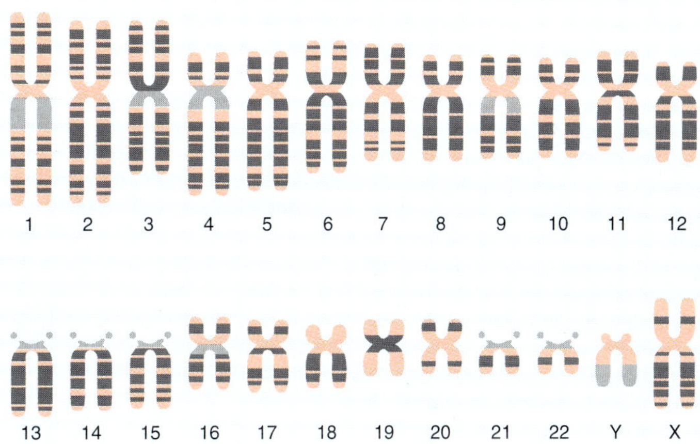

2 Karyogramm eines Mannes (46, XY); schematisch, nur je 1 Autosom

Erstellung eines Karyogrammes

Man bringt Blut bei 37 °C in eine Nährlösung, die die *Lymphocyten* unter den weißen Blutzellen zur Teilung anregt. Nach 3 Tagen werden die Teilungen durch *Colchizin* (Gift der Herbstzeitlose) in dem Stadium der Zellteilung unterbrochen, in dem sie am besten zu erkennen sind (Metaphasestadium). Durch Zugabe von destilliertem Wasser kommt es zur Aufquellung der Lymphocyten. Die empfindlichen Chromosomen werden nun mit einem Methanol-Eisessig-Gemisch fixiert. Die abzentrifugierten Lymphocyten tropft man aus einer Pipette auf einen Objektträger. Beim Aufprall platzen die Membranen, und die Chromosomen werden ausgebreitet *(Spreiten).* Nach Anfärbung werden sie unter dem Mikroskop fotografiert, aus dem Foto ausgeschnitten und paarweise zum Karyogramm geordnet.

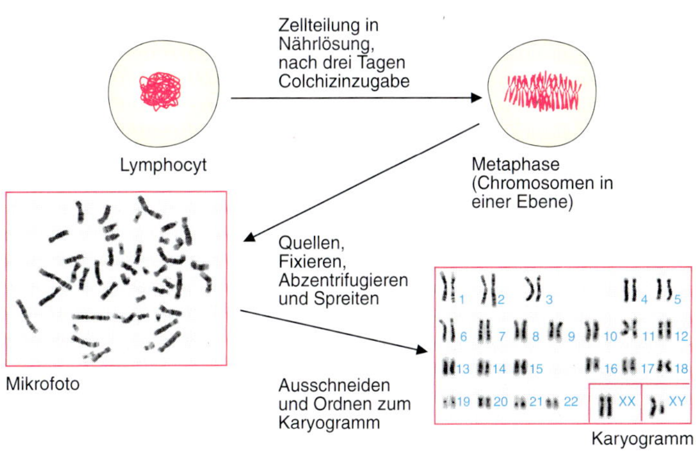

Mitose – Zellkerne teilen sich

Nukleolus
lat. *nucleus* = Kern

Mitose
gr. *mitos* = Faden

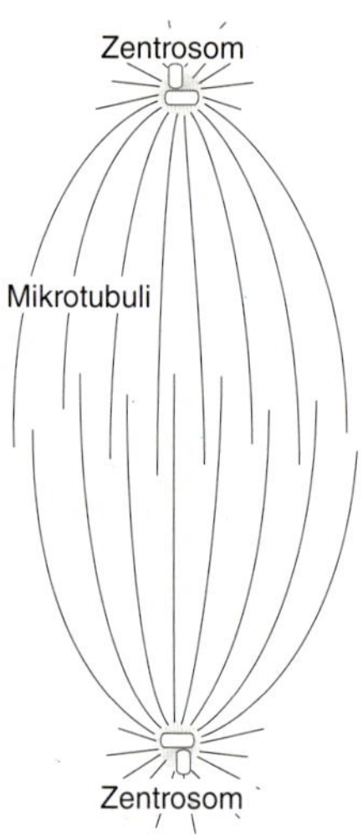

Spindelapparat

In wachsenden Geweben finden ständig Zellteilungen statt. Vor jeder Teilung wird im Zellkern die Erbinformation verdoppelt und kann deshalb anschließend an jede Tochterzelle vollständig weitergegeben werden. Diese *Verdopplung der Erbinformation* geschieht in der *Interphase,* in der die Chromosomen sehr langgestreckt sind und nicht einzeln erkannt werden können. Die Chromosomen bestehen anschließend aus zwei identischen Chromatiden. Im Zellkern fallen ein oder mehrere Kernkörperchen *(Nukleoli)* auf. Die Zellteilung beginnt mit der Teilung des Zellkerns, der *Mitose.*

Im ersten Teilungsschritt, der *Prophase,* verkürzen sich die Chromosomen, werden dicker und sind mit ihren beiden Chromatiden deutlich zu erkennen. Am Ende der Prophase werden Kernmembran und Kernkörperchen aufgelöst, und der *Spindelapparat,* der aus tausenden von Eiweißfäden *(Mikrotubuli)* besteht, beginnt sich zu bilden. Die Mikrotubuli gehen von speziellen Zellorganellen aus, den *Zentrosomen.* Diese wandern zu zwei entgegengesetzten Stellen in der Zelle, die man dann *Zellpole* nennt.

In der Metaphase nehmen die Zentrosomen über die Mikrotubuli Kontakt mit den Zentromeren der Chromosomen auf und bewegen sie in die Äquatorialebene zwischen die beiden Zellpole. Diesen Zeitpunkt nutzt man, um das Karyogramm der Zelle zu erstellen, da die Chromosomen gerade maximal verkürzt sind und eine deutlich sichtbare Gestalt haben.

In der *Anaphase* werden die Chromatiden getrennt. Sie werden mit ihrem Zentromer voran als eigenständige Chromosomen vom Spindelapparat zu den entgegengesetzten Zellpolen transportiert. Die Anzahl der Chromosomen pro Zelle ändert sich nicht.

Wenn die Chromosomen die Zellpole erreicht haben, wird mit der *Telophase* die Mitose beendet. Der Spindelapparat löst sich auf. Kernkörperchen und Kernmembran bilden sich neu, und die Chromosomen gehen in die langgestreckte Form über.

Es folgt die *Teilung der Zelle.* Zwischen den neu entstandenen Zellkernen bildet sich eine Zellmembran und bei Pflanzenzellen zusätzlich die Zellwand. Cytoplasma und Zellorganellen werden dabei nahezu gleichmäßig auf beide Tochterzellen verteilt. Mitose und Zellteilung dauern bei unterschiedlichen Geweben zwischen 30 Minuten und 3 Stunden.

Die Zelle tritt nun in die nächste *Interphase* ein, die 10 bis 20 Stunden, in Ausnahmefällen etliche Tage dauern kann. Es findet das Zellwachstum und die *Verdopplung der Erbinformation* statt. Dabei ist die genetische Information im Zellkern aktiv und regelt die notwendigen Stoffwechselreaktionen der Zelle. Man spricht in dieser Phase vom *„Arbeitskern“.*
In wachsenden Geweben durchlaufen die Zellen bis zu ihrer endgültigen Differenzierung im *Zellzyklus* abwechselnd Mitose und Interphase. Differenzierte Zellen verbleiben in der Interphase.

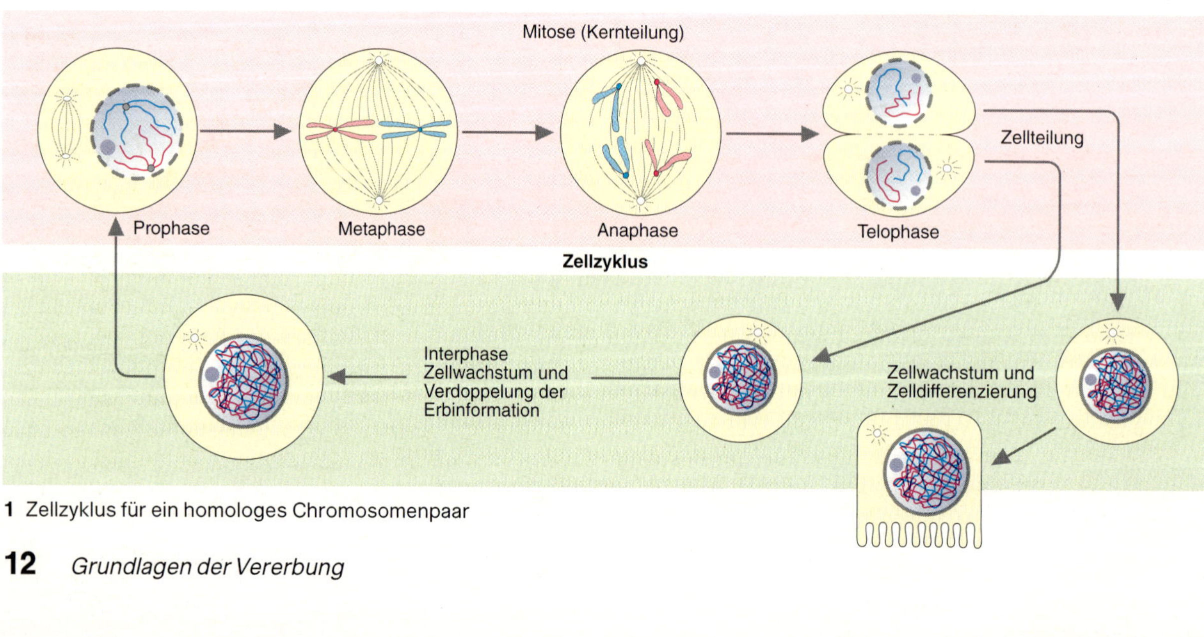

1 Zellzyklus für ein homologes Chromosomenpaar

Untersuchung von Mitosephasen

Materialien:
– Küchenzwiebel (*Allium cepa;* 2n = 16) unbehandelt

Chemikalien:
– Färbelösung aus Orcein- oder Karmin-Essigsäure (Vorsicht ätzend, Dämpfe nicht einatmen! Ältere Lösungen vor Gebrauch evtl. abfiltrieren),
– Essigsäure (50%ig, Vorsicht ätzend!).

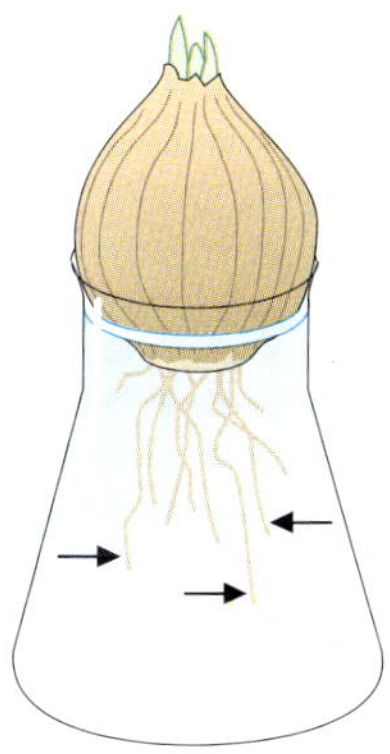

1. Die Zwiebeln werden nach Entfernung der äußeren trockenen Hüllblätter auf einen wassergefüllten Weithals-Erlenmeyerkolben gesetzt. Die Wurzelscheibe soll bis an die Wasseroberfläche heranreichen. Man läßt die Zwiebeln 2 bis 4 Tage bei Zimmertemperatur stehen, bis sich Wurzeln gebildet haben, die einige Zentimeter lang sind (im Frühjahr beste Wachstumszeit). In den ersten Millimetern der Wurzelspitzen finden vermehrt Zellteilungen statt, so daß man dort alle Teilungsstadien nebeneinander finden kann.

2. Von den Wurzelspitzen werden die äußersten 1 bis 2 mm, die etwas gelblicher als die übrige Wurzel erscheinen, mit einer Rasierklinge abgeschnitten und in ein Reagenzglas gebracht. Man gibt etwa 0,5 bis 1 ml Färbelösung zu und verschließt das Reagenzglas.

3. Nach ca. 24 Stunden wird ein Siedesteinchen in das Reagenzglas gegeben, und die Wurzelspitzen werden in der Färbelösung einmal kurz (!) aufgekocht.
Vorsicht: Siedeverzug und Herausspritzen der ätzenden Färbelösung möglich! Reagenzglashalter verwenden, und die Öffnung des Reagenzglases in den freien Raum richten. Schutzbrille verwenden, und Dämpfe nicht einatmen!

4. Die Wurzelspitzen sind nun intensiv gefärbt und durch das Kochen weich geworden. Sie werden mit einer Pipette aus dem Reagenzglas entnommen und einzeln auf Objektträger gebracht **(nicht mit dem Mund pipettieren!)**. Die Färbelösung wird möglichst vollständig vom Objektträger abgesaugt und durch einen kleinen Tropfen Essigsäure (50%ig) ersetzt.

5. Nun wird ein Deckglas auf die Wurzelspitzen gelegt, und das Präparat wird mit einigen Lagen Filterpapier abgedeckt. Durch einen kräftigen Druck mit dem Daumen werden die Wurzelspitzen zerquetscht. Das Deckgläschen darf dabei aber nicht gegen den Objektträger verschoben werden. Nach dem Zerquetschen liegen die Zellen in Flecken von 5 bis 10 mm Durchmesser nebeneinander auf dem Objektträger.

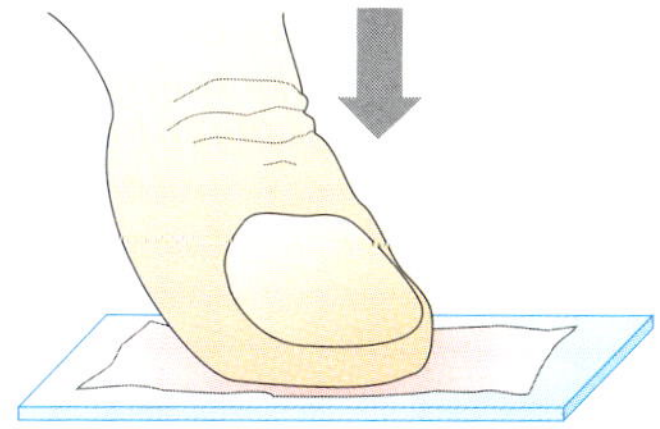

6. Die herausgedrückte und vom Filterpapier aufgenommene Essigsäure wird vorsichtig aus einer Pipette, die an den Rand des Deckgläschens gehalten wird, ersetzt.

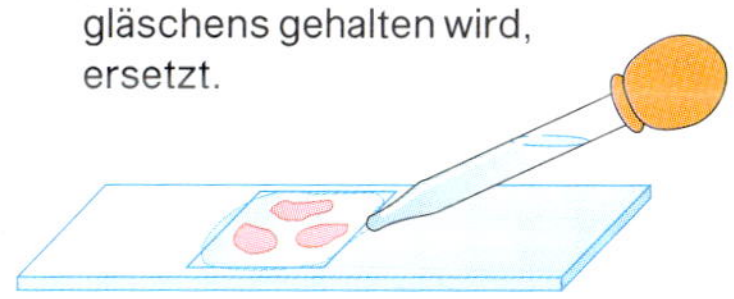

7. Die rot gefärbten Zellkerne und Chromosomen können nun untersucht werden.

Aufgaben

① Suchen Sie im Mikroskop bei etwa 400facher Vergrößerung charakteristische Mitosestadien. Identifizieren und zeichnen Sie diese Stadien.
② In einigen Planquadraten der untenstehenden Abbildung sind typische Mitosestadien zu erkennen. Benennen Sie diese Stadien, und geben Sie außerdem jeweils die Lage des betreffenden Planquadrates an.
③ Ermitteln Sie in der untenstehenden Abbildung den Prozentsatz der Zellen, die sich gerade in der Mitose befinden.

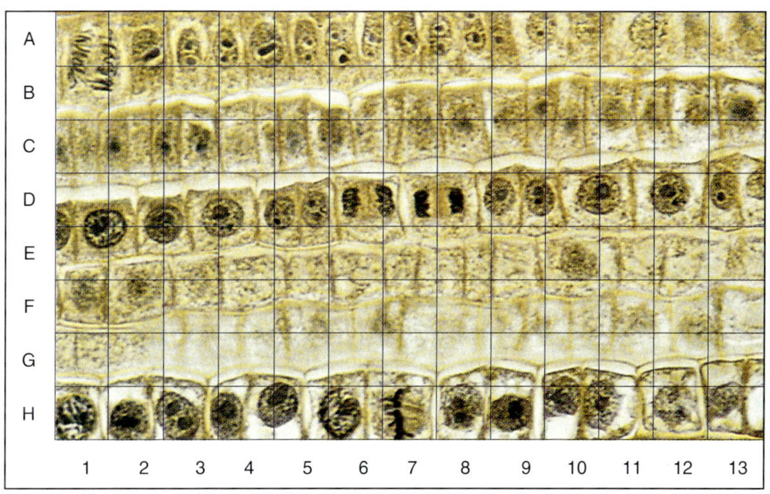

Meiose — Keimzellen entstehen

haploid
haplo, gr. *haploos* = einfach
. . . *id*, gr. *eidos* = Aussehen, Ähnlichkeit

Meiose
gr. *meiosis* = Verminderung

Chiasmata
gr. *chiasma* = Kreuzung

Bei der Befruchtung verschmelzen Eizelle und Spermium zur *Zygote*. Trotzdem verdoppelt sich die Chromosomenanzahl bei der sexuellen Fortpflanzung nicht. Mikroskopische Untersuchungen zeigen, daß bei *diploiden* Lebewesen (2n) die männlichen bzw. weiblichen Keimzellen nur *einen* Chromosomensatz enthalten. Sie sind *haploid* (1n). Ein Chromosomensatz der diploiden Zygote entstammt also der Eizelle, der andere dem Spermium. Die Chromosomen eines homologen Paares sind aus diesem Grund genetisch nicht identisch und können in schematischen Abbildungen durch unterschiedliche Farbgebung gekennzeichnet werden.

Die Trennung der homologen Chromosomenpaare und damit die Reduktion auf einen Chromosomensatz findet bei vielen Lebewesen erst bei der Bildung der Eizellen bzw. Spermien statt. Aus *diploiden Urkeimzellen* entstehen dann durch besondere Kernteilungsvorgänge die *haploiden Keimzellen.* Man nennt diese Form der Kernteilung *Reifeteilung* oder *Meiose.*

Die Meiose dauert einige Tage bis Wochen, in Einzelfällen noch länger, und verläuft in zwei Teilungsschritten. In der *ersten Reifeteilung* bzw. *Reduktionsteilung* werden die homologen Chromosomen im Zellkern zunächst paarweise angeordnet. Die vier Chromatiden liegen in einer sogenannten *Tetrade* beieinander. Überkreuzungen der Chromatiden, die man *Chiasmata* nennt, werden erkennbar. Beim Menschen treten in der Meiose pro Tetrade durchschnittlich zwei bis drei Chiasmata an beliebiger Stelle auf. Der Spindelapparat trennt anschließend jedes Paar und transportiert jeweils eines der homologen Chromosomen zu einem der Zellpole. Dabei entscheidet bei jedem Paar der Zufall, wie die genetisch nicht identischen, homologen Chromosomen verteilt werden.

Es kommt so bei der Bildung der Keimzellen zu einer Neukombination der Chromosomen und damit auch der Erbinformation. Abhängig von der Anzahl der homologen Paare (n) bestehen 2^n verschiedene Kombinationsmöglichkeiten für den neuen Chromosomensatz (Abb. 1). Nach der ersten Reifeteilung liegen deshalb zwei genetisch unterschiedliche, haploide Zellen vor, deren Chromosomen aber noch aus zwei Chromatiden bestehen, die genetische Information also doppelt enthalten.

In der *zweiten Reifeteilung,* auch *Äquationsteilung* genannt, werden alle Chromosomen wie bei der Mitose am Zentromer getrennt und mit einfacher Erbinformation durch die Spindelfasern auf die *Keimzellen* verteilt.

Beim Mann entstehen so aus einer Urspermienzelle im Hoden vier gleich große haploide Zellen. Sie werden in bewegliche Spermien umgewandelt. Dabei verlieren sie einen Großteil ihres Zellplasmas und bestehen schließlich nur noch aus dem *Kopf* (Zellkern und eizellmembranlösende Enzyme), dem *Mittelstück* (Mitochondrien zur Energieversorgung) und dem *Schwanzfaden* (Geißel).

In einem Eierstock der Frau entsteht aus einer Ureizelle jeweils nur eine große *Eizelle.* Die übrigen Chromosomensätze gelangen in kleine *Polkörperchen* und werden abgebaut. Das Volumen der Eizelle ist ca. 200 000fach größer als das des Spermiums und bietet durch den Plasmavorrat dem neuen Leben günstige Startbedingungen.

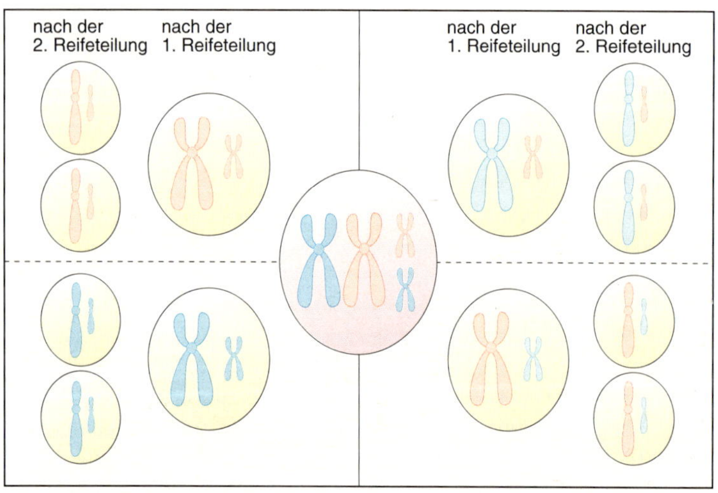

1 Kombinationsmöglichkeiten homologer Chromosomen bei 2n = 4

Aufgaben

① Vergleichen Sie den Ablauf und das Ergebnis von Mitose und Meiose. Stellen Sie die Unterschiede und Gemeinsamkeiten gegenüber.
② Berechnen Sie die Anzahl der Kombinationsmöglichkeiten homologer Chromosomen bei der Entstehung menschlicher Keimzellen.

Die Bildung von Spermien und Eizellen durch Meiose

Reduktionsteilung

Prophase I: In den Keimdrüsen befinden sich die *diploiden Urkeimzellen*. Am Beginn der Prophase, die oft wochenlang dauern kann, verkürzen sich die Chromosomen. Es findet nun die Paarung der homologen Chromosomen statt. Am Bandenmuster erkennt man, daß sich dabei die Zentromere und die vier Chromatiden exakt nebeneinander legen. Nach einer weiteren Verkürzung werden sie als sogenannte *Tetrade* deutlich erkennbar. Jetzt können *Chiasmata* sichtbar werden. Am Ende der Prophase I werden Kernmembran und Kernkörperchen aufgelöst, der Spindelapparat beginnt sich zu bilden.

Metaphase I: Die homologen Chromosomen werden als Tetraden von den Spindelfasern in die Äquatorialebene gebracht.

Anaphase I: Jedes homologe Paar wird nun getrennt, und der Spindelapparat transportiert die homologen Chromosomen zu den entgegengesetzten Zellpolen. Die Reduktion vom zweifachen zum einfachen Chromosomensatz ist damit erreicht.

Telophase I: Es kommt zu einer leichten Verlängerung der Chromosomen. Die Kernmembran und die Kernkörperchen bilden sich wieder, und die Zelle teilt sich. Im männlichen Geschlecht entstehen zwei gleichgroße Zellen, im weiblichen Geschlecht schnürt sich ein kleines Polkörperchen ab, das mit seinem haploiden Chromosomensatz abgebaut wird. Ohne längeres Zwischenstadium erfolgt dann die *Äquationsteilung*. Diese 2. Reifeteilung verläuft ähnlich wie eine Mitose.

Äquationsteilung

In der **Prophase II** verkürzen sich die Chromosomen erneut, die Kernmembran und Kernhülle zerfallen. Die Chromosomen werden in die Äquatorialebene der Zelle gebracht (**Metaphase II**), am Zentromer getrennt und vom Spindelapparat mit einfacher Erbinformation zu den Zellpolen transportiert (**Anaphase II**). In der abschließenden **Telophase II** entstehen nun in den Hoden vier haploide Zellen, die die Reifung zu den *Spermien* durchmachen. Im Eierstock wird wieder ein Polkörperchen abgeschnürt, und eine große *Eizelle* entsteht.

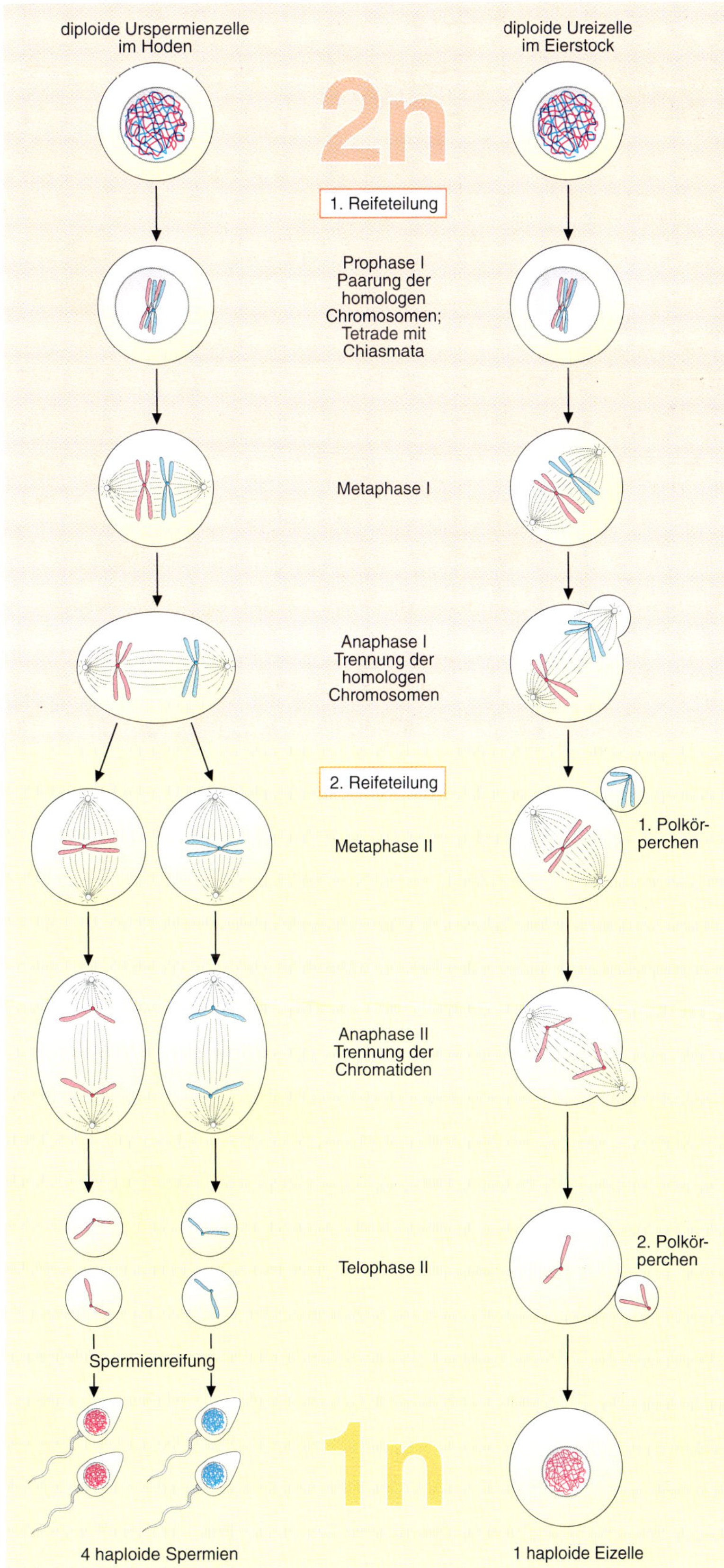

2 Mendel und Morgan: Pioniere der Genetik

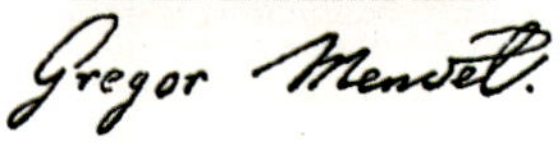

22. 7. 1822: JOHANN MENDEL wird in Heinzendorf, Nordmähren, geboren.
1834—1843: Schüler am Gymnasium in Troppau.
1843: Eintritt als Novize in das Augustinerkloster St. Thomas in Altbrünn; Ordensname: GREGOR
1843—1848: Theologiestudium
1848: Priesterweihe
1849—1851: Gymnasiallehrer im südmährischen Znaim.
1851—1853: Studium der Naturwissenschaften (Chemie, Physik, Zoologie und Botanik) in Wien.
1853: MENDEL wird Mitglied im königl. zool.-bot. Verein.
1854—1868: Lehrer der Experimentalphysik an der Oberrealschule in Brünn.
1858—1864: Kreuzungsversuche mit Erbsen.
1865: Vorträge über seine Experimente vor dem Naturforschenden Verein in Brünn.
1866: Veröffentlichung der „Versuche über Pflanzenhybriden" im Band IV der Verhandlungen des Naturforschenden Vereins.
1867—1873: Reger Briefwechsel mit dem Münchner Botaniker KARL VON NÄGELI, der MENDELS Theorien jedoch ablehnt.
1868: Berufung zum Abt und Prälaten des Klosters.
6. 1. 1884: Tod nach langem Herzleiden in Brünn.

1 Lebenslauf von JOHANN GREGOR MENDEL (1822—1884)

Mit Erbsen zu den Erbgesetzen

mit Zitaten aus:
„Versuche über Pflanzenhybriden"
(Brünn, 1866)

Das Interesse des Augustinermönchs JOHANN GREGOR MENDEL galt verschiedenen Varianten von Zierpflanzen. Er schreibt dazu: „Künstliche Befruchtungen, welche an Zierpflanzen deshalb vorgenommen wurden, um neue Farbvarianten zu erzielen, waren die Veranlassung zu den Versuchen." Am Beginn seiner Arbeit beschaffte er sich Saatgut von 34 verschiedenen Sorten der *Saaterbse* (Pisum sativum). Diese Sorten hatten „leicht und sicher zu unterscheidende Merkmale", beispielsweise unterschiedliche Form oder Färbung der reifen Samen. Die Saaterbse ist im Mittelmeerraum beheimatet und wird dort von relativ schweren Insekten bestäubt, die in Mitteleuropa fehlen. Hier pflanzen sich die Saaterbsen durch *Selbstbestäubung* fort.

MENDEL stellte in einer zweijährigen Probephase fest, daß 22 seiner Erbsensorten bei Selbstbestäubung „durchaus gleiche und constante Nachkommen" hatten. Nur diese *reinerbigen Sorten,* die bestimmte gleichbleibende Merkmale zeigten, verwendete er für die folgenden *Kreuzungsversuche,* bei denen er eine gezielte *Fremdbestäubung* durchführte. Er schreibt: „Zu diesem Zwecke wird die noch nicht vollkommen entwickelte Knospe geöffnet, das Schiffchen entfernt und jeder Staubfaden mittelst einer Pincette behutsam herausgenommen, worauf dann die Narbe sogleich mit dem fremden Pollen belegt werden kann."

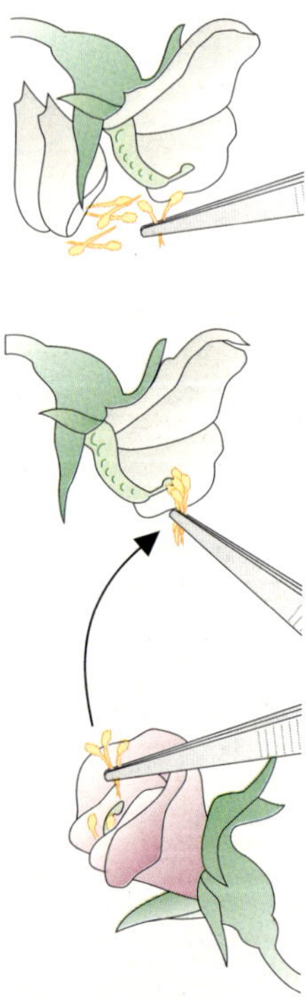

Mendels Methode der Fremdbestäubung

Die bei den *Kreuzungsexperimenten* entstandenen Mischlinge *(Hybriden)* untersuchte er nur im Blick auf die Merkmale, die bei den Eltern reinerbig vorlagen. Für seine ersten Experimente wählte er dazu Pflanzen, „welche nur in einem wesentlichen Merkmale verschieden waren." Er bestäubte eine grünsamige Erbsensorte mit dem Pollen einer gelbsamigen, denn „Versuche mit Samenmerkmalen führten am einfachsten und sichersten zum Ziele". Er stellte dabei fest, daß als Hybriden ausschließlich gelbsamige Erbsen in den Hülsen entstanden. Um sicher zu gehen, daß nicht der Pollen den Ausschlag für die Samenfarbe gab, führte MENDEL auch die *reziproke Kreuzung* durch. Dabei wird die Narbe einer gelbsamigen Pflanze mit dem Pollen einer grünsamigen bestäubt. Doch auch bei diesem Versuch waren die Hybriden stets gelbsamig. Im folgenden Jahr säte er diese gelben Samen aus und kreuzte die entstehenden Pflanzen durch künstliche Bestäubung wieder miteinander. Als Ergebnis protokollierte er: „258 Pflanzen gaben 8023 Samen, 6022 gelbe und 2001 grüne." Die grüne Samenfarbe war also in den gelbsamigen Hybridpflanzen nicht verloren gegangen, sondern nur „zurückgetreten".

„Die auffallende Regelmäßigkeit, mit welcher dieselben Hybridformen immer wiederkehrten, so oft die Befruchtung zwischen gleichen Arten geschah", ermöglichte es ihm, „ein allgemein gültiges Gesetz für die Bildung und Entwicklung der Hybriden aufzustellen." Im Laufe von 8 Jahren wertete er dazu die Ergebnisse von über 13 000 Kreuzungsversuchen aus.

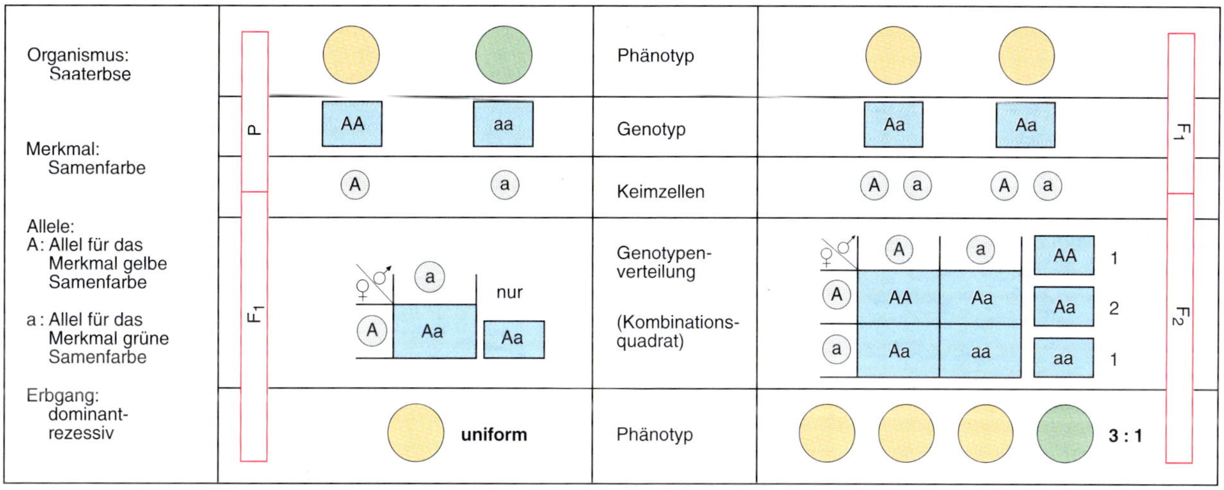

1 Kreuzungsschema zur 1. und 2. Mendelschen Regel

Kreuzungsschema und Mendelsche Regeln

Gen
Erbanlage

Genom
Gesamtheit aller Gene eines Organismus

Allel
Informationsform eines Gens

A: dominantes Allel
hier für das Merkmal „gelbe Samenfarbe"

a: rezessives Allel
hier für das Merkmal „grüne Samenfarbe"

Elterngeneration:
Parentalgeneration
(P)

Tochtergeneration:
Filialgenerationen
(F_1, F_2, usw.)

Genotyp
Allelkombination

Phänotyp
Merkmalsausprägung

MENDEL entwickelte eine Theorie, die seine Versuchsergebnisse schlüssig erklärt und heute noch in abgewandelter Form Gültigkeit besitzt. Er ging davon aus, daß die äußerlich erkennbaren Merkmale „in der materiellen Beschaffenheit und Anordnung der Elemente" in der Zelle begründet sind. Heute werden diese Elemente *Erbanlagen* oder *Gene* genannt. Saaterbsen besitzen für das Merkmal Samenfarbe ein solches Gen. Dieses Gen existiert jedoch in unterschiedlichen Informationsformen *(Allelen),* die in der Elterngeneration (P) die Samenfarben Gelb oder Grün bewirken. In den Hybriden der 1. Tochtergeneration (F_1) dominiert das Allel für die gelbe Samenfärbung, während das Allel für die grüne Färbung zurücktritt. Man unterscheidet deshalb *dominante* und *rezessive Allele.* MENDEL führte eine Symbolik ein, nach der heute noch die dominanten Allele durch Großbuchstaben, die rezessiven durch Kleinbuchstaben gekennzeichnet werden.

MENDEL erkannte, daß die Keimzellen *rein* waren, d. h. sie enthalten für ein Merkmal immer nur ein Allel. Bei der Befruchtung entstehen durch die Verschmelzung der Keimzellen *Körperzellen,* die zwei Allele pro Merkmal besitzen. Die Allele können dann in drei verschiedenen Kombinationen *(Genotypen)* auftreten: AA, Aa und aa. Genotypen mit gleichem Allelenpaar (AA bzw. aa) nennt man *reinerbig* oder *homozygot,* wie es in Abb. 1 die *Elterngeneration* (P) zeigt. Der Genotyp Aa ist *mischerbig (heterozygot).* Für die drei möglichen Genotypen gibt es im *dominant-rezessiven Erbgang* aber nur zwei verschiedene Merkmalsausprägungen *(Phänotypen):* Gelbsamige Erbsen (AA/Aa) und grünsamige (aa). In den Hybriden der 1. *Tochtergeneration* (F_1) dominiert phänotypisch das Allel für Gelb. MENDEL zeigte, daß sich das Zahlenverhältnis, mit dem diese Phänotypen auftreten, durch einfache Regeln erklären läßt. Enthält die Keimzelle entweder das Allel A oder a, „wird es nach den Regeln der Wahrscheinlichkeit im Durchschnitt vieler Fälle immer geschehen, daß sich jede Pollenform A und a gleich oft mit jeder Keimzellform A und a vereinigt." Dies führt bei den Genotypen der F_2-Generation zu dem Zahlenverhältnis 1 : 2 : 1 (AA : Aa : aa), dem ein Phänotypenverhältnis von 3 : 1 (gelb : grün) entspricht. Das experimentelle Ergebnis 6022 : 2001 (3,0095 : 1) stimmt sehr gut mit dieser theoretischen Aussage überein. In einem *Kreuzungsschema* läßt sich dieses Zahlenverhältnis leicht herleiten.

Die von MENDEL begründete Vererbungstheorie wird in Regeln zusammengefaßt:

1. Mendelsche Regel *(Uniformitäts-* bzw. *Reziprozitätsregel):* Kreuzt man zwei Individuen einer Art, die sich in einem Merkmal reinerbig unterscheiden, so sind die Individuen der F_1-Generation in diesem Merkmal untereinander gleich *(uniform).* Dies gilt auch für die reziproke Kreuzung.

2. Mendelsche Regel *(Spaltungsregel):* Kreuzt man die Hybriden der F_1-Generation untereinander, so treten in der F_2-Generation die Merkmale beider Eltern in einem bestimmten Zahlenverhältnis wieder auf (die F_2-Generation spaltet auf).

Mendels Erbsen im Computer

Die 2. Mendelsche Regel ist eine statistische Aussage, die für eine große Anzahl von Nachkommen gilt. Im Einzelfall können bei wenigen Nachkommen große Abweichungen vom theoretischen Zahlenverhältnis 3 : 1 auftreten. Mit einem Computer kann man dies zeigen, indem man Kreuzungen mit unterschiedlich vielen Nachkommen (N) simuliert. Man erhält dann das erwartete Zahlenverhältnis ziemlich genau, da der Zufallsgenerator alle möglichen Allelkombinationen mit der gleichen Wahrscheinlichkeit zuläßt.

Die Voraussetzung ist allerdings in der Natur nicht immer gegeben, weil die Zygoten nach der Befruchtung oft unterschiedliche Entwicklungschancen haben. Es gibt auch Fälle, in denen Pollenschläuche mit dominantem Allel schneller wachsen oder Spermien mit dem rezessiven Allel weniger vital sind. Dann treten unter den Nachkommen weniger Rezessive als erwartet auf.

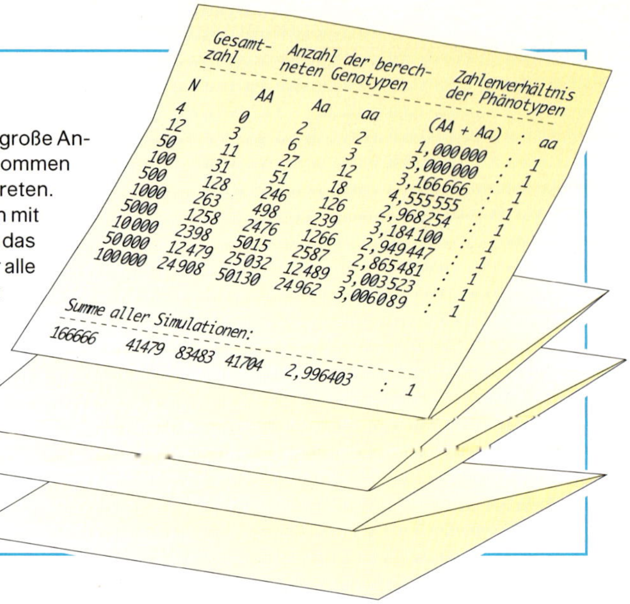

Gesamtzahl N	Anzahl der berechneten Genotypen AA	Aa	aa	Zahlenverhältnis der Phänotypen (AA + Aa) : aa
4	0	2	2	1,000000 : 1
12	3	6	3	3,000000 : 1
50	11	27	12	3,166666 : 1
100	31	51	18	4,555555 : 1
500	128	246	126	2,968254 : 1
1000	263	498	239	3,184100 : 1
5000	1258	2476	1266	2,949447 : 1
10000	2398	5015	2587	2,865481 : 1
50000	12479	25032	12489	3,003523 : 1
100000	24908	50130	24962	3,006089 : 1
Summe aller Simulationen: 166666	41479	83483	41704	2,996403 : 1

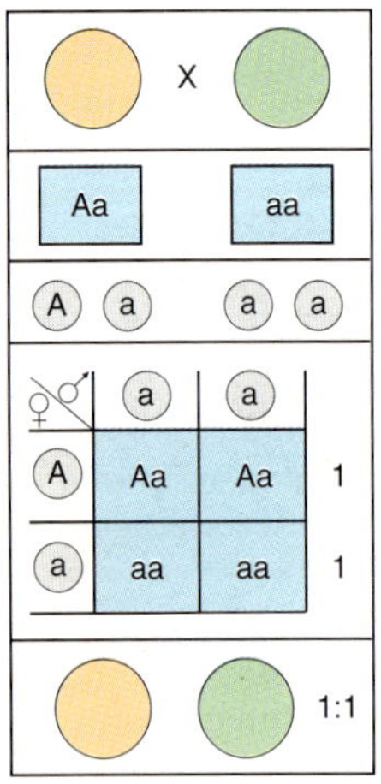

Kreuzungsschema zur Rückkreuzung

Rückkreuzung und intermediärer Erbgang

Nach MENDELS Theorie sind gelbsamige Erbsen der F_1-Generation entweder *homozygot* oder *heterozygot*. Um im Einzelfall den tatsächlichen Genotyp feststellen zu können, kreuzt man die gelbsamige Erbse mit einer grünsamigen (aa). War die gelbsamige homozygot (AA), sind alle Nachkommen gemäß der Uniformitätsregel gelbsamig (Aa). Im heterozygoten Fall (Aa) führt diese *Test-* oder *Rückkreuzung* zu 50 % gelbsamigen (Aa) und 50 % grünsamigen (aa) Erbsen (s. Randspalte). Im Experiment beweisen Rückkreuzungen, daß unter den gelbsamigen Erbsen einer F_2-Generation die Genotypen Aa und AA im Verhältnis 2 : 1 auftreten. Als 1900 der Tübinger Botaniker CARL CORRENS Kreuzungsversuche mit Wunderblumen *(Mirabilis jalapa)* durchführte, zeigte es sich, daß MENDELS Dominanzregel in Ausnahmefällen nicht gültig ist. Die Kreuzung homozygoter Sorten, die rot- bzw. weißblühend waren, ergab in der F_1-Generation ausschließlich rosablühende *Hybriden.* Der Phänotyp liegt hier zwischen den beiden elterlichen Merkmalen. Bei einem solchen *intermediären* Erbgang ist der Genotyp bereits eindeutig am Phänotyp zu erkennen. In der F_2-Generation sind nach den Mendelschen Regeln die Phänotypen rot, rosa und weiß im Verhältnis 1 : 2 : 1 zu erwarten. Um zu zeigen, daß kein Allel dominiert, benutzt man im Kreuzungsschema zwei kleine Buchstaben (r/w).

Intermediärer (kodominanter) Erbgang
Beide Allele wirken sich gleich stark im Phänotyp aus.

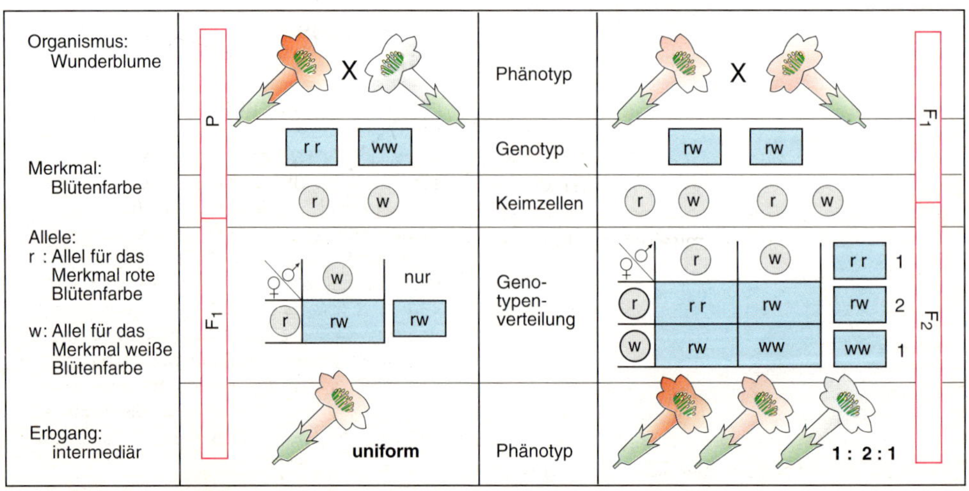

1 Kreuzungsschema zum intermediären Erbgang

Dihybrider Erbgang und Neukombination

Für seine ersten Versuche hatte MENDEL Pflanzen verwendet, „welche nur in einem wesentlichen Merkmale verschieden waren“. Er schreibt weiter: „Die nächste Aufgabe bestand darin, zu untersuchen, ob das gefundene Entwicklungsgesetz auch dann für je zwei differirende Merkmale gelte.“ Eine Kreuzung mit zwei unterschiedlichen Merkmalen nennt man *dihybrid,* im Gegensatz zur *monohybriden* Kreuzung mit nur einem Merkmal. Ausgangssorten für solche Versuche waren homozygote Saaterbsen, die sich in Samenfarbe und -form unterschieden (gelb-rund bzw. grün-kantig). Die F_1-Hybriden waren erwartungsgemäß uniform (gelb-rund), weil die Allele für diese Merkmale dominant sind.

Interessant wurde der Versuch, als MENDEL die F_1-Hybriden miteinander kreuzte. „Im Ganzen wurden von 15 Pflanzen 556 Samen erhalten, von diesen waren: 315 rund und gelb, 101 kantig und gelb, 108 rund und grün, 32 kantig und grün.“ Es traten also in der F_2-Generation neue Merkmalskombinationen auf, die vorher nicht beobachtet wurden. Dies ist nur zu erklären, wenn „Merkmale ... in alle Verbindungen treten können, welche nach den Regeln der Combination möglich sind, und das Verhalten je zweier differirender Merkmale in hybrider Verbindung unabhängig ist.“

Wir wissen heute, daß die Anlagen für Samenfarbe und -form in den *Keimzellen* frei kombiniert werden und die vier möglichen Kombinationen gleich wahrscheinlich sind. Das Kombinationsquadrat zeigt, daß bei Befruchtung aus diesen Keimzellen vier Phänotypen im Zahlenverhältnis 9:3:3:1 entstehen, was recht genau dem experimentellen Befund Mendels entspricht.

3. Mendelsche Regel *(Unabhängigkeits-* bzw. *Neukombinationsregel):* Jedes einzelne Allelenpaar wird nach der 2. Mendelschen Regel vererbt. Die Allele verschiedener Gene können dabei frei miteinander kombiniert werden.

Aufgaben

① Stellen Sie ein Kreuzungsschema für die Rückkreuzung der doppelt heterozygoten Saaterbsen (F_1 in Abb. 1) auf.

② Welcher Vorgang in der Meiose begründet die Neukombinationsregel?

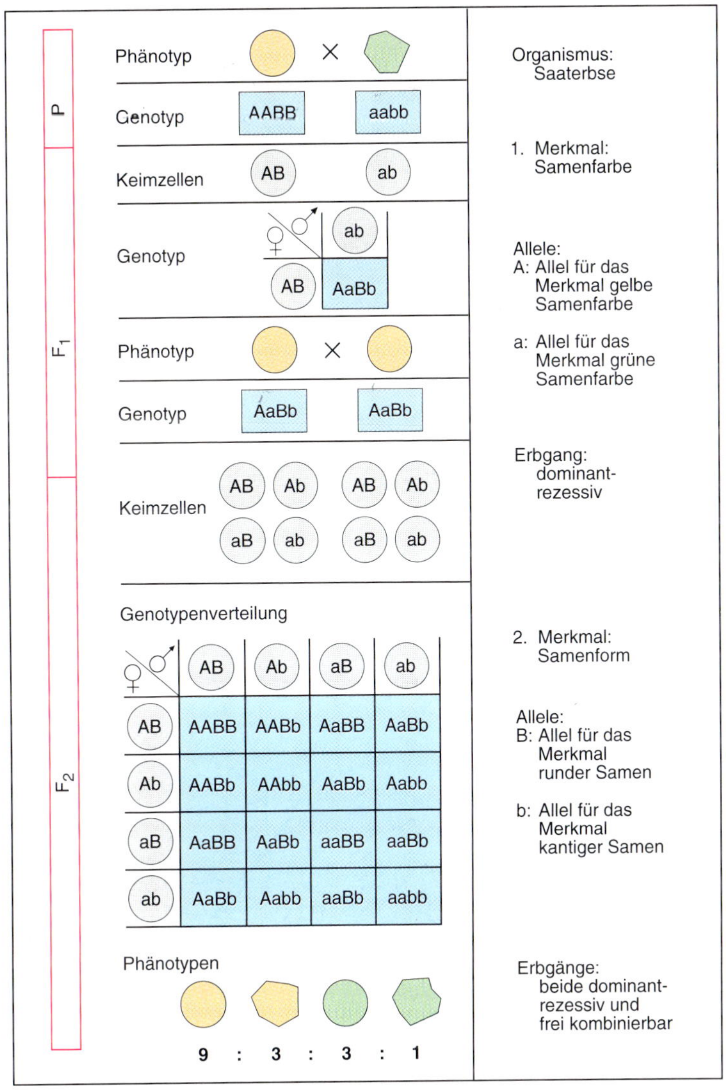

1 Kreuzungsschema zum dihybriden Erbgang

Die Biochemie erklärt Mendels Erbsenformen

Die von MENDEL beschriebenen Erbsenformen (glatt bzw. kantig) unterscheiden sich in ihrem Kohlenhydratstoffwechsel. Runde Erbsen (Genotyp BB oder Bb) haben einen hohen Stärkegehalt, kantige Erbsen (bb) enthalten mehr freien Zucker. 1988 wurde von A. SMITH herausgefunden, daß Erbsen mit kantigen Samen durch einen Enzymmangel freie Zuckermoleküle nicht so gut in Stärke umwandeln können. Dies führt bei den wachsenden Erbsenpflanzen zu einer erhöhten osmotischen Wasseraufnahme in die Zellen. Bei der Reifung trocknen die Zellen aus, und die stark wasserhaltigen Samen werden durch den höheren Wasserverlust kantig.

Übungsprogramm: Mendelsche Regeln

Entscheiden Sie sich bei den folgenden 10 Fragen für eine der angegebenen Antworten. Wenn Sie die zugehörigen Ziffern aufsuchen, stellen Sie fest, ob Sie die Frage richtig oder falsch beantwortet haben. Die Ziffer nach dem Pfeil zeigt Ihnen jeweils, an welcher Stelle Sie weitermachen müssen.

1 Ein Hobbygärtner züchtet Radieschen mit verschiedenen Wurzelformen: lang (Allel l) und kugelrund (Allel k). Aus der Kreuzung lang × kugelrund entstehen nur Radieschen mit ovaler Wurzelform. Welcher Erbgang liegt hier vor?
dominant-rezessiv → 13
intermediär → 27

2 Weil ihm die ovalen Radieschen gefallen, kreuzt er sie untereinander mit dem Ziel, wieder nur ovale zu erhalten. Hat er Erfolg mit dieser Kreuzungsmethode?
ja → 23
nein → 20

3 Wieviel Prozent homozygote Radieschen erwarten Sie nach Kreuzung der F_2-Generation in der folgenden F_3-Generation?
50 % → 19
mehr als 50 % → 25

4 Der Gärtner hat herausgefunden, daß auch die Farbe der Radieschen intermediär vererbt wird: rot (rr), weiß (ww), rosa (rw). Wie viele Phänotypen sind zu erwarten, wenn Pflanzen mit ovaler Wurzelform und rosa Färbung untereinander gekreuzt werden?
4 Phänotypen → 15
9 Phänotypen → 11

5 In welchem Zahlenverhältnis treten die neun Phänotypkombinationsmöglichkeiten in der F_2-Generation auf? Lösen Sie diese Aufgabe mit einem Kombinationsquadrat! *→ 28*

6 Kugelrunde rosafarbene Radieschen werden miteinander gekreuzt. Wie viele unterschiedliche Phänotypen erwarten Sie unter den Nachkommen der nächsten Generation?
3 Phänotypen → 21
6 Phänotypen → 26

7 Welche Mendelsche Regel wenden Sie für diese Kreuzung an?
2. Regel → 18
3. Regel → 16

8 Aus welcher Kreuzung gehen nur ovale Radieschen mit rosa Farbe hervor?
oval/rosa × oval/rosa → 12
kugel/rot × lang/weiß → 24

9 Führt auch eine andere Kreuzung nur zum Ergebnis oval/rosa?
ja → 17
nein → 14

10 Wenn Sie bis hierher durchgehalten haben, dürfte es Ihnen nicht mehr schwerfallen, das Kombinationsquadrat für einen trihybriden Erbgang aufzustellen. Welches Zahlenverhältnis der Phänotypen (A/B/C) erwarten Sie bei dominant rezessiven Allelen (Aa/Bb/Cc)?
→ 22

11 Richtig! Jedem möglichen Genotyp entspricht ein charakteristischer Phänotyp. *→ 5*

12 Falsch! Diese Kreuzung würde wieder zur Aufspaltung führen (vergl. 28). *→ 9*

13 Falsch! Ovale Radieschen sind heterozygot (kl). Bei Dominanz eines Allels würde sich die entsprechende Form durchsetzen. *→ 2*

14 Falsch! Auch die andere homozygote Kombination kugel/weiß × lang/rot führen zu uniformen Nachkommen. *→ 10*

15 Falsch! Vier Kombinationsmöglichkeiten gibt es beim dihybriden dominant-rezessiven Erbgang. Beim intermediären Erbgang sind es dagegen neun: kugel/rot, kugel/rosa, kugel/weiß, oval/rot, oval/rosa, oval/weiß, lang/rot, lang/rosa, lang/ weiß. *→ 5*

16 Nicht unbedingt falsch, weil es formal ein dihybrider Erbgang ist. Besser wäre aber die 2. Regel, weil die Phänotypen im Verhältnis 1 : 2 : 1 aufspalten. *→ 8*

17 Richtig! Man könnte auch kugel/weiß × lang/rot kreuzen. *→ 10*

18 Richtig! Die Phänotypen spalten im Verhältnis 1 : 2 : 1 auf. *→ 8*

19 Falsch! Wenn die F_2-Generation untereinander gekreuzt wird, kommt es auch zur Kreuzung kk × kk bzw. ll × ll. Dies führt zu einem höheren Prozentsatz der homozygoten Radieschen. *→ 4*

20 Richtig! Nach der 2. Mendelschen Regel spalten die Phänotypen beim intermediären Erbgang in der F_2-Generation im Verhältnis 1 : 2 : 1 auf. *→ 3*

21 Richtig! Es können nur wieder kugelrunde Radieschen mit allen 3 Farben sein. *→ 7*

22 Es gibt acht Phänotypkombinationen (ABC : ABc : AbC : aBC : Abc : aBc : abC : abc), die im Verhältnis 27 : 9 : 9 : 9 : 3 : 3 : 3 : 1 auftreten. *→ 29*

23 Falsch! Ovale Radieschen sind heterozygot (kl). Wenn sie miteinander gekreuzt werden, spaltet die nächste Generation (F_2) auf: rund (kk) : oval(kl) : lang (ll) = 1 : 2 : 1 auf. *→ 3*

24 Richtig! Die beiden Eltern sind homozygot. Ihre Nachkommen sind uniform. *→ 9*

25 Richtig! In der F_3-Generation treten schon 75 % homozygote Radieschen auf. *→ 4*

26 Falsch! Es sind nur 3 Kombinationen möglich: kugel/rot, kugel/rosa, kugel/weiß. *→ 7*

27 Richtig! Die ovalen Radieschen sind heterozygot (kl). Dies ergibt beim intermediären Erbgang die ovale Form. *→ 2*

28 Die neun Phänotypen kugel/rot, kugel/rosa, kugel/weiß, oval/rot, oval/rosa, oval/weiß, lang/rot, lang/ rosa, lang/weiß treten im Verhältnis 1 : 2 : 1 : 2 : 4 : 2 : 1 : 2 : 1 auf. *→ 6*

29 Vielen Dank für Ihre Geduld!

Eine Jahrhundertentdeckung wird nicht wahrgenommen

MENDELS Arbeit ist ein klassisches Vorbild für die experimentelle Lösung eines wissenschaftlichen Problems. Noch 1859 bedauerte MENDELS Zeitgenosse CHARLES DARWIN: „Die Gesetze, welche die Vererbung beherrschen, sind völlig unbekannt." 1861 schrieb die Französische Akademie der Wissenschaft dieses Problem zur öffentlichen Behandlung aus. Trotzdem blieb MENDEL Zeit seines Lebens der einzige, der sich der Bedeutung seiner Entdeckungen zu diesem damals aktuellen Problem bewußt war. „Mir haben meine wissenschaftlichen Arbeiten viel Befriedigung gebracht, und ich bin überzeugt, dass es nicht lange dauern wird, da die ganze Welt die Ergebnisse dieser Arbeiten anerkennen wird."

Das Unverständnis seiner Zeitgenossen lag nicht daran, daß MENDELS Arbeiten unbekannt waren. 115 Bände gingen im Schriftenaustausch an Wissenschaftler ins Ausland, und sogar in der Encyclopaedia Britannica wurden seine Versuche zitiert.

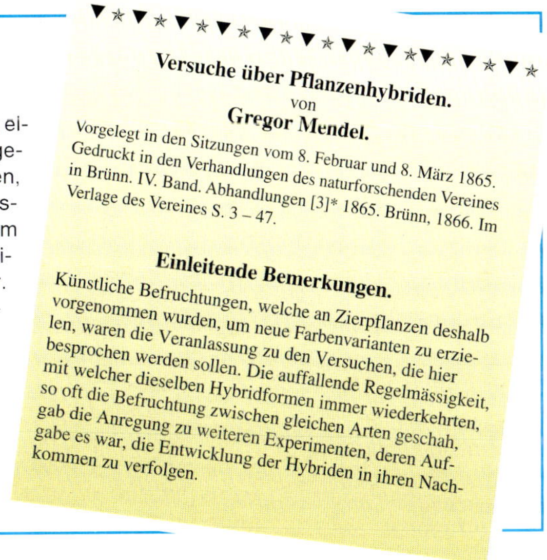
Versuche über Pflanzenhybriden.
von
Gregor Mendel.

Vorgelegt in den Sitzungen vom 8. Februar und 8. März 1865. Gedruckt in den Verhandlungen des naturforschenden Vereines in Brünn. IV. Band. Abhandlungen [3]* 1865. Brünn, 1866. Im Verlage des Vereines S. 3 – 47.

Einleitende Bemerkungen.

Künstliche Befruchtungen, welche an Zierpflanzen deshalb vorgenommen wurden, um neue Farbenvarianten zu erzielen, waren die Veranlassung zu den Versuchen, die hier besprochen werden sollen. Die auffallende Regelmässigkeit, mit welcher dieselben Hybridformen immer wiederkehrten, so oft die Befruchtung zwischen gleichen Arten geschah, gab die Anregung zu weiteren Experimenten, deren Aufgabe es war, die Entwicklung der Hybriden in ihren Nachkommen zu verfolgen.

Die Chromosomentheorie der Vererbung

Die Vererbungstheorie MENDELS blieb zunächst unbeachtet, weil er das Problem nicht mit der üblichen Arbeits- und Denkweise der Forscher seiner Zeit anging. Den Vorstellungen von der „Erblichkeit des Gesamtorganismus" oder der „Verdünnung der Erbsubstanz" stellte er die *freie Kombinierbarkeit stabiler Merkmale* gegenüber. Er beschränkte sich auf einzelne, deutlich unterscheidbare Merkmale und erkannte, daß die erhaltenen Zahlenverhältnisse „Durchschnittsverhältnisse" sind, die sich durch einfache „Regeln der Combination" erklären lassen. Ein anderer Grund der Nichtbeachtung ist in der Entwicklung der Zellforschung zu suchen. Erst mit der Vervollkommnung der mikroskopischen Technik am Ende des 19. Jahrhunderts stellte man fest, daß die Vererbungstheorie durch die Beobachtungen bei Mitose und Meiose bestätigt wird (Abb. 1). So wurden am Beginn des 20. Jahrhunderts in kurzer Folge MENDELS Erbgesetze durch den Niederländer HUGO DE VRIES, den Deutschen CARL CORRENS und den Österreicher ERICH VON TSCHERMAK unabhängig voneinander wiederentdeckt. 1901 erschien bereits der erste Nachdruck der „Versuche über Pflanzenhybriden". 1903 veröffentlichten SUTTON und BOVERI die *Chromosomentheorie der Vererbung,* die zur Grundlage der modernen Genetik wurde: Die Chromosomen sind Träger der Erbanlagen.

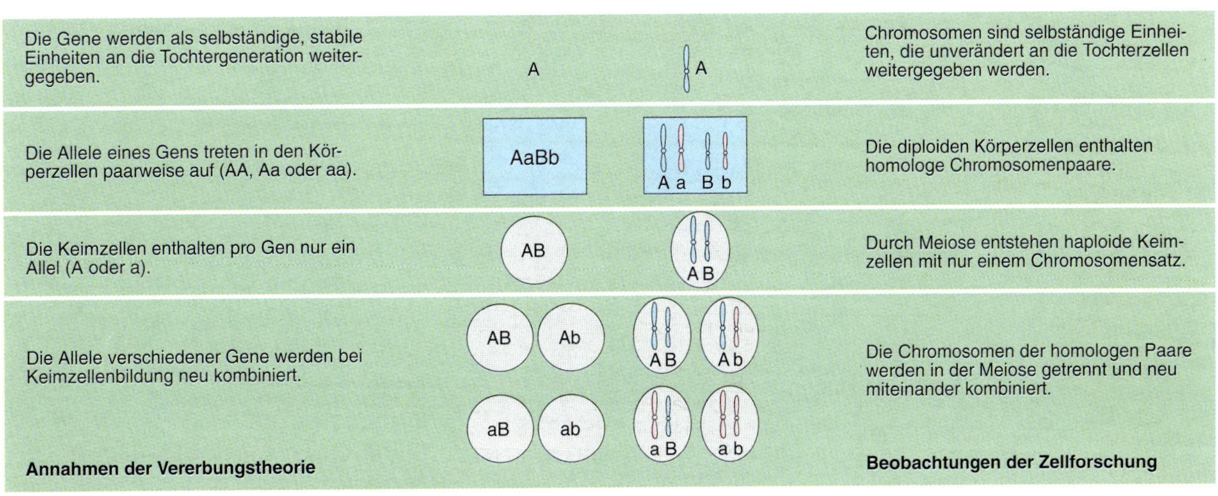

1 Vergleich der Vererbungstheorie mit den Beobachtungen der Zellforschung

Mutationen bei Drosophila:
vg: vestigial (Stummelflügel)
Cy: curly (gebogene Flügel)
b: black (schwarzer Körper)
e: ebony (ebenholzfarbener Körper)
cn: cinnabar (hellrote Augen)

Schreibweise
klein: rezessive Allele
groß: dominante Allele

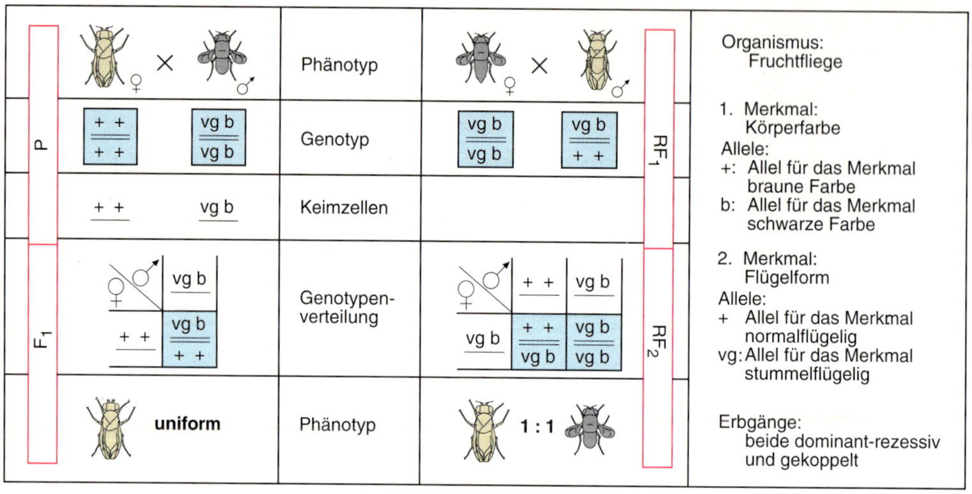

1 Kopplung der Gene bei Drosophila melanogaster

Nicht alle Gene sind frei kombinierbar

Mutation
Veränderung der Erbanlagen

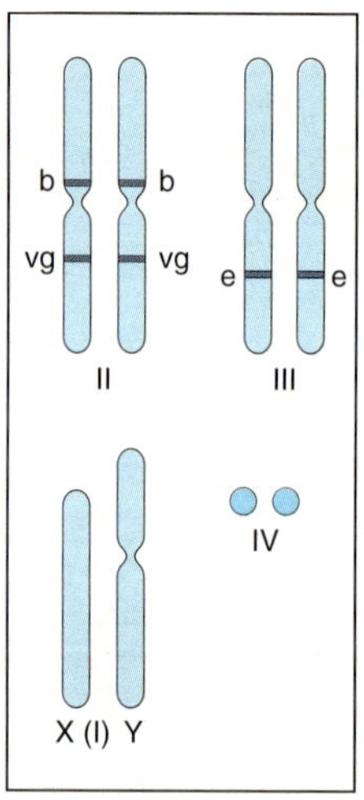

gekoppelte Allele:
$\frac{b\ vg}{b\ vg}$

nicht gekoppelte Allele:
$\frac{e}{e}$; $\frac{vg}{vg}$

Im Jahr 1906 wurde erstmals eine Abweichung von der 3. Mendelschen Regel beobachtet. Bei der Kreuzung hochwüchsiger Tomaten mit runder Frucht (AABB) und kleinwüchsiger mit länglicher Frucht (aabb) traten in der F_2-Generation immer nur die Phänotypen der P-Generation im Verhältnis 3 : 1 auf. Die anderen Merkmalskombinationen (Hochwuchs / längliche Frucht bzw. Kleinwuchs / runde Frucht), die bei einem dihybriden Erbgang zu erwarten wären, traten nicht auf.

Was durch MENDELS Theorie nicht erklärt werden konnte, wurde durch die *Chromosomentheorie der Vererbung* verständlich: Die Gene für Wuchshöhe und Fruchtform der Tomaten (A/a bzw. B/b) liegen auf dem gleichen Chromosom und werden deshalb gekoppelt an die Keimzellen weitergegeben. Die Keimzellen können dann nur die Kombination AB oder ab enthalten, nicht aber Ab oder aB. Die 3. Mendelsche Regel muß deshalb eingeschränkt werden: Allele sind nur dann frei kombinierbar, wenn die Gene auf verschiedenen Chromosomen liegen.

Der amerikanische Biologe THOMAS HUNT MORGAN untersuchte das Phänomen der *Genkopplung* in tausenden von Kreuzungsexperimenten an der Fruchtfliege *Drosophila melanogaster.* Diese nur wenige Millimeter großen Fliegen finden sich auf reifem Obst ein und können leicht gezüchtet werden. Die Anzahl der Nachkommen ist groß (500 Eier pro Weibchen), und die Generationsdauer beträgt nur 12 Tage. Außerdem gibt es viele gut unterscheidbare *Mutanten.* Das sind Tiere, die durch *Mutationen* veränderte Merkmale haben. MORGAN führte in die Drosophilagenetik eine besondere Allelschreibweise ein. Allele, die den Phänotyp der wildlebenden Fruchtfliegen bestimmen (normale Flügelform, brauner Körper, rote Augen), werden *Wildtypallele* genannt und mit „+" bezeichnet. Für mutierte Allele werden Abkürzungen englischer Bezeichnungen benutzt. Die Allele für ein Merkmal schreibt man im Genotyp übereinander und trennt sie durch zwei waagrechte Striche, die bei gekoppelten Allelen durchgezogen werden.

Als MORGAN reinerbige Wildtypweibchen mit schwarzen, stummelflügeligen Männchen ($\frac{b\ vg}{b\ vg}$) kreuzte, erhielt er in der F_1-Generation nur Wildtypfliegen. Die Rückkreuzung zwischen einem Männchen der F_1 und einer weiblichen Doppelmutante führte zu Wildtypfliegen und Doppelmutanten im Zahlenverhältnis 1 : 1, ein Ergebnis, das durch Genkopplung schlüssig erklärt wird (Abb. 1).

Mit weiteren Kreuzungsexperimenten stellte MORGAN fest, daß Drosophila vier Gruppen gekoppelter Gene besitzt. Dies stimmt mit der Anzahl der Chromosomen im einfachen Chromosomensatz überein und bestätigt die Chromosomentheorie der Vererbung.

Aufgabe

① Ebenholzfarbene Fruchtfliegen ($\frac{e}{e}$; $\frac{+}{+}$) werden mit stummelflügeligen ($\frac{+}{+}$; $\frac{vg}{vg}$) gekreuzt. Stellen Sie das Kreuzungsschema bis zur F_2-Generation auf.

Zucht und Kreuzung von Drosophila

Für *Vermehrungsexperimente* genügen Wildtypfliegen, die sich im Spätsommer in Küche oder Garten mit reifen Apfelstückchen in Gläser locken lassen. Für *Kreuzungsexperimente* benötigt man Zuchtstämme, die bei zoologischen Instituten der Universitäten oder Lehrmittelfirmen zu erhalten sind. Diese Firmen bieten auch spezielle Nährböden, Zuchtgefäße, Betäubungsmittel und -behälter an. Die Experimente gelingen aber auch mit einfach zu beschaffenden Mitteln.

Material und Chemikalien:
- Joghurt- oder Babynahrungsgläser, Watte, Verbandmull, Filterpapier (hitzesterilisiert: 2 h, 130 °C).
- Lupe oder Stereomikroskop, kleiner weicher Pinsel, Pipetten.
- Maisgries, Zucker, Trocken- und Frischhefe, Agar-Agar-Pulver.
- Diethylether [F] (Vorsicht: Hochentzündlich! Dämpfe explosiv!).
- Nipagin (in Apotheken erhältlich) in 10%iger alkoholischer Lösung.

Herstellung von Futterbrei

90 g Zucker, 70 g Maisgries, 15 g Trokkenhefe und 15 g Agar-Agar-Pulver in 0,5 l Wasser unter Rühren 15 Minuten kochen. Anschließend 10 ml Nipaginlösung gegen Schimmelbildung einrühren. Die Gläser etwa 2 cm hoch mit heißem Brei füllen und mit einem mullumwickelten Wattebausch verschließen. Nach dem Abkühlen einige Tropfen einer dickflüssigen Frischhefesuspension auf den Futterbrei geben. Die Hefe dient den Fliegenmaden als Nahrung und erschwert das Schimmelpilzwachstum. Einen kleinen Filterpapiertrichter mit der Spitze leicht in den Brei drücken und das Glas wieder verschließen. Vor dem Gebrauch der Gläser deren Innenwände mit einem sterilen Papiertaschentuch abtrocknen.

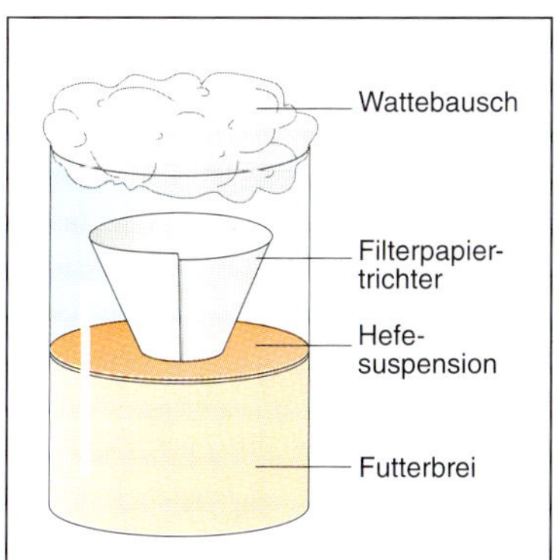

Vermehrung der Fruchtfliegen

Die Zuchtgläser mit 15 bis 20 Elterntieren sollten an einem warmen Platz (25 °C) ohne direkte Sonnenbestrahlung stehen. Aus den abgelegten Eiern entstehen Larven (Maden), die sich nach zwei Häutungen verpuppen. Nach ca. 5 Tagen müssen vor dem Schlüpfen der nächsten Generation alle Elterntiere aus dem Glas ins Freie entlassen werden. 10 bis 12 Tage nach der Eiablage schlüpfen die ersten Fliegen der Folgegeneration, die man in ein neues Zuchtglas bringt.

Aufgabe

① Vermehren Sie Drosophila über mehrere Generationen, und führen Sie Protokoll (z. B. Größe und Färbung der Larven und Puppen, Dauer der Entwicklungsstadien, usw.).

Kreuzungsexperimente

Für erste Kreuzungsversuche eignen sich neben den Wildtypfliegen am besten die Mutanten „ebony“ (e) mit ebenholzfarbenen Körpern und „vestigial“ (vg) mit Stummelflügeln. Jeden Zuchtstamm vermehrt man zunächst getrennt in 2–3 Zuchtgläsern. Die Tiere dieser reinerbigen Stämme müssen für das Kreuzungsexperiment in Männchen und unbegattete Weibchen getrennt werden. Dazu entfernt man zunächst alle bereits geschlüpften Fliegen aus einem Zuchtglas, in dem sich noch Puppen befinden und wartet dann 6 Stunden. Alle Weibchen, die in dieser Zeit schlüpfen, sind unbegattet, weil das zunächst weiche Chitin ihres Genitalapparates noch keine Kopulationen zuläßt. Die geschlüpften Tiere befördert man durch leichtes Stoßen des Zuchtglases gegen den Handballen auf den Boden. Der Wattebausch wird entfernt und ein sauberes Glas wird schnell Öffnung an Öffnung gegen das Zuchtglas gehalten. Durch leichtes Stoßen werden die Tiere ins leere Glas gebracht. Es wird mit einem Wattebausch verschlossen, auf den wenige Tropfen Ether gegeben werden. *Vorsicht:* Keine offenen Flammen! Absolutes Rauchverbot! Arbeitsplatz gut belüften und Dämpfe nicht einatmen! Die Tiere dürfen nur den Etherdämpfen ausgesetzt werden, weil der Kontakt mit flüssigem Ether für sie tödlich ist.

Die betäubten Fliegen werden nach spätestens ½ Minute aus dem Narkotisiergefäß auf ein weißes Papier gegeben. Unter dem Stereomikroskop oder der Lupe sortiert man sie mit einem Pinsel nach ihrem Geschlecht. Die etwas kleineren Männchen mit dem dunkleren, abgerundeten Hinterleib sind sehr gut an einem schwarzen Borstenkamm am körpernächsten Fußglied der Vorderbeine zu erkennen.

Für den Kreuzungsversuch bringt man 5 bis 10 Männchen eines reinerbigen Stammes (z. B. „ebony“) mit 5 bis 10 unbegatteten Weibchen eines anderen Stammes (z. B. Wildtyp oder „vestigial“) in ein Zuchtglas. Sobald sich nach der Paarung und Eiablage die Larven und Puppen entwickelt haben, werden die Elterntiere aus den Gläsern entfernt. Wenn die Individuen der F_1-Generation geschlüpft sind, werden sie in ein neues Zuchtglas gebracht. Sie paaren sich untereinander und werden nach der Eiablage wieder entfernt. Es entwickelt sich die F_2-Generation.

Aufgaben

① Überprüfen Sie an der F_1-Generation die 1. Mendelsche Regel.

② Betäuben Sie die Fliegen der F_2-Generation, und ermitteln Sie das Zahlenverhältnis, in dem die verschiedenen Phänotypen auftreten. Vergleichen Sie Ihr Ergebnis mit der 2. bzw. 3. Mendelschen Regel.

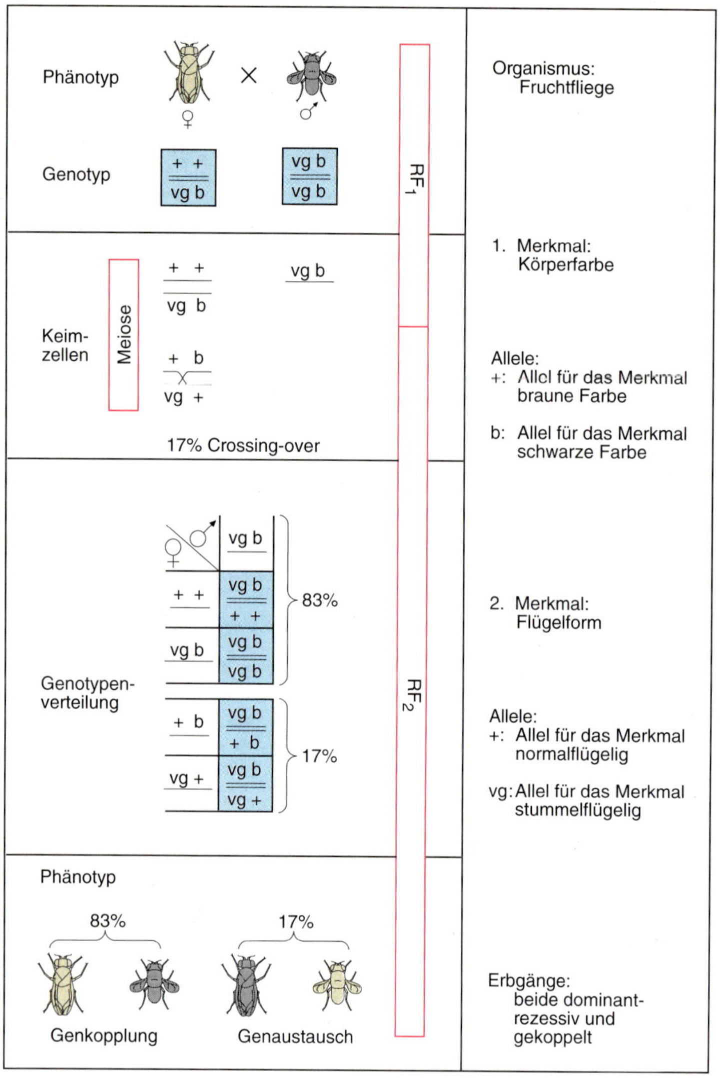

1 Kreuzungsschema mit Genaustausch durch Crossing over

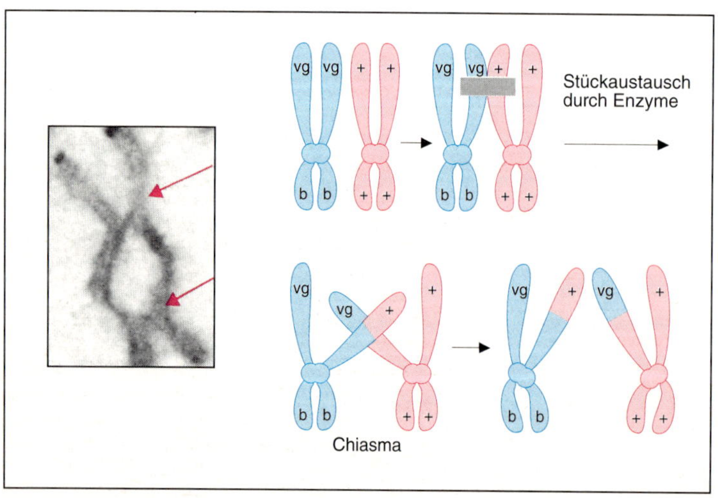

2 Chiasma (Mikrofoto ca. 3500fach) und Schema des Crossing over

Chromosomenstücke sind austauschbar

Weitere Kreuzungsversuche MORGANS mit schwarzen, stummelflügeligen Mutanten von Drosophila erbrachten ein überraschendes Ergebnis. Bei der reziproken Rückkreuzung eines heterozygoten Weibchens mit einer männlichen Doppelmutante traten plötzlich doch alle vier möglichen Merkmalskombinationen auf. Das Zahlenverhältnis war jedoch nicht der Theorie MENDELS entsprechend 1 : 1 : 1 : 1, sondern die überwiegende Zahl entsprach phänotypisch den Eltern. Nur 17 % der Nachkommen waren Einfachmutanten (Abb. 1). MORGAN glaubte zunächst an einen Fehler in der Versuchsdurchführung. Er wiederholte die Kreuzung, erhielt aber immer das gleiche Ergebnis. Es mußte demnach einen Vorgang geben, der zum Austausch gekoppelter Gene führt und sie neu kombiniert *(Kopplungsbruch)*. MORGAN nannte ein solches Ereignis *Crossing over*.

Eine mögliche Erklärung für den Genaustausch fand MORGAN in einer Beobachtung von RÜCKERT, der 1892 in der Prophase der Meiose eine „Verklebung vorher getrennter Chromosomen" beobachtet hatte. JANSSENS bezeichnete 1909 dieses Phänomen als Überkreuzung oder *Chiasma*. MORGAN sah im Chiasma die Folge eines *Stückaustauschs zwischen den Chromosomen*. Dies geschieht in einem hochgeordneten Prozeß, bei dem verschiedene Enzyme dafür sorgen, daß exakt homologe Bereiche der Chromosomenarme durch Trennen und Neuverknüpfung ausgetauscht werden. Wenn am Crossing over die nicht identischen Chromosomenarme eines homologen Paares beteiligt sind, kommt es zu einer *Neukombination der gekoppelten Allele* (Abb. 2).

Die Richtigkeit dieser Überlegung wurde bestätigt, als man bei den Zweiflüglern, zu denen Drosophila gehört, eine Besonderheit in der Meiose feststellte: Chiasmata sind nur bei der Eizellbildung, nicht aber bei der Spermienbildung zu beobachten. Dies deckt sich exakt mit den Ergebnissen der Kreuzungsversuche, die immer nur eine Entkopplung ergeben, wenn bei der Rückkreuzung heterozygote Weibchen verwendet werden.

Aufgabe

① Stellen Sie die Vorgänge zusammen, die bei sexueller Fortpflanzung neue Allelkombinationen bei den Nachkommen ermöglichen.

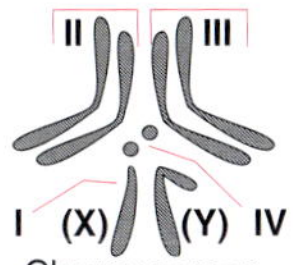

Chromosomen von Drosophila (♂)

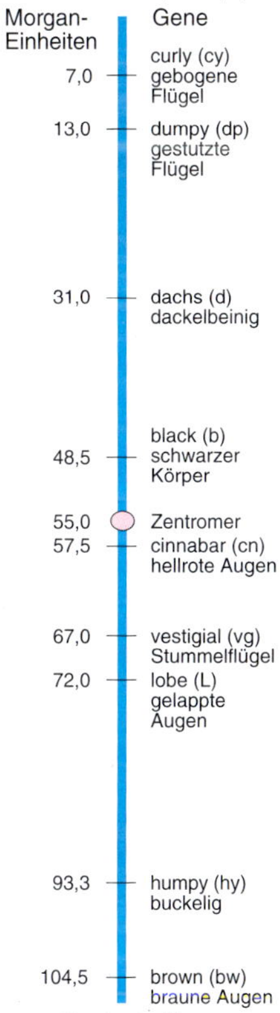

Genkarte für Chromosom II

Ein Lageplan für Gene

MORGAN fand für jedes gekoppelte Genpaar einen charakteristischen Prozentsatz von Phänotypen, die durch Kopplungsbruch entstanden waren und nannte ihn *Austauschwert*. Für die Gene b und cn beträgt er 9 %. Bei cn und vg führt das Experiment zu einem Austauschwert von 9,5 %. Zur Erklärung der unterschiedlichen Werte entwickelte MORGAN eine Theorie, nach der die Gene *linear nebeneinander* auf dem Chromosom liegen. Setzt man voraus, daß ein Crossing over an allen Stellen des Chromosoms gleich wahrscheinlich ist, dann steigt mit dem Abstand der Genorte auch der Austauschwert. Er kann also als relatives Maß für die Entfernung zweier Gene auf dem Chromosom angesehen werden.

Mit zwei Austauschwerten läßt sich die Reihenfolge von drei Genen allerdings noch nicht festlegen. Erst ein drittes Kreuzungsexperiment, bei dem im genannten Beispiel der Austauschwert von vg und b ermittelt wird, bringt Klärung *(Dreipunktanalyse)*. Das Ergebnis von 17 % ist mit der Reihenfolge vg-b-cn nicht vereinbar, paßt aber recht gut zur Anordnung b-cn-vg (Abb. 1).

MORGAN nahm an, daß gleichzeitig mehrere Crossing over am Chromosom möglich sind, was durch die mikroskopische Beobachtung der Chiasmata bestätigt wird. Wenn sowohl zwischen b und cn als auch zwischen cn und vg Crossing over stattfinden *(Doppelcrossing over)*, werden die Gene b und cn bzw. cn und vg entkoppelt. Die Gene b und vg bleiben allerdings weiterhin in Kopplung.

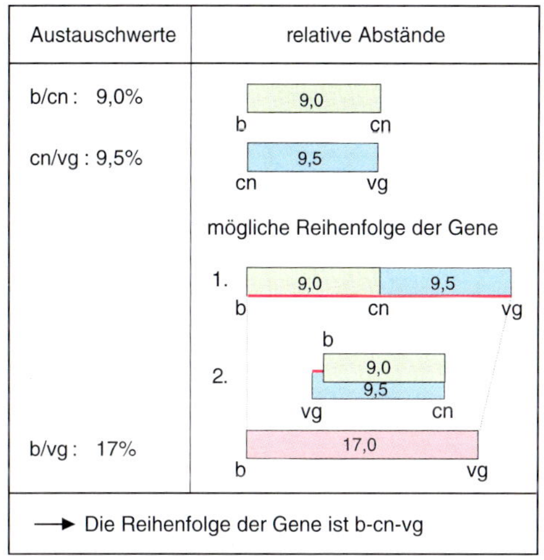

1 Methode der Dreipunktanalyse

Deshalb ist der Austauschwert b/vg (17 %) kleiner als die Summe der Austauschwerte b/cn und cn/vg (18,5 %). Dieser Wert ergibt sich auch bei Addition der relativen Abstände in Morgan-Einheiten.

MORGAN und sein Team bestimmten durch Dreipunktanalysen die relativen Abstände vieler Genorte und erhielten so *Genkarten* für die verschiedenen Chromosomen von Drosophila. In den Karten wird der prozentuale Austauschwert benachbarter Gene als dimensionslose Morgan-Einheit angegeben.

Aufgabe

① Stellen Sie das Doppelcrossing over und seine Folgen für die Gene vg, cn und b zeichnerisch dar.

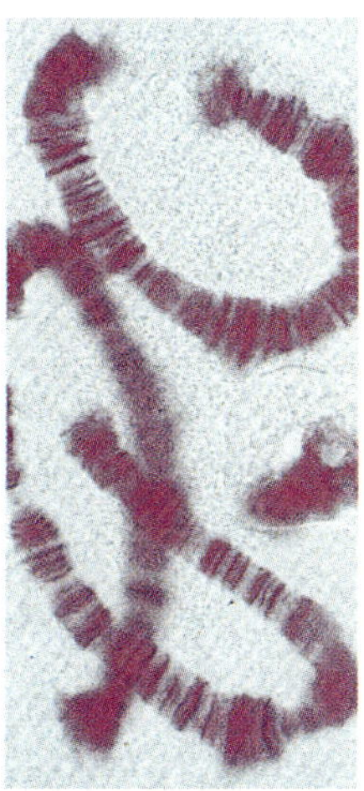

Riesenchromosomen bestätigen Morgans Theorie

Schon 1881 hatte BALBIANI in den Zellkernen der Speicheldrüsen von Zweiflüglern, zu denen Drosophila gehört, *Riesenchromosomen* mit einem Durchmesser von 2 bis 8 µm und einer Länge von 2 bis 4 mm entdeckt. Sie entstehen, wenn sich die homologen Chromosomen in der Interphase paaren und mehrfach verdoppeln, ohne sich voneinander zu trennen. Es liegen dann schließlich über tausend Chromosomenarme mit einem typischen *Querbandenmuster* exakt parallel nebeneinander.
Seit den Arbeiten von BRIDGES (1934 – 1938) werden die Riesenchromosomen zur Überprüfung der Genkartierung eingesetzt, da sich an ihrem Querbandenmuster Veränderungen der Gene direkt beobachten lassen.

So ist beispielsweise der mikroskopisch erkennbare Verlust einer Bande *(Deletion)* stets mit dem Verlust eines bestimmten Gens verknüpft. Es gelang BRIDGES auf diese Weise, den verschiedenen Genen bestimmte Chromosomenstellen zuzuordnen. Die dabei gefundene Reihenfolge von Genen stimmte immer mit der bei Kreuzungsexperimenten gefundenen überein. Dies bestätigt eindeutig die Theorie der linearen Anordnung der Gene auf dem Chromosom. Die tatsächlichen Entfernungen sind jedoch häufig größer oder kleiner als die relativen Abstände, die sich aus den Austauschwerten ergeben, da die Wahrscheinlichkeit für ein Crossing over anscheinend nicht an allen Stellen des Chromosoms gleich groß ist.

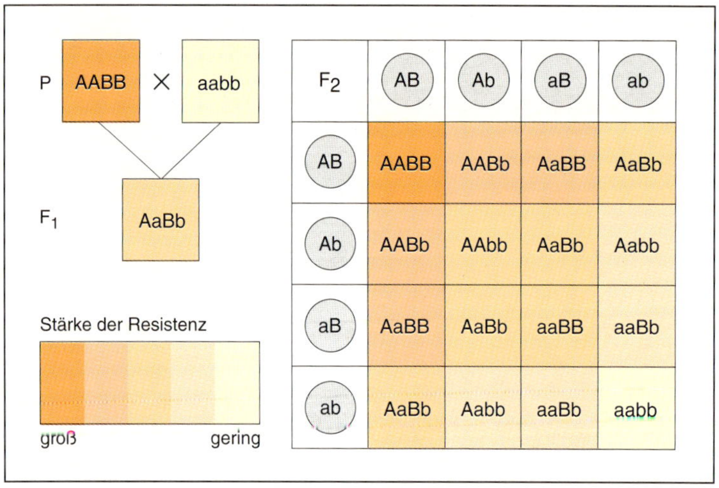

1 Kartoffelkäferresistenz bei Kreuzung verschiedener Sorten

2 Verschiedenfarbige Mäuse aus einem Wurf

Kartoffelkäfer und deren Larven

Polygenie
Ein Merkmal wird von mehreren Genen bestimmt.

Größere Vielfalt durch Polygenie

Die Wildform der Kartoffel stammt aus Südamerika und ist gegen den Befall von Kartoffelkäfern recht widerstandsfähig. Man schätzt, daß an dieser erblichen Resistenz etwa 10 verschiedene Gene beteiligt sind *(Polygenie)*. Die Resistenz ist dann am besten, wenn alle 20 Allele der Resistenzgene in der Form vorliegen, die Resistenz bewirkt. Mit jedem rezessiven Allel wird die Resistenz abgeschwächt. Weil sich die Wirkungen der Allele summieren, spricht man hier von *additiver Polygenie*.

Ein typisches Kennzeichen für additive Polygenie sind abgestufte Unterschiede in den *Phänotypen*. Bei nur zwei Resistenzgenen, deren Allele gleich stark wirken, ergeben sich bereits 5 Phänotypen, die in der F_2-Generation im Zahlenverhältnis 1 : 4 : 6 : 4 : 1 auftreten (Abb. 1). Bei 3 Genen sind 7 verschiedene Phänotypen in dem Zahlenverhältnis 1 : 6 : 15 : 20 : 15 : 6 : 1 zu erwarten. Solche Abweichungen von den Mendelschen Zahlenverhältnissen sind ein typisches Anzeichen für einen polygenen Erbgang.

Bei der Züchtung von Nutzpflanzen stand in der Vergangenheit oft das Zuchtziel „Ertragssteigerung" im Vordergrund, während die Schädlingsresistenz weniger beachtet wurde. Heute versucht man in der Pflanzenzucht, die Resistenzallele durch gezielte Kreuzungen mit resistenten Wildformen wieder in den Genotyp der Nutzpflanzen „einzubauen". Dies ist im integrierten Pflanzenschutz eine der Möglichkeiten, den Einsatz von schädlichen Pestiziden zu verringern.

Schwarze Mäuse können verschiedenfarbige Nachkommen haben. LUCIEN CUÉNOT entdeckte, daß die Fellfarbe polygen vererbt wird. Das B-Gen sorgt mit dem dominanten Allel B für die Bildung eines schwarzen Farbstoffes, mit dem Allel b für ein braunes Pigment. Das C-Gen ermöglicht mit dem Allel C die Farbstoffproduktion, das rezessive Allel c verhindert sie. Schwarze Mäuse besitzen beide dominanten Allele (B und C). Die Genotypen bbCC oder bbCc führen zu einer Braunfärbung. Wenn das Allel c *homozygot* vorliegt, treten Albinos auf, weil dann das B-Gen nicht aktiv werden kann.

In diesem Fall spricht man von *komplementärer Polygenie*, da sich zwei Gene in ihrer Wirkung ergänzen bzw. die Wirksamkeit eines Gens von einem anderen Gen abhängt.

Weitere Gene (A, D und S) ermöglichen eine Vielzahl anderer Farbvarianten: graumeliertes Wildtyphaar (AA/Aa), verstärkte (DD/Dd) oder abgeschwächte (dd) Pigmentierung und scheckiges Fell (ss).

Aufgaben

① Ermitteln Sie in einem Kreuzungsschema das Zahlenverhältnis, mit dem schwarze, braune und weiße Mäuse aus der Kreuzung schwarzer Mäuse mit dem Genotyp BbCc hervorgehen sollten.

② Begründen Sie durch Angabe von Genotypen, daß es möglich ist, aus einfarbig schwarzen Mäusen auch braun-gescheckte zu züchten.

Farbspiele mit Genen

Allele können tödlich sein

Die Wildform der Maus ist graumeliert. Dieser Farbeffekt wird durch ein Ringelmuster auf den Deckhaaren hervorgerufen. Die Haarspitze ist schwarz. Es folgen ein oder mehrere gelbliche Bereiche in der Haarmitte. Für diesen *„Agouti-Effekt"* ist das Allel A zuständig. 1904 untersuchte Cuénot Mäuse mit gelblichen, ungeringelten Haaren und nannte das verantwortliche Allel Ay (y steht für *yellow*).

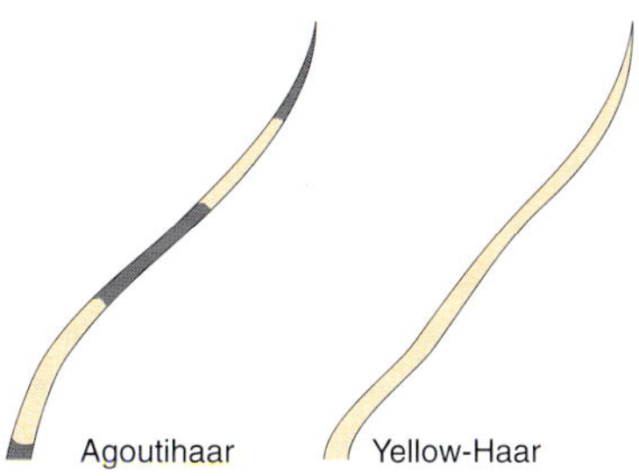

Er kreuzte gelbliche Mäuse mit reinerbigen Wildformen und erhielt in der Nachkommenschaft gelbe und graumelierte Mäuse im Verhältnis 1 : 1.

Aufgabe

① Welche Genotypen haben gelb gefärbte Mäuse? Welches der beiden Allele ist das dominante?

Als Cuénot gelbe Mäuse untereinander kreuzte, entstanden gelbe und graumelierte Mäuse im Verhältnis 2 : 1. Die Untersuchung der Gebärmutter trächtiger Weibchen ergab, daß 1/4 der Embryonen abgestorben war.

Aufgabe

① Stellen Sie diese Ergebnisse in einem Kreuzungsschema dar. Erklären Sie an diesem Schema den Begriff *„rezessiver Letalfaktor"* (*letal* = tödlich).

Die Färbung der Wellensittiche

Die Wildform der Wellensittiche lebt in Australien und hat eine grüne Grundfärbung. Dies ist auf zwei Pigmente im Gefieder zurückzuführen. Im Innern der Federn befindet sich ein blauer Farbstoff, im äußeren Bereich ein gelber. Die Federn der Wildform erscheinen so für den Betrachter grün.

Seit 1840 wurden vom Wellensittich verschiedene Farbvarianten gezüchtet. Am bekanntesten sind die hellblauen, gelben und weißen Sittiche.

Wenn man die Federn dieser Farbvarianten untersucht, stellt man fest, daß beim blauen Sittich das gelbe Pigment fehlt. Gelbe Wellensittiche besitzen kein blaues Pigment, und weiße haben ein pigmentfreies Gefieder.
Die Vererbung der Gefiederfarbe läßt sich erklären, wenn man annimmt, daß für jedes der beiden Pigmente ein eigenes Gen zuständig ist, wobei jeweils das dominante Allel die Bildung des Farbstoffes bewirkt: A = Allel für die Bildung des blauen Pigments; B = Allel für die Bildung des gelben Pigments. Die beiden Allele a und b führen zu keiner Pigmentbildung.

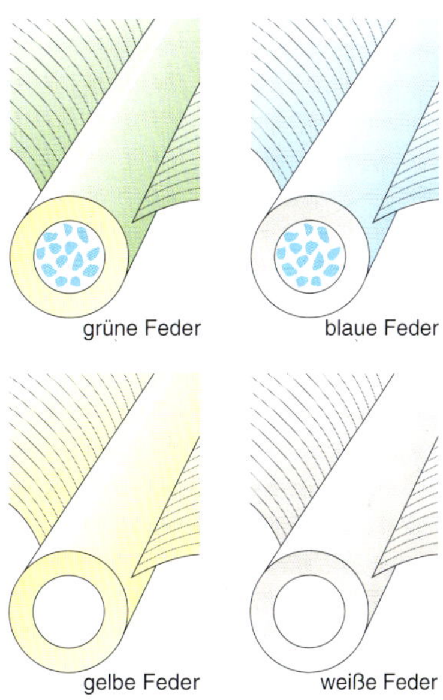

Aufgaben

① Wellensittiche, die für beide Gene heterozygot sind, werden miteinander gekreuzt. Stellen Sie das Kreuzungsergebnis in einem Kombinationsquadrat dar.
② Formulieren Sie das Kreuzungsschema für die Rückkreuzung der doppelt heterozygoten Wellensittiche.

Die Blütenfarbe von Erbsen

Die rote Blütenfarbe mancher Erbsen ist auf einen Farbstoff zurückzuführen, der in zwei Reaktionsschritten hergestellt wird. Jeder Syntheseschritt wird durch ein zuständiges Gen ermöglicht. Fällt nur ein Gen aus, wird der Farbstoff nicht gebildet.

Aufgaben

① Welche Form der Polygenie liegt hier vor?
② In einem zweiten Versuch werden zwei weißblühende Pflanzen miteinander gekreuzt. Das Ergebnis ist überraschend: Alle Nachkommen aus dieser Kreuzung sind rotblühend. Suchen Sie dafür eine Erklärung.
③ Welche Nachkommen erwarten Sie, wenn die rotblühenden Pflanzen aus Versuch 2 einer Selbstbestäubung unterzogen werden? Geben Sie das Kombinationsquadrat an, und ermitteln Sie das voraussichtliche Zahlenverhältnis der verschiedenen Phänotypen.
④ Bei der Kreuzung zweier rotblühender Erbsen treten 342 rot- und 117 weißblühende Nachkommen auf. Erklären Sie dieses Ergebnis mit einem Kreuzungsschema unter Angabe der Genotypen.

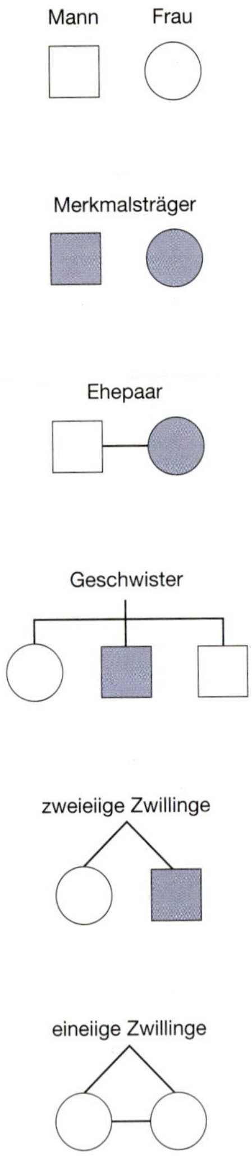

Stammbaumsymbole

1 Erbgang der Fähigkeit zum Zungenrollen

Methoden der Humangenetik

JOHANN WOLFGANG VON GOETHE faßte die weit verbreitete Meinung, daß Kinder körperliche und geistige Merkmale von ihren Eltern erben, in Verse:

„Vom Vater hab ich die Statur,
Des Lebens ernstes Führen.
Vom Mütterchen die Frohnatur,
Und Lust zu fabulieren . . ."

Die *Humangenetik* setzt sich mit dieser Annahme auseinander und versucht, die Gesetzmäßigkeiten der Vererbung beim Menschen aufzuklären. Die wissenschaftliche Methodik, die dabei angewendet wird, ist allerdings grundsätzlich anders als in der Pflanzen- und Tiergenetik, weil sich gezielte Kreuzungen aus ethischen Gründen verbieten. Außerdem würde die lange Generationszeit und die geringe Zahl der Nachkommen eine Auswertung solcher Versuche sehr erschweren. In der Humangenetik arbeitet man deshalb mit der *Analyse von Familienstammbäumen, massenstatistischen Verfahren* und der *Zwillingsforschung,* um sichere Aussagen über den Erbgang eines bestimmten Merkmals machen zu können.

Viele Merkmale, wie z. B. die Statur, besondere Begabungen, aber auch Haar-, Augen- oder Hautfarbe werden allerdings *polygen* vererbt und durch Umweltfaktoren beeinflußt. In diesen Fällen ist es kaum möglich, schlüssige Erbgänge nach den Mendelschen Regeln aufzustellen. Daß diese Regeln jedoch auch für die Vererbung beim Menschen gelten, läßt sich an *monogen* bedingten Merkmalen zeigen. So ist die Fähigkeit zum Zungenrollen, die zwar von einigen Personen durch Übung verbessert oder teilweise sogar erlernt werden kann, auch bis zu einem gewissen Grad von *einer* Erbanlage abhängig. Die Weitergabe dieses Merkmals kann deshalb in einigen Familien durch die Mendelschen Regeln interpretiert werden.

Der Familienstammbaum (Abb. 1) zeigt, daß Kinder das Merkmal nicht unbedingt besitzen müssen, obwohl beide Eltern die Zunge rollen können. Dies ist nach den Mendelschen Regeln bei einem dominant-rezessiven Erbgang auch zu erwarten. Das Merkmal „Rollen" verhält sich dominant über das Merkmal „Nichtrollen". Die entsprechenden Eltern wären dann heterozygot. Mit dieser Annahme lassen sich fast allen Personen im Stammbaum Genotypen zuordnen, die die jeweiligen Phänotypen schlüssig erklären.

Aufgaben

① Geben Sie für alle Personen im Stammbaum (Abb. 1) die Genotypen an. Bei welcher Person kann der Genotyp nicht exakt festgelegt werden?

② Die Singstimme hat vermutlich einen intermediären Erbgang. Sopran und Alt bzw. Tenor und Baß werden als homozygot aufgefaßt, Mezzosopran und Bariton gelten als heterozygot. Geben Sie den Stammbaum einer Familie an, in der die Kinder im Chor alle möglichen Singstimmen besetzen können. Welche Genotypen haben die beteiligten Personen?

Der Erbgang der Blutgruppen

Viele Merkmale, wie z. B. das Zungenrollen, variieren sehr stark, auch wenn der gleiche Genotyp vorliegt, man spricht von unterschiedlicher *Expressivität.* Ein Erbgang kann in diesen Fällen deshalb oft nicht eindeutig interpretiert werden. Absolut sichere Erbmerkmale sind dagegen die *Blutgruppen.* Sie stimmen bei eineiigen Zwillingen immer überein und gelten bei Vaterschaftsgutachten vor Gericht als Beweismittel.

Beim Menschen sind mehr als 20 verschiedene Blutgruppensysteme bekannt. Im *AB0-System,* das 1901 von KARL LANDSTEINER entdeckt wurde, kommen vier verschiedene Phänotypen vor: A, B, AB und 0. Die Vererbung dieser Blutgruppen wurde zunächst mit einem dihybriden Erbgang erklärt, bei dem die Blutgruppe 0 den Genotyp aabb haben sollte. Der Mathematiker BERNSTEIN schlug 1925 dann einen monohybriden Erbgang mit drei verschiedenen Allelen (A, B und 0) vor, von denen jeder Mensch nur zwei in seinem Genotyp besitzt *(Ein-Gen-Drei-Allel-Hypothese).* Die Allele A und B sind jeweils dominant über das Allel 0. Wenn A und B miteinander vorkommen, wirken sich beide im Phänotyp (AB) aus *(kodominante Allele).* Wenn für ein Gen mehr als zwei verschiedene Allele existieren, spricht man von *multipler Allelie.*

Die Hypothese der multiplen Allelie bestätigte BERNSTEIN durch statistische Auswertung von Familienstammbäumen. Er untersuchte ca. 3000 Kinder, bei denen mindestens ein Elternteil die Blutgruppe AB hatte. Dabei fand er nur 13 Kinder mit der Blutgruppe 0. Diese Anzahl war für einen dihybriden Erbgang viel zu gering, weil Eltern mit der Blutgruppe AB und dem Genotyp AaBb wesentlich häufiger Kinder mit der Blutgruppe 0 (aabb) haben sollten. Setzt man dagegen multiple Allelie voraus, dürften Eltern mit der Blutgruppe AB nie Kinder der Blutgruppe 0 haben. Alle 13 Ausnahmen konnte BERNSTEIN auf eine unklare Vaterschaft zurückführen.

1940 entdeckte LANDSTEINER mit dem Rhesusfaktor ein Blutgruppensystem, das einen dominant-rezessiven Erbgang hat. Für rhesuspositive Personen (Rh^+) gibt es zwei mögliche Genotypen (DD oder Dd), rhesusnegative Menschen (rh^-) sind immer homozygot (dd). Im *MN-System* gibt es drei Phänotypen, die durch zwei kodominant wirkende Allele bedingt sind (siehe Randspalte).

Blutgruppen	mögliche Genotypen Häufigkeit in Mitteleuropa		mögliche Keimzellen
A	AA	31%	nur (A)
	A0	11%	(A) oder (0)
B	BB	1%	nur (B)
	B0	14%	(B) oder (0)
AB	AB	6%	(A) oder (B)
0	00	37%	nur (0)

mögliche Kombinationen elterlicher Allele

	(A)	(B)	(0)
(A)	AA	AB	A0
(B)	AB	BB	B0
(0)	A0	B0	00

Genotypen der Nachkommen

1 Die Blutgruppen des AB0-Systems und deren Erbgänge

Für genetische Abstammungsnachweise werden die Blutgruppen der beteiligten Personen bestimmt. Es ist dann bei Vaterschaftsklagen in vielen Fällen ein Vaterschaftsausschluß mit absoluter Sicherheit möglich. Haben Kind und Vater sehr seltene Blutgruppenmerkmale, kann auch ein positiver Vaterschaftsnachweis mit großer Wahrscheinlichkeit, jedoch nicht mit letzter Sicherheit, durchgeführt werden.

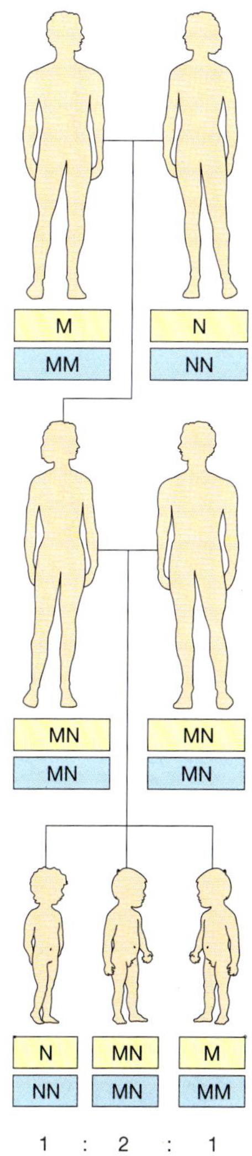

M: Allel für Faktor M

N: Allel für Faktor N

Aufgaben

① In einem bestimmten Fall können Eltern beim ursprünglich vermuteten dihybriden Erbgang nur Kinder mit der Blutgruppe AB haben, im Fall multipler Allelie dagegen nicht. Geben Sie die entsprechenden Blutgruppen der Eltern an.

② Bei einer Vaterschaftsklage haben die beteiligten Personen folgende Blutgruppen: Mutter: A, rh^-, M; Kind: 0, rh^-, M; Mann: B, Rh^+, N.
Kann der Mann Vater des Kindes sein? Begründen Sie Ihre Antwort.

③ Von der Blutgruppe A sind verschiedene Untergruppen bekannt (A_1, A_2, ...). Das Allel A_1 ist immer dominant über A_2.
Geben Sie für folgende Fälle die Blutgruppen der möglichen Väter bzw. die Blutgruppen der Männer an, die als Vater des Kindes auszuschließen sind:

	Blutgruppe Mutter	Blutgruppe Kind
a)	A_2	B
b)	A_1B	A_1B
c)	0	B

X-Chromosom

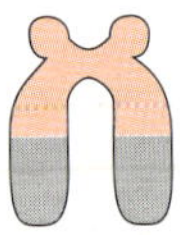

Y-Chromosom

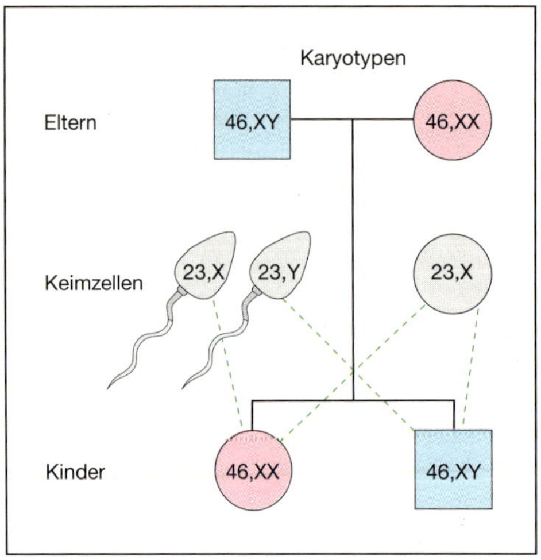

1 Genotypische Geschlechtsbestimmung

Mädchen oder Junge?

Die Körperzellen eines Mannes enthalten ein *X-* und ein *Y-Gonosom.* Diese Chromosomen sind im Blick auf ihre Gene nicht homolog, besitzen jedoch am Ende der langen Chromosomenarme homologe Bereiche, die eine Paarung in der Meiose ermöglichen. Durch die Trennung der Gonosomen einer Urspermienzelle in der ersten Reifeteilung enthält nach der zweiten Reifeteilung die eine Hälfte der Spermien das X-Gonosom (23, X), die andere Hälfte das Y-Gonosom (23, Y). Welches Geschlecht das Kind haben wird, entscheidet sich bei der Befruchtung. Dringt ein Spermium mit dem X-Chromosom in die Eizelle ein, entsteht eine weibliche Zygote (46, XX), ein Spermium mit dem Y-Chromosom führt zu einer männlichen Zygote (46, XY).

Die Entwicklung der primären Geschlechtsmerkmale beginnt in den ersten Embryonalmonaten. Über die Differenzierung der Keimdrüsenanlage entscheidet dann die An- bzw. Abwesenheit des Y-Gonosoms. Eines seiner Gene ist für die Hodenentwicklung zuständig. Im weiblichen Geschlecht fehlt dieses Gen, und die Anlage der Keimdrüsen wandelt sich in Eierstöcke um. Man spricht von einer *genotypischen Geschlechtsbestimmung.* Das X-Chromosom greift dabei nicht ein. Es entspricht genetisch einem Autosom. Die Bildung der weiteren männlichen oder weiblichen Geschlechtsmerkmale hängt von den Hormonen ab, die in den Hoden bzw. Eierstöcken entstehen (Testosteron bzw. Östrogene).

Formen der Geschlechtsbestimmung bei Tieren

Bei vielen Tieren findet man den XY-Mechanismus der Geschlechtsbestimmung. Allerdings hat z. B. bei Vögeln das Weibchen die Gonosomenkombination XY. Das Geschlecht wird bei der Befruchtung vom Geschlechtschromosom der weiblichen Keimzelle bestimmt. Bei Bienen entwickeln sich auch unbefruchtete Eier: die haploiden Männchen (Drohnen). Arbeiterinnen und Königinnen gehen als diploide Organismen aus befruchteten Eiern hervor.

Anemonenfische sind Zwitter. Die Anwesenheit eines Weibchens im Revier verhindert aber beim Männchen die Eizellbildung. Entfernt man das Weibchen, wandelt sich das Männchen in etwa 4 Wochen in ein laichbereites Weibchen um.

Barr-Körperchen und Lyon-Hypothese

Im Jahr 1949 entdeckte der Amerikaner MURRAY L. BARR bei *Interphasekernen* weiblicher Zellen an der Innenseite der Kernmembran einen stärker färbbaren Bereich, den er *Sexchromatin* nannte. Die Anzahl dieser *Barr-Körperchen* ist stets um eins geringer als die Anzahl der X-Chromosomen in der diploiden Zelle. Sie kann deshalb zur Bestimmung des genetischen Geschlechts herangezogen werden, z. B. beim *Sexchromatintest* an den Haarwurzelzellen von Sportlerinnen. Das Verfahren ist wesentlich einfacher als eine Karyotypanalyse, weil keine aufwendigen Zellkulturen notwendig sind.

1961 entwickelte die britische Biologin MARY LYON eine Hypothese, nach der das Barr-Körperchen ein *X-Chromosom* ist, das in den Zellkernen der weiblichen Körperzellen auch in der Interphase stark verkürzt und genetisch inaktiv bleibt. Aus diesem Grund haben nicht nur die Körperzellen beim Mann, sondern auch bei der Frau nur ein aktives X-Chromosom. Die Inaktivierung geschieht bereits 16 Tage nach der Befruchtung und betrifft in jeder Zelle zufallsgemäß eines der beiden X-Chromosomen. In allen Tochterzellen bleibt dann lebenslang das gleiche X-Chromosom als Barr-Körperchen erhalten und mit seinen Allelen inaktiv.

Wenn für ein X-chromosomales Gen der heterozygote Genotyp Aa vorliegt, ist in ca. 50 % der Zellen das Allel A aktiv, in den anderen Zellen das Allel a. Die Körperzellen einer Frau bilden in diesem Fall ein *X-chromosomales Mosaik.*

Lexikon
Lexikon
exikon
xikon
ikon
kon
on

Geschlechterverhältnis

Theoretisches Geschlechterverhältnis

In der Meiose entstehen aus den Urspermienzellen gleichviele Spermien mit dem X- bzw. Y-Chromosom (im folgenden Text werden sie kurz „X-" bzw. „Y-Spermien" genannt). Nach dem Mechanismus der genotypischen Geschlechtsbestimmung sollten demnach gleichviele Jungen (46, XY) und Mädchen (46, XX) geboren werden.

Tatsächliches Geschlechterverhältnis

Statistiken zeigen das tatsächliche Geschlechterverhältnis. Es wird meist durch die Anzahl der Jungen pro 1000 Mädchen angegeben.

Lebendgeburten in der Bundesrepublik

Jahr	Jungen	Mädchen	Geschlechterverhältnis
1949	431 414	401 389	1075
1950	420 344	391 891	1074
1951	410 582	385 026	1066
1952	413 043	386 037	1070
1953	410 184	385 912	1063
1954	420 856	395 162	1065
1955	423 235	396 893	1066
1956	441 115	414 772	1064
1957	460 820	431 408	1068
1958	466 861	437 604	1067
1959	490 791	461 151	1064
1960	498 182	470 447	1059
1961	520 590	492 097	1058
1962	523 801	494 751	1059
1963	541 812	512 311	1058
1964	547 979	517 458	1059
1965	536 930	507 398	1058
1966	539 492	510 853	1056
1967	523 634	495 825	1056
1968	498 202	471 623	1056
1969	464 430	439 026	1058
1970	416 321	394 487	1055

Quelle: Statistisches Bundesamt

Die Werte zeigen, daß mehr Jungen als Mädchen geboren werden. In der Nachkriegszeit ist außerdem ein deutlicher Jungenüberschuß zu beobachten.

Primäres Geschlechterverhältnis

Unter dem primären Geschlechterverhältnis versteht man die Anzahl männlicher *Zygoten* bezogen auf 1000 weibliche. Diesen Wert kann man ermitteln, wenn man das Geschlechterverhältnis der lebend geborenen Kinder und das der *Fehl-* oder *Totgeburten* berücksichtigt.

Totgeburten für Teile der USA (1922—1936)

Schw.-monat	männliche Feten	weibliche Feten	Geschlechterverhältnis
1.+2.	710	199	3568
3.	2 829	781	3622
4.	6 289	3 119	2016
5.	10 627	7 580	1402
6.	14 341	11 680	1228
7.	17 923	15 590	1150

Quelle: U.S. Bureau of the Census

Bei diesen Angaben muß allerdings mit einer gewissen Fehlerquote gerechnet werden, da die Geschlechtsbestimmung anhand äußerer Merkmale der Feten vorgenommen wurde. Dies ist aber in den ersten 4 Schwangerschaftsmonaten unzuverlässig. Viele Feten mit unbekanntem Geschlecht wurden deshalb nicht berücksichtigt.

Mit der Entdeckung des Barr-Körperchens, das schon bei Einzelzellen eine sichere Geschlechtsbestimmung erlaubt, konnte ab 1950 diese Schwierigkeit beseitigt werden. 15 verschiedene Studien, die zwischen 1957 und 1966 weltweit durchgeführt wurden, bestätigen, daß *wesentlich mehr männliche Feten tot geboren werden.*

Spontane Fehlgeburten

Schw.-monat	männliche Feten	weibliche Feten	Geschlechterverhältnis
1.	75	55	1364
2.	551	280	1968
3.	788	300	2627
4.	343	187	1834

Quelle: Verschiedene Studien

Diese Zahlen zeigen, daß das primäre Geschlechterverhältnis stärker zugunsten des männlichen Geschlechts verschoben sein muß. SHETTLES gibt hier Werte bis zu 1700 : 1000 an.

Biologische Erklärungsversuche

Die höhere Zahl männlicher Zygoten muß in einem *Befruchtungsvorteil der Y-Spermien* liegen. Nach der Theorie von SHETTLES liegt dies an der geringeren Masse des Y-Chromosoms. Entsprechende Spermien sind deshalb schneller bei der Eizelle. Y-Spermien haben außerdem etwas kleinere Köpfe und können leichter in die Eizelle eindringen. Dabei sind vermutlich auch chemische Signale beteiligt.

Bei mikroskopischen Untersuchungen wurden im Sperma *mehr Y- als X-Spermien* festgestellt. Diese Beobachtung steht im Widerspruch zu den Vorgängen in der Meiose und wird von GINI hypothetisch darauf zurückgeführt, daß die X-Spermien in den männlichen Geschlechtsorganen nach ihrer Entstehung langsam wieder abgebaut werden. Diesen Abbau zieht er auch als Ursache für den größeren Jungenüberschuß in der Nachkriegszeit in Betracht. Männer, die aus der Kriegsgefangenschaft kamen, hatten eine längere sexuelle Abstinenz hinter sich. Dies würde nach der Hypothese auch einen längeren und damit verstärkten Abbau der X-Spermien bewirken.

Statistische Untersuchungen bei künstlichen Befruchtungen haben gezeigt, daß das Geschlecht des Kindes auch vom zeitlichen Abstand zwischen Eisprung und sexueller Vereinigung abhängig ist. Findet sie zwei Tage vor dem Eisprung statt, wird die Zeugung eines Mädchens wahrscheinlicher. Dies spricht für eine *längere Lebensdauer der X-Spermien* im weiblichen Körper. Sind sexuelle Vereinigung und Eisprung zeitlich eng beieinander, steigt die Wahrscheinlichkeit für die Zeugung eines Jungen. Diese Beobachtung stützt die These von der größeren Beweglichkeit der Y-Spermien.

Die höhere Sterblichkeit männlicher Feten wird von GINI theoretisch mit *rezessiv-letalen Mutationen* auf dem einzigen X-Chromosom begründet. Sie wirken sich bei weiblichen Feten nur selten aus, weil hier das zweite X-Chromosom mit hoher Wahrscheinlichkeit das dominante, nicht mutierte Allel trägt. Außerdem sollen männliche Feten gegenüber den Sexualhormonen der Mutter viel empfindlicher sein als weibliche Feten. Für diese Hypothese spricht die Tatsache, daß die höhere Sterblichkeit männlicher Feten im 3. Schwangerschaftsmonat ein Maximum erreicht. In dieser Zeit entwickelt der fetale Hoden seine optimale hormonelle Aktivität.

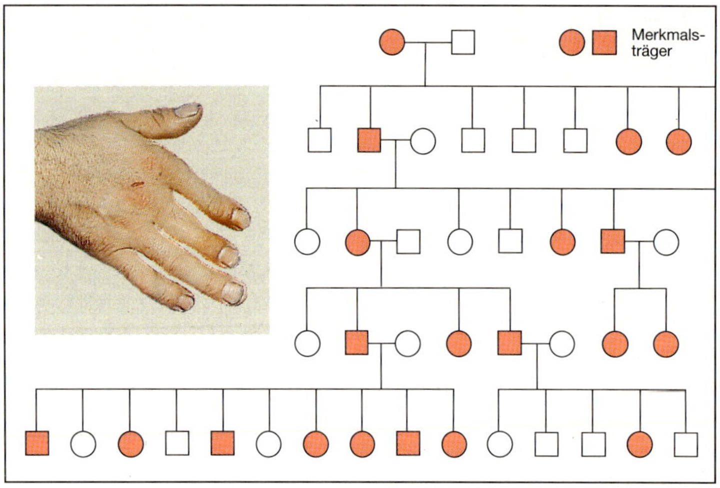

1 Vererbung der Kurzfingrigkeit (nach FARABEE, 1905)

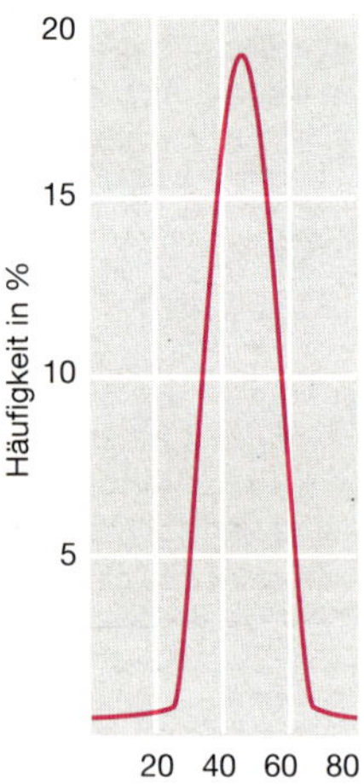

Erkrankungsalter bei Chorea Huntington

Genetisch bedingte Krankheiten

Autosomal-dominanter Erbgang

Manche Krankheiten treten gehäuft in bestimmten Familien auf; deshalb wurde schon lange vermutet, daß sie vererbt werden. Man spricht dann von genetisch bedingten Krankheiten oder den sogenannten *Erbkrankheiten*.

Nach der Wiederentdeckung der Mendelschen Regeln im Jahr 1901 konnte FARABEE bereits 1905 am Familienstammbaum einer amerikanischen Familie zeigen, daß diese Regeln auch die Vererbung bestimmter Merkmale beim Menschen erklären (Abb. 1).

In dieser Familie waren über 5 Generationen Personen mit stark verkürzten Fingerknochen aufgetreten. Diese *Kurzfingrigkeit* hatte nie eine Generation übersprungen. FARABEE nahm deshalb an, daß für die Erkrankung ein dominantes Allel verantwortlich ist. Diese Annahme ist heute nach der statistischen Auswertung weiterer Familienstammbäume gesichert. Kurzfingrigkeit betrifft sowohl Frauen als auch Männer. Diese geschlechtsunabhängige Vererbung zeigt, daß sich das verantwortliche Gen auf einem der Autosomen befinden muß *(autosomal-dominanter Erbgang)*. Bei der Stammbaumanalyse können jedoch Schwierigkeiten auftreten, weil manchmal bei heterozygot Betroffenen die Verkürzung der Fingerknochen nicht oder nur schwach auftritt. Man spricht dann von geringer Expressivität des Merkmals.

Im Jahr 1872 beschrieb der englische Arzt HUNTINGTON ein schweres Nervenleiden, das über Jahrzehnte in jeder Generation Mitglieder einer Familie betroffen hatte. Heute weiß man, daß diese Erkrankung *(Chorea Huntington)* dominant vererbt wird und die Anlage auf dem Chromosom 4 liegt. Die von der Krankheit Betroffenen sind zunächst vollkommen gesund. Erst zwischen dem 30. und 60. Lebensjahr treten Störungen der Gehirnfunktion auf, die einen fortschreitenden Gedächtnisschwund, unkontrollierbare Bewegungen und Sprachstörungen bewirken. Die Patienten werden schließlich hilflos und pflegebedürftig.

Der französische Kinderarzt MARFAN beschrieb im 19. Jahrhundert eine Krankheit, bei der bereits Neugeborene durch überlange, schmale Finger auffallen. Später kommen dann weitere Symptome hinzu: überdurchschnittliche Körpergröße, Überstreckbarkeit der Gelenke, Brustkorbverformungen, Formveränderungen der Augenlinse, Herzklappenfehler und Erweiterung der Aorta. Die Veränderungen an Herz und Blutgefäßen führen zu einer geringeren Lebenserwartung der Patienten.

Ein Krankheitsbild, das durch eine Vielzahl verschiedener Symptome gekennzeichnet ist, wird *Syndrom* genannt. Die Ursache des *Marfan-Syndroms* ist noch ungeklärt. Einer Theorie zufolge soll ein Struktureiweiß des Bindegewebes fehlerhaft sein. Die verschiedenen Symptome lassen sich dann alle auf die zu hohe Elastizität des Bindegewebes zurückführen. Wenn ein einziges mutiertes Gen Ursache für viele veränderte Merkmale ist, spricht man von *Polyphänie*.

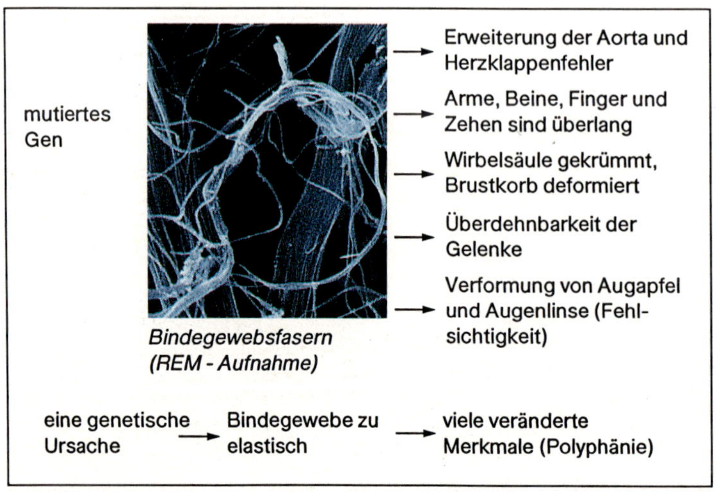

2 Ursache des Marfan-Syndroms (Theorie von MCKUSICK)

1 Stammbaum zum Albinismus und Familie aus Uganda mit zwei Albinos

Albinismus
lat. *albus* = weiß

Mucoviscidose
gr. *mucos* = Schleim

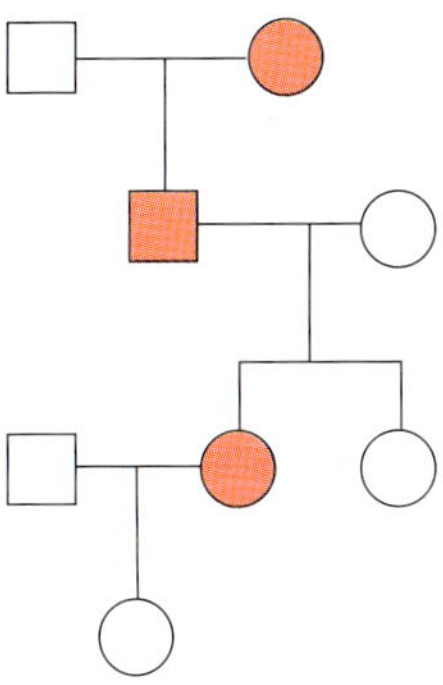

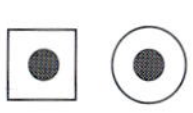
Konduktoren

Autosomal-rezessiver Erbgang

Weiß gefärbte Haare, Wimpern und Augenbrauen, hellrosa Haut, hellblaue Iris, Sehschwäche und eine hohe Lichtempfindlichkeit sind die Folge einer genetisch bedingten Störung der Pigmentbildung, die Menschen aller Rassen betreffen kann. Dieses auch bei Tieren auftretende Phänomen wird *Albinismus* genannt. In den Zellen der Albinos kann der Farbstoff Melanin nicht oder nur unzureichend hergestellt werden. Der mangelnde UV-Schutz der Haut, der ein höheres Hautkrebsrisiko zur Folge hat, kann durch Lichtschutzsalben ausgeglichen werden. Die Lichtempfindlichkeit der Augen erfordert das Tragen dunkler Sonnenbrillen.

Männer und Frauen können Albinos sein. Dies zeigt, daß ein *autosomaler Erbgang* vorliegt. Die Erkrankung überspringt regelmäßig Generationen und taucht oft erst bei Enkeln oder Urenkeln wieder auf. Es muß deshalb ein *rezessives Allel* verantwortlich sein. Gesunde Eltern können ein Albinokind haben, wenn sie beide heterozygot sind. Man nennt sie dann *Überträger* oder *Konduktoren* und kann sie im Stammbaumsymbol mit einem Punkt besonders kennzeichnen.

Weithin unbekannt ist die *Mucoviscidose* oder *Cystische Fibrose* (CF), obwohl jährlich in der Bundesrepublik etliche hundert Kinder mit dieser genetisch bedingten Erkrankung geboren werden. Zäher Schleim verstopft lebenswichtige Organe. Quälender Husten, Atemnot und schwere Verdauungsstörungen sind die Folge dieser Drüsenfehlfunktion. Durch schleimlösende Medikamente, Inhalationstherapie und Diät hat sich die Lebensqualität deutlich verbessert, aber eine Heilung ist immer noch nicht möglich. Die Lebenserwartung ist eingeschränkt. 1948 wurde festgestellt, daß im Schweiß der Erkrankten zuviel Kochsalz enthalten ist. Der NaCl-Schweiß-Test ist auch heute noch die übliche Diagnosemethode für Mucoviscidose. Ab 1980 konnte gezeigt werden, daß bei CF-Patienten die Zellmembran der Schleimhautzellen eine gestörte Chloridionendurchlässigkeit hat. Ursache dafür ist ein Chloridionenkanal, der sich nicht öffnet. Nachdem diese Zusammenhänge bekannt sind, besteht die Hoffnung, ein Medikament zu entwickeln, das die Öffnung dieses Kanals bewirkt und die Symptome der Mucoviscidose beseitigt.

Aufgaben

① Geben Sie für alle Personen im Stammbaum zum Albinismus, der in Abbildung 1 dargestellt ist, die Genotypen an. Bei welchen Personen kann der Genotyp nicht eindeutig festgelegt werden? Welche Personen sind heterozygote Überträger für Albinismus?

② Stammbäume, die nur wenige Personen umfassen, können oft unterschiedlich gedeutet werden. Erst die statistische Auswertung größerer genetischer Studien zeigt dann, ob das Merkmal tatsächlich dominant oder rezessiv vererbt wird.
Zeigen Sie durch die Angabe möglicher Genotypen, daß der Stammbaum in der Randspalte sowohl autosomal-rezessiv als auch autosomal-dominant erklärt werden kann.

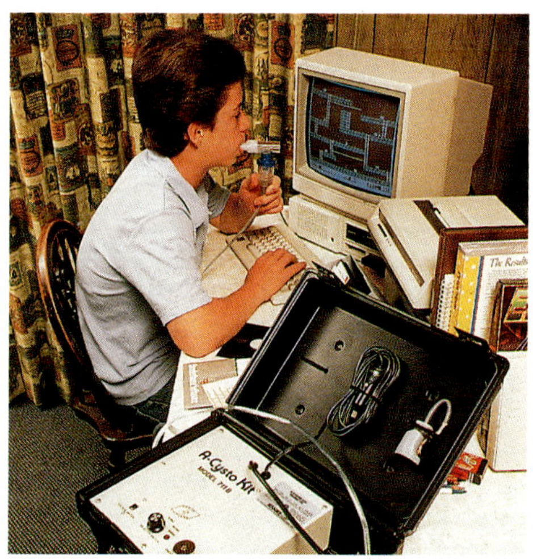

2 Atemtherapie bei Mucoviscidose

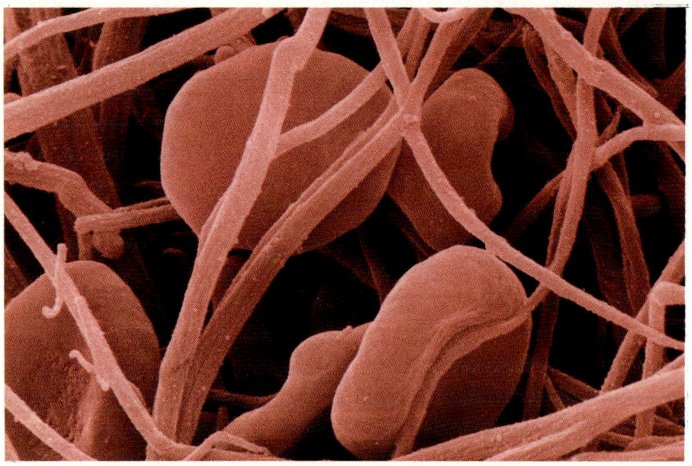

1 Erythrocyten im Fibrinnetz (REM-Aufnahme, ca. 5000 × vergr.)

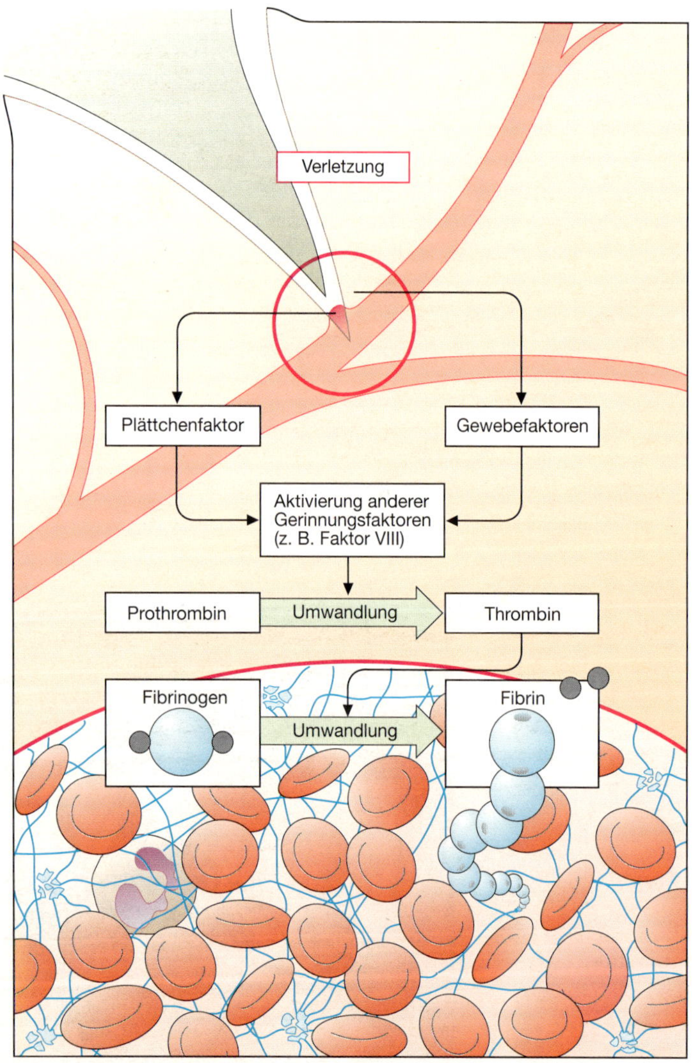

2 Vorgänge bei der Blutgerinnung (vereinfacht)

Blutgerinnung und Bluterkrankheit

Im Blut befinden sich Stoffe, die die Gerinnung hemmen oder fördern. Normalerweise ist die Wirkung der Hemmstoffe stärker, das Blut bleibt flüssig. Bei einer Blutgefäßverletzung beginnt jedoch der komplizierte Prozeß der *Blutgerinnung,* an dem mehr als 10 verschiedene *Gerinnungsfaktoren* beteiligt sind. Er führt in 5 bis 7 Minuten zum Gefäßverschluß.

Nach einer Verletzung werden vom betroffenen Gewebe und von zerfallenen Blutplättchen *(Thrombocyten)* Faktoren freigesetzt. Sie aktivieren weitere Gerinnungsfaktoren, die im Blutplasma gelöst sind. Weil dabei jedes Einzelmolekül auf mehrere Folgemoleküle wirkt, kommt es kaskadenartig zu einem Verstärkungseffekt, der die Blutgerinnung beschleunigt. Unter Mitwirkung von Ca^{2+}-Ionen wird schließlich das Plasmaeiweiß *Prothrombin* in *Thrombin* umgewandelt. Thrombin wirkt enzymatisch auf das Eiweiß *Fibrinogen* ein. Dadurch entsteht freies *Fibrin,* das sich mit anderen Fibrinmolekülen kettenartig zusammenlagert. So bilden sich lange, wasserunlösliche *Fibrinfäden,* die sich vernetzen und zusammenziehen. In diesem Netzwerk verfangen sich die roten Blutzellen *(Erythrocyten),* und es entsteht der *Thrombus,* der das Blutgefäß verschließt.

Für die Bereitstellung jedes einzelnen Blutgerinnungsfaktors ist jeweils ein Gen notwendig. Fällt nur ein Faktor aus, kann bereits der gesamte Prozeß unterbrochen oder stark verlangsamt sein. Das Phänomen „Blutgerinnung" ist also ein polygenes Erbmerkmal *(komplementäre Polygenie).* Am häufigsten ist der Ausfall des Faktors VIII. Er führt bei den betroffenen Personen zur Bluterkrankheit *Hämophilie A,* bei der die Blutgerinnung auf über 15 Minuten verzögert ist. Blaue Flecken und Blutungen im Gewebe und in die Gelenke sowie die Gefahr eines hohen Blutverlustes bei Verletzungen sind die typischen Symptome dieser Krankheit. Bei der seltenen *Hämophilie B* fehlt der Faktor IX, der nach dem Vornamen des Jungen benannt wurde, bei dem die Krankheit entdeckt wurde: *„Christmas-Faktor".*

Hämophilie A kann heute durch die Injektion von Faktor VIII-Präparaten behandelt werden. Dies muß in Zeitabständen von wenigen Tagen immer wieder geschehen, weil der Faktor in der Leber schnell abgebaut wird.

Die Präparate, die aus Spenderblut gewonnen werden, sind nicht mit letzter Sicherheit virusfrei. Sie wurden bis 1993 auch von einigen Herstellern nicht ausreichend auf HIV getestet („Plasmaskandal"). Viele Bluter wurden deshalb HIV-positiv und erkrankten an AIDS. Mit absoluter Sicherheit virusfrei sind Faktor VIII-Präparate, die man mit den Methoden der Gentechnik aus Zellkulturen erhält.

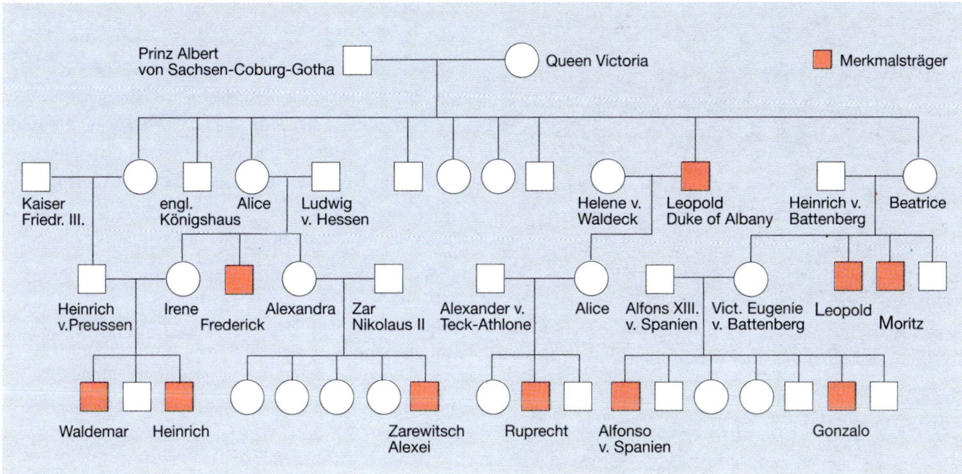

1 Stammbaum der Bluterkrankheit in europäischen Fürstenhäusern

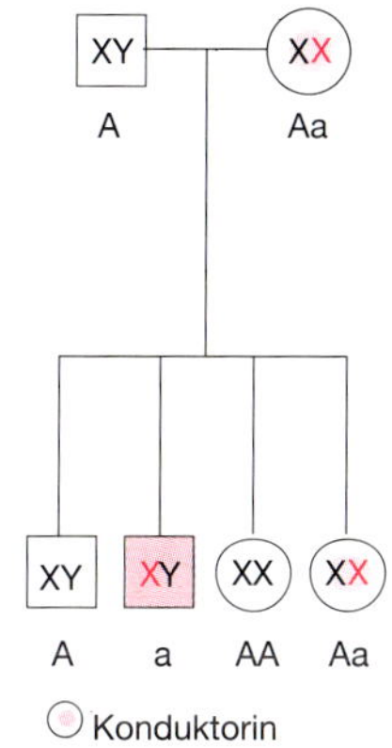

Erbschema für einen X-chromosomal-rezessiven Erbgang

Das Erbe der Victoria

Die *Hämophilie A* betrifft in Mitteleuropa etwa einen von 10 000 Männern. Sie trat in der Vergangenheit gehäuft unter den eng verwandten Mitgliedern europäischer Adelsfamilien auf.

Der Stammbaum in Abb. 1 zeigt, daß anscheinend nur Männer bluterkrank werden. Diese Bindung an das Geschlecht läßt auf einen gonosomalen Erbgang schließen, bei dem das Y-Chromosom das Bluterallel trägt. Es ist aber auffallend, daß die Väter bluterkranker Söhne nicht von der Krankheit betroffen sind. Die *Hämophilie A* kann aus diesem Grund nicht Y-chromosomal bedingt sein, weil der Vater stets sein Y-Chromosom und damit auch das Bluterallel an den Sohn vererben würde. Das Allel, das die Hämophilie A verursacht, liegt folglich auf dem X-Chromosom und wird durch heterozygot gesunde *Konduktorinnen* übertragen *(X-chromosomal-rezessiver Erbgang)*. Bei Männern führt das Bluterallel immer zur Erkrankung, weil sie kein zweites X-Chromosom haben. Sie besitzen nur ein Allel und sind für X-chromosomal bedingte Merkmale *hemizygot*.

Recht häufig ist eine erbliche Störung des Farbsehvermögens, die sog. *Rot-Grün-Sehschwäche*, die etwa 8 % aller Männer betrifft. Sie wird ebenfalls X-chromosomal-rezessiv vererbt. Betroffene Personen können rote und grüne Farbtöne mehr oder weniger gut voneinander unterscheiden. Sie bemerken ihre Sehschwäche aber oft erst bei Betrachtung von Farbtestbildern (s. Randspalte).

Aufgaben

① Führen Sie eine Stammbaumanalyse für die Bluterkrankheit beim Zarewitsch Alexei durch. Welchen Genotyp hatte seine Urgroßmutter Queen Victoria?

② Mit welcher Wahrscheinlichkeit haben die Enkelsöhne eine Rot-Grün-Sehschwäche, wenn der Großvater mütterlicherseits auch davon betroffen war?

③ Erklären Sie durch ein Erbschema, wie in sehr seltenen Fällen (1 : 100 000 000) auch Frauen bluterkrank werden können.

④ Eine Zahnschmelzverfärbung wird X-chromosomal-dominant vererbt. Welche Folgen erwarten Sie für Kinder und Enkelkinder eines betroffenen Mannes?

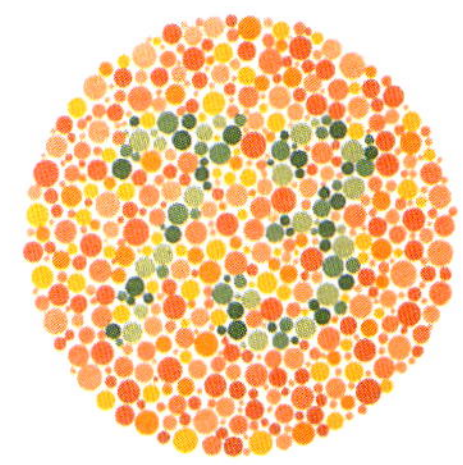

Farbtestbild zur Rot-Grün-Sehschwäche

Genkopplung und Rekombination im X-Chromosom

1938 konnte zum ersten Mal beim Menschen eine *Rekombination gekoppelter Gene* festgestellt werden. Von vier Brüdern war einer gesund, einer war Bluter mit Rot-Grün-Sehschwäche, zwei waren nur von jeweils einem Merkmal betroffen. In diesen beiden Fällen mußte ein Crossing over zum Austausch der gekoppelten Gene geführt haben.

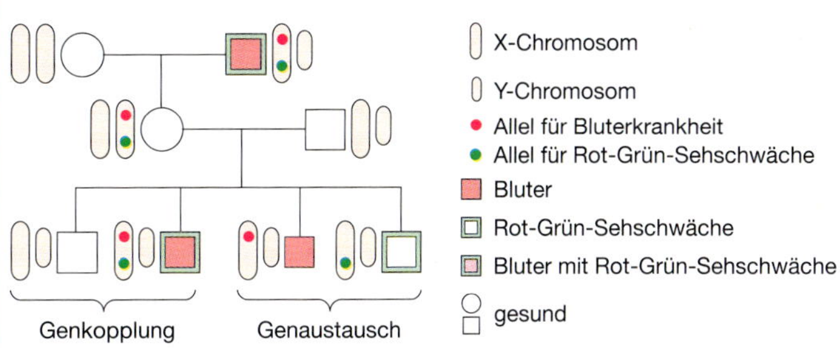

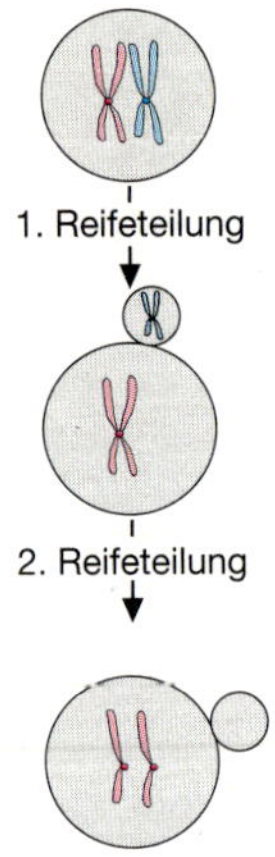

Meiose bei der Eizellbildung mit Nondisjunction der Chromosomen

1 Kind mit Down-Syndrom

Numerische Chromosomenveränderungen

Trisomie 21

1886 beschrieb der englische Kinderarzt LANGDON DOWN die Symptome einer Krankheit, von der etwa jedes 700. neugeborene Kind betroffen ist. Typisch für das *Down-Syndrom* sind ein kleiner Körperwuchs (Endgröße ca. 1,5 m), ein kurzer Hals, kurzfingrige Hände, Herzfehler, erhöhtes Infektionsrisiko und eine schmale, schräggestellte Lidfalte. Kinder mit dem Down-Syndrom sind meist sehr freundlich und musikalisch, bleiben aber in ihrer geistigen Entwicklung mehr oder weniger stark zurück und müssen intensiv gefördert werden.

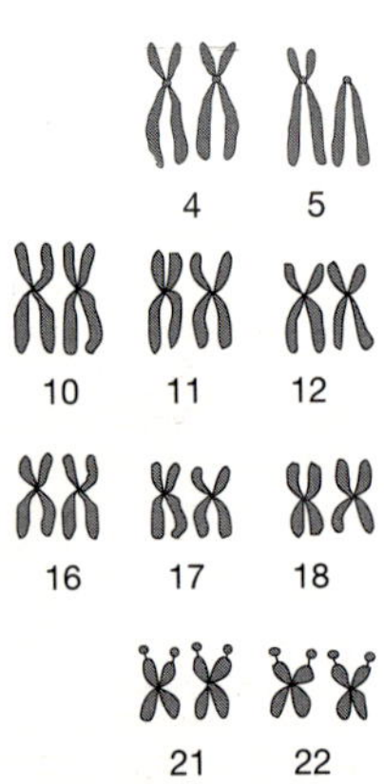

Karyogrammausschnitt mit Deletion am Chromosom 5

Numerische und strukturelle Abweichungen bei Autosomen

An frühen Fehlgeburten konnte festgestellt werden, daß Trisomie auch alle anderen Chromosomen betreffen kann. Nur bei Trisomie 15 oder 18 sind die Kinder mit schweren Fehlbildungen kurze Zeit lebensfähig. Fehlt in der Keimzelle ein Chromosom, kommt es nach der Befruchtung zur *Monosomie* mit tödlichen Folgen für den jungen Keim. Beim *Katzenschreisyndrom* fehlt ein Stück des kurzen Arms am Chromosom 5. Körperliche Mißbildungen und katzenähnliche Laute bei den Säuglingen sind die Folgen dieser *Deletion*. Die Häufigkeit des Katzenschreisyndroms liegt bei etwa 1 : 50 000. Viele chromosomale Veränderungen sind schon pränatal eindeutig diagnostizierbar.

Die genetische Ursache des Down-Syndroms wurde 1959 geklärt, als man feststellte, daß die diploiden Körperzellen betroffener Kinder drei einzelne Chromosomen 21 enthalten *(freie Trisomie 21)*. Für die schwerwiegenden Folgen dieser Chromosomenzahlabweichung wird eine Störung der „Genbalance" vermutet, obwohl dies noch nicht genau bekannt ist. Die Untersuchungen zeigen, daß bereits die Verdopplung eines sehr kleinen Bereichs im Chromosom genügt, um die genannten Symptome zu bewirken.

Die Eltern von Kindern mit dem Down-Syndrom haben meist normale Chromosomensätze. Die freie Trisomie 21 tritt in diesen Fällen spontan auf und wird durch einen fehlerhaften Meioseablauf bedingt, bei dem in der 1. oder 2. Reifeteilung die Chromosomen nicht gleichmäßig verteilt werden. Durch Nichttrennung *(Nondisjunction)* können Keimzellen entstehen, die das Chromosom 21 zweimal enthalten. Durch die Befruchtung kommt ein weiteres homologes Chromosom hinzu, und die Zygote ist trisom. Keimzellen ohne Chromosom 21 führen zu *monosomen*, nicht lebensfähigen Keimen.

Statistische Untersuchungen belegen, daß eine Beziehung zwischen dem Alter der Mutter und der Häufigkeit der Geburt von Kindern mit dem Down-Syndrom besteht. Bei 25jährigen Frauen sind nur ca. 0,1 % der Kinder betroffen, bei 45jährigen dagegen über 2 %. Es scheint so, als ob die Meiose bei älteren Frauen häufiger nicht mehr regelgerecht verläuft. Dies könnte damit zusammenhängen, daß die Meiose in den Eierstöcken einer Frau bereits vor der Geburt beginnt, die Ureizellen dann aber für Jahrzehnte in der Prophase als Wartestadium verbleiben. Die Frage des Risikos einer Chromosomenzahlabweichung aufgrund erhöhten väterlichen Alters ist nicht endgültig beantwortet. Die derzeit vorliegenden Befunde sind widersprüchlich und können erst durch weitere umfangreiche Studien geklärt werden.

Aufgaben

① Im Gegensatz zu Jungen sind Mädchen mit dem Down-Syndrom oft nicht steril. Welche Folgen erwarten Sie für die Kinder einer Frau mit freier Trisomie 21?

② Zeigen Sie mit schematischen Skizzen, welche Folgen bei Nondisjunction des Chromosomenpaares 21 in der 1. Reifeteilung der Spermienbildung zu erwarten sind.

Gonosomale Chromosomenabweichungen

Ein Krankheitsbild, das mit einer Wahrscheinlichkeit von 1:2500 bei weiblichen Neugeborenen auftritt, ist das sog. *Turner-Syndrom*. Betroffene Mädchen entwickeln sich geistig normal, fallen aber durch einen kurzen Hals und typischen Minderwuchs auf, der jedoch mit einer Wachtstumshormontherapie bei ⅔ der betroffenen Mädchen erfolgreich behandelt werden kann. Fehlbildungen an inneren Organen sind möglich, und die geschlechtliche Reifung bleibt fast immer aus. Der Chromosomenbefund zeigt, daß bei diesen Mädchen im Zellkern der Körperzellen nur ein X-Chromosom enthalten ist (45, X0). Sie sind deshalb für das X-Chromosom ebenso hemizygot wie die Männer und besitzen kein Barr-Körperchen. Turner-Mädchen sind die einzigen lebensfähigen Personen mit einer Monosomie in den Zellen.

Turner-Syndrom Karyotyp 45, X0; 1:2500 (weibliche Neugeborene)	Kleinwuchs (1,5 m), kurzer Hals, Mißbildungen an inneren Organen möglich, unfruchtbar, Intelligenz normal
Klinefelter-Syndrom Karyotyp 47, XXY; 1:660 (männliche Neugeborene)	sehr großer Körper (über 1,8 m), keine Spermienbildung in den Hoden, Neigung zu Diabetes, Intelligenz nur wenig vermindert
Triplo-X-Syndrom Karyotyp 47, XXX; 1:1000 (weibliche Neugeborene)	äußerlich unauffällig, Pubertätsverlauf normal, meist fruchtbar, Intelligenz nur leicht eingeschränkt
Diplo-Y-Syndrom Karyotyp 47, XYY; 1:590 (männliche Neugeborene)	überdurchschnittliche Körpergröße, normale Pubertät (fruchtbar), Intelligenz nahezu normal, Verhalten unauffällig

1 Gonosomale Chromosomenzahlabweichungen und deren Symptome

Viele Fälle des Turner-Syndroms sind nicht auf Nondisjunction in der Meiose der Keimzellen zurückzuführen, sondern auf eine Unregelmäßigkeit bei frühen mitotischen Teilungen des Keimes, die zum Verlust eines X-Chromosoms führten. Es gibt dann im Körper neben den normalen Zellen auch monosome Zellen *(XX/X0-Mosaik)*. Je später die Teilungsstörung auftritt, desto geringer ist der Prozentsatz der Zellen mit Monosomie. Häufig sind dann auch die phänotypischen Merkmale weniger auffällig.

Die Zellkerne der vom *Klinefelter-Syndrom* betroffenen Männer enthalten meist 47 Chromosomen (47, XXY) und besitzen ein Barr-Körperchen. Es sind auch Einzelfälle mit mehreren Barr-Körperchen bekannt (48, XXXY). Auch die Zellkerne der *Triplo-X-Frauen* haben zwei Barr-Körperchen. Die Zellen der *Diplo-Y-Männer* enthalten zwei Y-Chromosomen.

Das *Diplo-Y-Syndrom* ist ein Musterbeispiel für die Fehlinterpretation statistischer Daten. In Kopenhagen wurden alle zwischen 1944 und 1947 geborenen Männer untersucht, die eine Körpergröße von über 1,84 m hatten. Unter 4139 Betroffenen wurden 12 Diplo-Y-Fälle gefunden. Fünf von diesen Männern (41,7 %) hatten eine oder mehrere Gefängnisstrafen verbüßt. Im Gegensatz dazu traten bei der männlichen Durchschnittsbevölkerung der Stadt nur bei 7 % solche Strafen auf. Das Thema: „Y: Mörder-Chromosom" wird bis heute noch in Zeitungsberichten oder Talkshows diskutiert, obwohl Folgestudien längst zeigten, daß das Diplo-Y-Syndrom unter Kriminellen nur unwesentlich häufiger auftritt als in der männlichen Gesamtbevölkerung. Die nichtkriminellen Diplo-Y-Männer sind im Durchschnitt nur größer als „normale" XY-Männer und schneiden bei Intelligenztests etwas schlechter ab. Es gibt bis heute keinen haltbaren Beleg für den Zusammenhang zwischen einer Gewalttätigkeit und dem zusätzlichen Y-Chromosom.

Menschen mit gonosomalen Chromosomenzahlabweichungen sind im Vergleich zu Personen mit autosomalen Abweichungen kaum auffällig. Dies liegt zum einen daran, daß überzählige X-Chromosomen als Barr-Körperchen genetisch inaktiviert sind und deshalb die Genbalance kaum stören. Ein zusätzliches Y-Chromosom wirkt sich vermutlich wegen seiner geringen Anzahl von Genen ebenfalls nur wenig aus.

Aufgaben

① In welcher Reifeteilung muß bei der Entstehung der Spermienzellen eine Nondisjunction stattfinden, damit bei anschließender Befruchtung das Diplo-Y-Syndrom zustande kommen kann?

② Welche möglichen Karyotypen erwarten Sie bei den Kindern eines Mannes mit dem Diplo-Y-Syndrom? Begründen Sie Ihre Antwort.

③ Erklären Sie die beiden Erbgänge in der Randspalte. Geben Sie dabei die Genotypen der beteiligten Personen an und zeigen Sie, welche besonderen Vorgänge bei der Keimzellenbildung stattgefunden haben müssen.

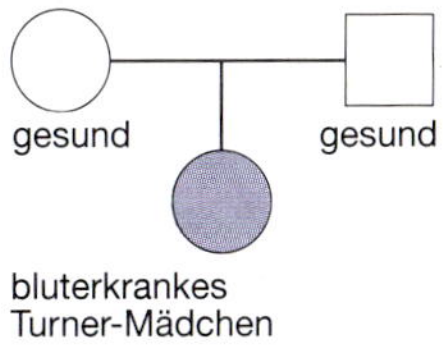

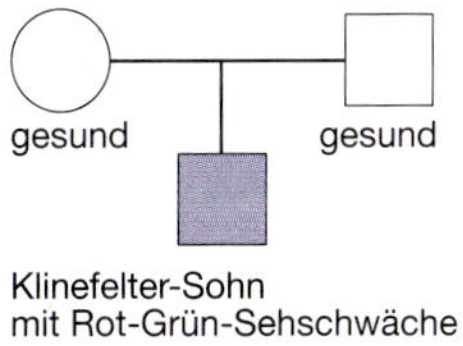

Zwillingsuntersuchungen

FRANCIS GALTON (1822 bis 1911), ein Cousin von CHARLES DARWIN, erkannte als erster die Bedeutung der Zwillinge für die Humangenetik. Er schreibt: „Die Lebensgeschichte der Zwillinge gestattet uns . . . zwischen dem Einfluß von Naturanlage und Umwelt zu unterscheiden."

Eineiige Zwillinge sind im Gegensatz zu den zweieiigen *genetisch identisch,* da sie aus einer einzigen Zygote hervorgehen. Man vergleicht in der Zwillingsforschung bestimmte Merkmale und ihre Übereinstimmung *(Konkordanz)* bei den unterschiedlichen Zwillingspaaren. Stellt man dabei für ein- und zweieiige Zwillinge annähernd gleiche Konkordanz fest, so dürfte das Merkmal vornehmlich durch die Umwelt bedingt sein. Ist die Übereinstimmung bei den eineiigen Zwillingen deutlich größer, so wirken sich die Erbanlagen bei der Merkmalsausprägung stärker aus. Die Konkordanzwerte (Abb. 2) lassen vermuten, daß bestimmte Erkrankungen, wie z. B. die Zuckerkrankheit *(Diabetes)* oder Asthma, eher genetisch bedingt sind. Ist ein Zwilling Diabetiker, beträgt die Wahrscheinlichkeit, daß auch der eineiige Zwillingspartner zuckerkrank wird, immerhin 84 %.

Merkmale wie Blut- und Gewebegruppen, Haarbeschaffenheit, Augenfarbe, Ausprägung der Ohrläppchen, Fingerabdrücke oder Zahnstellung, die fast ausschließlich durch die Erbanlagen festgelegt werden, nennt man *umweltstabil.* Sie werden benutzt, um Zwillinge eindeutig als eineiig identifizieren zu können. Bei *umweltlabilen* Merkmalen wie dem Körpergewicht, legen die Erbanlagen nur eine gewisse Reaktionsbreite fest, innerhalb der sich der Organismus abhängig von der Umwelt, z. B. der Ernährung, entwickeln kann.

Über die genetische Bedingtheit geistiger Fähigkeiten wie Intelligenz, Temperament oder musische Begabung, gehen die Meinungen verschiedener Forscher weit auseinander. Schon die Definition für „Intelligenz" erweist sich als sehr schwierig. Die Fähigkeit, Sinnzusammenhänge zu erfassen oder räumliche Aufgaben zu lösen, können durch standardisierte Intelligenztests festgestellt werden. Der so bestimmte IQ *(Intelligenzquotient)* gibt an, ob die Testperson in diesen Fähigkeiten über oder unter dem Durchschnitt der Bevölkerung (IQ = 100) liegt. Untersuchungen verschiedener Forschungsgruppen ergeben, daß die Unterschiede in der Intelligenz zwischen 20 % und 80 % genetisch bedingt sind und zeigen, daß der IQ kaum eine Aussage über Erfolge in Schule oder Beruf zuläßt. Die Suche nach einzelnen Intelligenzgenen ist zudem kaum sinnvoll, da vermutlich sehr viele Erbanlagen zur Intelligenz einer Person beitragen. Aussagen verschiedener Studien über die Erblichkeit von kriminellem Verhalten, Alkoholismus oder Homosexualität variieren ebenfalls stark und sind sehr umstritten.

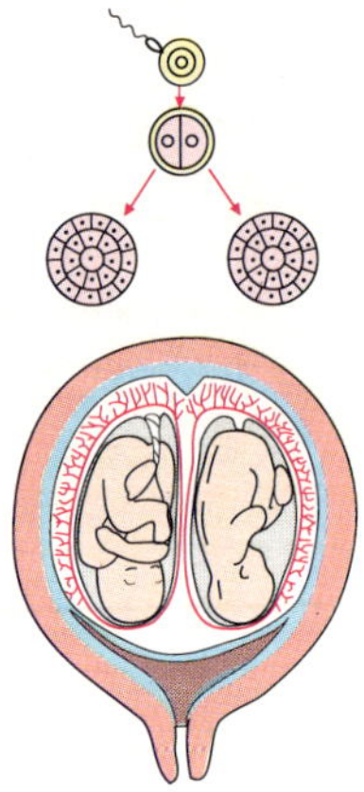

1 Eineiige Zwillinge und Schema der Entstehung

Krankheit	Übereinstimmung in %	
	Eineiige Zwillinge	Zweieiige Zwillinge (gleiches Geschlecht)
Keuchhusten	96	94
Blinddarmentzündung	29	16
Tuberkulose	69	25
Zuckerkrankheit	84	37
Bronchialasthma	63	38
gleiche Art von Tumoren	59	24
Schlaganfall	36	19

2 Übereinstimmendes Auftreten von Krankheiten bei Zwillingspaaren

Untersuchte Zwillingsgruppe	Durchschnittlicher Unterschied in		
	Körpergröße (cm)	Körpergewicht (kg)	IQ-Punkten
Zweieiige Zwillinge	4,4	4,4	8,5
Eineiige Zwillinge (getrennt aufgewachsen)	1,8	4,5	6,0
Eineiige Zwillinge (gemeinsam aufgewachsen)	1,7	1,9	3,1

3 Mittlere Unterschiede in Körpergröße, Gewicht und IQ

Aufgabe

① Welchen Schluß lassen die Zahlen (Abb. 3) über die genetische Bedingtheit der Körpergröße bzw. des Körpergewichtes zu?

Modifikationen

Verschiedene Menschen können sehr unterschiedliche Hautfarbe haben, ein Merkmal, das genetisch durch additive Polygenie bestimmt wird. Die Hautfarbe einer einzelnen Person variiert aber außerdem bei unterschiedlicher UV-Bestrahlung. Solche Variationen des Phänotyps bei gleichem Genotyp werden *Modifikationen* genannt. Sie sind ausschließlich umweltbedingt. Der Genotyp legt nur die Variationsbreite fest. In einer genetisch uneinheitlichen menschlichen Population lassen sich die Wirkungen von *additiver Polygenie* und *modifikatorischer Variabilität* auf bestimmte Merkmale nur schwer voneinander abgrenzen.

Fließende Modifikation
Bei Tieren und Pflanzen kann man Modifikationen oft besser untersuchen, weil in vielen Fällen genetisch identische Individuen zur Verfügung stehen und unterschiedlichen Umweltbedingungen ausgesetzt werden können. Pantoffeltierchen, die in einer Kultur aus einem Ausgangsindividuum durch Zellteilung hervorgehen, sind genetisch identisch. Sie unterscheiden sich aber trotzdem in ihrer Zellenlänge. Die genetisch bedingte Variationsbreite reicht von 136 µm bis 200 µm. Innerhalb dieser Grenzen entscheidet hauptsächlich der Ernährungszustand über die Länge. In der Abbildung 3 kann man erkennen, daß die Längenvariationen fließend sind und die Werte um einen Mittelwert streuen.

Umschlagende Modifikation
Aus den befruchteten Eiern einer Bienenkönigin können sich unterschiedliche weibliche Tiere entwickeln. Die Ernährung spielt dabei eine entscheidende Rolle. Wenn die Larven ausschließlich mit Futtersaft aus den Kopfdrüsen der Ammenbienen gefüttert werden, entstehen Königinnen. Bekommen sie dagegen Pollen als Nahrung, entwickeln sie sich zu sterilen Arbeiterinnen (Abb. 4). Der Genotyp umfaßt hier also zwei extreme Möglichkeiten. Beim Russenkaninchen ist ein Enzym für die Produktion dunkler Farbstoffe nur in den kühleren Körperteilen (Temperatur unter 30 °C) aktiv. Bei einer Umgebungstemperatur von über 30 °C werden die Tiere vollständig weiß (Abb. 5).

Aufgaben

① Albinokaninchen und Russenkaninchen, die bei Temperaturen über 30 °C gehalten werden, sind weiß gefärbt. Diskutieren Sie die unterschiedlichen Ursachen für das gleiche Aussehen.

② Besorgen Sie sich Saatgut für Bohnen, und ermitteln Sie die Länge der einzelnen Samen. Werten Sie das Ergebnis in einer Balkengrafik aus.

③ Welche lichtabhängige Modifikationen zeigen Keimlinge in abgedunkelten Behältern?

1 Modifikation der Hautfarbe beim Menschen

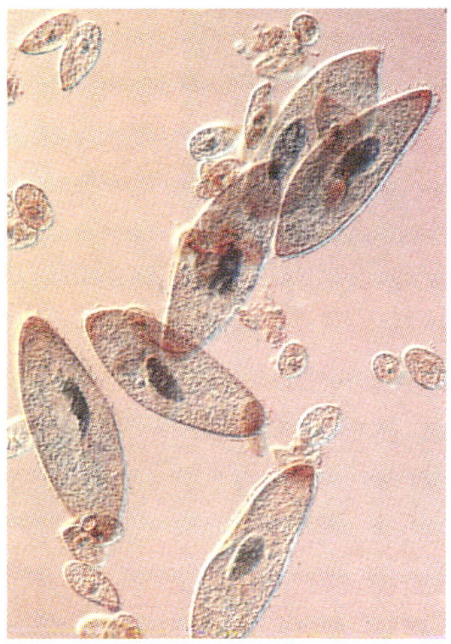

2 Pantoffeltierchen

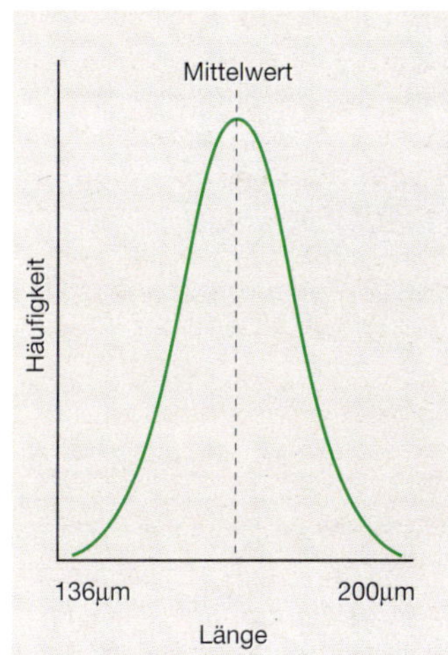

3 Modifikatorische Längenvariation

4 Modifikation weiblicher Bienen

5 Russenkaninchen

James D. Watson und Francis H. D. Crick mit dem Doppelhelix-Modell der DNA, das sie 1952/53 konstruierten.

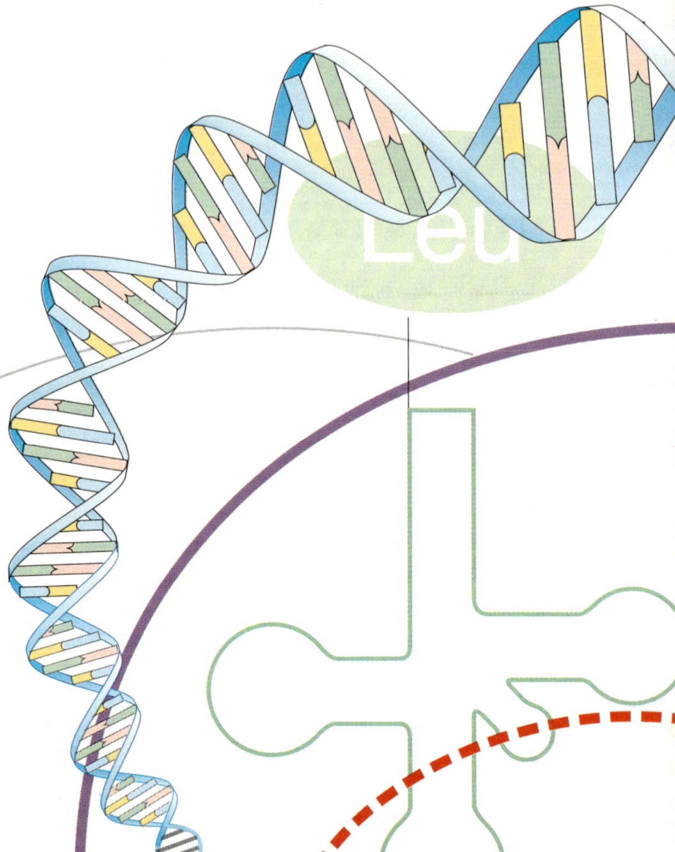

Information ist immer an einen Träger gebunden. Erst 1944 wurde aber die DNA als Träger der genetischen Information erkannt. Damit wurde zugleich die rasante Entwicklung der *Molekulargenetik* in Gang gesetzt. Mit der Aufklärung der Struktur der DNA und der Bedeutung ihrer „Buchstaben" war der Weg frei zur Entschlüsselung von Teilen der Erbinformation, zur genauen Erklärung vieler aus der klassischen Genetik bekannter Sachverhalte und zu einem tieferen Verständnis der Steuerung und Regelung von Stoffwechselprozessen in den Zellen und Organismen.

Auch viele andere Fachgebiete der Biologie, wie der Cytologie oder Evolutionstheorie, fanden auf dem molekulargenetischen Hintergrund zu einer genaueren Klärung ihrer Grundlagen. Mit diesen Erkenntnissen war auch der Weg frei zur Veränderung der genetischen Information bis hin zur modernen Gentechnik.

Der Mensch ist prinzipiell zur Schaffung von Lebewesen mit neuen Eigenschaften in der Lage. Ist er auch in der Lage, die ethischen Entscheidungen richtig zu treffen, die ihm diese enorme Fülle an Möglichkeiten abfordert?

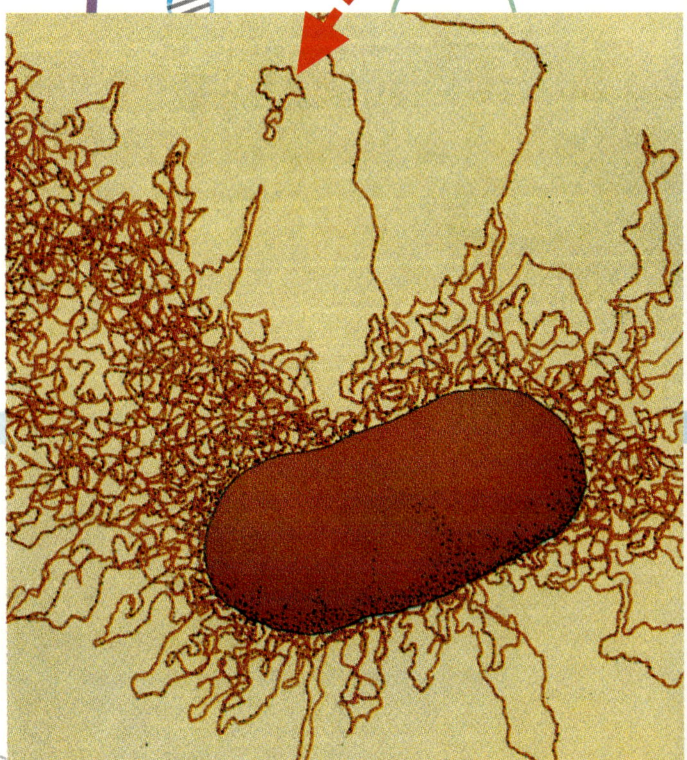

Bakterium *Escherichia coli* mit "ausgelaufener" DNA

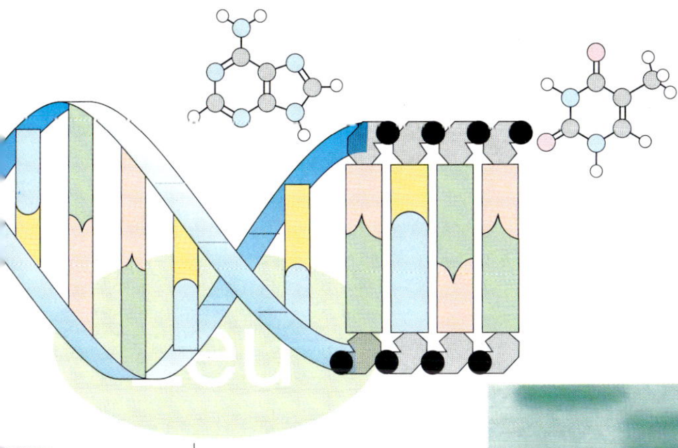

Molekulargenetik

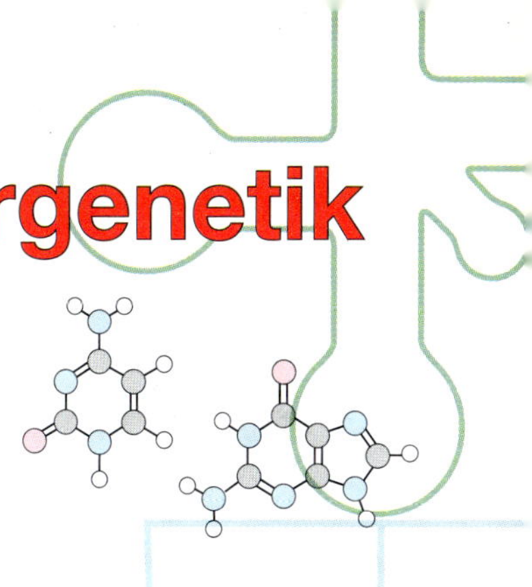

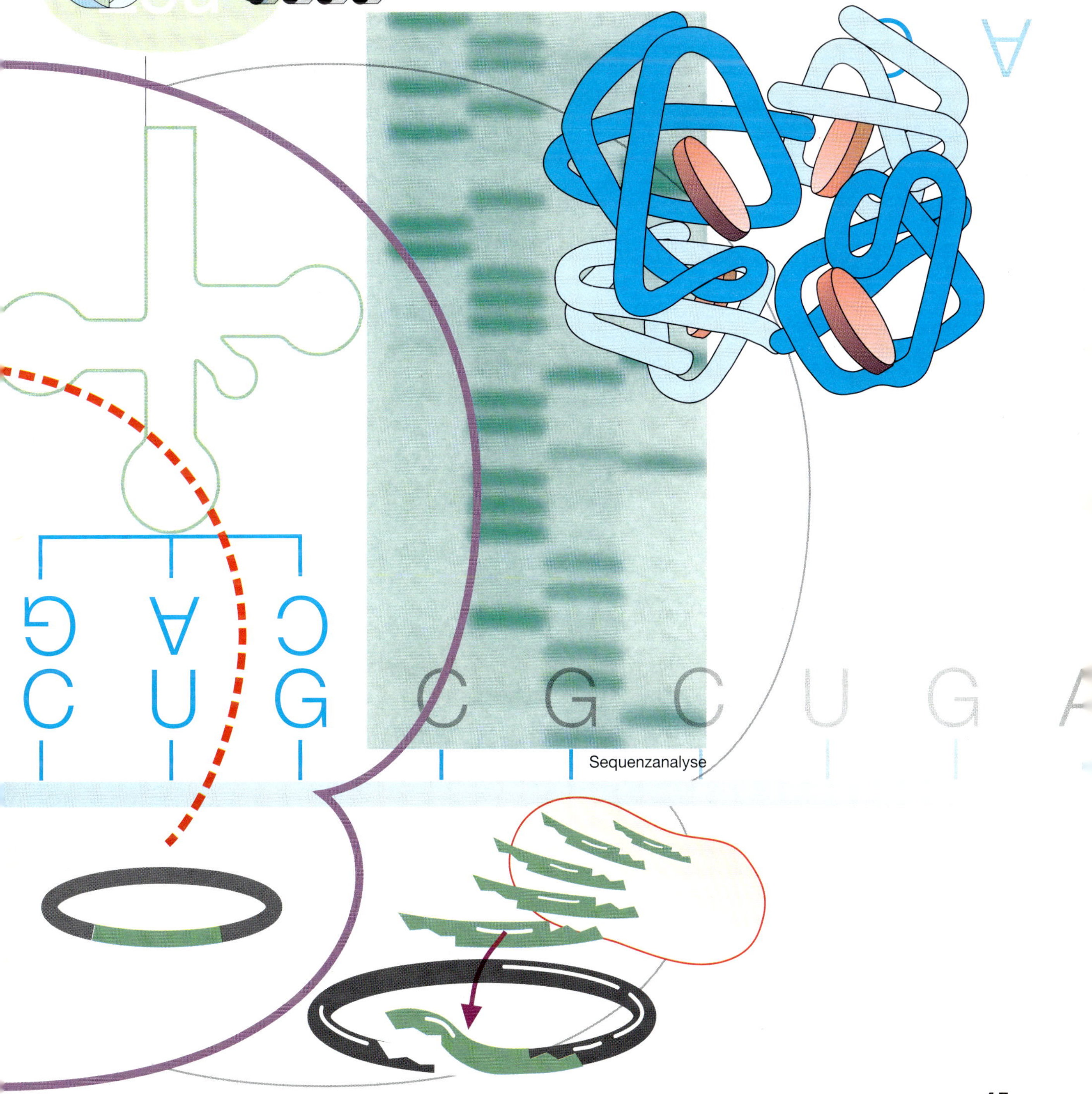

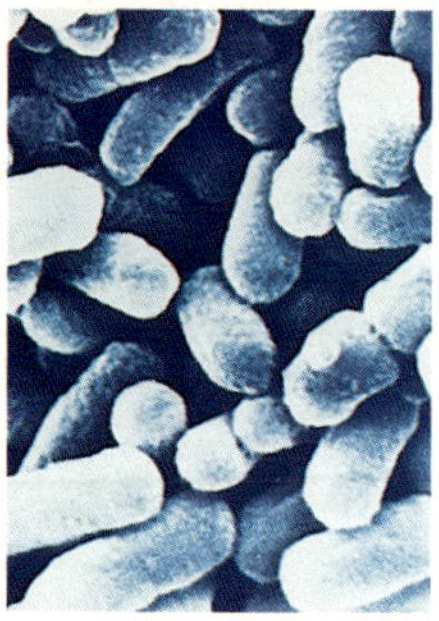

Pneumokokken

DNA:
Deoxyribo**n**ucleic **a**cid

DNS:
Desoxyribo**n**uklein**s**äure

Transformation
Merkmalsänderung durch Übertragung von Erbinformation

OSWALD T. AVERY

DNA — Träger der Erbinformation

Die klassische Genetik zeigt, daß die genetische Information auf den Chromosomen im Zellkern liegt. Ihr stofflicher Träger blieb lange Zeit unbekannt. Die wichtigsten chemischen Bestandteile der Chromosomen sind Proteine und Nukleinsäuren, vor allem die *Desoxyribonukleinsäure (DNA)*.

Die chemische Natur der Erbsubstanz wurde erstmals an Bakterien experimentell erforscht. F. GRIFFITH experimentierte mit *Diplococcus pneumoniae,* das in zwei erblichen Varianten vorkommt: S-Zellen sind in der Lage, Schleimkapseln zu bilden. Daher erscheinen ihre Kolonien glatt *(smooth)*. Diese Pneumokokken sind *virulent,* d. h. sie rufen bei Mäusen eine tödliche Form der Lungenentzündung hervor. Werden sie durch Hitze abgetötet, verlieren sie ihre Virulenz. *R-Pneumokokken* dagegen haben durch Mutation die erbliche Fähigkeit zur Kapselbildung verloren. Ihre Kolonien erscheinen daher rauh *(rough),* auch lebend sind sie nicht virulent. Mischte GRIFFITH aber abgetötete S- und lebende R-Zellen, so rief das Gemisch bei Mäusen die Krankheit hervor. Im Blut der Mäuse konnte er lebende S-Zellen nachweisen. Es hatte eine *Transformation* stattgefunden. Die Fähigkeit zur Kapselbildung war von den toten S- auf die lebenden R-Zellen übertragen worden und wurde auch an die Nachkommen weitergegeben. Selbst der Zellextrakt der toten S-Zellen konnte R-Zellen transformieren.

O. T. AVERY und seine Mitarbeiter nahmen 1944 GRIFFITHS Versuche neu auf, um die transformierende Substanz experimentell nachzuweisen. Sie trennten aus abgetöteten S-Zellen die DNA von den Proteinen ab. Dann wurden lebende R-Zellen mit den Proteinen bzw. getrennt davon mit der DNA der S-Zellen gemischt, um zu beobachten, welcher Stoff die Transformation bewirkt. Die Proteine der S-Zellen waren dazu nicht in der Lage. In diesem Versuchsansatz bleiben die Bakterien ohne Schleimkapsel. Dagegen übertrug die DNA der S-Zellen die Fähigkeit zur Kapselbildung. Sie ist das „transformierende Prinzip“. Damit war die Rolle der DNA als Erbsubstanz erkannt.

Aufgaben

① AVERY behandelte die abgetrennte DNA zusätzlich mit proteinspaltenden Enzymen und die Proteine mit DNA-spaltenden Enzymen. Welchen Sinn hatten diese Maßnahmen?

② Von den kapselbildenden Pneumokokken existieren Formen mit etwas unterschiedlichem Kapselaufbau, die mit I-S, II-S und III-S bezeichnet werden. Durch Mutation entsteht daraus die I-R, II-R bzw. die III-R-Form. Wie konnte AVERY zeigen, daß in seinen Versuchen tatsächlich Transformation, nicht Rückmutation für die Entstehung von S-Zellen aus R-Zellen verantwortlich war?

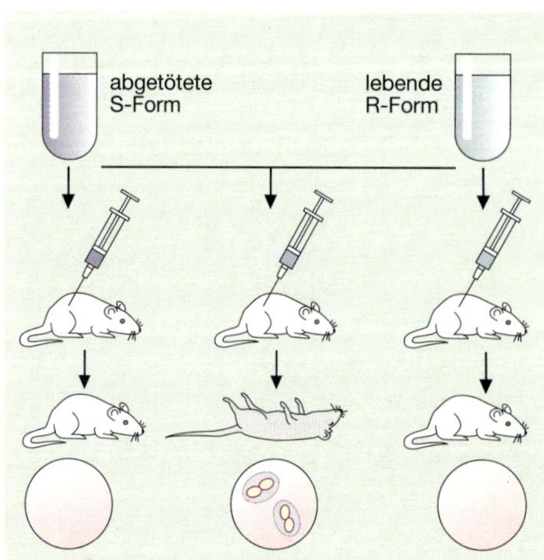

1 GRIFFITH: Transformation

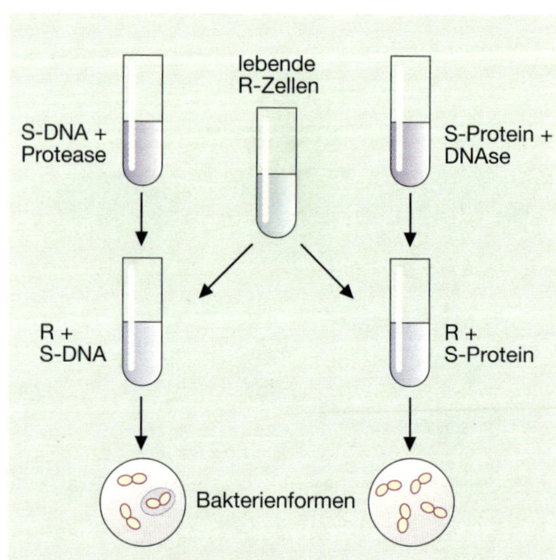

2 AVERY: Transformation durch DNA

DNA auf dem Prüfstand

Materialien:
- Weizenkeime
- Tris-HCl-Pufferlösung pH = 8 oder Ammoniakpuffer (verdünnte Ammoniaklösung [C, X_i] mit verdünnter HCl [C] auf pH = 8 bringen)
- Ammoniumsulfatlösung (c = 4 mol/l)
- Natriumdodecylsulfatlösung [X_n]
- (7 g/250 ml Wasser)
- Dichlormethan/2-Butanolgemisch 1 : 1 [F, X_n]
- Ethanol 96 % [F]
- käufliche DNA und RNA
- Schwefelsäure (c = 1 mol/l) [C]
- Natriumcarbonat [X_i]
- Ammoniummolybdatlösung (2 %)
- verdünnte Salpetersäure [C]
- Natriumdihydrogenphosphatlösung (ca. 1 %)
- Silbernitratlösung (1 %)
- Natriumchlorid
- Desoxyribose
- Adenin
- konzentrierte Ammoniaklösung [C, X_i]
- Dische-Reagenz (1 g Diphenylamin in 2,5 ml konzentrierter Schwefelsäure [C] lösen, mit Eisessig [C] auf 100 ml auffüllen).

1. Isolierung von DNA aus Weizenkeimen

Gehen Sie nach dem untenstehenden Schema vor:
Verreiben Sie 5 g Weizenkeime im Mörser mit 10 ml Tris-HCl-Puffer oder Ammoniumpuffer ph = 8, rühren Sie den Brei danach im Becherglas mit 2 ml Ammoniumsulfatlösung 10 min lang.

Schütteln Sie darauf mit 10 ml Natriumdodecylsulfatlösung und lösen Sie dadurch die störenden Lipide heraus. Geben Sie nun 10 ml Lösungsmittelgemisch aus Dichlormethan und 2-Butanol zu und schütteln Sie erneut. Im Scheidetrichter sammeln sich die Lipide und setzen sich unten ab. Nun werden sie abgetrennt (untere Phase) und entsorgt.

Die obere, wäßrige Phase enthält die Nukleinsäuren, vor allem DNA. Zentrifugieren Sie sie zur Reinigung bei 5000 U/min so lange, bis sich die festen Bestandteile abgesetzt haben. Pipettieren Sie den wäßrigen Überstand des Zentrifugenröhrchens vorsichtig ab, und überschichten Sie ihn mit ca. 10 ml eiskaltem Ethanol.

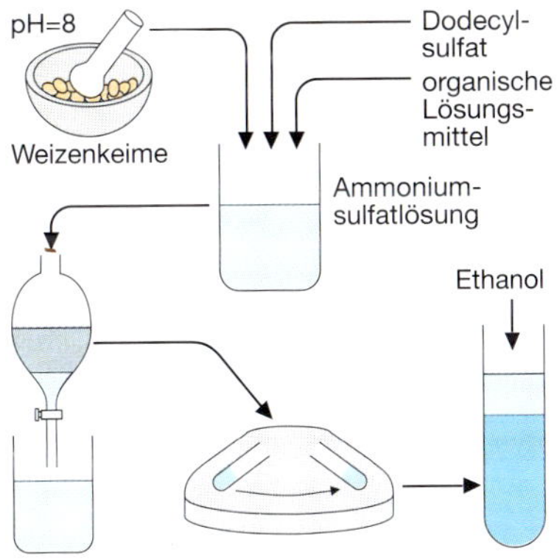

Aufgaben

① Wie sieht die DNA aus, die sich an der Phasengrenze sammelt?
② Wickeln Sie möglichst viel davon mit einem Holz- oder Glasstab auf! Sie dient als Ausgangsmaterial für die weiteren Versuche.

2. Spaltung der Nukleinsäuren durch saure Hydrolyse

Die in Versuch 1 erhaltenen Nukleinsäuren oder käufliche DNA werden mit 10 ml Schwefelsäure (c = 1 mol/l) 15 min lang in einem mit Aluminiumfolie locker verschlossenen Reagenzglas im siedenden Wasserbad erhitzt. Die DNA wird dabei hydrolysiert, d. h. in ihre chemischen Grundbausteine zerlegt.

Das Hydrolysat wird abgekühlt, durch Zugabe von festem Natriumcarbonat im Becherglas vorsichtig neutralisiert (*Vorsicht:* Starke Schaumbildung durch Kohlenstoffdioxid!) und für die folgenden Versuche verwendet.

3. Nachweis der Grundbausteine der DNA

Je 1 ml des Hydrolysats bzw. der angegebenen Vergleichssubstanz werden im Reagenzglas
- mit je einigen Tropfen verdünnter Salpetersäure und Ammoniummolybdatlösung versetzt und vorsichtig mit einigen Siedesteinchen über dem Bunsenbrenner erhitzt.
  Vergleichssubstanz: Natriumdihydrogenphosphatlösung
- vorsichtig mit einigen Tropfen Silbernitratlösung versetzt, die vorher durch Zugabe einiger Tropfen konzentriertem Ammoniak basisch gemacht wurde. (Eventuell dabei ausfallendes Silberhydroxid durch Zugabe von mehr Ammoniak und Schütteln wieder in die Lösung bringen.)
  Vergleichssubstanzen: Natriumchlorid (das bekanntlich auch mit Silbernitratlösung nachgewiesen werden kann und in nahezu jedem biologischen Material vorkommt) bzw. Adenin
- mit etwa der gleichen Menge Dische-Reagenz 10 min im siedenden Wasserbad gekocht.
  Vergleichssubstanz: Desoxyribose

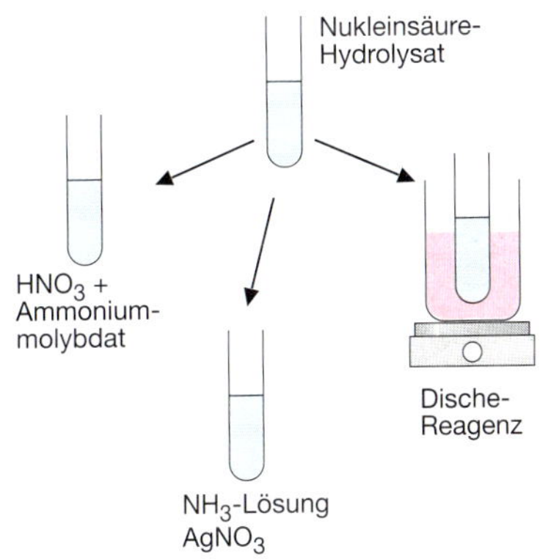

Aufgaben

① Beschreiben und protokollieren Sie die Versuchsergebnisse.
② Vergleichen Sie die Ergebnisse der Versuche des DNA-Hydrolysates mit denen der Vergleichssubstanzen.
③ Aus welchen Bausteinen ist demnach DNA aufgebaut?

4. Vergleich von DNA und RNA

Käufliche RNA wird wie DNA in Versuch 2 hydrolysiert und das Hydrolysat neutralisiert. Daraufhin werden mit dem RNA-Hydrolysat die gleichen Experimente wie in Versuch 3 durchgeführt.

Aufgabe

① In welchen Punkten sind DNA und RNA gleich aufgebaut, wo unterscheiden sie sich?

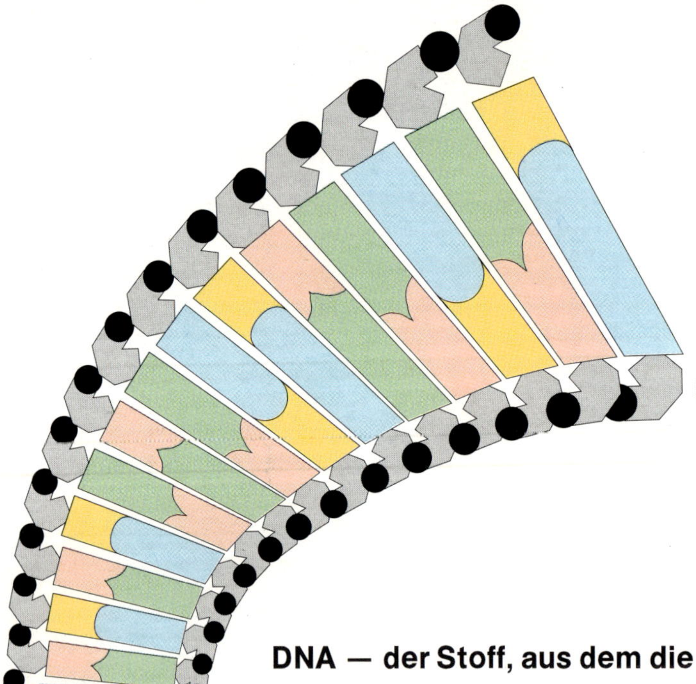

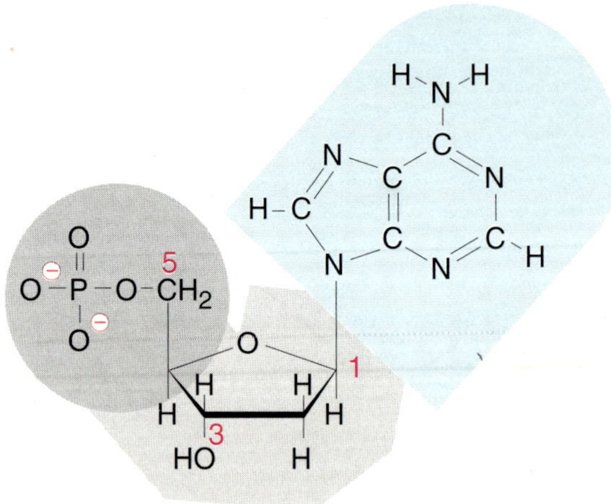

DNA — der Stoff, aus dem die Gene sind

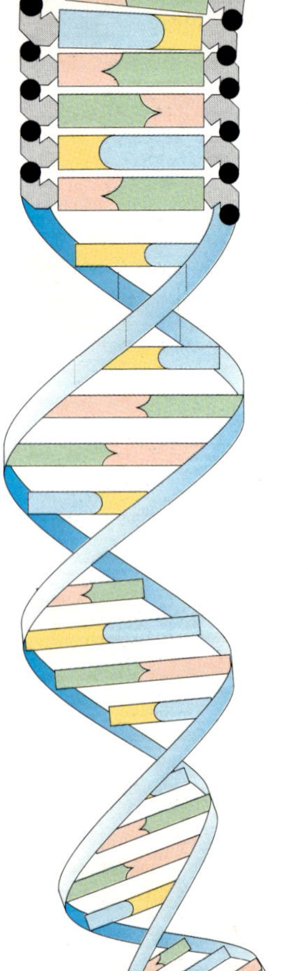

Bereits 1869 wurde die DNA als Zellbestandteil entdeckt. Um die Jahrhundertwende wurden die Einzelbausteine chemisch analysiert. Man fand gleiche molare Mengen von:

- *Desoxyribose* (C_5-Zucker); die C-Atome 1, 3 und 5 sind über Sauerstoffbrücken zu Bindungen an andere Moleküle fähig.
- *Phosphorsäure;* sie geht gut Bindungen zu OH-Gruppen ein, wie Zucker sie haben.
- 4 verschiedenen organischen Basen; den Purinbasen *Adenin* und *Guanin* und den Pyrimidinbasen *Thymin* und *Cytosin.*

Die gleichen Stoffmengen der Einzelbausteine lassen auf einen regelmäßigen Aufbau der DNA schließen. Die Grundbausteine der DNA, die *Nukleotide,* setzen sich jeweils aus einem Molekül Desoxyribose, einer Phosphatgruppe (am C_5 des Zuckers) und einer organischen Base (am C_1 des Zuckers) zusammen. Die DNA ist ein *Polynukleotid* aus bis zu einigen Millionen Nukleotiden. Die Phosphatgruppe des einen Nukleotids ist darin mit dem C_3 des nächsten Desoxyribosemoleküls verknüpft. So ergibt sich ein *Einzelstrang* mit einer bestimmten Richtung. Seine Enden werden nach den freien Gruppen der Desoxyribose benannt: Am 3'-Ende liegt eine freie Hydroxyl-, am 5'-Ende eine freie Phosphatgruppe.

E. Chargaff verglich die DNA verschiedenster Lebewesen und fand, daß in jeder DNA die Anzahl der Adeninmoleküle der der Thyminmoleküle entspricht und die der Guanin- der der Cytosinmoleküle.

Watson und Crick konnten auf der Basis der biochemischen Daten mit Hilfe der Röntgenstrukturanalyse die räumliche Struktur der DNA aufklären: Im Jahr 1953 stellten sie das *Doppelhelix-Modell* der DNA auf. Alle erwähnten experimentellen Befunde können mit diesem Modell erklärt werden:

- Die DNA besteht aus zwei Einzelsträngen, die umeinander gedreht sind. Die Außenseite der Doppelhelix wird durch abwechselnd miteinander verknüpfte Zucker- und Phosphatgruppen gebildet.
- Die Basen der DNA zeigen ins Innere der Doppelhelix. Immer liegen Adenin und Thymin bzw. Guanin und Cytosin einander gegenüber, Adenin und Thymin bzw. Guanin und Cytosin sind *komplementäre Basen.* Die gegenüberliegenden Basen ziehen einander aufgrund ihrer Ladungsverteilung an. Adenin und Thymin bilden miteinander zwei, Guanin und Cytosin drei lockere Wasserstoffbrückenbindungen. Wegen der vielen H-Brücken zwischen den vielen Basenpaaren einer DNA-Doppelhelix sind die beiden Einzelstränge der Doppelhelix nicht

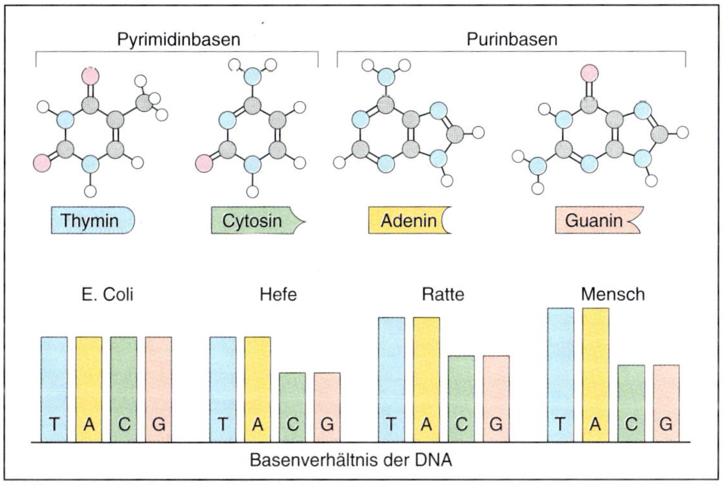

1 Die vier in der DNA vorkommenden Basen

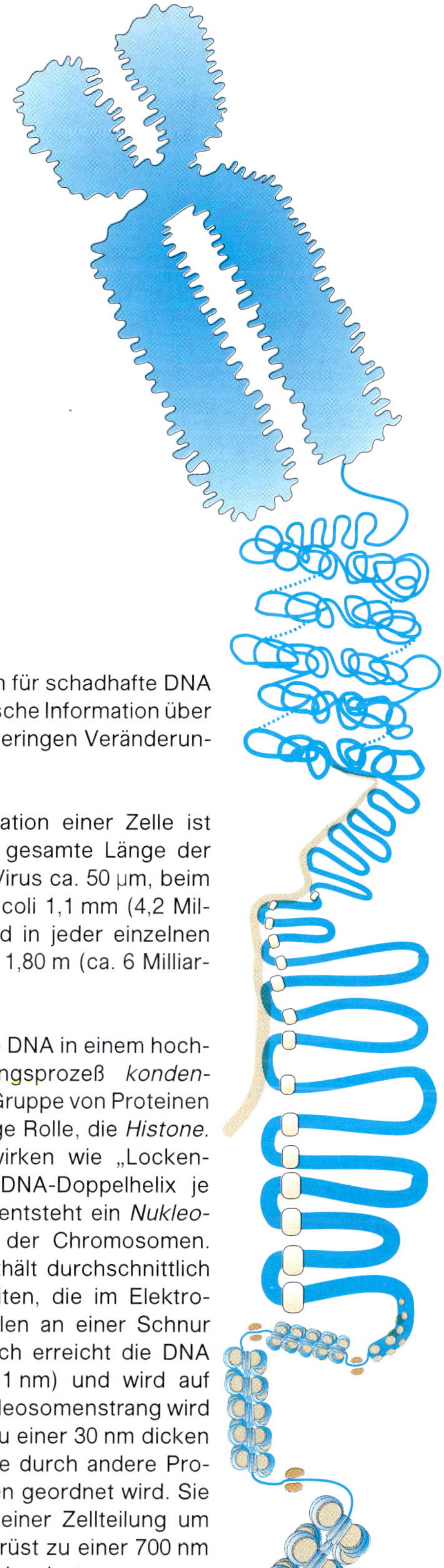

leicht voneinander zu trennen. Dieses Modell der komplementären Basenpaarung erklärt das von CHARGAFF gefundene Mengenverhältnis der Basen und die Stabilität der Doppelhelix.

– Komplementäre Basen können nur dann miteinander paaren, wenn die beiden Einzelstränge entgegengesetzt gerichtet sind, der eine also von 3' nach 5', der andere von 5' nach 3' läuft. Sie liegen *antiparallel.*

Die DNA erfüllt nach diesem Modell alle Forderungen, die sich einem Träger von Information stellen. Sie kann Informationen verschlüsseln. Dazu sind mindestens zwei verschiedene Zeichen nötig. In der Computertechnik wird z. B. ein Code aus den beiden Zeichen 0 und 1, verwendet. Das Morsealphabet (. , – und die trennende Pause) oder das Buchstabenalphabet (26 Buchstaben) verwenden eine größere Anzahl von Zeichen. In der DNA wird die Erbinformation durch 4 verschiedene Zeichen, die *Basen,* codiert. Die Basenabfolge, die *Basen-* oder *Nukleotidsequenz* innerhalb eines Einzelstrangs, verschlüsselt die Erbinformation, wie Buchstaben hintereinander die Information von Wörtern ergeben.

Da die DNA durch ihre Doppelhelixstruktur recht stabil ist und die Zelle außerdem über eine Reihe verschiedener Reparaturmechanismen für schadhafte DNA verfügt, wird die genetische Information über Generationen mit nur geringen Veränderungen weitergegeben.

Die genetische Information einer Zelle ist sehr umfangreich. Die gesamte Länge der DNA beträgt in einem Virus ca. 50 μm, beim Bakterium Escherichia coli 1,1 mm (4,2 Millionen Basenpaare) und in jeder einzelnen menschlichen Zelle ca. 1,80 m (ca. 6 Milliarden Basenpaare).

Bei Eukaryoten wird die DNA in einem hochgeordneten Verpackungsprozeß *kondensiert.* Dabei spielt eine Gruppe von Proteinen im Zellkern eine wichtige Rolle, die *Histone.* Die Histonkomplexe wirken wie „Lockenwickler", um die die DNA-Doppelhelix je zweimal gelegt ist. So entsteht ein *Nukleosom* als Grundeinheit der Chromosomen. Jedes Chromosom enthält durchschnittlich 675 000 solcher Einheiten, die im Elektronenmikroskop wie Perlen an einer Schnur erkennbar sind. Dadurch erreicht die DNA eine größere Dicke (11 nm) und wird auf ca. $\frac{1}{6}$ verkürzt. Der Nukleosomenstrang wird nochmals regelmäßig zu einer 30 nm dicken Faser aufgewunden, die durch andere Proteine weiter zu Schleifen geordnet wird. Sie werden wiederum bei einer Zellteilung um ein zentrales Proteingerüst zu einer 700 nm dicken Chromatide kondensiert.

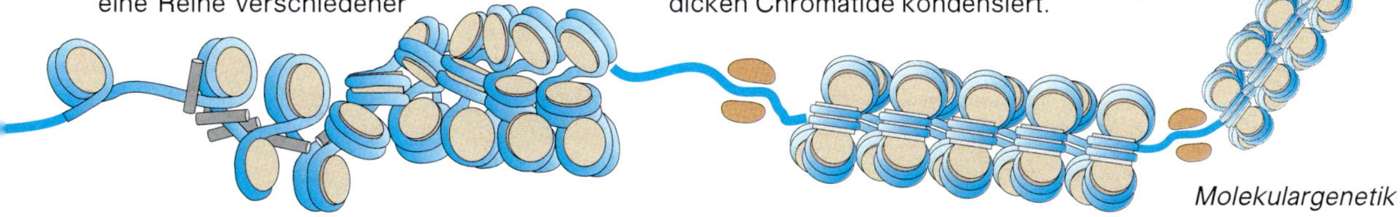

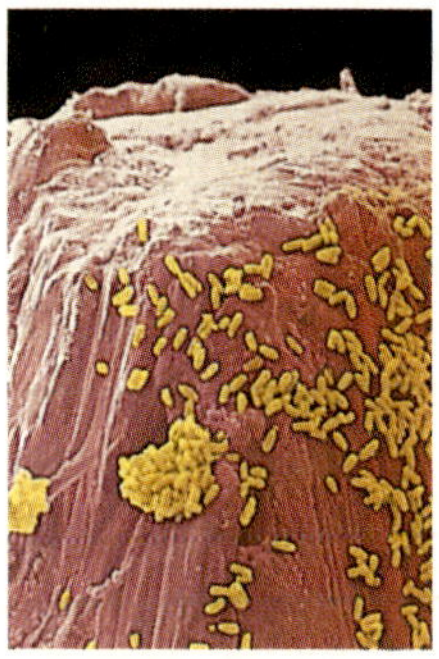

Bakterien auf Reißzweckspitze (REM)

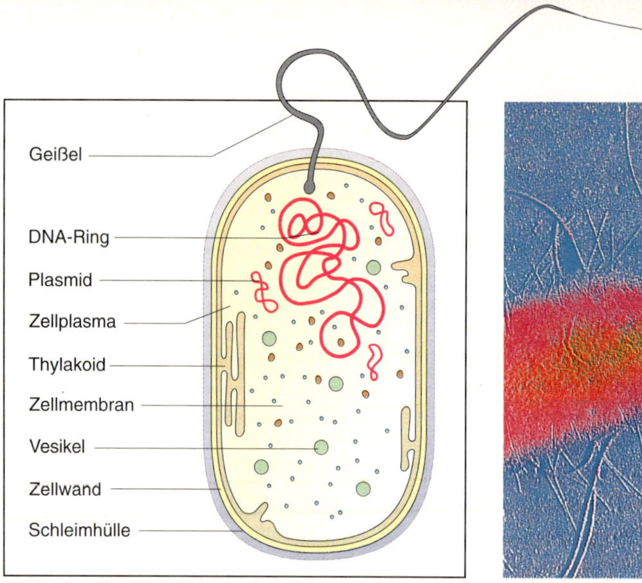

1 Bakterium (Schema)

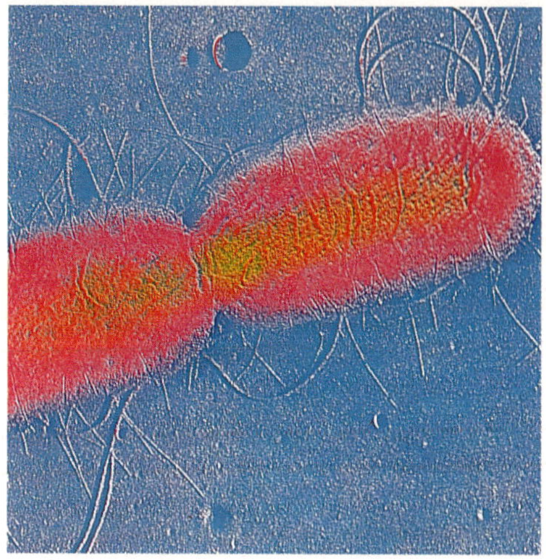

2 Bakterium Escherichia coli (EM)

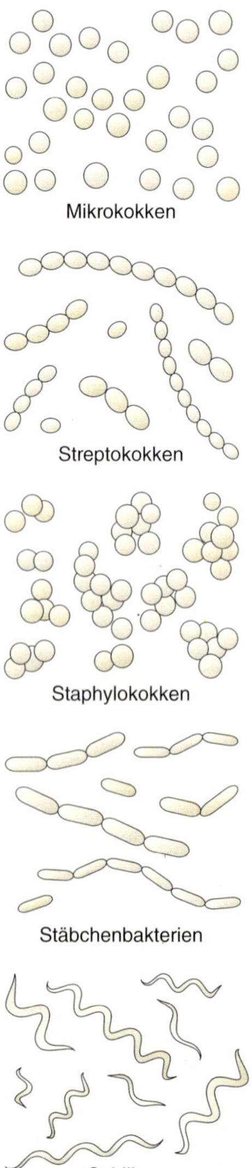

Bakterienformen

Bakterien und Viren — Versuchsorganismen der Genetik

Die wichtigsten Erkenntnisse der Molekulargenetik wurden zunächst nicht an Eukaryotenzellen gewonnen, sondern an Bakterien, also *Prokaryoten.* Sie sind nur etwa 1—2 µm lang und 0,5 µm dick und einfacher aufgebaut als Tier- oder Pflanzenzellen. Die *Zellmembran,* die oft von einer starken *Zellwand* umgeben ist, grenzt die Zelle nach außen hin ab und bildet eine ordnende Oberfläche für Enzyme. Im Zellplasma liegen als Zellorganellen nur *Ribosomen* vor, die allerdings anders aufgebaut und kleiner sind als die von Eukaryotenzellen. Das *Kernäquivalent („Bakterienchromosom")* mit der Erbinformation der Bakterienzelle ist nicht wie ein Zellkern durch eine Kernmembran abgegrenzt, sondern liegt als verknäulter *DNA-Ring* frei im Plasma. Darüber hinaus können kleinere, ringförmige *Plasmide* aus DNA vorhanden sein. Nur zu einem Ring geschlossene DNA wird im Bakterium nicht abgebaut.

Für molekulargenetische Experimente benötigt man oft größere Mengen gleichartiger DNA. Bakterien können sich auf geeigneten Nährböden durch Zellteilung sehr schnell vermehren. Ihre DNA wird identisch verdoppelt, die Kopien an die beiden Tochterzellen verteilt. Alle aus einer bestimmten Zelle hervorgegangenen Tochterzellen haben die gleiche Erbinformation, sie bilden einen *Klon.* Oft kann eine neue Verdopplung schon einsetzen, ehe die alte vollendet ist. Daher sind bei Bakterien sehr kurze Generationszeiten bis herab zu 20 Minuten möglich. So entstehen innerhalb kurzer Zeit große Mengen gleichartiger DNA.

In der enormen Menge von Bakterienzellen (mehrere Milliarden in 1 ml Bakterienkultur) findet man immer wieder *Mutanten,* d. h. Zellen mit verändertem Erbgut. Meist unterscheiden sie sich in ihren biochemischen Fähigkeiten von den Wildtypzellen, so können sie z. B. bestimmte Substanzen nicht mehr aufbauen *(Mangelmutanten)* oder Antibiotika abbauen *(Resistenzmutanten).* Da nur ein DNA-Ring vorliegt, nicht zwei homologe Chromosomen, sind Mutationen sofort am Phänotyp erkennbar. Die bei Lebewesen mit jeweils 2 homologen Chromosomen notwendige Unterscheidung von dominant und rezessiv entfällt.

Bakterien sind auch in der Lage, Erbinformationen auszutauschen, z. B. durch Transformation. Das bietet experimentelle Ansatzpunkte, um den Aufbau der Erbanlagen und ihre Wirkungen zu untersuchen (z. B. Versuche von AVERY) und die Prozesse beim Austausch von Erbinformationen genauer zu überprüfen.

Viren sind mit einer Größe unter 500 nm noch kleiner als Bakterien. Sie bestehen im wesentlichen aus einer Proteinhülle, die ein oder mehrere Nukleinsäuremoleküle enthält. Da Viren nicht zu einem eigenen Stoffwechsel fähig sind, werden sie nicht als Lebewesen angesehen. Zur Vermehrung benötigen sie die Hilfe von Zellen. Am genauesten bekannt ist die Vermehrung bei *Bakteriophagen,* also Viren, die Bakterienzellen befallen. Sie verläuft bei den anderen Viren in ähnlichen Phasen. In der Phase der

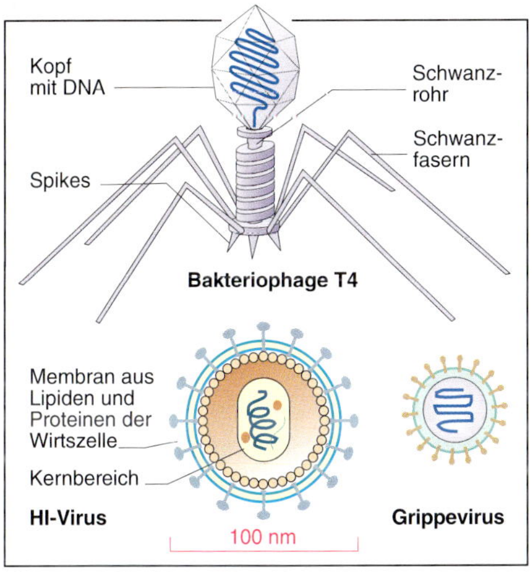

1 Bau verschiedener Viren

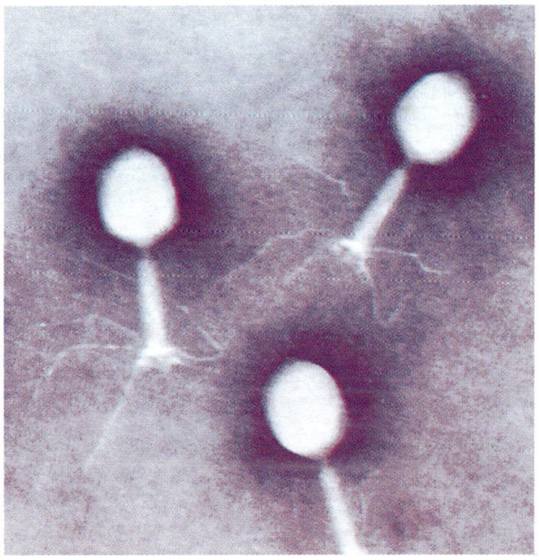

2 T2-Bakteriophagen

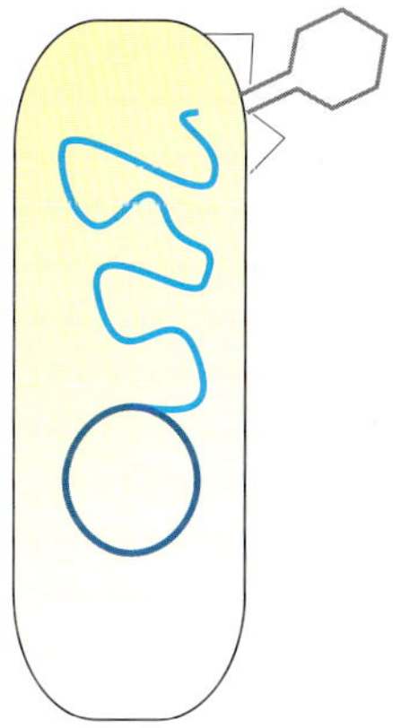

Nach ca. 5 min:
Umsteuerung der
Bakterienzelle,
Vervielfältigung der
Phagennukleinsäuren

Adsorption heftet sich ein Phage mit den Proteinen der Schwanzfasern und Spikes an bestimmte *Rezeptormoleküle* auf der Zellwand seines Wirtsbakteriums an. Durch das Enzym *Lysozym* wird die Zellwand unterhalb des Schwanzrohrs aufgelöst, und es kommt zur *Injektion* der Phagen-Nukleinsäure durch das hohle Schwanzrohr in die Bakterienzelle. Andere Viren dringen als Ganzes in die Zelle ein, ihre Erbanlagen werden erst in ihr „ausgepackt".

Durch die Virus-Erbinformation kommt es zur *Umsteuerung* der Bakterienzelle. Es werden Phagenenzyme aufgebaut, viele Bakterienenzyme werden unwirksam gemacht. Die Proteine und die DNA des Bakteriums werden abgebaut. Daraufhin wird die Nukleinsäure des Phagen mehrfach in einem langen Strang vervielfältigt, solange die Bausteine in der Bakterienzelle dafür ausreichen – etwa 50- bis 200mal. Währenddessen läuft auch die *Synthese von Phagenproteinen* durch die Ribosomen der Bakterienzelle an. Auch dazu werden die Baustoffe des Bakteriums verwendet. Viren besitzen nur wenige Proteinarten, die sich selbständig aufgrund ihrer Form und Ladungsverteilung zu Phagenhüllen, -schäften und -schwänzen zusammenlagern. In der Phase der *Phagenreifung* setzen sich diese Teile zu neuen Phagen zusammen, die Phagen-Nukleinsäure wird in den Kopf verpackt. Durch Lysozym wird schließlich die Bakterienzellwand aufgelöst und das Bakterium endgültig zerstört. Bei dieser *Lyse* werden pro Bakterienzelle 50 bis 200 Phagen freigesetzt, die ihrerseits neue Zellen infizieren können. Virus-DNA läßt sich also noch schneller vervielfachen als Bakterien-DNA.

Aufgaben

① Erbsen (MENDEL), Drosophila (MORGAN) und Bakterien sind Organismen, an denen wichtige Erkenntnisse der Genetik gewonnen wurden. Vergleichen Sie deren Vor- und Nachteile für genetische Versuche.

② A. D. HERSHEY und M. CHASE konnten in Versuchen mit Bakteriophagen nachweisen, daß DNA, nicht Protein, der Träger der Erbinformation ist. Zur Klärung dieser Frage markierten sie gezielt Phagen-DNA mit radioaktivem Phosphor und Phagenprotein mit radioaktivem Schwefel. Wo fanden sich die radioaktiven Substanzen nach der Infektion von Bakterien?

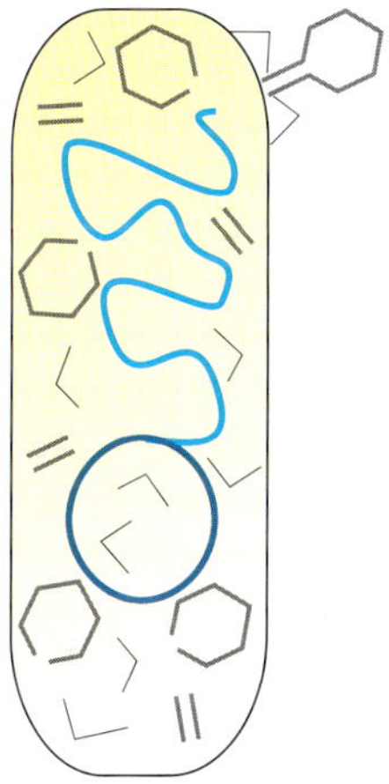

Nach ca. 6-15 min:
Synthese von
Phagenproteinen und
-bauteilen

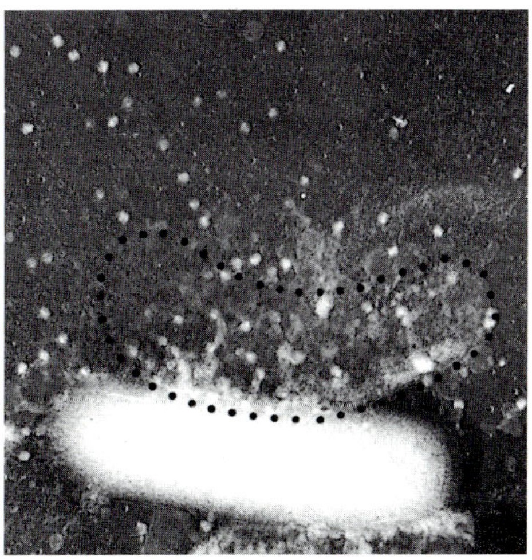

3 Nichtlysiertes und lysiertes Bakterium

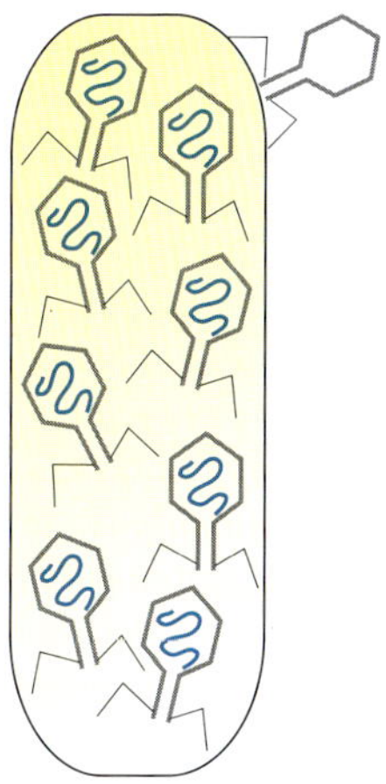

Nach ca. 20 min:
Phagenreifung

Identische DNA-Replikation — aus eins mach zwei

Nach einer Mitose haben die Tochterzellen die gleiche Erbinformation wie die Mutterzelle. Die DNA wurde also vorher *identisch kopiert.* Dieser Vorgang wird *Replikation* genannt. Die Reihenfolge der Nukleotide bleibt bei diesem Vorgang exakt dieselbe. Am genauesten bekannt ist der Verlauf der Replikation beim Bakterium E. coli. Er verläuft *semikonservativ* und bei allen Lebewesen in den Grundzügen ähnlich.

Die ringförmige DNA-Doppelhelix von E. coli hat einen *Startpunkt,* an dem sich die Enzyme zur Replikation anlagern. Zuerst wird dort die DNA entschraubt und dann durch das Enzym *Helicase* in ihre Einzelstränge aufgetrennt. Proteine heften sich locker an die freien Basen an, damit sie sich nicht wieder zusammenlagern können.

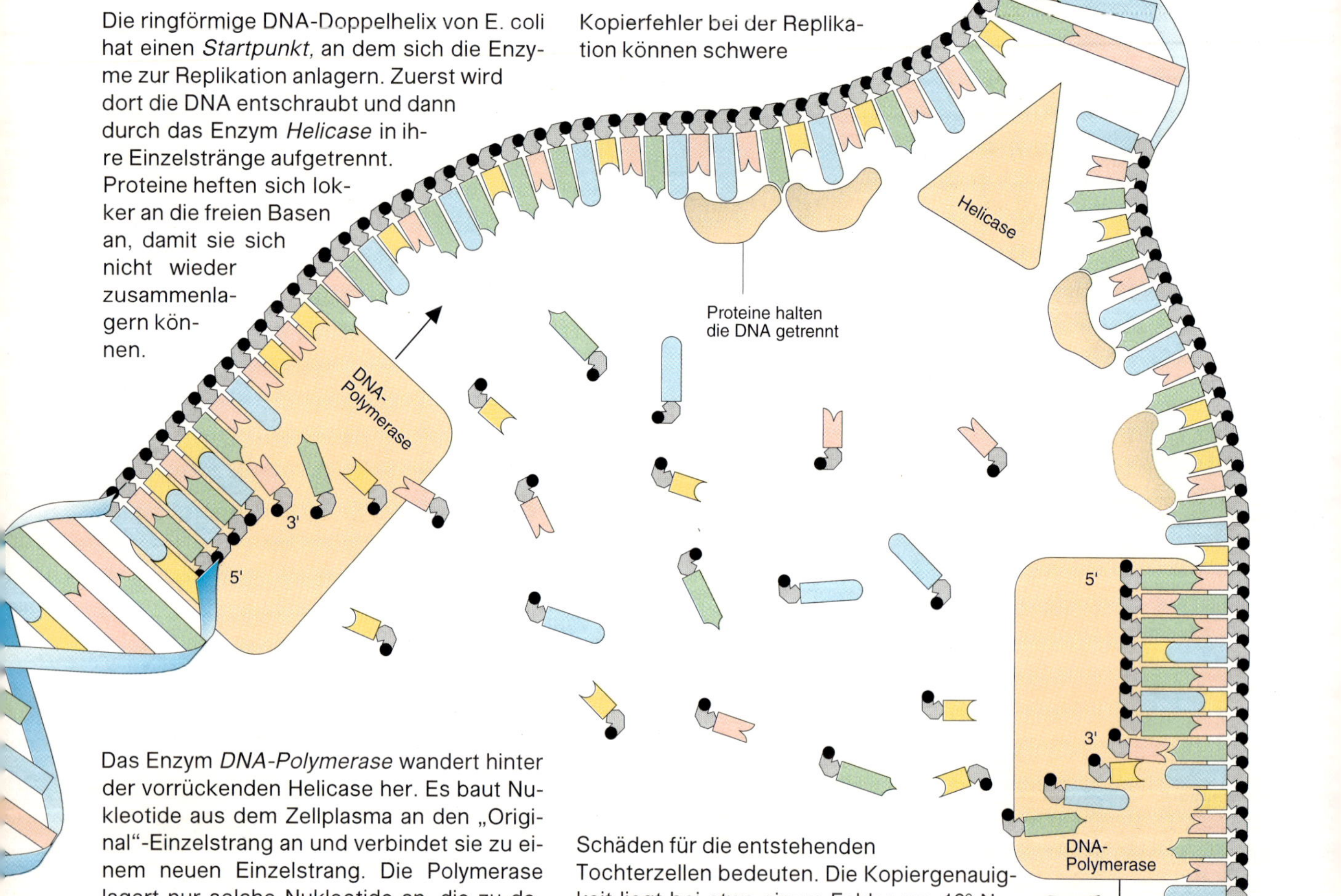

Das Enzym *DNA-Polymerase* wandert hinter der vorrückenden Helicase her. Es baut Nukleotide aus dem Zellplasma an den „Original"-Einzelstrang an und verbindet sie zu einem neuen Einzelstrang. Die Polymerase lagert nur solche Nukleotide an, die zu denen des Originalstranges *komplementär* sind. Falsch angelagerte läßt sie nicht zur Reaktion kommen. Daher ergibt sich in dem neuen Doppelstrang dieselbe Basensequenz wie im ursprünglichen, die *Identität der genetischen Information* bleibt gewahrt.

Die bei der Replikation aktive DNA-Polymerase arbeitet zwar schnell und genau, kann aber nur in der Richtung von 5' nach 3' einen neuen Einzelstrang aufbauen. Nur an dem einen Einzelstrang kann sie direkt der vorrückenden Helicase folgen. Der andere wird erst ergänzt, wenn ein größeres Stück DNA aufgetrennt ist. Dann baut die DNA-Polymerase entgegen der Wanderungsrichtung der Helicase (also auch von 5' nach 3') den fehlenden Einzelstrang aus komplementären Nukleotiden auf, bis sie auf ein schon repliziertes Stück stößt. Es wird also stückweise repliziert. Die einzelnen Stücke werden durch das Enzym *Ligase* zu einem durchgehenden Strang verbunden.

Kopierfehler bei der Replikation können schwere Schäden für die entstehenden Tochterzellen bedeuten. Die Kopiergenauigkeit liegt bei etwa einem Fehler pro 10^9 Nukleotiden, vergleichbar mit etwa einem Tippfehler auf ca. 500 000 Schreibmaschinenseiten. Dafür sorgen Enzyme, die hinter der Replikationsgabel „Korrektur lesen" und nicht komplementäre Nukleotide durch „richtige" ersetzen.

Aufgabe

① Berechnen Sie die Replikationsgeschwindigkeit in Basen pro Sekunde für die DNA von E. coli (4,2 Millionen Basenpaare), wenn ein Replikationszyklus 30 Minuten dauert.

DNA-Verdopplung — aber wie?

Um die Verdopplung der DNA experimentell zu untersuchen, muß man ursprüngliche DNA und verdoppelte unterscheiden können. Dazu bietet sich die Markierung mit Bausteinen an, die andere als die natürlich vorkommenden Isotope der Atome enthalten. Das können radioaktive Isotope sein, aber auch Isotope mit einer anderen Massenzahl.

DNA, in die z. B. organische Basen mit Stickstoff-15 anstatt des natürlich vorkommenden Stickstoffs-14 eingebaut wurden, hat eine höhere Dichte („schwere DNA"). Allerdings ist der Dichteunterschied zur normalen „leichten DNA" so gering, daß die beiden DNA-Arten nur durch *Dichtegradientenzentrifugation* in der *Ultrazentrifuge* zu unterscheiden sind, wo bei Umdrehungszahlen von über 60 000 U/min Kräfte auf die Teilchen einwirken, die mehrere hunderttausendmal größer sind als die Erdanziehungskraft.

Im Zentrifugenröhrchen wird in einer Cäsiumchloridlösung ein Dichtegradient hergestellt: Im unteren Bereich des Röhrchens ergibt sich beim Zentrifugieren eine höhere Stoffkonzentration und damit eine höhere Dichte der Lösung als im oberen. Bringt man DNA in diese Lösung ein und zentrifugiert, so sammelt sich die DNA dort, wo die Dichte der Lösung ihrer eigenen Dichte entspricht. Die Lage der DNA kann durch ihre starke Lichtabsorption im UV-Bereich erkannt werden.

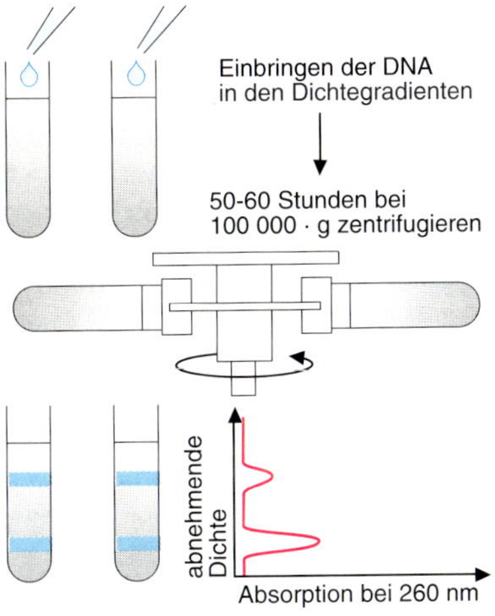

Versuche zur Replikation

Die Verdopplung der DNA, die *Replikation*, findet vor jeder Zellteilung statt. Sie könnte auf verschiedene Arten erfolgen. Möglich wäre die *konservative* Weise, bei der ähnlich wie beim Fotokopieren das Original unverändert erhalten bleibt und nach seinem Muster eine Abschrift aufgebaut wird. Aufgrund der DNA-Struktur wahrscheinlicher und schon von WATSON und CRICK vorgeschlagen ist die *semikonservative* Art: Die DNA wird in Einzelstränge getrennt, an jeden „alten" Einzelstrang wird ein neuer angebaut. Wie Zellen wirklich ihre DNA verdoppeln, bedarf aber, wie alle naturwissenschaftlichen Hypothesen, der experimentellen Bestätigung. Sie gelang M. MESELSON und dem Ehepaar F. und M. STAHL durch *Markierungsversuche* mit unterschiedlichen Stickstoffisotopen an der DNA.

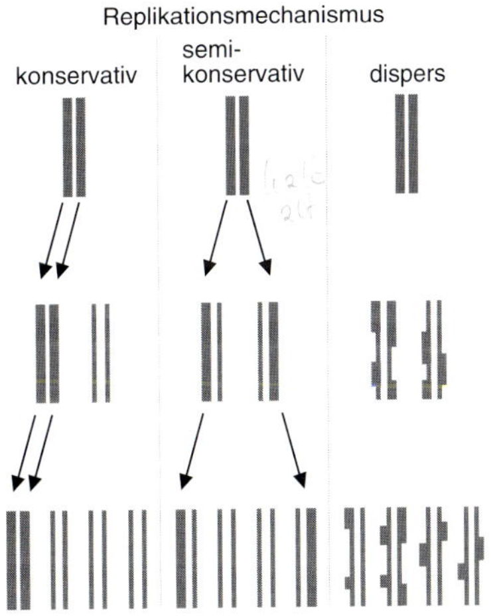

MESELSON und STAHL ließen E. coli-Bakterien mehrere Generationen lang auf Nährmedium mit schwerem Stickstoff wachsen. Die Bakterien bildeten damit *schwere DNA*. Anschließend wurden die Bakterien auf normales Nährmedium mit leichtem Stickstoff ^{14}N überführt. Nach einer Generationszeit, also nach einer Replikation, wurde bei einem Teil die DNA durch Dichtegradientenzentrifugation untersucht. Nach einer weiteren Generation auf Medium mit leichtem Stickstoff wurde erneut die DNA geprüft. Abbildung 2 gibt die möglichen Mechanismen der DNA-Replikation und die Abbildung 3 die Ergebnisse der Dichtegradientenzentrifugation nach MESELSON und STAHL wieder.

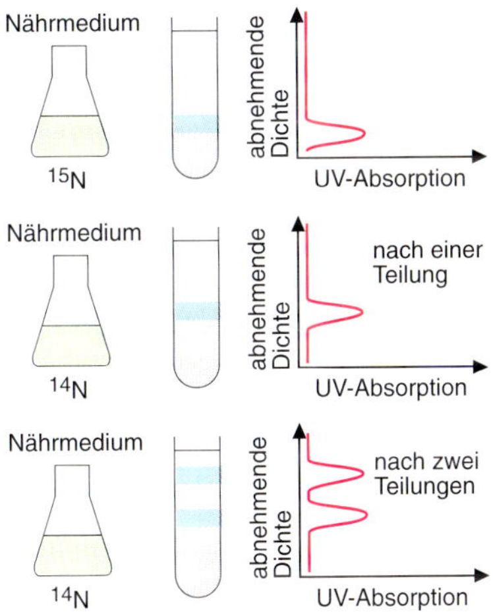

Aufgaben

① Abbildung 2 zeigt die DNA-Arten von drei aufeinanderfolgenden Bakteriengenerationen unter Annahme eines konservativen, eines semikonservativen und eines dispersen Replikationsmechanismus. Charakterisieren Sie die Masse der dargestellten DNA als „schwer", „halbschwer" oder „leicht".

② Welche DNA-Arten liegen nach den angegebenen Ergebnissen der Dichtegradientenzentrifugation bei den ersten beiden Bakteriengenerationen vor?

③ Vergleichen Sie diese Verhältnisse mit den dargestellten Möglichkeiten einer DNA-Replikation. Welcher Mechanismus der DNA-Replikation ist mit diesen Befunden nicht vereinbar?

④ Welche DNA-Arten liegen nach zwei Replikationen vor? In welchen Mengenverhältnissen?

⑤ Welche weitere Möglichkeit einer Replikation scheidet damit auch aus?
Welche Ergebnisse erwarten Sie nach der dritten Replikation auf Nährmedium mit leichtem Stickstoff?

⑥ Welche Ergebnisse wären bei den beschriebenen Versuchen zu erwarten, wenn die Replikation konservativ verliefe?

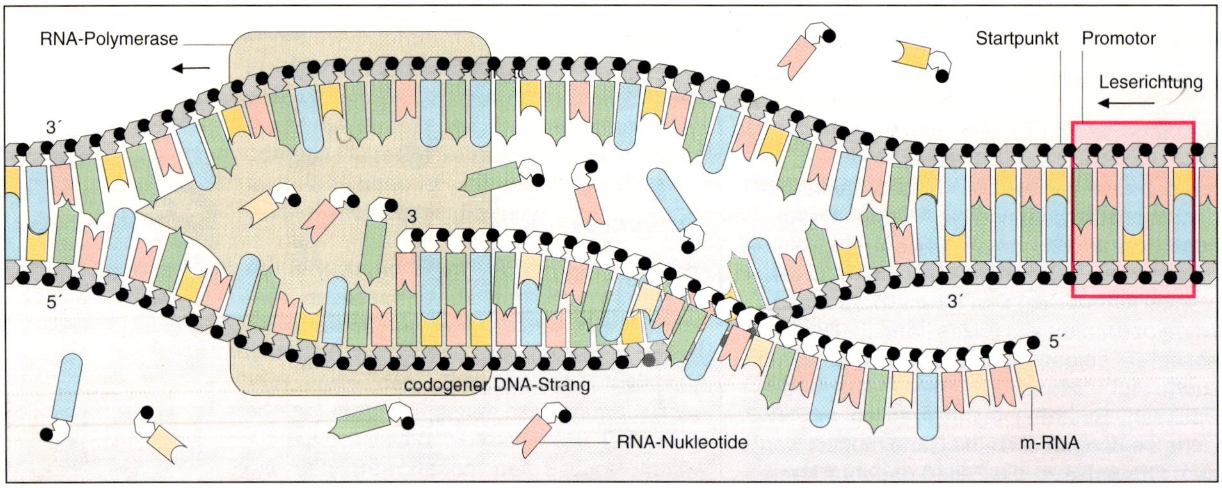

1 Der Transkriptionsvorgang im Schema: m-RNA wird nach der Basensequenz der DNA aufgebaut

Transkription — genetische Information wird beweglich

Transkription:

Übersetzung eines DNA-Abschnittes in m-RNA durch Anlagerung komplementärer Nukleotide an den codogenen DNA-Einzelstrang

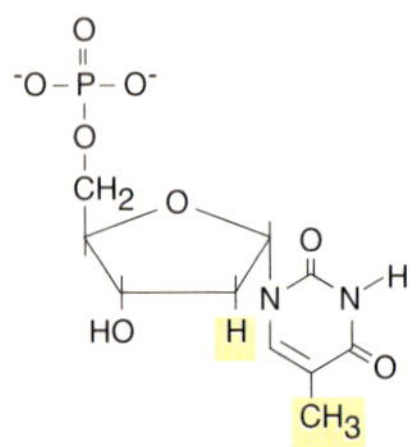

DNA-Baustein mit Thymin

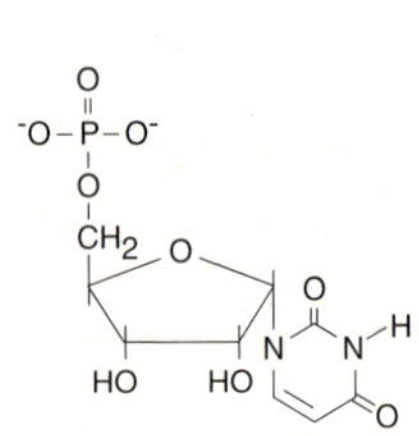

RNA-Baustein mit Uracil

Die DNA einer Zelle ist ein sehr langes Molekül und enthält viele Gene, die nicht alle gleichzeitig in Proteine übersetzt werden. Auf dem Weg vom Gen zum Merkmal wird daher in einem ersten Schritt ein Gen auf einen Überträgerstoff umgeschrieben. Diesen Vorgang nennt man *Transkription.* Genetische Information wird damit auch beweglich und kann von der DNA zu den Ribosomen, den Organellen der Proteinbiosynthese, transportiert werden. Das Transportmolekül für die genetische Information ist die RNA, die *Ribonukleinsäure.* Die RNA, die die genetische Botschaft (engl. *message*) überträgt, nennt man *messenger-RNA (m-RNA).*

RNA unterscheidet sich in einigen Punkten von der DNA:

- Sie besteht nur aus einem Einzelstrang von Nukleotiden.
- Sie ist sehr viel kürzer, da sie als m-RNA ja nur die Information eines Gens trägt.
- Anstelle der Desoxyribose dient das ähnlich gebaute Zuckermolekül Ribose als Grundbaustein.
- Anstelle der Base Thymin findet man die ähnlich gebaute, sich ebenfalls mit Adenin paarende Base *Uracil.*

Neben der *m-RNA,* die die Information eines Gens von der DNA zu den Ribosomen transportiert, existieren noch zwei andere Typen von RNA. Sie werden, wie die m-RNA, durch Transkription aufgebaut, haben aber andere Aufgaben. Die *ribosomale RNA (r-RNA)* dient als Baueinheit der Ribosomen und entsteht an den Nukleoli im Zellkern. Die *Transfer-RNAs (t-RNAs)* transportieren beim Proteinaufbau Aminosäuren zu den Ribosomen.

Die Transkription verläuft in einigen Punkten ähnlich wie die Replikation der DNA. Die DNA wird an einer Stelle entwunden und in ihre Einzelstränge aufgetrennt. Komplementäre Nukleotide werden nach den Gesetzen der Basenpaarung angelagert. Die RNA-Nukleotide werden durch die *RNA-Polymerase* zu einem RNA-Einzelstrang, eben der m-RNA verbunden.

Die RNA-Polymerase braucht die Information, welchen DNA-Abschnitt und welchen DNA-Einzelstrang sie in welcher Richtung transkribieren soll. Das wird angegeben durch spezielle DNA-Abschnitte vor jedem Gen, die *Promotoren.* Sie geben die Startstelle und die Transkriptionsrichtung vor. Da in diesem Gen die RNA-Polymerase auch nur von 5' nach 3' RNA aufbauen kann, liegt damit auch fest, welcher DNA-Einzelstrang abgelesen wird, nämlich der von 3' nach 5' verlaufende. Er ist der *codogene* DNA-Einzelstrang. Stößt die RNA-Polymerase im Lauf der Transkription auf eine bestimmte Basenfolge der DNA, eine Stop-Sequenz, beendet sie die Transkription.

Aufgabe

① In welche m-RNA wird folgender DNA-Abschnitt transkribiert?
5'AACTCCGATCTATGGCTTGGAAGA3'
3'TTGAGGCTAGATACCGAACCTTCT5'
Start ⊢——————→

Der genetische Code — Wörterbuch des Lebens

In der Basensequenz der m-RNA ist der Bauplan eines Polypeptids verschlüsselt. Sie legt die Struktur der Peptide und Proteine durch die Reihenfolge der Aminosäuren, die *Aminosäuresequenz,* fest. Diese muß codiert werden durch die Reihenfolge der 4 verschiedenen Nukleotide bzw. Basen der m-RNA, ihre *Basensequenz.* Zwischen den Basen der RNA und Aminosäuren besteht aber keine direkte chemische Wechselwirkung. Eine direkte Übersetzung von Basen- in Aminosäuresequenz ist nicht möglich. Es muß ein Vermittler vorhanden sein, der die „Basen-Schrift" in „Aminosäuren-Schrift" übersetzen kann. Wie ein Codebuch die Übersetzung verschiedener Schriften ineinander erlaubt, z. B. des Morsealphabets in „normale" Buchstaben, so ist der *genetische Code* die Übersetzungsvorschrift für diesen Prozeß. Sie bestimmt, welche Aminosäure durch ein bestimmtes *Codon* der m-RNA codiert wird.

Da es nur 4 verschiedene Basen gibt, aber 20 verschiedene für Lebewesen wichtige Aminosäuren, muß eine Gruppe von mehreren Nukleotiden ein Codon bilden und für eine Aminosäure stehen, denn

- stünde eine Base für eine Aminosäure, könnten durch die 4 verschiedenen Nukleotide nur 4 verschiedene Aminosäuren,
- durch Zweiergruppen von Nukleotiden auch nur $4^2 = 16$ verschiedene Aminosäuren,
- und erst durch Dreiergruppen $4^3 = 64$ verschiedene Aminosäuren verschlüsselt werden.

Eine Zweiergruppe genügt zur Verschlüsselung der 20 verschiedenen Aminosäuren also nicht. Eine Dreiergruppe, ein *Basentriplett,* ist die Mindestgröße für ein Codon. Der Code ist allerdings dann *redundant,* d. h. es gibt mehr Tripletts als zu codierende Aminosäuren.

Mit Hilfe künstlicher m-RNA-Moleküle und der Untersuchung der daraufhin synthetisierten Polypeptide konnten Länge und Bedeutung der einzelnen m-RNA-Codons geklärt werden. Der genetische Code ist tatsächlich ein Triplett-Code. Er ist redundant, einige Aminosäuren werden durch mehrere Codons verschlüsselt, die sich meist in der 3. Base unterscheiden. Vor allem den seltener vorkommenden Aminosäuren entspricht nur ein Codon. Einige Codons haben spezielle Bedeutung: AUG gibt als *Startcodon* den Anfangspunkt für die Übersetzung der m-RNA in ein Protein an, die entsprechende Aminosäure (verändertes Methionin) wird aber später aus dem Protein entfernt. UAG, UAA und UGA entsprechen keiner Aminosäure, sondern stehen für den Endpunkt des Übersetzungsvorgangs, sie sind die *Stopcodons.*

Die einzelnen Codons haben bei nahezu allen Lebewesen (bis auf ganz wenige Ausnahmen) die gleiche Bedeutung. Eine bestimmte m-RNA wird in fast allen Organismen in die gleiche Polypeptidkette übersetzt. Der genetische Code ist praktisch *universell.*

Die **Codesonne** gibt an, welches Codon der m-RNA in welche Aminosäure „übersetzt" wird. Das erste Nukleotid des Codons (5'-Ende) steht innen, die Codons werden von innen nach außen gelesen. (GCA steht z. B. für die Aminosäure Ala = Alanin.)

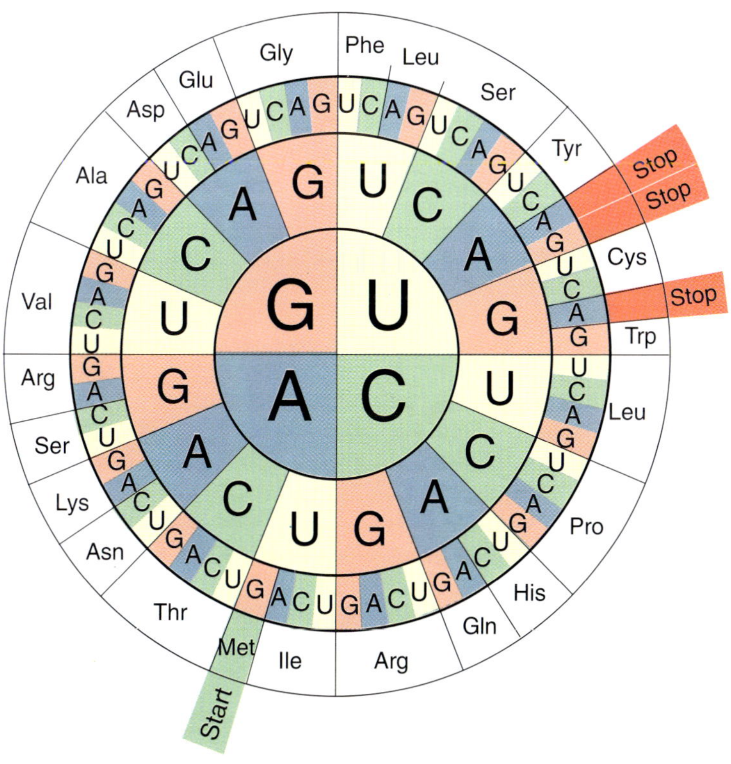

1 Codesonne

Aufgaben

① In welches Peptid wird folgende m-RNA übersetzt?
5'UUAGAUGAGCGACGAACCCCUAA-AAUUUACCUAGUAGUAGCCAU3'

② In welches Peptid wird folgender Abschnitt eines codogenen Strangs der DNA übersetzt?
3'CTGGCTACTGACCCGCTTCTTC-TATC5'
(Die Übersetzung beginnt natürlich immer am Startcodon.)

Der genetische Code — ein Triplettcode

Der genetische Code muß ein *Triplettcode* sein, damit alle 20 wichtigen Aminosäuren für ein Protein verschlüsselt werden können; Zweiergruppen von Nukleotiden reichen dafür nicht aus. Aber auch ein Quartettcode mit Vierergruppen von Basen wäre denkbar, ebenso wie ein *Quintettcode* usw. Die Frage nach der Natur des genetischen Codes wurde durch Versuche an Bakteriophagen geklärt.

Phagen vermehren sich mit Hilfe von Bakterienzellen. Phagenmutanten mit veränderter DNA können ein bestimmtes Protein nur noch fehlerhaft aufbauen und die Bakterien nicht mehr befallen. Man verwendete Phagenmutanten, die in der DNA ein Nukleotid zusätzlich (+ - Mutante) oder ein Nukleotid zuwenig (— - Mutante) besaßen.

Aufgaben

① Zeigen Sie an einem Satz im Triplettcode, z. B. „VORDERRNAIST DIEDNA" wie durch den Wegfall, aber auch das Hinzufügen eines Buchstabens der Sinn völlig verlorengehen kann, wenn der Triplettcode beim Lesen beibehalten wird.

② Zeigen Sie an einer bestimmten m-RNA, wie durch Wegfall eines Nukleotids der „Sinn" verlorengehen und ein völlig verändertes Protein codiert werden kann.

Mischt man eine + - mit einer — - Phagenmutante, so entstehen in bestimmten Fällen wieder fast voll infektionsfähige Phagen. Die DNA der beiden Mutanten wurde dabei miteinander rekombiniert. Das kann im Versuch zu einer weitgehenden Wiederherstellung des „Sinns" der genetischen Information führen.

Aufgaben

① Zeigen Sie die Auswirkungen am Beispielsatz und der Beispiel-m-RNA auf.

② Zeigen Sie am Beispielsatz und der m-RNA, daß bei einem Triplettcode auch eine Mischung von 3 Mutanten der gleichen Art (+ oder —) wieder ein fast fehlerfreies Phagenprotein zur Folge haben kann.

③ Zeigen Sie am Beispielsatz im Quartettcode „HIERWIRDKLARDASSVIERKAUMGEHT", daß eine Mischung von drei Mutanten der gleichen Art zur Wiederherstellung des Sinns der Information nicht ausreicht.

Wie knackt man den genetischen Code?

Um aufzuklären, welcher Aminosäure ein bestimmtes m-RNA-Triplett entspricht, wurden von M. NIRENBERG und G. KHORANA künstliche m-RNAs mit bekannter Nukleotidsequenz konstruiert. Sie wurden zu einem zellfreien in-vitro-System gegeben, das man z. B. durch Zentrifugation von E. coli-Bakterien erhalten kann. Es enthält Cytoplasma und Ribosomen, so daß eine Proteinsynthese aus einzelnen Aminosäuren möglich ist. Nach einiger Zeit kann man aus dem Gemisch neu synthetisierte Polypeptide isolieren, die nach der Anweisung der künstlichen m-RNA aufgebaut wurden.

In der Tabelle finden Sie einige Ergebnisse der Versuche NIRENBERGS und KHORANAS. Links angegeben stehen die eingesetzten synthetischen RNA-Moleküle, rechts die dazu aufgebauten Peptide. Die RNA ist in Kurzschreibweise angegeben; da es regelmäßige Polynukleotide sind, genügt es, ihre sich ständig wiederholenden Bausteine anzugeben. Poly-U bedeutet also eine RNA nur aus Uracil-Nukleotiden (— UUUUUUUUUUUU —), Poly-A eine nur aus Adenin-Nukleotiden (— AAAAAAAAAAAA —), Poly-AC eine, in der sich regelmäßig immer Adenin- und Cytosin-Nukleotide abwechseln (— ACACACACACAC —).

Aufgaben

① Verwendet man Poly-U, Poly-A, Poly-C bzw. Poly-G, erhält man die unten aufgeführten Peptide mit jeweils nur einer Aminosäureart. Damit ist die Bedeutung von 4 Tripletts geklärt. Geben Sie sie an!

② Verwendet man RNA, in der regelmäßig zwei Nukleotide abwechseln, erhält man Peptide aus jeweils 2 Aminosäuren.
Wieso treten immer zwei Aminosäuren im Wechsel hintereinander auf? Kann man durch diese Versuche die Bedeutung weiterer Tripletts eindeutig klären?

③ Verwendet man andere, regelmäßige Polynukleotide aus längeren Untereinheiten, erhält man im Gemisch verschiedene Peptide (s. unten).
Wieso werden hier jeweils mehrere verschiedene Peptide aufgebaut? Klären Sie aus den Angaben zu Aufgabe 2 und 3 die Bedeutung weiterer Nukleotide auf.

④ Auch RNAs mit 4 regelmäßig wechselnden Nukleotiden wurden konstruiert. Welche Tripletts lassen sich mit Hilfe der folgenden Polynukleotide (und der Versuche 1—3) klären?

RNA	Damit entstehende Peptide
Poly-U	Phe - Phe - Phe - Phe - Phe - . . .
Poly-A	Lys - Lys - Lys - Lys - Lys - Lys - . . .
Poly-C	Pro - Pro - Pro - Pro - Pro - Pro - . . .
Poly-G	Gly - Gly - Gly - Gly - Gly - Gly - . . .
Poly-AC	His - Thr - His - Thr - His - Thr - . . .
Poly-AAC	Asn - Asn - Asn - Asn - Asn - . . . oder Thr - Thr - Thr - Thr - Thr - Thr - . . . oder Gln - Gln - Gln - Gln - Gln - Gln - . . .
Poly-ACC	Thr - Thr - Thr - Thr - Thr - . . . oder Pro - Pro - Pro - Pro - Pro - . . . oder His - His - His - His - . . .
Poly-ACCC	Thr - His - Pro - Pro - Thr - His - Pro - Pro - . . .

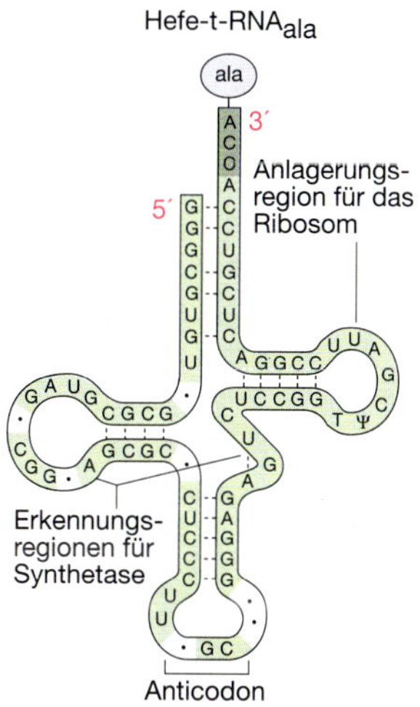

t-RNA-Molekül

t-RNA — Vermittler zwischen RNA und Aminosäuren

Der genetische Code gibt an, welches Basentriplett der m-RNA in welche Aminosäure des entsprechenden Polypeptids übersetzt wird. Er ist das Wörterbuch für die Übersetzung. Die verschiedenen t-RNAs sind die Vermittlermoleküle, die Basentripletts und zugehörige Aminosäuren miteinander in Verbindung bringen, quasi beide Sprachen sprechen. Sie bestehen aus Nukleotiden und können daher mit komplementären Tripletts der m-RNA paaren. Außerdem können sie bestimmte Aminosäuren binden. Es sind etwa 50 verschiedene t-RNA-Arten bekannt, also genug verschiedene Sorten, um jeweils genau eine der 20 Aminosäurearten spezifisch zu binden.

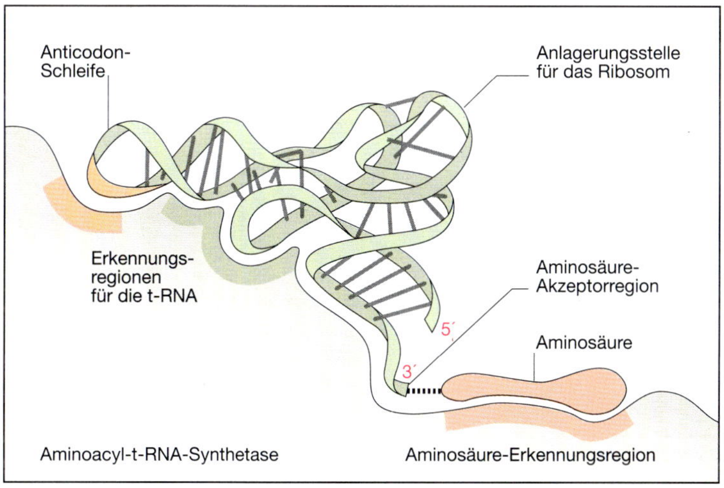

1 Beladung einer t-RNA mit einer Aminosäure

Die Anlagerung einer bestimmten Aminosäure wird wie fast alle biochemischen Vorgänge durch Enzyme, nämlich die *Aminoacyl-t-RNA-Synthetasen,* katalysiert. Wie viele Enzyme, sind die Aminoacyl-t-RNA-Synthetasen hoch spezifisch für ihr Substrat, binden nur eine bestimmte t-RNA und beladen sie mit nur einer bestimmten Aminosäureart. Dazu besitzt ihr aktives Zentrum zwei Anlagerungsstellen: In eine paßt genau eine der verschiedenen t-RNA-Sorten, in die andere genau eine der 20 verschiedenen Aminosäurearten. Beide werden chemisch miteinander verknüpft.

Jede Aminosäure wird von ihrer Aminoacyl-t-RNA-Synthetase an ihrem spezifischen Rest erkannt, der ihre räumliche Struktur bestimmt. Woran erkennt aber das Enzym „seine" t-RNA? t-RNAs haben alle durch interne Basenpaarung eine *Kleeblattstruktur* mit herausragenden Schleifen. Sie sind bei allen t-RNA-Sorten verschieden. An zweien und am „richtigen" Anticodon „erkennt" die Synthetase „ihre" t-RNA.

Auch die anderen herausragenden Teile des „Kleeblatts" haben ihre Bedeutung. Der „Stiel" am 3'-Ende ist die *Aminosäure-Akzeptorregion* und bindet die Aminosäure. Die *Anticodon-Schleife* trägt das Anticodon-Basentriplett, das sich an ein Codon der m-RNA anlagern kann. Weitere Schleifen sorgen für den Kontakt zum Ribosom, an dem der Zusammenbau der Aminosäuren zum Polypeptid, die *Proteinbiosynthese,* erfolgt.

Ribosomen — die Proteinfabriken

Die Ribosomen stellen die „Montagewerke" für die Proteine dar. Hier erfolgt die *Proteinbiosynthese.* Mit 25 nm Durchmesser sind sie so klein, daß sie selbst im Elektronenmikroskop nur schwer darzustellen sind. Die Ribosomen von Eukaryoten und Prokaryoten (und Eukaryotenorganellen wie Mitochondrien und Plastiden) unterscheiden sich in ihrer Größe. In jedem Fall bestehen sie aber aus einer kleinen und einer großen Untereinheit. Die kleine Untereinheit hat im wesentlichen die Aufgabe, m-RNA und t-RNA-Moleküle zusammenzuführen und so für die richtige Reihenfolge der Aminosäuren im Polypeptid zu sorgen. Die große Untereinheit ist für die chemische Verknüpfung der Aminosäuren zuständig.

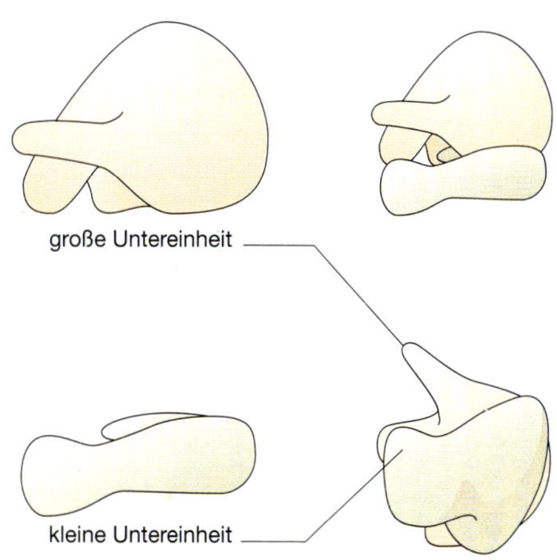

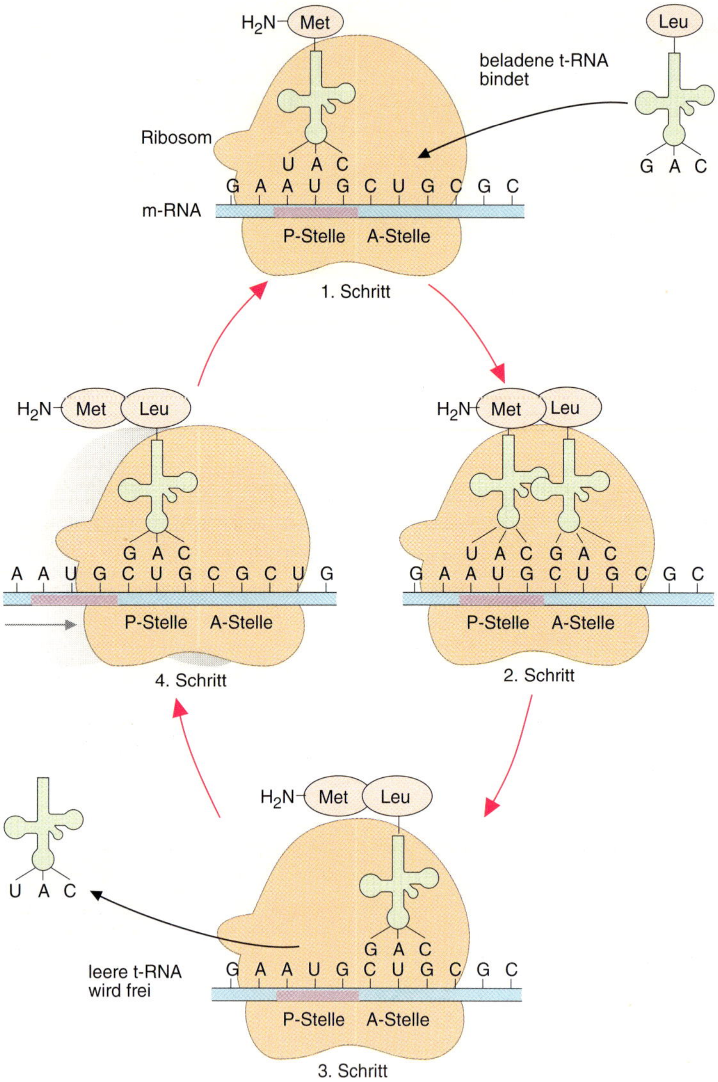

1 Der Translationsvorgang im Schema

Translation — ein Protein wird „montiert"

Durch die Transkription wurde die Information eines Gens von der DNA auf m-RNA übertragen. Nach dieser Information wird ein Polypeptid mit einer bestimmten Sequenz von Aminosäuren zusammengebaut. Diesen Vorgang bezeichnet man als *Translation.* Transkription und Translation werden als *Proteinbiosynthese* zusammengefaßt.

Translation
Synthese eines Peptids aus Aminosäuren. Ihre Reihenfolge wird durch die m-RNA vorgegeben.

Die Translation erfolgt an den Ribosomen. Zunächst lagern sich die beiden Untereinheiten des Ribosoms am Startcodon der m-RNA zu einem funktionsfähigen Ribosom zusammen. Ein mit einer Aminosäure (am Start immer *Methionin*) beladenes t-RNA-Molekül wird an das Startcodon der m-RNA gebunden. Das geschieht nach dem Prinzip der komplementären Basenpaarung: Ist das Anticodon einer t-RNA komplementär zum Codon der m-RNA, wird es fest daran angelagert. Gleichzeitig bindet sich die t-RNA an eine bestimmte Bindungsstelle der kleinen Ribosomen-Untereinheit, die *P-Stelle.*

An einer zweiten t-RNA-Bindungsstelle des Ribosoms, der *A-Stelle,* lagert sich eine zweite beladene t-RNA an (1. Schritt). Ihr Anticodon kommt dadurch in Kontakt mit dem zweiten Codon der m-RNA. Sind wiederum diese komplementär zueinander, wird die t-RNA genügend fest gebunden. Nicht passende t-RNAs fallen ab. Da jede Sorte t-RNA nur eine bestimmte Aminosäure trägt, wird gewährleistet, daß nur die passende t-RNA und damit die von der m-RNA vorgegebene Aminosäure an die erste angehängt wird. Daraufhin werden die beiden Aminosäuremoleküle unter Energieumsetzung chemisch miteinander verknüpft. Die große Ribosomenuntereinheit verbindet sie zu einem *Dipeptid* (2. Schritt).

Nun wird die Aminosäurenkette nach der Vorgabe des nächsten Codons der m-RNA verlängert. Dazu wird das Ribosom um ein Basentriplett auf der m-RNA weiter von 5' nach 3' „geschoben". Dadurch rückt die t-RNA an der P-Stelle aus dem Ribosom heraus und löst sich ab (3. Schritt). Ihre Aminosäure bleibt aber an das entstehende Protein gebunden. Die t-RNA an der A-Stelle rückt zur P-Stelle vor, die A-Stelle wird frei (4. Schritt). Sie liegt nun am nächsten Codon der m-RNA und kann eine neue t-RNA mit passendem Anticodon binden. Die daran geknüpfte Aminosäure wird mit dem Peptid an der großen Ribosomeneinheit verbunden.

Durch die Wiederholung dieses Vorgangs wird das angefangene Polypeptid um eine Aminosäure nach der anderen verlängert, und zwar exakt so, wie es die Codons der m-RNA vorschreiben.

Wenn das Ribosom einige Codons weit vorgerückt ist, kann sich an das freigewordene Startcodon derselben m-RNA bereits das nächste Ribosom anlagern. Eine m-RNA kann so mehrmals bei der Proteinsynthese verwendet werden. Kommt ein Ribosom an ein *Terminationscodon* der m-RNA, so stoppt der Translationsprozeß. Das Ribosom zerfällt in seine Untereinheiten. Das gebildete Protein wird frei und nimmt seine funktionsfähige Raumstruktur ein.

Proteinbiosynthese bei Pro- und Eukaryoten

Prokaryoten wie Bakterien haben einen einfachen Zellaufbau. Die DNA liegt bei ihnen als ringförmiges Bakterienchromosom frei im Zellplasma. Gene werden dort mit einer Geschwindigkeit von ca. 2500 Nukleotiden pro Minute transkribiert. Ohne jede Veränderung dient die entstehende m-RNA als Vorlage für die Translation. Ribosomen lagern sich bereits an, während die Transkription noch im Gange ist, das entsprechende Protein taucht bereits nach etwa ½ Minute in der Zelle auf. Eine m-RNA wird durch mehrere Ribosomen hintereinander abgelesen. Allerdings wird sie bereits nach wenigen Minuten schon wieder abgebaut. Diese kurze Lebensdauer ist wichtig, da innerhalb der kleinen Generationszeit von Prokaryoten verschiedene Entwicklungsschritte ablaufen, die durch verschiedene m-RNAs gesteuert werden. So ist auch eine schnelle Reaktion auf Umwelteinflüsse möglich.

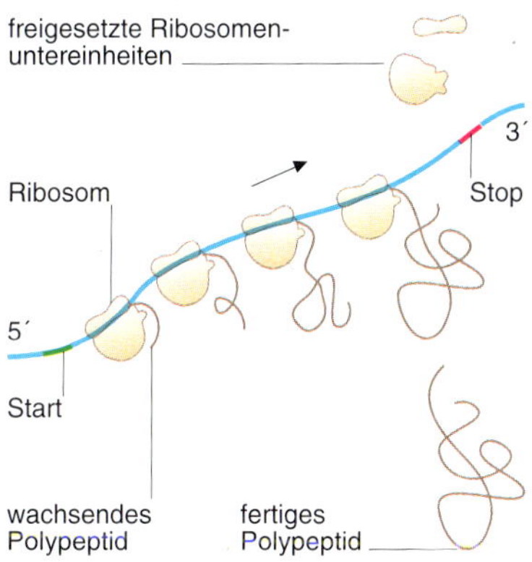

Der genetische Code ist praktisch universell, also für alle Organismen gleich. Trotzdem verläuft aber die Proteinbiosynthese nicht bei allen Organismen gleichartig. Auch bei Eukaryoten wird zwar zunächst durch *Transkription* ein codogener Abschnitt der DNA in RNA übersetzt. Bei ihnen wird aber nach dem eigentlichen Übersetzungsvorgang eines DNA-Abschnitts die entstehende m-RNA an mehreren Stellen verändert *(prozessiert)*, bevor sie ihre Funktion aufnehmen kann. Auffällig ist, daß die m-RNA bei Eukaryoten zunächst ungleich länger ist als bei Prokaryoten, länger, als es das codierte Protein erfordern würde. Nur einige Abschnitte des RNA-Stranges, die *Exons*, enthalten die Information für das Protein. Dazwischen liegen nicht informationstragende Abschnitte, die *Introns*. Sie werden an vorbestimmten Stellen exakt herausgeschnitten, die Exons miteinander verbunden. Diesen Vorgang nennt man das *Spleißen* der m-RNA. Den Bakterien fehlen die Enzyme für diese Vorgänge.

Je nach Zelltyp und Entwicklungszustand der Zellen können Eukaryoten die RNA verschieden spleißen. Weil so unterschiedliche Exons kombiniert werden, entstehen verschiedene m-RNAs. Es können durch das gleiche Gen verschiedene Proteine codiert werden. Bei Eukaryoten wäre eine Lebensdauer der m-RNA wie bei Bakterien viel zu kurz, da die m-RNA zuerst prozessiert und dann aus dem Zellkern ins Cytoplasma geschleust werden muß, bevor der Proteinaufbau beginnen kann. Daher wird bei ihnen die m-RNA gegen Abbau geschützt. Dazu werden eine schützende „Kappe" aus methyliertem Guanin und ein „Poly-A-Schwanz" (150 – 200 Adenin-Nukleotide am 3'-Ende) an die m-RNA angelagert.

Die so im Zellkern prozessierte RNA dient als m-RNA. Zur Translation wird sie durch die Kernporen oder durch das endoplasmatische Retikulum zu den Ribosomen transportiert. Gemäß dem genetischen Code werden dort ihre Codons durch die *Translation* in Aminosäuren „übersetzt".

Aufgaben

① Eine wichtige Anwendung der Gentechnik ist die Herstellung von menschlichen Hormonen, wie zum Beispiel dem Peptid Insulin, durch „umprogrammierte" Bakterienzellen.
Aus welchen Gründen reicht es zur Umprogrammierung nicht aus, das menschliche Insulingen in die Bakterien einzuschleusen?

② Wieso kann man auch nicht menschliche Insulin-m-RNA einschleusen, um die Insulinproduktion in der Bakterienzelle in Gang zu setzen?

③ Bei einer bestimmten Form der Blutkrankheit *Thalassämie* stimmt der Anfang des β-Globinmoleküls mit dem normalen Globin überein. Ab einer bestimmten Stelle hat das Thalassämie-Globin eine andere Aminosäuresequenz und ist wesentlich länger als das normale Globin.
Was könnte die Ursache sein?

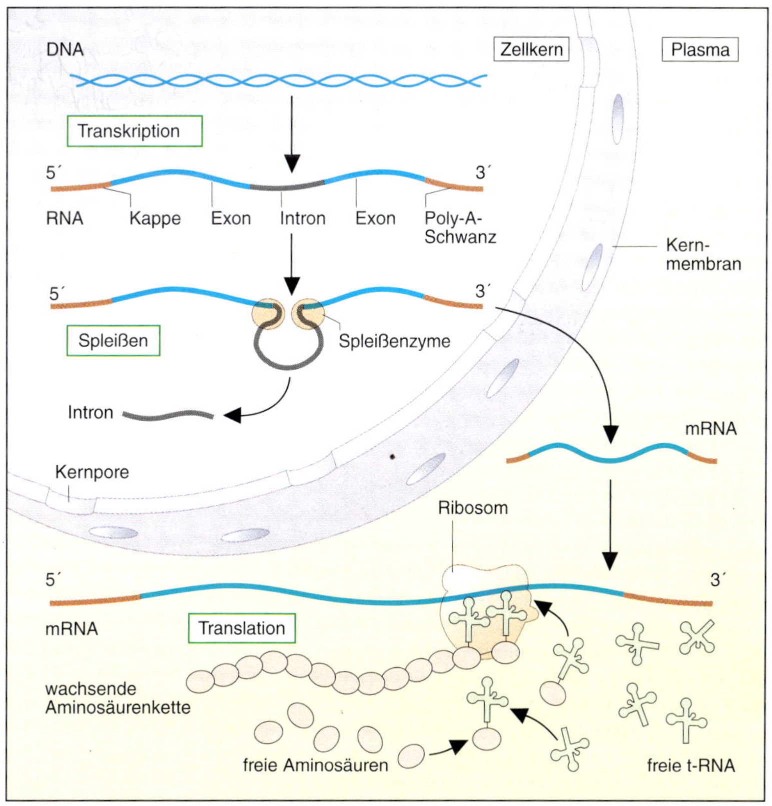

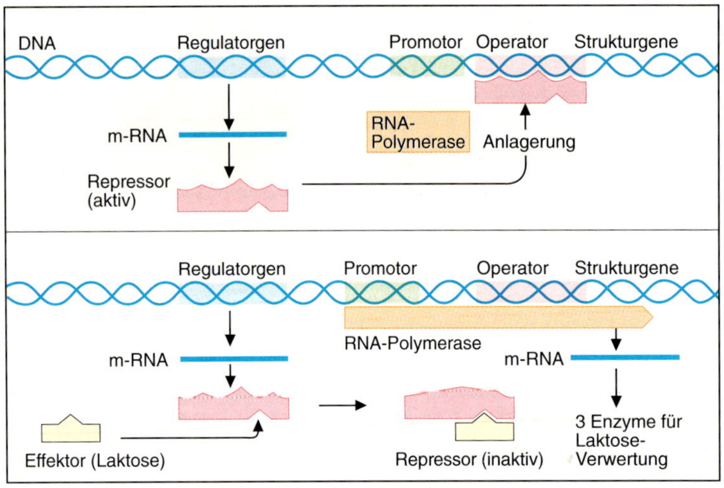

1 Steuerung von Genen durch Induktion am Beispiel des lac-Operons

Genregulation durch Induktion und Repression

Induktion
„Anschalten" eines Gens durch Anwesenheit eines Effektors.

Repression
„Abschalten" eines Gens durch Anwesenheit eines Effektors.

Operon
DNA-Abschnitt, auf dem hintereinander die Kontrollregionen und ein oder mehrere für Enzyme codierende Strukturgene liegen.

Hält man Hefezellen in einem Gefäß mit Traubenzuckerlösung, so setzt sofort die Gärung ein, die Hefezellen verwerten die Glukose und teilen sich. Überführt man sie in ein Gefäß mit Galaktoselösung, so beobachtet man zunächst keine Gärung. Die Hefezellen sind nicht in der Lage, den Zucker Galaktose für ihren Stoffwechsel zu verwenden. Nach einigen Stunden aber beginnen sie, auch mit der Galaktose als Nährstoff zu leben. Offensichtlich brauchen sie erst einige Zeit, um sich auf Galaktose umzustellen. Die Enzyme zum Abbau dieser Zuckerart sind zunächst nicht vorhanden und müssen erst produziert werden.

Viele Enzyme und Strukturproteine werden in der Zelle ständig gebraucht. Dazu gehören z. B. die Enzyme für den Glukosestoffwechsel. Andere Proteine sind in der Zelle nur unter besonderen Bedingungen oder zu besonderen Entwicklungsphasen aktiv, z. B. die Enzyme für den Abbau des selteneren Zuckers Galaktose. Ihre Anwesenheit würde die Funktionen der Zelle zu anderen Zeiten eventuell sogar stören oder beeinträchtigen.

Von E. coli weiß man, daß nur etwa 600 der ca. 3000 Gene gleichzeitig aktiv sind. Viele Gene werden ständig *transkribiert,* es sind *konstitutive Gene.* Andere Gene werden je nach Bedarf an- und abgeschaltet, d. h. sie können *reguliert* werden. Für die seltener benötigten Enzyme sind die Gene nur bei Bedarf aktiv. Es sind *regulierte Gene.*

Mit der Transkription beginnt die Aktivität eines Gens. Startstelle für die Transkription ist der *Promotor.* Die RNA-Synthetase lagert sich an ihn an. Sie wird durch ihn gesteuert, und er gibt Startpunkt und Leserichtung für die Transkription an. Hier liegt eine wichtige Ansatzstelle für die Kontrolle der Genaktivität. An Mutationen, die die Promotorregion betreffen, läßt sich das zeigen: Je stärker ein Promotor verändert wird, desto seltener erfolgt die Transkription des folgenden DNA-Abschnitts.

Bestimmte Gene werden „bei Bedarf angeschaltet". Die Forscher JACOB und MONOD, die in ihrem Modell die wichtigsten Grundlagen der Genregulation erarbeiteten, sprachen von *Geninduktion.* Induzierte Gene sind oft Gene für bestimmte Abbaureaktionen, z. B. für den Abbau von Milchzucker bei E. coli.

Für die Aufnahme, die Spaltung und den Umbau des Milchzuckers sind 3 Enzyme notwendig. Solche Gene, die Enzyme codieren, nennt man *Strukturgene,* andere Gene sind z. B. für die Produktion der t-RNA zuständig. Die Strukturgene liegen im Beispiel direkt hintereinander und werden miteinander kontrolliert. Vor ihnen liegen ihre Kontrollregionen: der *Promotor* und der *Operator.* Mit ihrem Promotor und dem Operator zusammen bilden die Strukturgene ein *Operon,* in diesem Fall das lac-Operon.

Das lac-Operon ist normalerweise nicht aktiv, denn am Operator ist ein *Repressor* gebunden, ein Proteinmolekül, das die Bindung der RNA-Polymerase an der DNA verhindert und damit die Transkription blockiert. Der Repressor kann aber inaktiviert werden. Dringt von außen Milchzucker *(Laktose)* in die Zelle ein, wirkt sie als *Effektor.* Ein Laktosemolekül bindet sich an den Repressor und verändert seine Raumstruktur. Er kann nun nicht mehr am Operator binden und gibt dadurch den Promotor frei. Die RNA-Polymerase lagert sich an, die Transkription kann beginnen. Die Enzyme für den Milchzuckerabbau werden also dann bereitgestellt, wenn Milchzucker in der Umgebung der Zelle anwesend ist und verarbeitet werden soll.

Dienen Enzyme zu Aufbaureaktionen, wie bei der Synthese bestimmter Aminosäuren durch E. coli, so wird in der Regel verhindert, daß mehr davon produziert wird als nötig. In einem solchen Fall wird die Transkription durch *Genrepression* gestoppt.

Normalerweise liegt hier der Repressor in einer inaktiven Form vor, die nicht am Operator binden kann. Im Normalfall kann sich die RNA-Polymerase also ohne Probleme am Promotor anlagern, und die Transkription der Gene kann ungehindert ablaufen. Ist aber genug oder gar ein Überschuß vom benötigten Endprodukt, z. B. der Aminosäure Tryptophan, vorhanden, so wirkt sie als *hemmender Effektor*. Sie wird vom Repressor gebunden und verändert seine Raumstruktur in diesem Fall aber so, daß er sich am Operator anlagern kann. So wird eine weitere Transkription und damit eine zu große Menge der nicht benötigten Enzyme und des nicht benötigten Tryptophans verhindert. Die Zelle erreicht dadurch eine optimale Ausnutzung ihrer Energie und Nährstoffe.

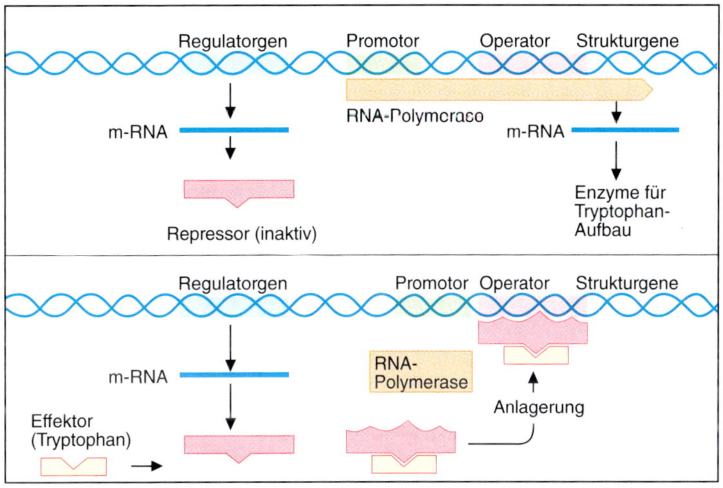

1 Steuerung von Genen am Beispiel des Tryptophan-Operons

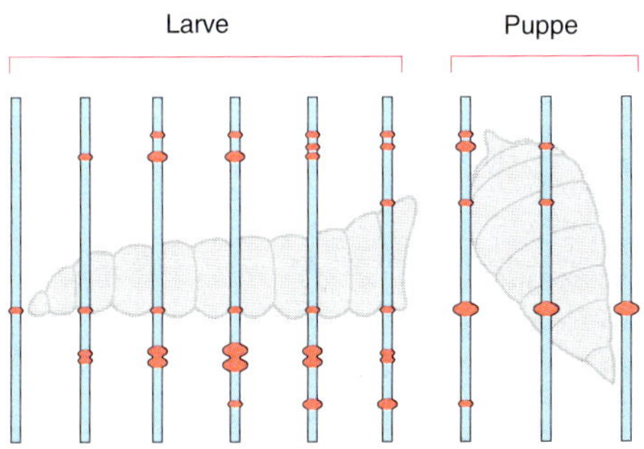

Puffmuster an Chromosomen von Drosophilalarven in verschiedenem Alter

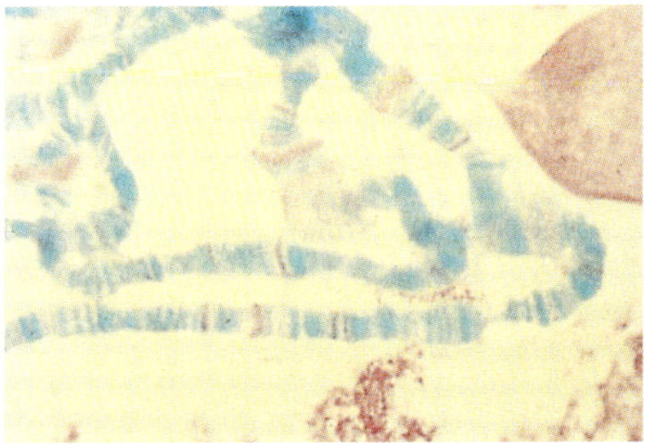

Ausschnitt aus einem Riesenchromosom von Drosophila mit Puffs im Lichtmikroskop

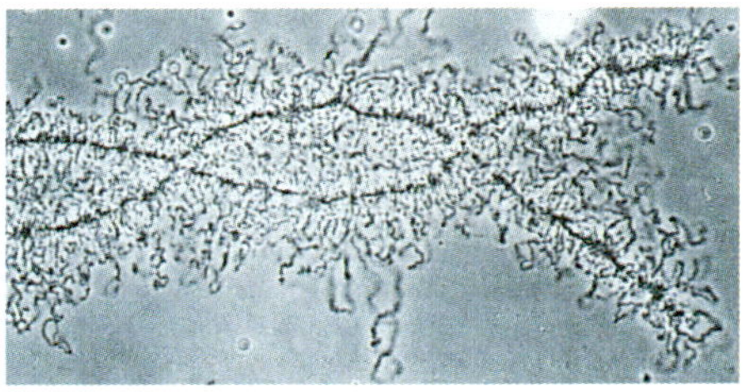

Lampenbürstchenchromosom im Lichtmikroskop

Genregulation steuert die Entwicklung von Vielzellern

Bei Vielzellern stammen alle Zellen eines Lebewesens von einer Zygote ab. Sie gehen durch Mitose auseinander hervor, sind also erbgleich. Dennoch sind sie beim erwachsenen Organismus unterschiedlich differenziert und haben verschiedene Fähigkeiten und Funktionen.

Vergleicht man angefärbte Chromosomen verschiedener Zellen eines Organismus miteinander unter dem Mikroskop, so kann man feststellen, daß die Chromosomen unterschiedlicher Zellen auch unterschiedlich anfärbbare Banden aufweisen. In den stark färbbaren Bereichen scheint die DNA sehr stark aufgewunden, in schwach färbbaren wesentlich lockerer. Arbeitet man mit Farbstoffen, die RNA, nicht aber DNA gut färben, so kann man bei den aufgelockerten Bereichen besonders viel RNA nachweisen. An dieser Stelle sind Gene aktiv; hier wird RNA gebildet.

Auffällige Unterschiede zwischen aktiven und inaktiven Genabschnitten findet man während der Entwicklung von Drosophila-Larven. An ihren Riesenchromosomen lassen sich im Mikroskop stark spiralisierte Abschnitte und aufgeblähte Abschnitte, sogenannte *Puffs,* unterscheiden. An Puffs läßt sich eine starke Transkriptionsaktivität nachweisen. Dabei beobachtet man ganz charakteristische Puffmuster je nach Alter und Gewebe der Larve. Gibt man den Larven bestimmte Entwicklungshormone, so kann man die Puffbildung und damit die Genaktivität beeinflussen.

Auch bei Wirbeltieren kann man im Mikroskop verschieden stark spiralisierte Chromosomenabschnitte erkennen. Manche erscheinen ähnlich aufgebläht wie Puffs. Bei diesen Chromosomen spricht man wegen ihrer speziellen Gestalt von *Lampenbürstenchromosomen.*

Für die Entdeckung spezieller Entwicklungsgene und deren Funktionsweise bei Drosophila erhielt die Tübinger Biologin CHRISTIANE NÜSSLEIN-VOLHARD neben zwei weiteren Preisträgern im Jahre 1995 den Nobelpreis für Medizin. Die um 1980 entdeckten Gene sind für die grundlegende Differenzierung des Drosophilakeimes verantwortlich, z. B. dafür, welcher Bereich später vorn oder hinten, oben oder unten wird. Dasselbe genetisch bedingte, differenzierende Prinzip, wie es bei Drosophila gefunden wurde, scheint auch bei Säugetieren und dem Menschen zu gelten. So ist es inzwischen gelungen, ein menschliches, entwicklungssteuerndes Gen auf Embryonen von Drosophila zu übertragen, wobei dann die zur Fliege passenden Entwicklungsschritte abliefen.

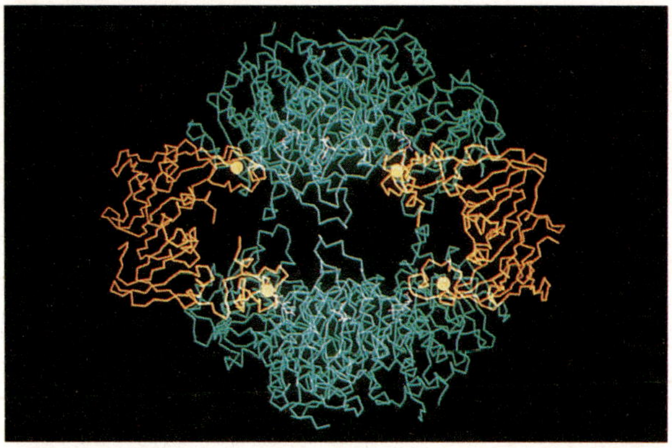

1 Computermodell eines Enzymmoleküls

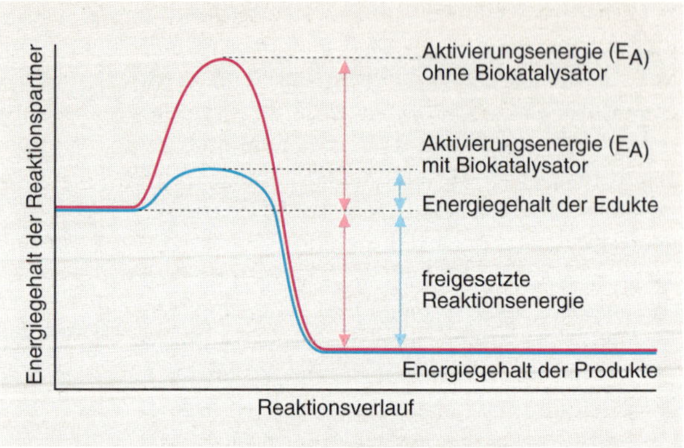

2 Ablauf einer enzymkatalysierten Reaktion

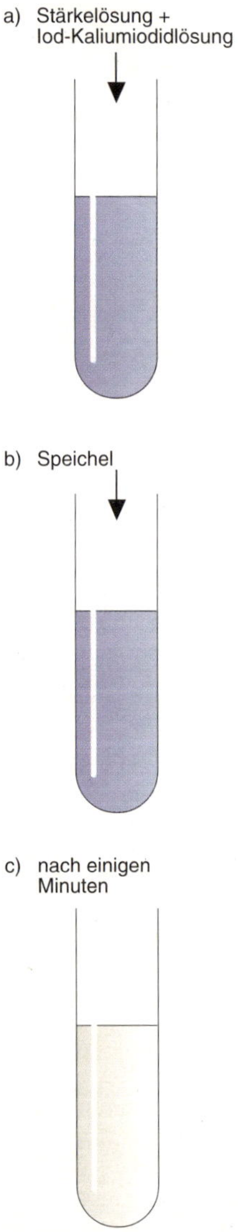

Enzyme sind Biokatalysatoren

Stärke ist wichtiger Bestandteil unserer Nahrung. Sie ist zum Beispiel in Getreideprodukten enthalten. Die schwerlöslichen Makromoleküle der Stärke können von unserem Körper nur dann genutzt werden, wenn sie durch Spaltung in leichtlösliche Di- und Monosaccharide zerlegt werden. Denn der Dünndarm kann in der Regel nur gelöste Stoffe in die Blutbahn abgeben.

Obwohl Stärke eine energiereiche Verbindung ist, zerfällt sie von alleine nur sehr langsam in ihre Bausteine. Stärke wäre deshalb also nicht verwertbar, wenn in den Verdauungssäften nicht Substanzen enthalten wären, welche die Spaltung von energiereichen Verbindungen unterstützen. Gibt man zu einer mit Iod-Kaliumiodid blau angefärbten Stärkeaufschwemmung etwas Speichel, so verschwindet die blaue Farbe schon nach kurzer Zeit. Das läßt die Schlußfolgerung zu, daß der Speichel einen Stoff enthält, der die Stärkespaltung fördert.

Die Wirkung von Biokatalysatoren

Durch Analyse, z. B. *Elektrophorese,* kann man ein Protein identifizieren, das für die enorme Reaktionsbeschleunigung verantwortlich ist: die *Amylase.* Substanzen im Organismus, die entsprechend der Amylase als Reaktionsbeschleuniger fungieren, nennt man allgemein *Enzyme.* Sie wirken als *Biokatalysatoren* (Reaktionsbeschleuniger). Die Grafik in Abb. 2 zeigt, daß zur Aktivierung der Stärkespaltung — ohne Katalysator — zunächst ein bestimmter Energiebetrag aufgewendet werden muß, die *Aktivierungsenergie* (E_A). Erst dann kann die Reaktion ablaufen, die bei der Stärkespaltung die Reaktionsenergie freisetzt. Das hängt damit zusammen, daß zunächst einmal unter Energiezufuhr Bindungen aufgebrochen werden müssen, bevor neue Bindungen unter Freisetzung von Energie gebildet werden. Die Freisetzung von Reaktionsenergie wird in einem Energiediagramm dadurch veranschaulicht, daß der Ausgangsstoff Stärke einen größeren Energiegehalt zugeordnet bekommt als die Spaltprodukte *(Ordinate).* Die Verbindung zwischen dem Energiegehalt von *Edukten* (Ausgangsstoffen) und *Produkten* (Endstoffen) stellt den Reaktionsverlauf dar *(Abszisse).*

Enzyme wie die Amylase sind in der Lage, die Aktivierungsenergie so weit zu senken, daß oft schon die Körperwärme genügend Aktivierungsenergie liefert und dann die Reaktion sehr schnell abläuft. Die Herabsetzung der notwendigen Aktivierungsenergie ist auf eine Wechselwirkung zwischen Katalysator und dem umzusetzenden Stoff *(Substrat)* zurückzuführen. Dadurch kommt es zu einer Lockerung der zu spaltenden Bindungen.

Substrat- und Wirkungsspezifität

Der Bau des Enzymmoleküls ist Voraussetzung für die Wechselwirkung zwischen Enzym und Substrat. Am Beispiel des *Chymotrypsins,* eines proteinspaltenden Enzyms des Bauchspeichelsaftes, soll dies erläutert werden. Chymotrypsin besteht, wie alle Enzyme, aus einem Proteinmolekül und besitzt aufgrund seiner Eiweißnatur eine ganz bestimmte räumliche Gestalt *(Tertiärstruktur)*. Man kann sich dieses so vorstellen, daß die Moleküloberfläche eine Vertiefung besitzt, in die das Substrat ganz genau wie ein Schlüssel ins Schloß hineinpaßt *(Schlüssel-Schloß-Prinzip)*. Enzymmoleküle sind in der Regel wesentlich größer als ihre Substratmoleküle. Das Substrat besteht in diesem Fall aus einem Eiweißbruchstück. Die wie eine Paßform konstruierte Bindungsstelle im Enzymmolekül *(Bindungszentrum)* enthält das aktive oder *katalytische Zentrum*. Das ist der eigentliche Ort für die katalysierte Reaktion. Sie besteht in der Spaltung bestimmter Peptidbindungen. Andere Substrate können in der Regel nicht gebunden und in der entsprechenden Weise umgesetzt werden. Nach der Umsetzung wird das Enzym wieder freigesetzt und steht erneut für eine Reaktion zur Verfügung.

Enzyme für die Umsetzung anderer Stoffe reagieren in gleicher Weise wie das Chymotrypsin. Enzyme sind also spezifisch für ein ganz bestimmtes Substrat *(Substratspezifität)*. Aufgrund der Eigenschaften des aktiven Zentrums katalysiert ein Enzym nur eine von mehreren möglichen Reaktionen des Substrats, d. h., es entsteht nur ein ganz bestimmtes Produkt. Enzyme besitzen also außerdem die Eigenschaft der *Wirkungsspezifität*. Enzyme reagieren somit nach folgendem Schema:

$$E + S \rightarrow [ES] \rightarrow E + P$$

E = Enzym, S = Substrat
[ES] = Enzym-Substrat-Komplex
P = Produkt(e)

Von der Art der chemischen Reaktion hängt es unter anderem ab, mit welcher Geschwindigkeit Enzyme ihre Substrate umsetzen. Die *Wechselzahl* ist ein Maß für die Geschwindigkeit. Mit der Wechselzahl gibt man die Anzahl an Substratmolekülen an, die pro Sekunde von einem Enzymmolekül umgesetzt werden. Sie liegt zwischen ungefähr 1000 und 1 000 000 pro Sekunde. Ein besonders schnell arbeitendes Enzym ist z. B. die *Peroxidase* (Wechselzahl $\approx 10^6$/s), welche die Spaltung von Wasserstoffperoxid in Sauerstoff und Wasser katalysiert. Das bei bestimmten Stoffwechselprozessen entstehende, für die Zelle aber giftige Wasserstoffperoxid, wird auf diese Weise unschädlich gemacht.

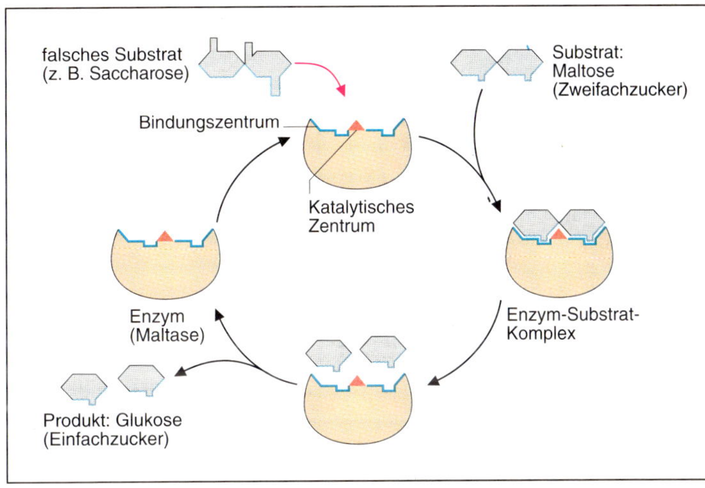

1 Schema zur Substrat- und Wirkungsspezifität

Systematik von Enzymen

Die meisten Enzyme sind reine Proteine. Ein Teil der Enzyme besteht aus einem Komplex von Protein und einer besonderen Wirkgruppe. Das Protein wird dann als *Apoenzym* bezeichnet. Zusammen bilden Apoenzym und Wirkgruppe das *Holoenzym*. Man unterscheidet zwei Typen von Holoenzymen. Ist die Wirkgruppe fest mit dem Apoenzym verbunden, so wird die Wirkgruppe als *prosthetische Gruppe* bezeichnet. Kann die Wirkgruppe vom Apoenzym abdissoziieren und in einer weiteren Reaktion mit einem anderen Apoenzym binden, nennt man die Wirkgruppe *Koenzym*.

Die Benennung von Enzymen erfolgt in der Regel so, daß der erste Teil des Namens aus dem jeweils umgesetzten Substrat besteht. Der zweite Teil des Namens gibt über die Wirkung des Enzyms Auskunft. Die Bezeichnung kann sich auf eine Enzymgruppe oder auch ein bestimmtes Enzym beziehen. Vielfach sind auch noch Trivialnamen in Gebrauch. So bezeichnet *Ptyalin* die Mundspeichelamylase und *Chymotrypsin* eine Protein-Hydrolase des Bauchspeichelsaftes. Der Name Protein-Hydrolase bedeutet, daß erstens ein Protein umgesetzt wird, zweitens das Protein unter Wasseranlagerung gespalten wird *(Hydrolyse)*. Kurz nennt man die Protein-Hydrolase auch *Protease*. Die Einteilung der Enzyme erfolgt aufgrund ihrer Wirkungsweise. Außer den Hydrolasen gibt es u. a: *Oxidoreduktasen*, die Redoxreaktionen katalysieren. Die Katalyse der Spaltung von Wasserstoffperoxid durch Katalase (H_2O_2-Oxidoreduktase) ist eine solche Reaktion.

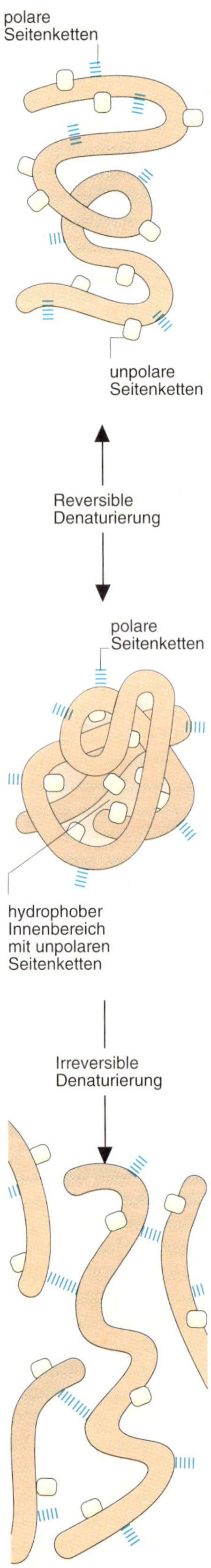

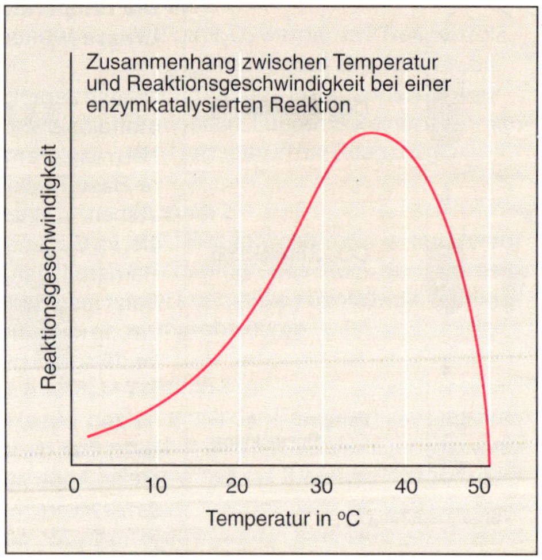

1 Temperaturabhängige Enzymaktivität

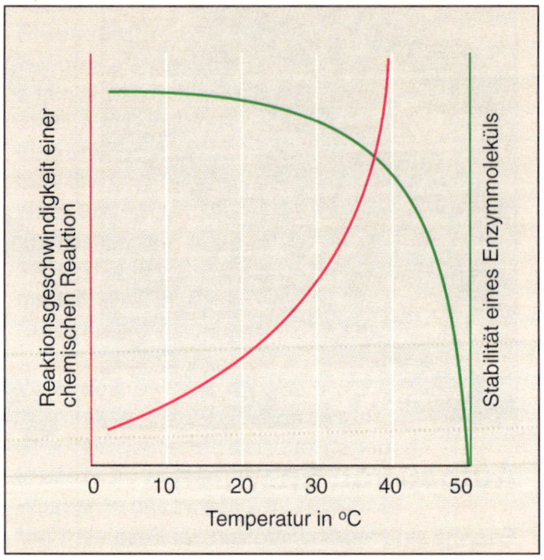

2 RGT-Regel und Enzymstabilität

Die Reaktionsbedingungen bestimmen die Enzymaktivität

Der Einfluß der Temperatur

Milch wird nach einiger Zeit sauer, besonders leicht im Sommer. Verantwortlich dafür sind in der Milch vorhandene Milchsäurebakterien, die aus Milchzucker Milchsäure herstellen. Die Aufbewahrung im Kühlschrank kann den Vorgang der Milchsäureentstehung deutlich hinauszögern. Da man weiß, daß die einzelnen Reaktionsschritte zur Bildung der Milchsäure durch Enzyme katalysiert werden, hängt deren Aktivität offenbar von der Temperatur ab.

Untersucht man die Aktivität eines Enzyms experimentell, stellt man zunächst bei steigenden Temperaturen eine starke Beschleunigung der Reaktionsgeschwindigkeit fest (Abb. 1). Bei einer bestimmten Temperatur wird schließlich ein Aktivitätsmaximum erreicht. Dieses liegt bei vielen Enzymen zwischen 30 °C und 45 °C. Danach nimmt die Aktivität sehr schnell ab, bis überhaupt keine Funktion mehr nachzuweisen ist.

Höhere Temperaturen bewirken eine stärkere Teilchenbewegung, so daß Enzym und Substrat mit einer größeren Wahrscheinlichkeit aufeinandertreffen. Zudem werden die Bindungen zwischen Atomen reaktiver. Die Folge ist ein höherer Stoffumsatz. Bei enzymatisch katalysierten Reaktionen erhöht sich die Reaktionsgeschwindigkeit bei einer Temperaturerhöhung um 10 °C exponentiell um das 2- bis 4fache. Dieser Zusammenhang wird als *Reaktions-Geschwindigkeits-Temperatur-Regel,* kurz *RGT-Regel,* bezeichnet.

Bei Eiweißen, und damit auch bei Enzymen, haben hohe Temperaturen noch eine andere Wirkung: Sie verändern und zerstören schließlich die *Tertiärstruktur,* d. h., die räumliche Anordnung der Aminosäurekette wird irreversibel verändert (s. Randspalte). Diesen Vorgang bezeichnet man als *Denaturierung.* Da die Funktion des Enzyms von der Tertiärstruktur abhängt — sie ist verantwortlich für die Paßform — wird die Abnahme der Enzymaktivität ab einer bestimmten Temperatur verständlich. Enzyme sind meist nur bis zu Temperaturen zwischen 50 °C und 60 °C stabil (Abb. 2). Höhere Temperaturen liefern soviel Energie, daß die meist geringen Bindungskräfte, welche die räumliche Faltung des Proteinmoleküls aufrecht erhalten, überwunden werden. Die Paßform des Enzymmoleküls für das Substrat geht verloren, das Enzym ist inaktiv. Nur wenige Enzyme werden erst bei höheren Temperaturen denaturiert. Zu diesen gehören die Enzyme von Bakterien, welche in heißen Quellen mit Temperaturen um 90 °C leben. Deren Enzymausstattung ist an diese extremen Lebensbedingungen angepaßt, indem bei ihnen die Paßform im wesentlichen durch Disulfidbrücken aufrecht erhalten wird, die stabiler sind als Wasserstoffbrückenbindungen und ionische Anziehungskräfte.

Der Einfluß des pH-Wertes

Am Beispiel der Verdauungsenzyme des Menschen wird der Einfluß einer weiteren Größe, des *pH-Wertes,* auf die Enzymaktivität sichtbar. Der Mundspeichel hat einen fast neutralen pH-Wert. Die in ihm enthaltene Speichelamylase spaltet Stärke und entfaltet unter diesen Bedingungen ihre größte Aktivität. Gelangt der eingespeichelte Nahrungsbrocken mit dem Schluckvorgang in den Magen, wird die Stärkespaltung infolge Inaktivierung der Speichelamylase eingestellt. Ursache hierfür ist der saure Magensaft, dessen pH-Wert aufgrund der Salzsäure zwischen 1,5 und 2,5 liegt. In diesem sauren Milieu wird statt dessen ein anderes Enzym, das *Pepsin,* aktiv. Es katalysiert die Spaltung von Proteinen in größere Peptidabschnitte. Gelangt der Speisebrei weiter in den Zwölffinger- und dann in den Dünndarm, dessen Verdauungssaft leicht alkalisch ist, stellt Pepsin seine Funktion ein, und andere Enzyme sorgen dann für die weitere und vollständige Verdauung (Abb. 2).

Untersucht man die Enzymaktivität in Abhängigkeit vom pH-Wert experimentell, so ergibt sich eine Optimumskurve (Abb. 1). Jedes Enzym hat sein spezifisches pH-Optimum. Bei vielen Enzymen liegt dieses im mittleren pH-Bereich. Weichen die pH-Werte deutlich nach oben oder unten ab, dann sinkt die Aktivität stark ab, bis schließlich der Nullwert erreicht wird. Ursache ist auch hier, wie bei hohen Temperaturen, eine Denaturierung des Enzyms, da durch Säuren bzw. Basen an bestimmte Reste der einzelnen Aminosäurebausteine H^+-Ionen angelagert oder von ihnen abgespalten werden können. Auf diese Weise wird das für die Paßform wichtige Verhältnis zwischen positiven und negativen Ladungen innerhalb des Enzymmoleküls verändert, so daß die spezifische Molekülfaltung verloren geht.

Aufgaben

① Bei den wechselwarmen Eidechsen kann man beobachten, daß sie sich nach einer kühlen Nacht zunächst längere Zeit an sonnigen Stellen aufhalten, bevor ihre eigentliche Aktivitätsphase beginnt. Erklären Sie diese Beobachtung.

② Nähert sich die Körpertemperatur bei hohem Fieber dem Wert von 42 °C, ist dieses für den Menschen lebensbedrohend. Erläutern Sie die Gründe dafür.

③ Um Milch für längere Zeit haltbar zu machen, erhitzt man sie kurzzeitig unter Druck auf etwa 115 °C und füllt sie dann keimfrei ab. Weshalb wird dadurch das Sauerwerden der Milch unterbunden?

④ Setzt man Tee mit Milch noch Zitrone zu, flockt die Milch aus. Erläutern Sie das Phänomen.

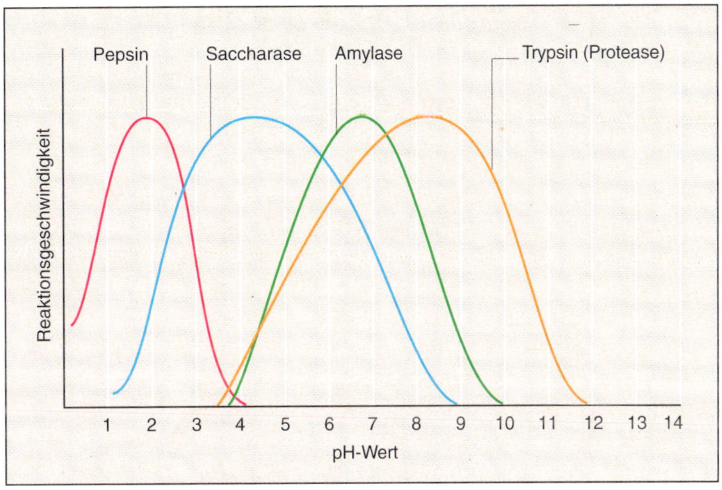

1 Abhängigkeit der Enzymaktivität vom pH-Wert

Abschnitt des Verdauungstraktes	pH-Wert des Sekrets	Enzyme	Abbau von	Abbau zu
Mundhöhle	6,8	Amylase	Stärke	Oligosaccharide + Maltose
Speiseröhre	keine Verdauungsreaktion			
Magen	1,5 - 2,5	Pepsin Kathepsin	Eiweiß Eiweiß	Polypeptide Polypeptide
Zwölffingerdarm In ihn münden die Ausführgänge von Galle und Bauchspeicheldrüse	8 bis 9	Trypsin Erepsin Amylase Maltase Saccharase Lipase	Eiweiß Polypeptide Stärke Maltose Saccharose Fette	Polypeptide Aminosäuren Maltose Glukose Glukose + Fruktose Glycerin + Fettsäuren
Dünndarm	8,3	Erepsin Maltase Laktase	Polypeptide Maltose Laktose	Dipeptide und Aminosäuren Glukose Glukose + Galaktose
Dickdarm	Verdauung abgeschlossen; hier findet Rückresorption von Salzen und Wasser statt.			

2 Übersicht über die Verdauungsenzyme

Der Einfluß des Bindungspartners auf die Enzymaktivität

Wenn außer dem eigentlichen Substrat andere Stoffe an das Enzymmolekül binden, wird die Enzymaktivität beeinträchtigt bzw. gehemmt.

Kompetitive Hemmung

Konkurrieren zwei chemisch ähnliche Stoffe um das Bindungszentrum eines Enzyms, beeinflußt dieses die Enzymaktivität. Das ist deshalb der Fall, weil der chemisch ähnliche Stoff als Hemmstoff wirkt. Er kann zwar vom Enzym gebunden, aber nicht umgesetzt werden. Der Hemmstoff verdrängt somit das eigentliche Substrat (*Verdrängungshemmung* oder *kompetitive Hemmung*). Die Wirkung solcher Hemmstoffe ist um so größer, je größer die Konzentration im Vergleich zum eigentlichen Substrat ist.

Ein Beispiel dafür ist die Anwendung des Medikaments *Allopurinol* gegen *Gicht.* Diese Krankheit äußert sich — infolge der Einlagerung von Harnsäurekristallen — in einer schmerzhaften Veränderung der Gelenke, die unbehandelt bis zu deren Zerstörung fortschreiten kann. Harnsäure entsteht im Organismus z. B. beim Abbau von Nukleinsäuren, wobei die Verbindung *Hypoxanthin* als Zwischenprodukt entsteht. Hypoxanthin wird dann mit Hilfe des Enzyms *Xanthinoxidase* zu Harnsäure abgebaut, die normalerweise über die Nieren ausgeschieden wird. Entsteht aber infolge einer Stoffwechselschwäche oder infolge von Fehlernährung zuviel Harnsäure, so kann sie nicht mehr vollständig über die Nieren ausgeschieden werden, sondern lagert sich bevorzugt in Gelenken in kristalliner Form ab. Eine mögliche medikamentöse Behandlung ist die Verabreichung von Allopurinol, welches dem Hypoxanthin chemisch sehr ähnlich ist, aber von der Xanthinoxidase nicht umgesetzt werden kann. Die dadurch bedingte Hemmung des Enzyms ist abhängig von der Menge des eingenommenen Medikaments. Diese Hemmung wird beim Absetzen des Medikaments langsam dadurch rückgängig gemacht, daß Allopurinol allmählich aus dem Körper wieder ausgeschwemmt wird.

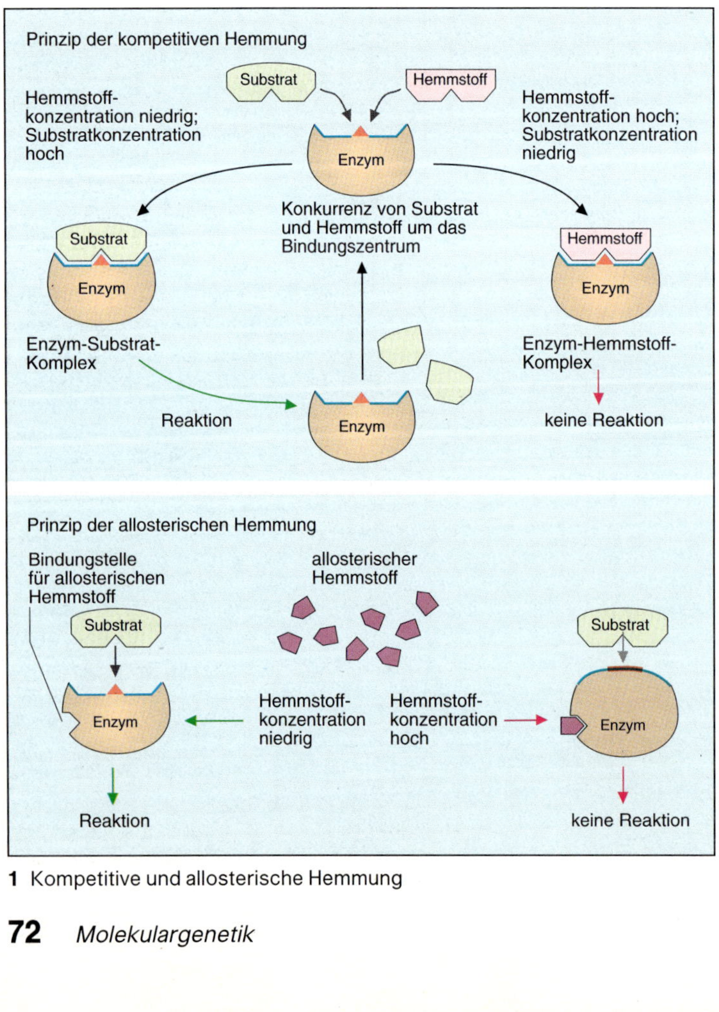

1 Kompetitive und allosterische Hemmung

Allosterische Hemmung

Bestimmte Enzyme haben nicht nur eine Bindungsstelle für das umzusetzende Substrat, sondern eine weitere Bindungsstelle, an der ein ganz anders aufgebautes Molekül, das als Hemmstoff wirkt, binden kann. Die Paßform eines solchen Enzyms hängt davon ab, ob an dieser Stelle der Hemmstoff gebunden ist oder nicht. Dadurch kann das Enzym zwei verschiedene räumliche Strukturen annehmen. In der einen Form kann es das Substrat binden und umsetzen. In der anderen Form, wenn der Hemmstoff gebunden ist, ist das Bindungszentrum für das Substrat so verändert, daß es nicht mehr gebunden werden kann. Diese durch die Veränderung der räumlichen Struktur bedingte Hemmung nennt man *allosterische Hemmung.* Diese Form der Hemmung spielt bei der Regulation vieler Stoffwechselprozesse eine wichtige Rolle.

Irreversible Hemmung durch Schwermetalle

Die Giftigkeit bestimmter Metalle beruht darauf, daß sie bei Enzymen Veränderungen ihrer Paßform bewirken, die nicht rückgängig zu machen sind, d. h. die Hemmung ist irreversibel. Besonders giftig für den Menschen sind die Schwermetalle Quecksilber und Blei. Krebstiere, wie z. B. Wasserflöhe, reagieren auf Kupfer sehr empfindlich. Die Schwermetalle zerstören die Disulfidbrükken von Enzymen, da sie mit Schwefel eine äußerst stabile Verbindung bilden.

Einige Organismen lassen sich als Bioindikatoren einsetzen, da sie Enzyme besitzen, die auf Schwermetalle sehr empfindlich reagieren. So wird die Gäraktivität von Hefezellen bereits von geringen Schwermetallmengen deutlich gehemmt. Hefezellen vergären Zukker u. a. zu Kohlenstoffdioxid. Bringt man in eine geeignete Versuchsapparatur eine bestimmte Menge schwermetallhaltiger Probe, z. B. belasteten Boden, Zucker und Hefeaufschwemmung, so kann die Kohlenstoffdioxidentwicklung im Vergleich zu einer Blindprobe ohne Schwermetalle bestimmt werden. Je geringer die Gasentwicklung, desto belasteter sollte die Probe sein. Da ein solcher Test allerdings nur orientierenden Charakter hat, muß die anschließende chemische Analyse genauen Aufschluß über Art und Menge der Schwermetalle geben.

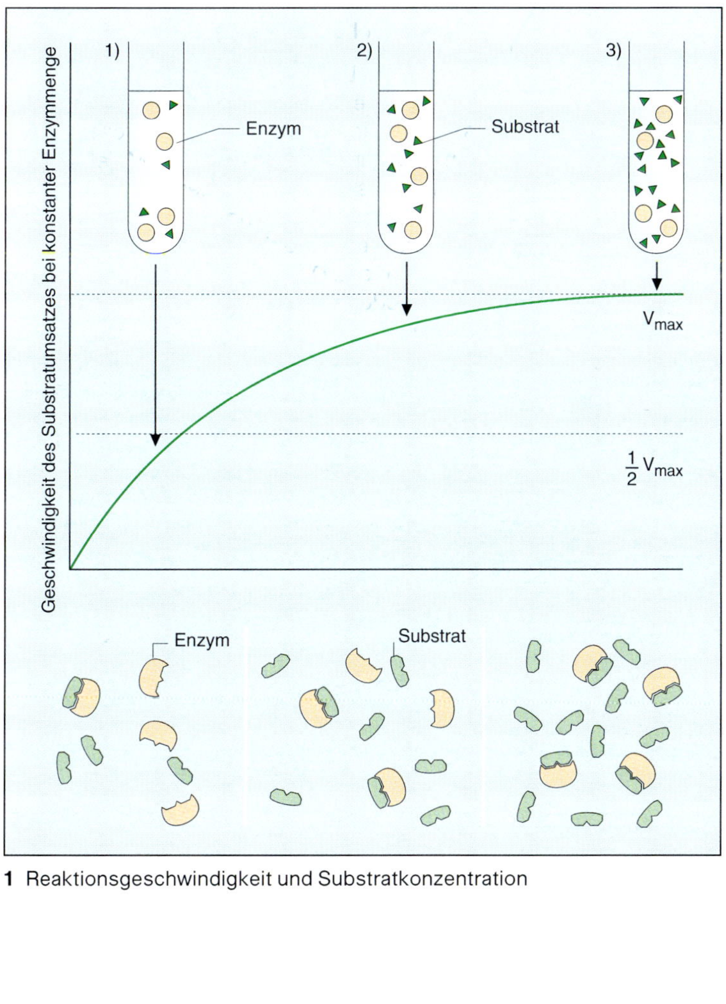

1 Reaktionsgeschwindigkeit und Substratkonzentration

Der Einfluß des Substrats auf die Enzymaktivität

Enzyme können nur dann arbeiten, wenn sie auf das ihrer Paßform entsprechende Substrat treffen. Je mehr Substratmoleküle vorhanden sind, um so wahrscheinlicher wird das Zusammentreffen mit einem Enzymmolekül. Die Enzymaktivität ist also von der Substratkonzentration abhängig. Die genaue Untersuchung liefert als Ergebnis eine *Sättigungskurve* für die Aktivität eines Enzyms (Abb. 1). Sie zeigt bei niedrigen Werten einen fast linearen Anstieg der Enzymaktivität bei steigender Substratkonzentration. Zu höheren Werten hin flacht die Kurve immer mehr ab, bis schließlich eine konstant bleibende Enzymaktivität gemessen wird.

Zu erklären ist dieses Versuchsergebnis durch die unterschiedliche Auslastung der Enzymmoleküle bei steigender Substratkonzentration. Bei sehr niedrigen Konzentrationen können die Substratmoleküle sofort umgesetzt werden, da genügend Enzymmoleküle zur Verfügung stehen. Nimmt die Zahl der Substrate zu, sind immer mehr Enzymmoleküle „besetzt". Sie müssen erst das gebundene Substrat umsetzen, bevor sie erneut in eine Reaktion eintreten können. Dadurch befinden sich bei steigender Konzentration immer mehr Substratmoleküle in „Wartestellung", was zu einer Verminderung des Anstiegs der Enzymaktivität führt. Schließlich sind alle Enzymmoleküle an einer Reaktion beteiligt, d. h. ihre Kapazität ist voll ausgelastet. Eine weitere Zunahme der Zahl der Substratmoleküle kann also die Enzymaktivität nicht mehr erhöhen. Bei sehr hohen Substratkonzentrationen ist es möglich, daß sich die Substratmoleküle gegenseitig behindern, so daß die Enzymaktivität sogar wieder leicht abnimmt. Man spricht dann von *Substrathemmung.*

Die einzelnen Enzyme unterscheiden sich jeweils im Anstieg der Sättigungskurve. Ein schneller Anstieg bedeutet, daß die Wechselwirkung zwischen Substrat und Enzym gut funktioniert, die Affinität des Enzyms zum Substrat ist hoch. Entsprechend schnell wird die maximale Reaktionsgeschwindigkeit erreicht. Auf diese Weise kann man Enzyme über die Reaktionsgeschwindigkeit charakterisieren und unterscheiden.

Aufgabe

① Welchen Einfluß hat eine Erhöhung der Enzymkonzentration auf die Substratsättigungskurve?

Lexikon
Lexikon
exikon
xikon
ikon
kon
on

Enzyme, Zellforschung heute — Methoden, Anwendungen, Ausblicke

Zellkulturen — Ersatz für Tierversuche?

Immer mehr chemische Substanzen kommen auf den Markt, mit denen der Mensch in Berührung kommen kann. Das können z. B. Lösungsmittel, Kosmetika und Medikamente sein. Die Überprüfung solcher Substanzen auf mögliche schädliche Auswirkungen erfolgt oft durch Tierversuche an Kaninchen, Ratten usw. Unter anderem wird die Dosis ermittelt, bei der 50 % der Versuchstiere sterben (Letal-Dosis, LD_{50}-Test). Diese Praxis und die zum Teil sicher auftretenden Qualen bei den Versuchstieren ließen Tierversuche immer mehr in die Kritik geraten.

Ein Ausweg könnte sich durch die *in-vitro-Toxizitätsprüfung* ergeben: An Zellkulturen in geeigneten Versuchsgefäßen wird die Giftigkeit überprüft. Erfahrungen hat man bereits mit Kulturen von Bakterien und tierischen Zellen. Zwei Tests, der *Neutralrottest* und der *Gesamtproteintest*, werden heute bereits durchgeführt. Der Neutralrottest beruht darauf, daß nur lebende Zellen diesen Farbstoff aufnehmen können.

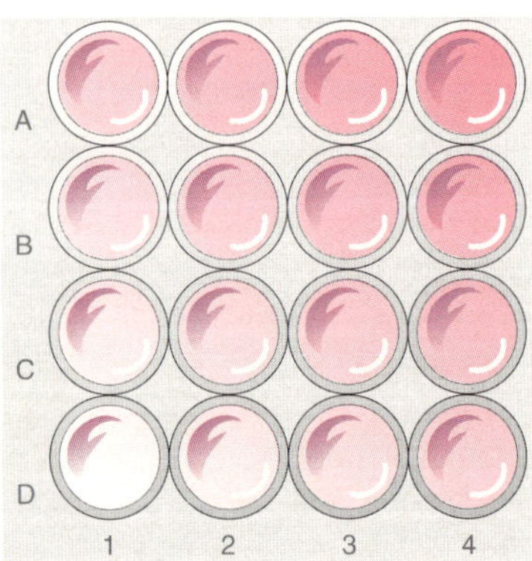

Dazu setzt man gleichartige Zellkulturen über einen bestimmten Zeitraum unterschiedlichen Konzentrationen der zu überprüfenden Substanz aus. Anschließend gibt man Neutralrot hinzu, das von den Zellen aufgenommen wird. Überschüssiger Farbstoff in der Umgebung wird wieder ausgewaschen. Intakte Zellen nehmen den Farbstoff besser auf als geschädigte, so daß eine geringe oder gar keine Färbung eine Schädigung anzeigt (s. Abb.). Der Gesamtproteintest funktioniert ähnlich. Bei diesem Test werden direkt die Zellproteine angefärbt, so daß Aussagen über die Schädigung von Proteinen möglich sind. Das Problem bei beiden Tests ist die Aussagekraft über die Wirksamkeit der chemischen Substanzen im menschlichen Organismus, da in der Regel Kulturen von tierischen Zellen solchen Tests zugrunde liegen. Inzwischen ist es jedoch gelungen, menschliche Leberzellen zu kultivieren, und es ist wahrscheinlich, daß dieses auch für weitere Zelltypen gelingt. Damit würde die Aussagekraft solcher Experimente zwar verbessert, das Problem der Übertragbarkeit aber noch nicht gelöst. Denn nach Aufnahme von Substanzen reagiert nicht nur die einzelne Zelle, sondern der Organismus als Ganzes durch das Zusammenwirken von Zellen und Organen. Außerdem ist die Wirkung einer Substanz meist davon abhängig, auf welchem Weg sie in den Körper gelangt, etwa über die Atemwege oder den Verdauungstrakt.

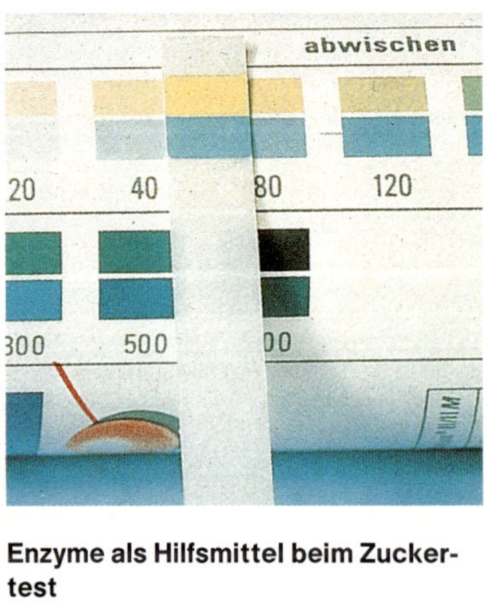

Enzyme als Hilfsmittel beim Zuckertest

Wurde früher mit Hilfe der relativ unspezifischen Fehling-Probe der Harn auf Glukosegehalt überprüft, so wird heute eine schnelle und zuverlässige Teststäbchenmethode angewandt. Das Teststäbchen enthält ein Enzym, die *Glukoseoxidase,* das Glukose zu Glukonolakton oxidiert. Der große Vorteil liegt in der Substratspezifität des Enzyms, es wird also im Gegensatz zur Fehling-Probe kein anderer Zucker umgesetzt. Als weiteres Produkt entsteht *Wasserstoffperoxid* (H_2O_2), welches durch die ebenfalls auf den Teststreifen aufgebrachte Peroxidase zu Wasser und Sauerstoff umgesetzt wird. Der Sauerstoff wiederum oxidiert einen Farbstoff, der dadurch blau wird. Die angezeigte Farbintensität ist somit ein Maß für den Glukosegehalt des Harns. Enthält der Streifen unterschiedlich empfindliche Testflächen, ergibt sich je nach Glukosegehalt eine Farbabstufung. Durch Vergleich mit einer Testskala auf der Verpackung kann der Gehalt bestimmt werden. Wird Glukosegehalt angezeigt, liegt der Verdacht auf Zuckerkrankheit nahe.

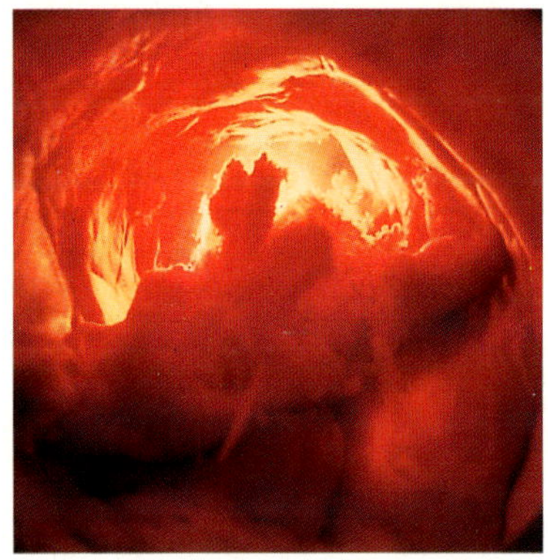

Enzyme senken die Todesrate bei Herzinfarkt

Wenn Blut in einer Wunde gerinnt und diese verschließt, ist das lebenswichtig. Entsteht ein Blutgerinnsel jedoch in einem Blutgefäß und verschließt dieses, kann das lebensbedrohend sein. Ist ein Herzkranzgefäß *(Koronargefäß)* davon betroffen, führt dies zum Herzinfarkt. Da die Herzkranzgefäße das Herz mit Sauerstoff versorgen, stirbt bei Verschluß eines dieser Gefäße ein mehr oder weniger großer Teil des Herzmuskels ab. Vom Ausmaß dieses Herzinfarkts hängt die Überlebenschance ab. Vorangegangen ist immer eine sich langsam entwickelnde Verengung eines Kranzgefäßes, in dem sich dann bevorzugt ein solches Gerinnsel bildet. Durch den Einsatz bestimmter Enzyme kann man heute bei rechtzeitiger Behandlung das Risiko beim Infarkt senken. Die Enzyme sind in der Lage, das aus Eiweißen bestehende Fibringerüst des Blutgerinnsels aufzulösen, so daß der Weg wieder frei wird (s. Abb.). Bei den Enzymen, die dabei eingesetzt werden, handelt es sich um *Streptokinase, Plasmin* und *Urokinase.*

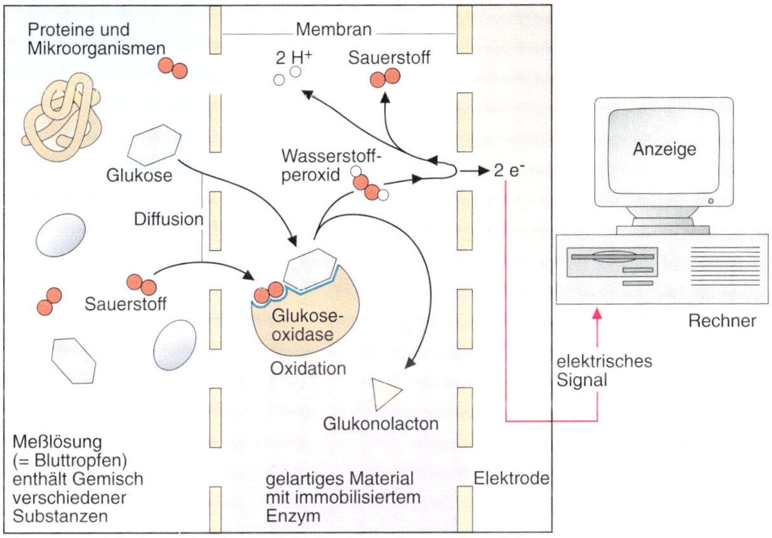

Biosensoren in der medizinischen Diagnostik

Ebenfalls auf dem Prinzip der Oxidation von Glukose durch das Enzym Glukoseoxidase beruht die mehrmalige tägliche Kontrolle des Blutzuckers durch die Zuckerkranken selbst. Der dem Körper entnommene Tropfen Blut wird mit einem kleinen Meßgerät, das der Zuckerkranke ständig bei sich führen kann, auf den Glukosegehalt hin genau analysiert. In dem Meßgerät ist Glukoseoxidase zwischen zwei Membranen in einem gelartigen Material eingeschlossen. Aus dem Bluttropfen können Sauerstoff und Glukose von der einen Seite in den Zwischenraum hineindiffundieren. Dort wird Glukose oxidiert. Das dabei entstehende H_2O_2 gibt auf der anderen Seite Elektronen an eine Elektrode ab, so daß ein elektrisches Signal gemessen werden kann. Dieses wird in eine direkte Anzeige des Glukosegehaltes umgesetzt (vgl. Abb. 162.1). Der Zuckerkranke kann anhand der selbst ermittelten Daten die Insulinmenge bestimmen, die er sich spritzen muß. Inzwischen kann man eine Reihe weiterer Substanzen, z. B. Ethanol, mit einer Meßsonde in ähnlicher Weise mengenmäßig genau bestimmen. Meßsonden, deren Funktion auf Biomolekülen beruht, werden heute als *Biosensoren* bezeichnet.

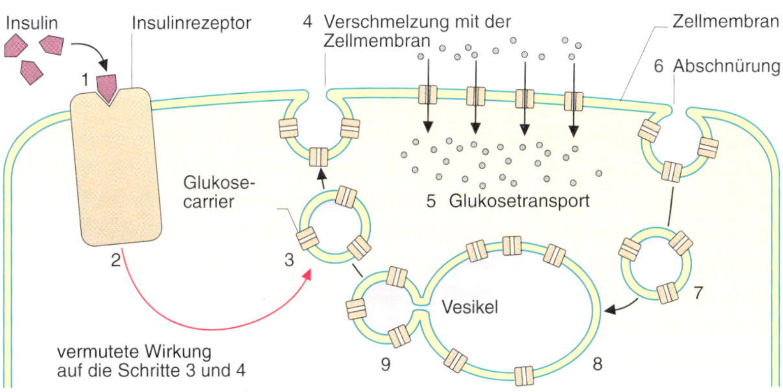

Glukose-Carrier und Zuckerkrankheit

Bei Zuckerkranken *(Diabetikern)* ist die Regulation der Blutzuckerkonzentration gestört. Das in der Bauchspeicheldrüse gebildete Hormon Insulin spielt dabei eine wichtige Rolle. Ein zu hoher Blutzuckerspiegel infolge zu geringer Insulinausschüttung führt zu osmotisch bedingtem Wasserverlust der Gewebe. Das Wasser wird dann mit übermäßig viel Salzen über die Niere ausgeschieden. Ein zu hoher Insulinspiegel senkt den Blutzuckergehalt. Eine länger andauernde Unterzuckerung kann z. B. zu einer Schädigung von Gehirnzellen führen, da sie einen überdurchschnittlich hohen Energiebedarf haben und auf eine ständige Zufuhr von Glukose angewiesen sind. Insulinmoleküle entfalten ihre Wirkung dadurch, daß sie von speziellen Insulinrezeptoren der Zellmembran gebunden werden. Die Zelle reagiert, einer neueren Hypothese zufolge, darauf mit dem Einbau von *Glukose-Carriern* in die Zellmembran, so daß in der Folge vermehrt Glukose aus der Blutbahn in die Zelle einströmen kann. Einen solchen Carrier-Transport von Glukose hat man bei roten Blutzellen und auch bei Gehirnzellen nachgewiesen. Beim Absinken des Insulinspiegels sollen die Glukose-Carrier wieder ins Zellinnere geschleust werden, so daß die Fähigkeit zur Glukoseaufnahme vermindert wird.

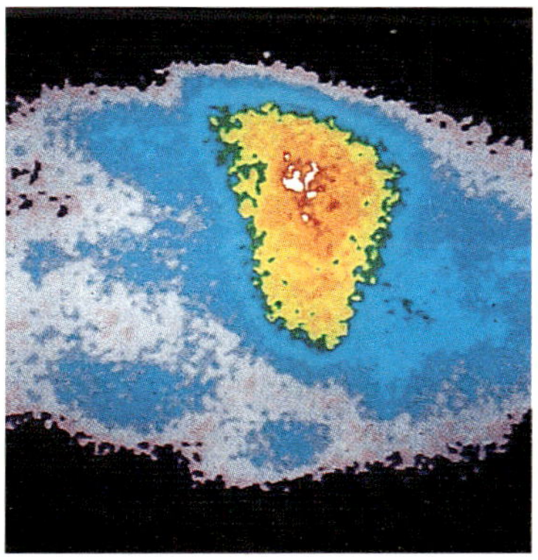

Tumormarker erleichtern das Finden von Krebstumoren

Bei Verdacht auf Krebs ist in vielen Fällen die genaue Diagnose schwierig. Die Entdeckung, daß Krebszellen *(Tumorzellen)* bestimmte Antigene wesentlich häufiger bilden als normale Zellen, zeigte einen neuen Weg. Diese Antigene reichern sich auf der Zelloberfläche an und werden auch ins Blut abgegeben. Sie können mit bestimmten Antikörpern reagieren, die man heute künstlich herstellen kann. Markiert man die eingesetzten Antikörper mit einem radioaktiven Atom, zum Beispiel *Technetium*, so kann man später nach Injektion der Antikörper diese im Körper wiederfinden, indem man die Verteilung der radioaktiven Strahlung mit einem Meßgerät erfaßt. Tumorgewebe strahlt besonders stark, da die Antikörper dort infolge der zahlreichen Antigene auf den Tumorzellen „hängenbleiben". Da die Antigene auf diese Weise den Tumor markieren, bezeichnet man sie als *Tumormarker*. Durch Umsetzung der vom Meßgerät erfaßten Strahlungsverteilung in ein Bild kann der Tumor schließlich lokalisiert werden.

4 Mutationen

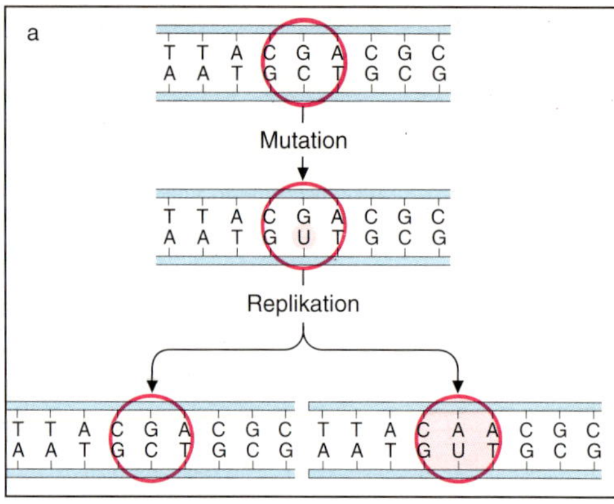

1 Punktmutation

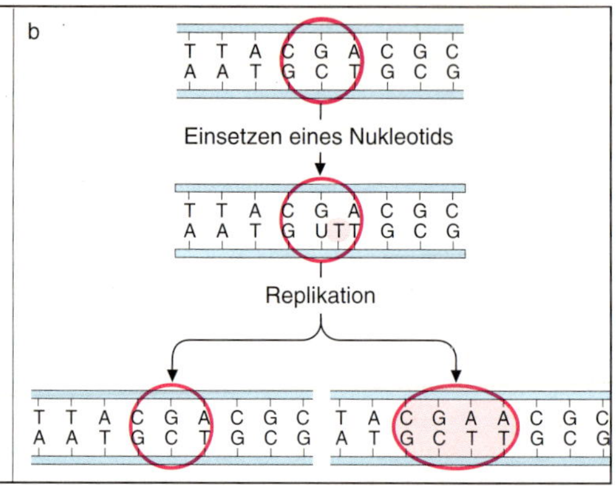

2 Rastermutation

Genmutation
Mutation, die nur ein Gen betrifft.

Punktmutation
Eine Base eines Gens wird gegen eine andere ausgetauscht oder in eine andere verändert.

Rastermutation
In ein Gen wird eine zusätzliche Base eingefügt *(Insertion)* oder es geht eine Base verloren *(Deletion)*. In beiden Fällen wird das Triplett-Leseraster der m-RNA verschoben.

Kleine Fehler — große Folgen: Genmutationen

Die DNA einer Zelle kontrolliert alle ihre Stoffwechselvorgänge und Tätigkeiten. Änderungen der DNA *(Mutationen)* bewirken daher auch Änderungen dieser Funktionen. Ist davon nur ein Gen betroffen, spricht man von einer *Genmutation. Punktmutationen* betreffen nur eine einzige Base der DNA.

Bei einer Punktmutation wird eine Base der DNA gegen eine andere ausgetauscht. Zunächst ist nur ein Einzelstrang betroffen. Ist es der codogene Strang, wird eine veränderte m-RNA transkribiert und meist ein an einer Stelle verändertes Protein aufgebaut. Auch wenn nicht der codogene Strang betroffen ist, wird bei der nächsten Replikation doch ein DNA-Doppelstrang falsch aufgebaut und in der betreffenden Zelle und ihren Nachkommen natürlich immer in eine falsche m-RNA übersetzt. Das anhand dieser m-RNA gebildete Protein hat eine andere Aminosäuresequenz. Bei einer *Rastermutation* wird eine Base zusätzlich eingefügt oder geht verloren. In beiden Fällen wird das Leseraster des Triplettcodes verschoben, es resultiert ein völlig verändertes Protein.

Mutationen finden immer zufällig und ungesteuert statt. Da Proteine, vor allem die Enzyme, hochspezialisierte Werkzeuge der Zelle sind, wird eine zufällige ungerichtete Änderung der DNA mit größter Wahrschein-

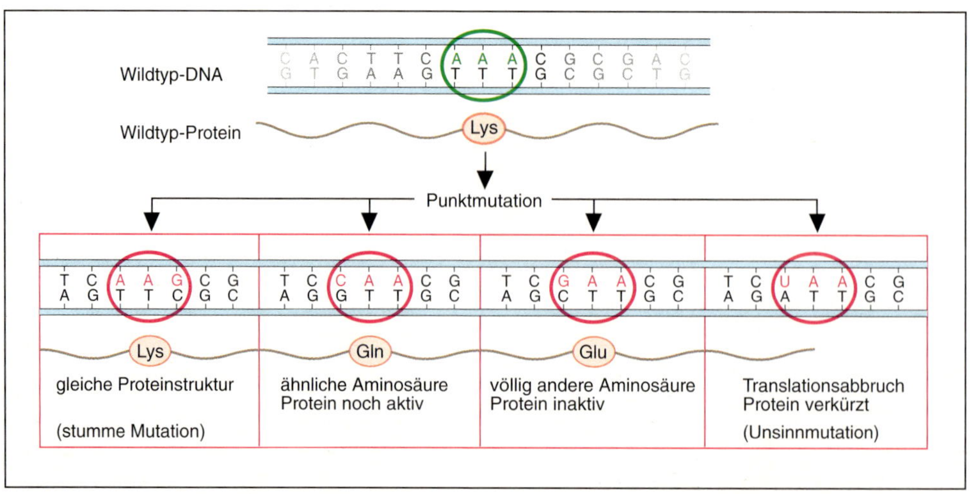

3 Mögliche Auswirkungen einer Punktmutation

Chromosomenmutationen – oft schon mikroskopisch sichtbar

Besonders schwerwiegend sind Mutationen, die mehr als ein Gen betreffen. Das ist der Fall bei den *Chromosomenmutationen*, bei denen die Struktur eines Chromosoms verändert ist. Oft sind sie im Gegensatz zu Genmutationen bereits im Mikroskop zu erkennen, so z. B. *Deletionen*, Stückverluste an Chromosomen. Sie haben immer schwere Funktionsstörungen zur Folge. So geht eine schwere Erbkrankheit beim Menschen, das *Katzenschreisyndrom*, auf eine Deletion am kurzen Arm des Chromosoms 5 zurück.

Störungen sind aber auch bei *Duplikationen*, der Verdopplung von Chromosomenteilen möglich. So beruht die schmale Augenform einer Drosophilamutante auf einer Duplikation. Duplikationen haben oft ungleichmäßiges Crossing over zur Ursache. Durch Duplikationen wird aber auch der Genbestand einer Zelle vermehrt. Vor allem bei Eukaryoten findet man viele ähnliche oder sogar gleiche Gene in der DNA. So weisen das α-, β- und γ-Globingen eine recht ähnliche Basenfolge auf. Sie dürften durch Duplikationen entstanden sein. Durch Punktmutationen wurden sie gegenüber der Ausgangsstruktur in verschiedener Weise verändert und codieren für Proteine mit verschiedener Funktion.

Translokationen bewirken, daß DNA-Stücke in eine andere Umgebung, z. B. ein anderes Chromosom gelangen. Gene können auf diese Weise unter die Kontrolle anderer DNA-Abschnitte kommen. Dadurch wird ihre Transkriptionsrate verändert, ihre Proteine werden in veränderter Menge gebildet. Die empfindliche „Genbalance" einer Zelle kann so gestört werden. Ähnlich liegen die Verhältnisse bei einer *Inversion*, wo ein DNA-Stück durch Schleifenbildung in umgekehrter Richtung in die DNA eingebaut wird.

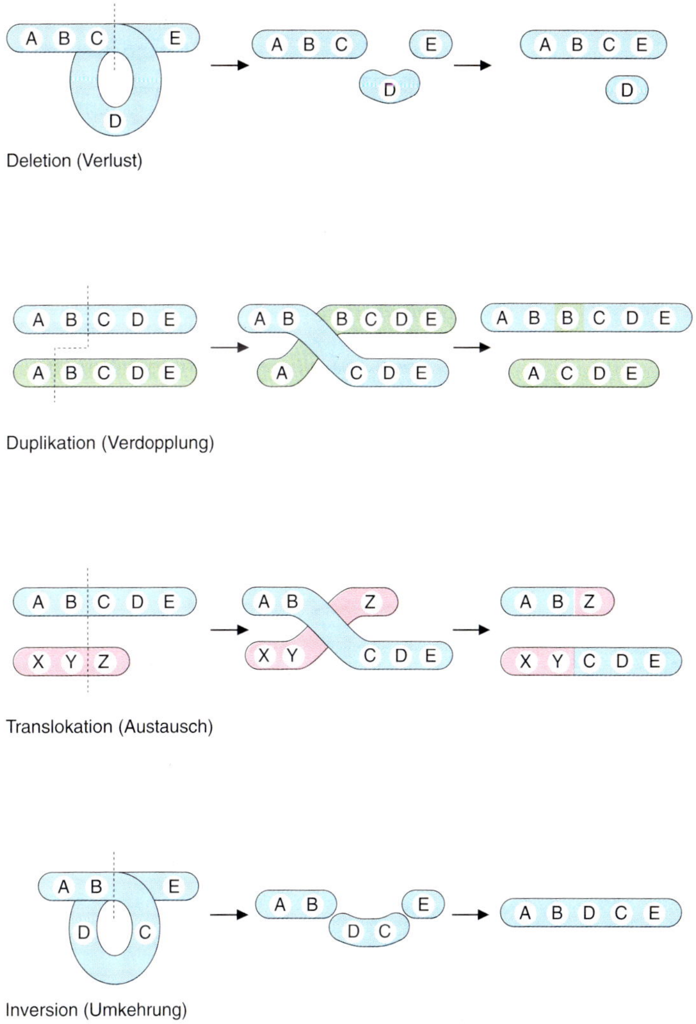

Chromosomenmutationen (schematisch)

lichkeit die Funktionsfähigkeit beeinträchtigen oder ganz unmöglich machen. Viele Mangelmutanten bei Bakterien beruhen auf Punktmutationen. Aber auch die verschiedenen Allele eines Gens, die aus der klassischen Genetik bekannt sind, gehen auf Mutationen zurück.

So sind Punktmutationen die Ursache von Varianten innerhalb einer Tier- oder Pflanzenart oder bei genetisch bedingten Merkmalen des Menschen. Allerdings liegen viele Gene bei Eukaryoten mehrfach in der DNA vor. Daher geht nicht immer eine bestimmte Funktion verloren, wenn eines davon mutiert. Die anderen, unveränderten Gene können seine Aufgabe mit übernehmen. Bei diploiden Organismen sind mutierte Allele außerdem meist rezessiv. Eine Mutation zeigt sich nach außen hin meist nur, wenn beide homologen Chromosomen betroffen sind.

Aufgaben

① Bei Bakterien wirkt sich eine Punktmutation nicht immer phänotypisch aus. Oft wird die gleiche Aminosäure in das codierte Protein eingebaut wie vorher. Erklären Sie anhand Abb. 76.3 das Zustandekommen einer solchen *stummen Mutation*.

② Sehr schwerwiegend für eine Zelle sind die „Unsinn-Mutationen". Eine Punkt- oder Rastermutation hat ein stark verkürztes und damit funktionsloses Protein zur Folge. Wie ist das zu erklären?

Krebs — Folge „entgleister“ Gene?

Nach den Herz-Kreislauf-Erkrankungen ist *Krebs* in den Industriestaaten der Erde eine der häufigsten Todesursachen. In Krebstumoren *(Karzinomen)* teilen sich Zellen unkontrolliert, verlieren ihre normalen Funktionen, verdrängen durch ihr Wuchern das gesunde Gewebe und entziehen dem Organismus lebenswichtige Nährstoffe für ihren eigenen übersteigerten Stoffwechsel. Nicht jeder Tumor ist als Krebs anzusehen. Gutartige Tumore wachsen sehr langsam, dringen nicht in das umgebende Gewebe ein und sind daher nicht unbedingt lebensbedrohend. Bösartige Tumore *(Krebs)* breiten sich in das umgebende Gewebe aus, Zellen daraus können sich aus dem Tumor lösen und im Körper ausbreiten. Sie bilden dann Tochtergeschwülste *(Metastasen)*.

Während die Zahl und der Zeitpunkt der Zellteilungen bei allen Körperzellen gesteuert wird, können Krebszellen nicht mehr kontrolliert werden. Sie teilen sich unablässig. Sie sind auch nicht mehr in der Lage, sich für spezielle Aufgaben und Organe zu differenzieren und in Geweben zu ordnen. Die Gründe für die Umwandlung von normalen Zellen zu Krebszellen sind noch nicht alle bekannt. Durch die Molekulargenetik zeichnen sich Erklärungsmöglichkeiten ab.

Bereits 1775 stellte man gehäuft Krebs bei Schornsteinfegern fest, die oft in Kontakt mit Teerstoffen und Kohlenstoffpartikeln des Rußes kamen. Bestimmte Stoffe können also Krebs verursachen, sie wirken *karzinogen*, ebenso energiereiche Strahlen wie radioaktive Strahlung, Röntgen-, UV- oder Höhenstrahlung. Es fällt auf, daß dieselben Einflüsse auch mutagen wirken. Eine Verbindung zwischen Krebs und Mutationen dürfte also bestehen. Eine Ursache von Krebs sind *somatische Mutationen,* d. h. Mutationen in Körperzellen. Manche betroffene Gene sind inzwischen bekannt.

Krebserregende Viren lieferten erste Anhaltspunkte. Sie erregen Krebs durch Gene, die in ihrer Nukleotidsequenz und ihren codierten Proteinen sehr stark mit Genen übereinstimmen, die regelmäßig in gesunden menschlichen Zellen zu finden sind. Sie rufen jedoch dort keinen Krebs hervor, sondern sind sogar lebenswichtig für die normale Funktion der Zelle. Im Versuch können sie aber dann Krebs auslösen, wenn sie bestimmte Mutationen tragen. Die Gene sind normalerweise für die Steuerung der Teilungsaktivität und der Zelldifferenzierung verantwortlich oder für Rezeptoren an der Zellmembran zur Erkennung von Wachstumsfaktoren, die die Zellen zur Teilung anregen. Sind sie mutiert, finden auch ohne Anregung von außen Teilungen statt. Andere Mutationen verhindern das Erkennen von teilungshemmenden Faktoren. Die Zellen teilen sich unkontrolliert und entarten zu Krebszellen.

Krebs kann durch solche Gene auch dann hervorgerufen werden, wenn sie in eine andere genetische Umgebung kommen, z. B. in die DNA eines Virus oder durch Translokation an ein anderes Chromosom. Dann wirken andere Kontrollregionen auf die Gene. Es entsteht zuviel von dem Steuerprotein, für das sie codieren.Von den durch Mutation veränderten oder durch Fehlsteuerung in zu großer Menge vorhandenen Steuerproteinen werden die Zellen zu Krebszellen fehlgesteuert.

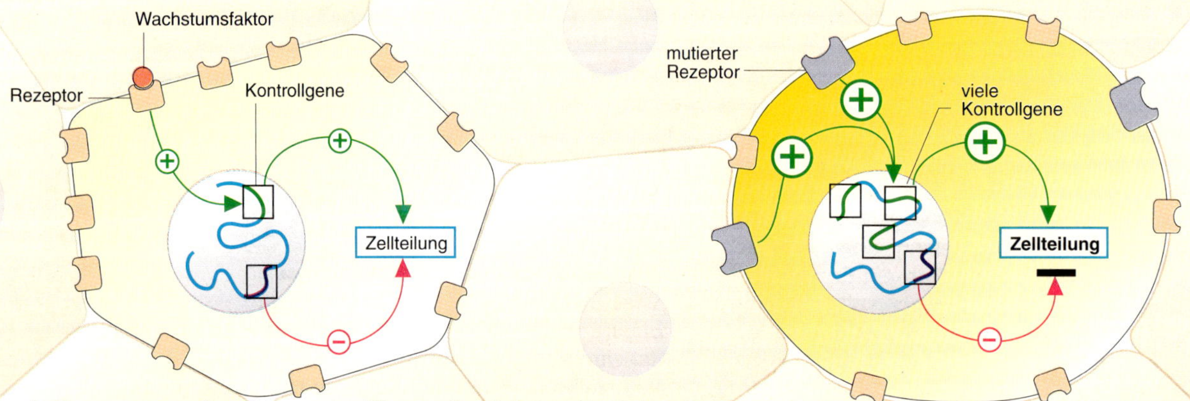

1 Steuerungsvorgänge in normalen Körperzellen (links) und in Krebszellen (rechts).

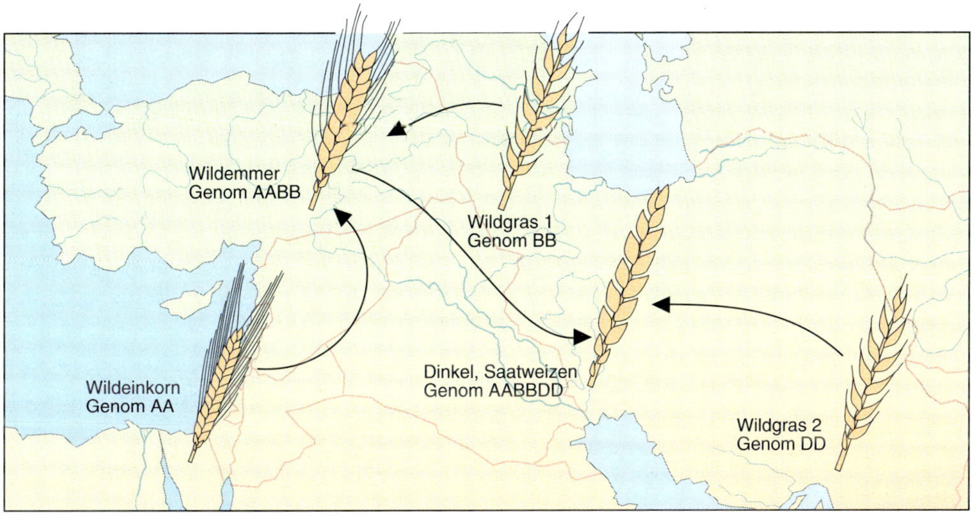

1 Entstehung des Saatweizens

Mutationen in der Tier- und Pflanzenzucht

Bei der Züchtung von Nutztieren und Nutzpflanzen spielen Mutationen eine große Rolle. Während man früher aus dem Spektrum bereits vorhandener, durch spontane Mutationen entstandener Mutanten auswählte und die Organismen mit erwünschten Eigenschaften in der Fortpflanzung ihrer „günstigeren" Allele förderte, werden heute im Bereich der *Mutationszüchtung* Mutationen in hohem Maße künstlich ausgelöst. Das geschieht vor allem durch radioaktive Strahlung oder Röntgenstrahlen, aber auch mit bestimmten Chemikalien, Hitze- oder Kälteschocks. In der Pflanzenzucht versucht man vor allem, an Ei- und Pollenzellen, Samen oder Knospen Mutationen auszulösen, da man daraus leicht ganze Pflanzen regenerieren kann. Mutationen können aber nicht vorausgeplant werden. Man kann weder den Ort der Mutation noch ihre Wirkung vorhersagen. Daher ist eine große Zahl von künstlichen Mutanten nötig, unter denen dann der Züchter auswählt.

In der Menschheitsgeschichte wurden schon sehr früh Mutanten von Nutzpflanzen mit günstigeren Eigenschaften ausgewählt. So kennt man heute recht gut die Mutationen, die zur Entstehung des Weizens aus Wildgräsern führten. Aus Nordsyrien sind archäologische Funde vom *Wildeinkorn* bekannt. Es wurde seit mindestens 7500 v. Chr. dort angebaut. Zufällige *Punktmutationen* führten zu höheren Erträgen. Eine *Genommutation* führte zur Veränderung der Chromosomenzahl durch Einkreuzen des Chromosomensatzes eines weiteren Wildgrases und die Verdopplung der Chromosomensätze. Diese *polyploide Art* war der *Emmer*. Durch weitere Punktmutationen und die Einkreuzung eines dritten Wildgrasgenoms entstand schließlich der *Dinkel*. Auswahl und Weiterzucht von noch günstigeren Punktmutanten führten beim Emmer zum *Hartweizen* (in den Mittelmeerländern für Teigwaren verwendet), beim Dinkel zum *Saatweizen*.

Genmutationen bei anderen Kulturpflanzen haben z. B. zum Verlust der Bitterstoffe in Raps oder Lupinen geführt, was diese Pflanzen zu Lieferanten hochwertiger Futtermittel und Öle machte. *Chromosomenmutationen* sind z. B. verantwortlich für manche Änderungen der Ährenformen beim Weizen.

Als Zuchtziel werden Organismen angestrebt, die die vorhandenen in wichtigen Eigenschaften übertreffen, so im Ertrag, der Qualität der Produkte (Geschmack, Lagerfähigkeit, etc.), in der Schnellwüchsigkeit und optimalen Auswertung von Dünge- oder Futtermitteln, der Resistenz gegen Krankheiten und Schädlinge, der Zahl der Nachkommen usw. Viele dieser Eigenschaften können durch *Punktmutationen* verändert werden. Sie spielen in der Pflanzenzucht eine große Rolle. In der Tierzucht ist die Anwendung der Mutationszüchtung problematischer, da die Eigenschaften bei Tieren fast immer *polygen*, d. h. von mehreren Genen bestimmt werden. Daher sind die Wirkungen der Mutation bzw. der Umweltfaktoren auf ein Merkmal schwerer zu erkennen. Tierzüchtung erfordert erheblich größeren Kosten- und Zeitaufwand.

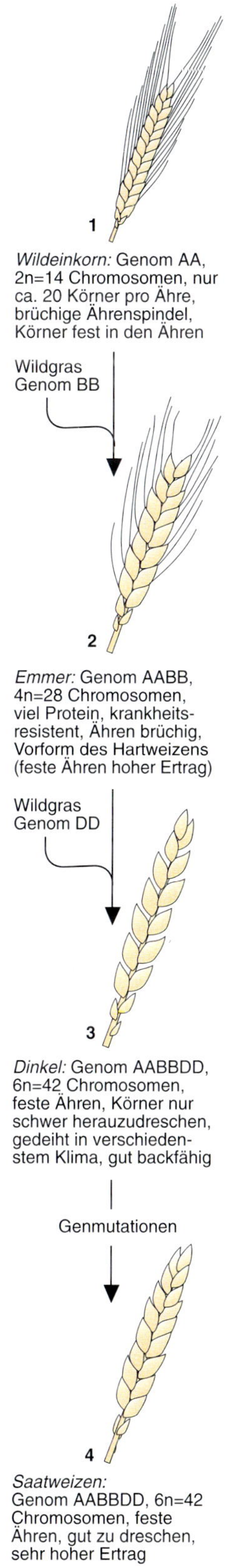

Entstehung des Saatweizens

Lexikon
Lexikon
exikon
xikon
ikon
kon
on

Mutagene

Ein Grund für Mutationen ist oft nicht erkennbar. Man spricht von *spontanen Mutationen. Somatische Mutationen* betreffen die DNA von Körperzellen. Selbst wenn die Zelle irreparabel geschädigt wird, hat das nur selten Folgen für den Organismus, da der Körper den Tod einer Zelle problemlos verkraftet. Allerdings sind somatische Mutationen eine Ursache für die Umwandlung von normalen Zellen zu Krebszellen, die eine tödliche Gefahr für den gesamten Körper darstellen können.

Viel schwerwiegender sind *Keimbahnmutationen,* bei denen die DNA von Spermien oder Eizellen verändert wird. Es besteht die Gefahr, daß alle Zellen des daraus entstehenden Organismus den Schaden durch die Mutation tragen und dieser von Generation zu Generation weitergegeben wird. Allerdings sind spontane Mutationen relativ selten. Die Häufigkeit von Mutationen kann aber stark ansteigen, wenn bestimmte Chemikalien *(mutagene Agenzien)* oder ionisierende Strahlung auf Zellen einwirken. Die Erforschung mutagener Einflüsse und ihrer Wirkungen ist für die Gesundheitsbehörden und Gesetzgeber wichtig, um die nötigen Schutzmaßnahmen für Bevölkerung und Umwelt anzuordnen und zu überwachen.

Nitrosamine, die z. B. beim Grillen von zu fettem oder gepökeltem Fleisch entstehen, sind als gefährliche Stoffe bekannt. Ihre krebsauslösende Wirkung könnte auf Mutationen in Körperzellen beruhen. Sie bewirken eine chemische Veränderung der DNA-Basen. Dadurch erhalten diese neue Paarungseigenschaften. Ein Modell für ihre Wirkung liefert die *salpetrige Säure.* Aus Cytosin bildet sie Uracil, das nicht komplementär zu Guanin, sondern zu Adenin ist. Bei einer Replikation wird nach einer solchen Mutation in einem neuen Doppelstrang also ein CG-Basenpaar durch ein UA-Paar ersetzt.

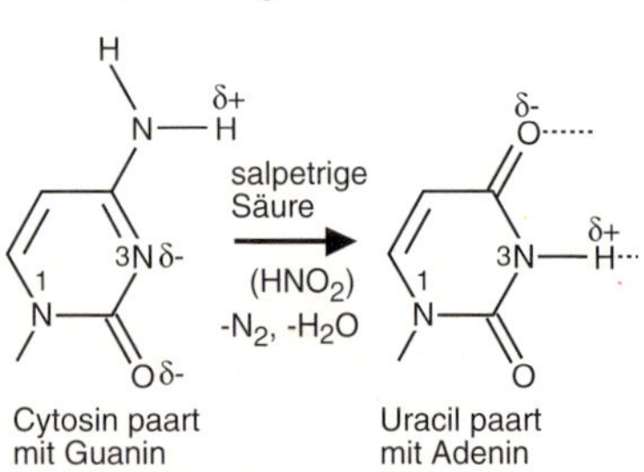

Eine Sonderstellung unter den mutagenen Agenzien haben die *Basenanaloga.* Es sind basenähnliche Stoffe, die wie normale Basen, z. B. bei der Replikation, in die DNA eingebaut werden. Durch spontane Umlagerung können sie ihre Molekülstruktur und damit ihre Paarungseigenschaften verändern. Werden sie in die DNA eingebaut, können sie also jederzeit eine Mutation bewirken, wenn die DNA nach einer solchen Veränderung repliziert wird. Findet in einer solchen Phase keine Replikation statt, bleibt auch die DNA unverändert, trägt aber immer noch das Basenanalogon als „genetische Zeitbombe" in sich.

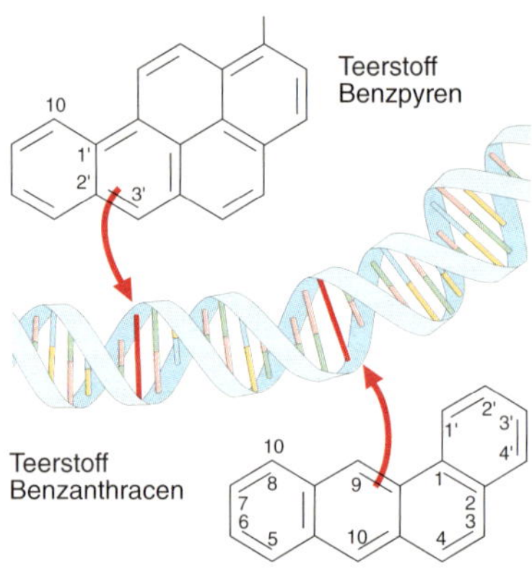

Daß die *Teerstoffe* des Zigarettenrauchs mutagen wirken und Krebs auslösen können, ist bekannt. Es sind Moleküle mit Ringsystemen, die sich zwischen die Basen der DNA schieben und eine Base zuviel vortäuschen. Bei einer Replikation der DNA wird an diese vermeintliche Base eine beliebige andere angelagert. Damit ist dieser DNA-Einzelstrang – und alle, die nach seinem Muster später aufgebaut werden – um ein Nukleotid länger geworden. Eine *Rastermutation* hat stattgefunden.

Ionisierende Strahlung, d. h. Röntgen-, radioaktive und ultraviolette Strahlung wirkt ebenfalls mutagen. Natürliche Strahlenquellen sind beispielsweise radioaktive Stoffe im Boden (Uran, Kalium-40), C-14 in Lebewesen und unserer Nahrung, Radon (z. B. auch aus Beton) in der Luft. Künstliche Strahlenbelastungen stammen vor allem aus Röntgenuntersuchungen sowie der Anwendung radioaktiver Stoffe in Diagnostik und Therapie in der Medizin. Die Tabelle auf Seite 83 oben gibt die durchschnittliche Belastung der Menschen in Deutschland wieder. Sie ist abhängig vom Wohnort (z. B. durch radioaktive Elemente im Boden, Höhenlage) und der Lebensweise (z. B. Strahlenbelastung durch Höhenstrahlung im Skiurlaub im Gebirge, Höhenstrahlung bei Langstreckenflügen). Von außen kommende Strahlung dringt aber meist nicht tief in den Körper ein. Problematischer sind mit der Atemluft oder der Nahrung aufgenommene radioaktive Isotope, die im Körperinneren zerfallen und dabei ihre Strahlung an die benachbarten Gewerbe abgeben.

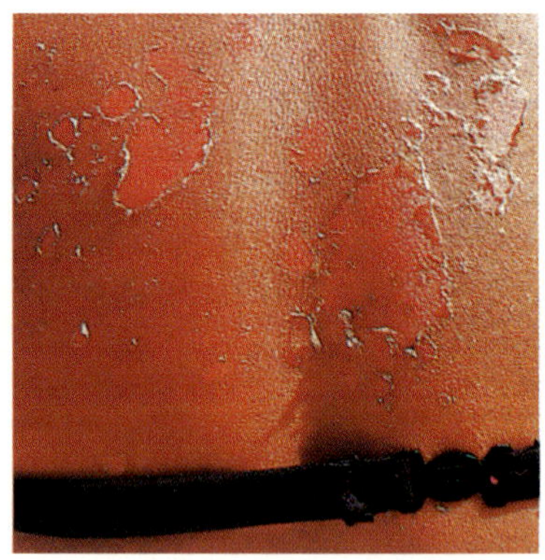

Kurzwellige *ultraviolette Strahlung,* wie sie z. B. in der Sonnen- und Höhenstrahlung vorkommt, wird von der DNA gut absorbiert. Die Basen der DNA werden dabei durch die ionisierende Wirkung der UV-Strahlung verändert. Am häufigsten ist die *Vernetzung zweier benachbarter Thyminmoleküle* in demselben Einzelstrang. Dadurch sind keine Wasserstoffbrücken zu den komplementären Basen mehr möglich. Die DNA wird nicht mehr richtig transkribiert und repliziert. Ähnlich schwerwiegend ist eine *Quervernetzung* gegenüberliegender Basen. Dadurch kann der DNA-Doppelstrang nicht mehr in Einzelstränge aufgelöst werden, Replikation und Transkription werden unmöglich.

Der größte Teil der gefährlichen *ultravioletten Strahlen* wird durch die Ozonschicht der Stratosphäre absorbiert und in ungefährliches Blaulicht

Strahlenexposition des Menschen	effektive Dosis (mSv)
natürliche Strahlenexposition	
terrestrische Strahlung	0,45
kosmische Strahlung	0,30
körperinnere Strahlung	0,25
Strahlung durch Aufenthalt in Häusern	1,00
künstliche Strahlung	
Medizin	1,50
kerntechnische Anlagen, Forschung, usw.	<0,1

umgewandelt. Durch Spurengase, wie CFKW (Chlor-Fluor-Kohlenwasserstoffe) oder Kohlenwasserstoffe, die durch Einflüsse des Menschen vermehrt in die Ozonschicht gelangen, wird der Ozongehalt zunehmend geringer. Gegenmaßnahmen sind nötig, um kein Risiko für Schäden an Menschen und anderen Organismen einzugehen.

Radioaktive Strahlung und *Röntgenstrahlung* wirken nicht unmittelbar auf die DNA. Sie erzeugen aber in den Zellen eine Vielzahl von *Radikalen,* chemisch sehr reaktionsfähigen Teilchen. Diese gehen chemische Reaktion mit der DNA ein und schädigen sie dadurch. Durch ihre Einwirkung kann es z. B. zu Brüchen in der DNA kommen. Besonders gefährlich sind radioaktive Stoffe, die mit der Nahrung in den Körper gelangen und dort längere Zeit bleiben, wie z. B. radioaktives Strontium aus dem Fallout von Atombombenversuchen. Es treten dann vermehrt Chromosomenmutationen auf. Kleine, abgebrochene DNA-Stücke werden in den Zellen abgebaut. Die Folge ist daher oft die *Deletion* an einem Chromosom. Größere Stücke wachsen wieder zusammen, aber oft nicht mehr in der richtigen Weise, so daß Translokationen entstehen.

Lebewesen haben verschiedene *Reparatursysteme* entwickelt, die Fehler in der DNA erkennen und beseitigen. Bestimmte Enzymkomplexe wandern dauernd die DNA entlang und kontrollieren sie auf Unregelmäßigkeiten. Auffällige Stellen wie *Thymindimere* werden direkt repariert oder herausgeschnitten und nach dem Muster des komplementären DNA-Einzelstrangs neu aufgebaut.

Ohne diese Reparatursysteme wäre eine erheblich höhere Mutationsrate zu erwarten. So schätzt man, daß bei einem Raucher pro Zigarette in der Lunge ca. 30 000 Mutationen verursacht werden. Die allermeisten werden wieder repariert. Treten allerdings zu viele Schäden auf, so wird die DNA nur ungenau repariert. Mutationen bleiben, die auch später nicht mehr erkannt werden. Dadurch geschädigte Zellen werden aber in den meisten Fällen vom *Immunsystem* zerstört. Wenn jedoch alle Schutzmaßnahmen versagen, ist *Krebs* die Folge.

Methoden der Krebsbehandlung

Ursache von Krebs dürften Mutationen in Genen sein, die Zellteilung und -differenzierung kontrollieren. Aus diesen neuen Erkenntnissen lassen sich leider nur schwer neue Behandlungsmethoden für Krebs entwickeln. Gezielte Eingriffe in die Erbinformation bestimmter Zellen sind nicht möglich. Man kann die gestörten Steuerungsfunktionen der Krebszellen nicht wiederherstellen, man kann nur die Krebszellen bekämpfen.

Zur Behandlung von Krebs sind nach wie vor die *klassischen Methoden* von Bedeutung. Durch *Operation* lassen sich Tumoren entfernen, wenn sie noch keine oder nur wenige Metastasen gebildet haben. Zellteilungshemmende Mittel *(Cytostatika)* können Krebszellen stoppen, töten aber auch viele gesunde, sich rasch teilende Zellen. *Radioaktive Bestrahlung* von Tumoren tötet die Zellen darin ab. Diese Methoden greifen aber um so besser, je früher der Krebs erkannt wird. Die klassischen *Vorsorgeuntersuchungen* können Leben retten!

Bestrahlung und Cytostatika wirken auch auf gesunde Zellen. Daher versucht man *experimentelle Methoden* zu entwickeln, mit denen spezifisch Krebszellen getroffen werden. Sie werden normalerweise vom *Immunsystem* an den veränderten Markierungen der Zelloberfläche als gefährlich erkannt und abgetötet. Bei Krebskranken versucht man, das *Immunsystem* zu stärken, Immunzellen, die gegen Krebs vorgehen, in Zellkulturen zu züchten und in den Körper zurückzuverpflanzen. In Tierversuchen sind bereits erste Erfolge erzielt worden.

Ein anderer Therapieansatz geht ebenfalls davon aus, daß sich Zellen oder Antikörper des Immunsystems gezielt an Krebszellen anlagern. Bindet man an sie radioaktive Substanzen oder starke Zellgifte, so wirken diese Stoffe gezielt nur an den Krebszellen. Andere Körperzellen sind kaum betroffen, es gibt wenig Nebenwirkungen im restlichen Körper.

Metastasen stellen das größte Problem bei einer Krebserkrankung dar. Sie entstehen, wenn Krebszellen sich vom Tumor lösen, im Lymphsystem verbreiten und sich schließlich an anderer Stelle im Körpergewebe anheften und dort weiterwuchern. Zur Anheftung brauchen sie bestimmte Oberflächenkennzeichen des Körpergewebes. Im Versuch kann man die Metastasenansiedlung verhindern, indem man diese Oberflächenstrukturen blockiert.

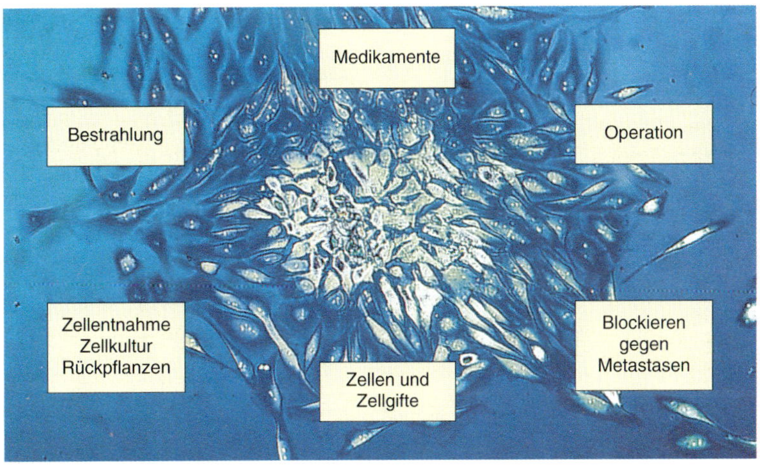

5 Angewandte Genetik

Tier- und Pflanzenzucht

Domestikation
Veränderung einer Art infolge der Individuenauslese durch den Menschen

Reine Linie
Population nahezu reinerbiger Individuen

Vor etwa 12 000 Jahren begann der Mensch eine Entwicklung einzuleiten, die in ganz drastischer Weise seine Lebensbedingungen verändern sollte. Diese Entwicklung hält heute noch an und wird voraussichtlich auch zukünftig ihre Bedeutung haben. Gemeint ist die Umstellung des Jäger-Sammler-Daseins auf das Leben als Ackerbauer und Viehzüchter mit allen sich daraus anschließenden Konsequenzen.

Die zuvor auf der Suche nach Nahrung umherziehenden Menschengruppen begannen Wildpflanzen anzubauen, sie zu pflegen und zu ernten. Dazu mußten die Menschen seßhaft werden. Wurde ein Teil der Ernte nicht verzehrt, sondern als Saatgut aufbewahrt und eingesetzt, stellte dies einen wichtigen Schritt in Richtung *Domestikation* dar. Bei der Ernte wird den Menschen aufgefallen sein, daß es größere und kleinere, schmackhaftere und weniger gut schmeckende, härtere und weichere Früchte gab. Zur Vermehrung wurden diejenigen Pflanzen mit den aus menschlicher Sicht besseren Eigenschaften ausgewählt. Den Menschen ist damals die erste Methode einer Züchtung gelungen, die *Auslese-* oder *Selektionszüchtung.*

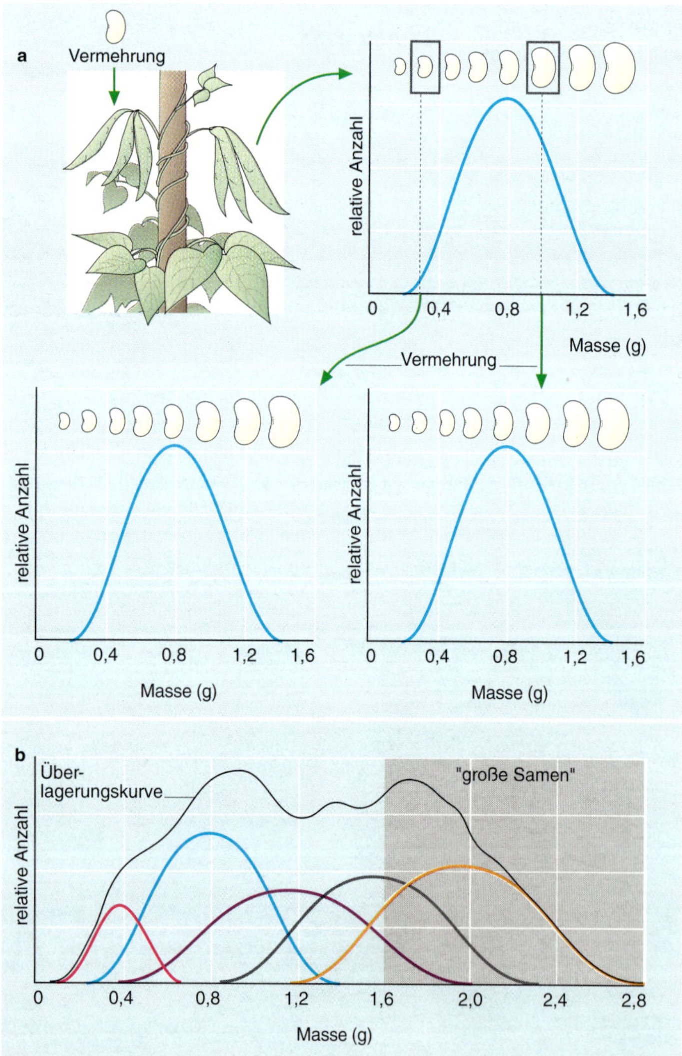

Auslese- oder Selektionszüchtung

Bringt man einen Bohnensamen zum Auskeimen und zur Fortpflanzung durch Selbstbefruchtung, vermehrt dann die Samen der daraus entstehenden Pflanze mehrmals auf die gleiche Weise *(Inzucht)*, ergibt sich nach einigen Generationen z. B. die blaue Kurve in Abb. a. Nimmt man von diesen Samen einen von 0,3 g und einen weiteren der Masse 1,0 g, sorgt für deren Fortpflanzung und untersucht die Samenmasse der Nachkommen, so ergeben sich Variationskurven, die wiederum der blauen Kurve entsprechen. Man erhält Nachkommen, die nahezu reinerbig sind; sie gehören einer *reinen Linie* an. Die Unterschiede in der Samenmasse hängen von Unterschieden bei den Umwelteinflüssen ab; es sind *Modifikationen.* Was vererbt wird, ist nicht die Anlage für die Masse, sondern die Anlage für die Variationsbreite der Masse. Mit reinen Linien läßt sich keine Auslesezüchtung mehr betreiben.

Daß die Auslesezüchtung im Laufe vieler Generationen trotzdem funktionierte, liegt daran, daß die Menschen meist eine genetisch sehr unterschiedliche Population bei einer Wildpflanze vorfanden. Sie hatten keine vereinzelten reinen Linien und betrieben ihre Auslese aus einem Gemisch von Samen mit unterschiedlichem Erbgut (Abb. b, schwarze Kurve).

Diese Variationskurve kommt durch Überlagerung zahlreicher Kurven zustande. Eine gezielte Auswahl der massereichsten Bohnensamen ergibt daher bei den Nachkommen vermehrt große Samen, obwohl diese immer noch ein Gemisch genetisch unterschiedlicher Ausstattung darstellen. Manche Populationen, die in dem ursprünglichen Samengemisch enthalten waren, sind nicht zur Fortpflanzung gelangt (rote Kurve).

Wahrscheinlichkeit
Eine von 16 Möglichkeiten:

$\frac{1}{16}$
$= 1:16$
$= 0{,}0625$
$= \frac{6{,}25}{100}$
$= 6{,}25\%$

Kreuzungszüchtung

Durch Kreuzungen verschiedener Rassen mit unterschiedlichen Eigenschaften lassen sich die Merkmale der beiden Rassen in einer Linie vereinigen. Diese Art der Züchtung nennt man *Kreuzungs-* oder *Kombinationszüchtung.* Wie am Beispiel des dihybriden Erbgangs leicht zu zeigen ist, entstehen bei freier Kombinierbarkeit der Gene bestimmte homozygote Allelkombinationen (z. B. aabb) in der F_2-Generation mit 6,25 % Wahrscheinlichkeit. Sind mehrere Gene bei den gewünschten Merkmalen beteiligt und liegen zudem noch unerwünschte Genkopplungen vor, so findet man die erhofften Rekombinanten sehr selten. Kombinationszüchtung kann deshalb einen sehr hohen Material- und Zeitaufwand erfordern. Das Max-Planck-Institut für Züchtungsforschung hat von 1938 bis 1962, also etwa 25 Jahre lang, die Eigenschaften „hoher Ertrag", „Pilzresistenz" und „Kälteresistenz" aus insgesamt 6 Gerstensorten zur Wintergerstensorte „Vogelsänger Gold" durch Einkreuzen und Auslesen kombiniert.

Hybridzüchtung

Bei der Züchtung vieler Kulturpflanzen und vieler Nutztiere beobachtete man, daß bei der Kreuzung zweier unterschiedlicher reiner Linien eine enorme Leistungssteigerung in der F_1-Generation zustande kam. Die Lebewesen sind z. B. größer, kräftiger und widerstandsfähiger gegen Schädlinge und Kälte. Man erklärt sich diesen sogenannten *Heterosiseffekt* dadurch, daß in der F_1-Generation die meisten Anlagen heterozygot vorliegen, da die Elternlinien in unterschiedlichen Anlagen homozygot sind. Je mehr sich die reinen Elternlinien genetisch unterscheiden, um so größer ist der Heterosiseffekt. Eine Weitergabe dieser hervorragenden Eigenschaften der F_1-Generation ist nur teilweise möglich, da bei einer Kreuzung der F_1-Individuen untereinander die Aufspaltung nach den Mendelschen Regeln immer auch Individuen in der F_2-Generation enthält, die in vielen Anlagen wieder homozygot sind. Man nutzt den Heterosiseffekt deshalb durch gezielte *Hybridzüchtung,* indem man sich reine Linien hält und diese immer wieder neu kombiniert. In der Pflanzenzucht wird die Hybridzüchtung beispielsweise bei Tomaten, Blumenkohl und Zwiebeln genutzt. Beim Mais konnten Ertragssteigerungen bis zu 37 % gegenüber den reinen Linien erzielt werden. In der Tierzucht wird die Hybridzüchtung, die dort auch *Gebrauchszüchtung* genannt wird, bei Rindern, Schweinen und Hühnern mit Erfolg eingesetzt.

Aufgaben

① Weshalb ist heute eine Neuzüchtung durch Auslese bei selbstbestäubenden Kulturpflanzen kaum noch möglich?

② Unter *Erhaltungszüchtung* versteht man die negative Auslese von Lebewesen, die krankhafte oder negative Eigenschaften aufweisen. Erklären Sie, weshalb es auch in reinen Linien bei Selbstbestäubern immer wieder zu solchen Abweichungen kommt.

③ Welches ist die kleinste und welches die größte Masse der Bohnensamen aus der Nachkommenschaft der in Abb. 84.1 b als „groß" bezeichneten Samen? Begründen Sie Ihre Antwort.

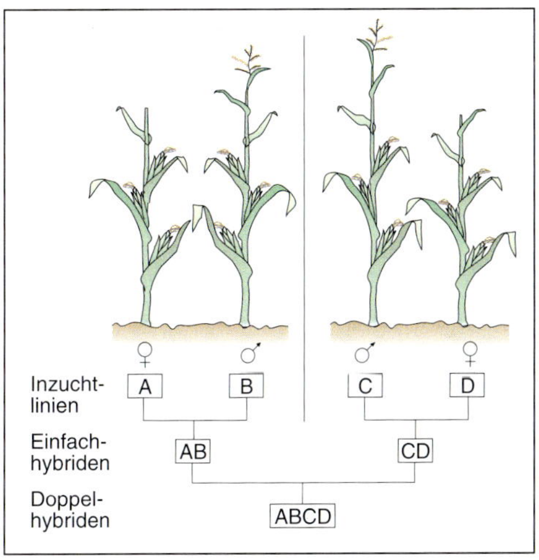

1 Methode der Maishybridisierung

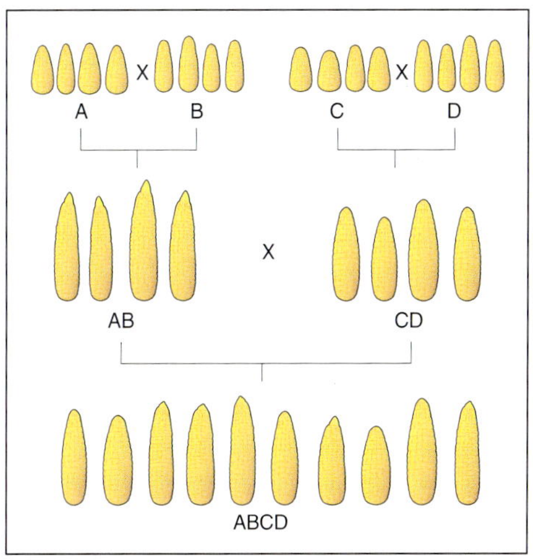

2 Ergebnisse der Maishybridisierung

1 Kalluskultur und zur Pflanze ausgewachsener Kallus

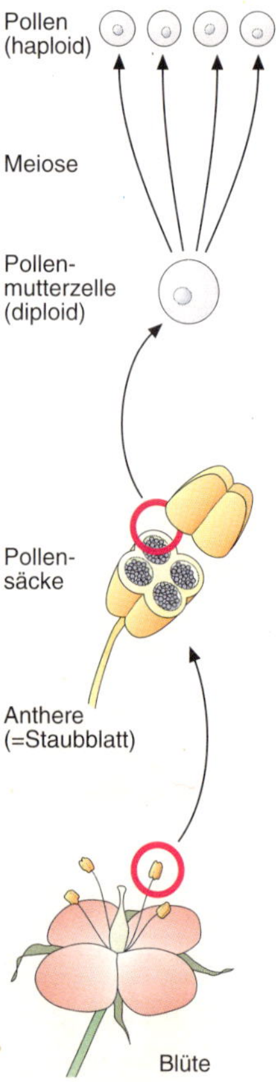

Pollenbildung

Züchtungsmethoden

Polyploidiezüchtung

Eine Vielzahl der Kulturpflanzen sind polyploid im Gegensatz zu ihren Stammformen. Sie besitzen nicht nur einen doppelten (diploiden), sondern einen vervielfachten Chromosomensatz. Da eine Verdopplung der Chromosomenzahl etwa zu einer Verdopplung des Zellvolumens führt, besitzen die polyploiden Pflanzen bei gleicher Zellenanzahl meist einen größeren Wuchs *(Gigawuchs)*. Sicherlich wurden solche großwüchsigen Pflanzen schon lange vom Menschen ausgelesen und weitergezüchtet. Heute werden polyploide Formen auch künstlich erzeugt *(Polyploidiezüchtung)*, indem man *Colchizin*, das Gift der Herbstzeitlosen, verwendet. Colchizin verhindert die Ausbildung der Spindelfasern während der Mitose. Die beiden Chromatiden eines Chromosoms werden daher nicht zu den Zellpolen gezogen, sondern in dem neu gebildeten Zellkern eingeschlossen. Die Ausbildung einer trennenden Zellwand unterbleibt. Alle Nachkommen einer solchen Zelle besitzen dann die verdoppelte Chromosomenzahl.

Allopolyploidiezüchtung

Kreuzt man verschiedene Arten (nicht Rassen einer Art) miteinander, so entstehen *Bastarde*, die meist steril sind, da bei der Meiose die Paarung der Chromosomen nicht ordnungsgemäß erfolgen kann. Die Chromosomen aus dem einen Elternteil sind nicht homolog zu denen des anderen Elternteils. Verdoppelt man bei einem solchen Bastard die Chromosomensätze durch Colchizinzugabe, so kann die Meiose ungestört ablaufen. Der Bastard ist *fertil*. Durch diese *Allopolyploidiezüchtung* wurde z. B. aus Weizen und Roggen der Weizenroggen *(Triticale)* erzeugt und aus Rettich und Kohl der Rettichkohl. Einige Kulturpflanzen wurden ohne vom Menschen erzwungene Kreuzungen allopolyploid. So konnte beispielsweise nachgewiesen werden, daß der Weizen aus drei verschiedenen Wildgrasarten entstanden ist. Diese haben jeweils $n = 7$ Chromosomen im haploiden Satz. Der Weizen hat einen Chromosomensatz mit $n = 21$ Chromosomen (s. Seite 81).

Züchtung mit Hilfe von Einzelzellen

Bei einigen Pflanzenarten ist es gelungen, einzelne Zellen aus den Samenanlagen oder den Staubgefäßen zu kultivieren. Bei der *Antherenkultur* (*Antheren* = Staubblätter) läßt man Pollenkörner auf speziellen Nährböden wachsen. Nur etwa ein Zehntel der Pollenkörner beginnt mit Teilungen, so daß Zellwucherungen, sog. *Kalli* (Sing.: Kallus) entstehen. Da Pollenkörner haploid sind, lassen sich die Eigenschaften, die im Erbgut rezessiv vorliegen, gleich erkennen *(Haploidenzucht)*. Eine Behandlung mit Colchizin ergibt diploide Zellen, die vollständig homozygot sind. Aus solchen diploiden Kalli können sich ganze, funktionsfähige Pflanzen entwickeln. Bei diesen Pflanzen lassen sich auch Gene mit rezessiver Wirkung im Phänotyp sofort erkennen. Langwierige Kreuzungsversuche zur Auslese der rezessiven Individuen entfallen. Der Aufwand an Laborarbeit und Technik ist zwar groß, aber die zum Erreichen eines Züchtungszieles benötigte Zeit wird deutlich verringert.

Durch Behandlung mit Enzymen, die die Zellwände auflösen, lassen sich aus beliebigen Gewebeteilen einer Pflanze einzelne zellwandlose Zellen, sogenannte *Protoplasten*, gewinnen. Diese sind prinzipiell erbgleich, wobei allerdings vereinzelt Mutationen vorliegen können. Auch aus Protoplasten können Kalli entstehen, die nun der Auslese unterworfen werden können. Die Abbildung 1 zeigt eine Kalluskultur, die auf Kälteresistenz getestet wird. Nur ein Kallus ist resistent. Er wird weitergezüchtet, der Rest wird verworfen.

Es ist gelungen, einzelne Protoplasten verschiedener Arten miteinander zu verschmelzen und derartige *Zellhybride* zu ganzen Pflanzen heranzuziehen. So lassen sich auch solche Hybridpflanzen gewinnen, bei denen der Versuch einer normalen Bastardisierung keinen Erfolg hatte.

Mutationszüchtung

Mutationen entstehen in der Natur zufällig. Man kann Mutationen aber auch künstlich auslösen. Dazu verwendet man ionisierende Strahlen, wie UV-, Röntgen- und Gammastrahlen, oder mutagene Stoffe, wie z. B. Nitrosamine und Benzpyren. Auch Hitze- und Kälteschocks bewirken Mutationen. Die meisten dabei entstehenden Mutanten erleiden schwere Schäden, nur ganz wenige eignen sich zur Weiterzucht und können mit den neu entstandenen Mutationen dem Züchtungsziel näher kommen. *Mutationszüchtung* läßt sich sowohl bei ganzen Pflanzen und Samen als auch bei Protoplasten und Antherenkulturen anwenden.

Besonderheiten bei der Tierzucht

Die meisten der bisher besprochenen Züchtungsmethoden eignen sich sowohl für die Pflanzen- als auch für die Tierzucht; so die Auslese-, Erhaltungs-, Kreuzungs-, Hybrid- und Mutationszüchtung. Schwierigkeiten bei der Tierzucht gibt es bei der Polyploidie, der Allopolyploidie und bei der Züchtung mit Hilfe von Einzelzellen. So lassen sich zwar tierische Körperzellen miteinander verschmelzen, die entstehenden Hybridzellen wachsen jedoch nicht zu einem vollständigen Tier heran. Trotzdem gibt es große Erfolge in der modernen Tierzucht. Ende der fünfziger Jahre wurde die künstliche Besamung entwickelt. Diese Methode setzte sich vor allem in der Rinderzucht durch. Ein speziell ausgesuchter Zuchtbulle gibt Sperma ab, das durch Tiefkühllagerung lange Zeit haltbar gemacht und zum geeigneten Zeitpunkt den Kühen verabreicht wird. Auf diese Weise hat ein Zuchtbulle einige zehntausend Nachkommen. Auch Zuchtkühe können mehr Nachkommen haben als auf natürlichem Wege möglich (s. Kasten).

Zuchterfolge

Nicht alle Ertragssteigerungen sind allein auf die Züchtung zurückzuführen. Auch die verbesserten Anbaumethoden bei Pflanzen und die spezialisierte Fütterung der Tiere tragen einen großen Teil dazu bei. So ist z. B. der verzehnfachte Ertrag beim Weizen in den letzten 200 Jahren zu etwa 40 % auf Züchtungserfolge und zu 60 % auf die veränderten Anbaubedingungen zurückzuführen, wie Bodenbearbeitung, Düngung, Schädlings- und Unkrautvernichtung. Der benötigte Lebensraum eines Menschen als Jäger und Sammler betrug rund 20 km². Wird diese Fläche heute vollständig als Ackerland mit Kulturpflanzen bebaut, so können sich mehr als 6000 Menschen davon ernähren.

Aufgaben

① Weshalb findet man unter den Kulturpflanzen einen so hohen Anteil an polyploiden und allopolyploiden Formen?

② Bei der Bestrahlung einer Pflanze mit mutagenen Strahlen entstehen in den Körperzellen verschiedene Mutationen. Wie könnten solche Mutationen für die Züchtung genutzt werden?

③ Vermutlich läßt sich die Legeleistung der Haushühner kaum noch steigern (siehe Randspalte). Woran könnte das liegen?

④ „Das bedenkliche Anwachsen der Weltbevölkerung ist der Fluch des Seßhaftwerdens." „Ohne Pflanzen- und Tierzucht wäre die heutige Weltbevölkerung nicht zu ernähren." Diskutieren Sie.

Durchschnittliche Jahreslegeleistung in Eiern pro Huhn:

Bankiva (mutmaßliche Urform des Haushuhns)	10
Haushuhn 1935	108
Haushuhn 1960	152
Haushuhn 1970	216
Haushuhn 1978	242
Haushuhn 1990	260

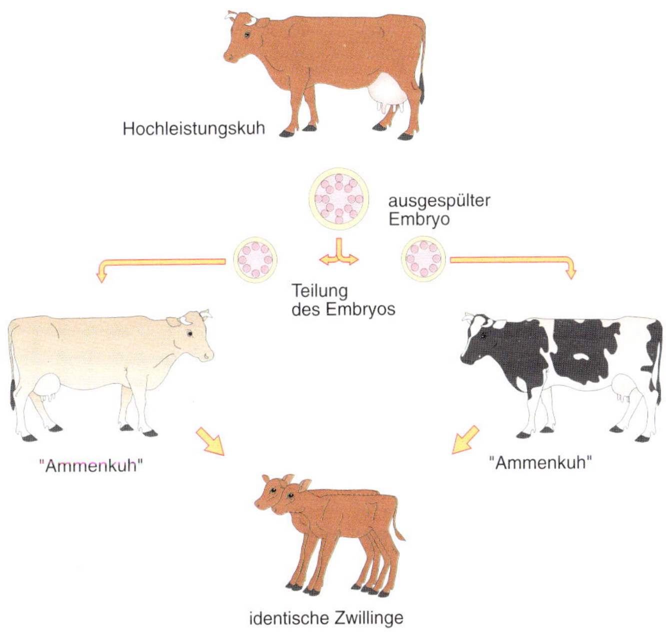

Methode des Embryotransfers mit gleichzeitiger Teilung des Embryos

Revolution in der Rinderzucht

Preisgekrönte Zuchtbullen haben durch die Methode der künstlichen Besamung tausende direkter Nachkommen. Eine Hochleistungskuh dagegen kann nur etwa 6 Kälbchen selbst austragen. Die Methode des *Embryotransfers* hat diese natürliche Grenze durchbrochen. Eine Hormonbehandlung läßt in den Eierstöcken der Zuchtkuh viele Eizellen gleichzeitig heranreifen. Sie werden im Körper der Kuh künstlich besamt. Nach einigen Tagen spült der Tierarzt die Embryonen aus der Gebärmutter. Im 8- bis 16-Zellstadium können sie unter dem Mikroskop in Einzelzellen getrennt werden. Die einzelnen Embryonen werden anschließend weniger wertvollen Muttertieren („Ammenkühen") eingesetzt, die sie dann austragen. Nach wenigen Wochen liefert die Elitekuh erneut Eizellen und kann so im Jahr viele Dutzend Nachkommen haben.

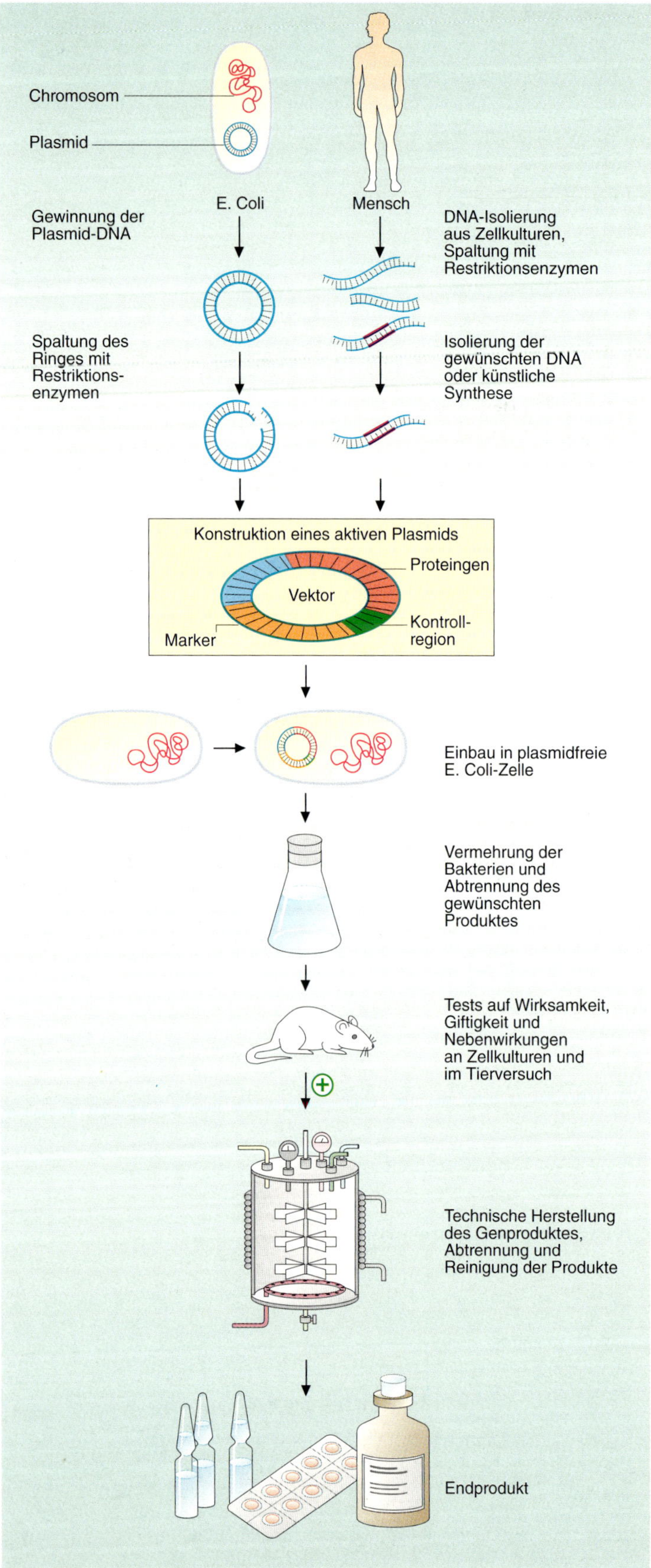

Gentechnik — Zellen werden neu programmiert

Zuckerkrankheit *(Diabetes mellitus)* gehört zu den häufigsten Stoffwechselerkrankungen. Bei *Jugenddiabetes* sind die Betroffenen nicht in der Lage, das Hormon *Insulin* zu bilden. Es muß zugeführt werden, um schwere körperliche Schäden zu vermeiden. Insulin wird seit 1921 aus den Bauchspeicheldrüsen von Schlachttieren gewonnen. Die Herstellung ist aber aufwendig. Bakterien synthetisieren Proteine nach den Anweisungen ihrer DNA. Wie kann man sie „umprogrammieren", damit sie Insulin erzeugen?

Man kann die entsprechende DNA *isolieren,* wenn ein Teil ihrer Basensequenz bekannt ist. Will man menschliche Gene von Bakterien in Proteine übersetzen lassen, muß man die unterschiedliche Genstruktur beachten. Bakterien können m-RNA nicht spleißen, würden also die Introns menschlicher Gene mit übersetzen. Daher isoliert man die schon gespleißte *m-RNA* für das Protein aus den menschlichen Zellen. Mit Hilfe des Virusenzyms *Reverse Transkriptase* kann sie in DNA rückübersetzt werden, nach der auch Bakterien die gewünschten Proteine aufbauen können. Bei kurzen Peptidketten kann man von ihrer Aminosäuresequenz auf die Basenfolge einer entsprechenden codogenen DNA rückschließen und diese künstlich mit Hilfe einer „Genmaschine" synthetisieren.

Um bestimmte DNA-Stücke zur Neukombination herauszuschneiden, verwendet die Gentechnik Restriktionsenzyme als „genetische Scheren", welche die DNA an speziellen Basensequenzen zerschneiden. Beim Schnitt bleiben oft einsträngige Stücke an den Enden, die zueinander komplementär sind. Diese „klebrigen Enden" verbinden sich leicht mit ihren komplementären Gegenstücken an einer DNA, die mit demselben Restriktionsenzym geschnitten wurde. Beide können durch das Enzym *Ligase,* dem „genetischen Kleber", zu einem Doppelstrang verbunden werden. So wird die isolierte DNA zum Ring *(Vektor)* geschlossen, in Bakterienzellen eingeschleust und repliziert. Man erhält viele Kopien für die weitere Arbeit. Zunächst überprüft man, ob diese Kopien in das gewünschte Protein übersetzt werden. Dann wird die DNA in einen kleinen DNA-Ring, ein *Plasmid,* eingebaut, mit dem man die Bakterien zur Proteinbiosynthese umprogrammiert. Es muß enthalten:

– ein *DNA-Stück,* das leicht von anderen Bakterienzellen aufgenommen wird, zur Einschleusung,
– einen *genetischen Marker,* an dem man umprogrammierte Bakterien erkennt,
– die *isolierte DNA,* das „Programm", und
– eine Kontrollsequenz, die die Transkription der DNA in großer Menge bewirkt.

Die verschiedenen, vorher ausgeschnittenen DNA-Teile werden mit Hilfe von Restriktionsenzymen und der Ligase zu einem solchen Plasmid *rekombiniert.* Die umprogrammierten Bakterien werden zunächst in kleinen Gefäßen vermehrt und nach und nach in immer größere *Fermenter* mit Volumina bis über 2000 m^3 überführt. Haben die Zellen genügend Proteine erzeugt, werden sie aus dem Fermenter genommen und aufgebrochen. Das Protein wird von anderen Zellbestandteilen abgetrennt und gereinigt.

Nicht alle Proteine können von Bakterienzellen hergestellt werden. Hefezellen aber können z. B. m-RNA spleißen und Eukaryoten-DNA richtig in Protein übersetzen. Oft sind aber die Proteine selbst noch nicht funktionsfähig. Der Blutgerinnungsfaktor VIII ist erst wirksam, wenn an das eigentliche Protein bestimmte Zuckerreste gebunden sind. Dazu sind nur Säugerzellen in der Lage. Faktor VIII kann erst gentechnisch hergestellt werden, seit man solche Zellen, z. B. von Hamstern, gentechnisch programmieren und in Zellkultur halten kann.

Aufgabe

① Erläutern Sie mit Hilfe einer Bildfolge, auf welche Weise menschliche und bakterielle DNA-Stücke hergestellt und miteinander verbunden werden können.

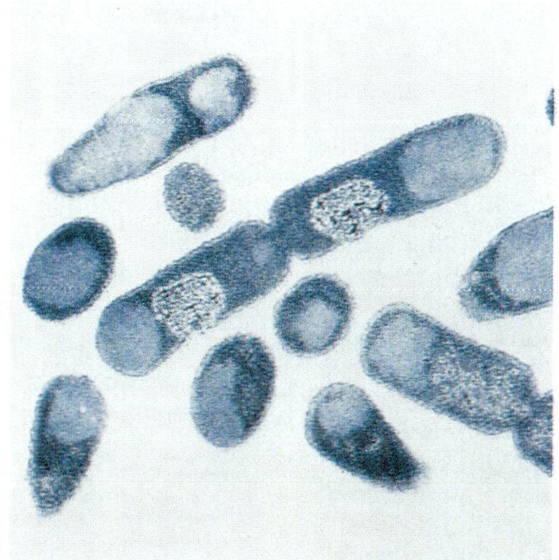

1 Gentechnisch umprogrammierte Bakterien

Sicherheit in der Gentechnik

Mikrobiologen stellten erstmals 1975 (Konferenz von Asilomar) Regeln für gentechnisches Arbeiten auf:
– Gentechnische Arbeiten dürfen nur unter bestimmten Sicherheitsmaßnahmen (4 Stufen je nach Gefährlichkeit) erfolgen.
– Künstliche Plasmide dürfen bei Menschen, Tieren und Pflanzen keine Krankheiten hervorrufen und keine umweltgefährdenden Eigenschaften haben.
– Die genetisch veränderten Mikroorganismen dürfen nur im Labor oder Fermenter, nicht aber im Freiland lebensfähig sein.
– Ihre Vermehrungsfähigkeit und die Fähigkeit zur Übertragung von genetischem Material muß stark eingeschränkt sein.

Diese Regeln finden sich im deutschen Gentechnikgesetz. Arbeiten mit Mikroorganismen werden einer Sicherheitsbewertung mit 4 Stufen unterzogen. In Sicherheitsstufe 1 und 2 fallen die meisten Arbeiten. Hier ist von keinem bzw. geringem Risiko für die menschliche Gesundheit oder die Umwelt auszugehen (z. B. Erzeugung von Insulin). Sicherheitsstufe 3 („mäßiges Risiko") gilt z. B. für die Arbeit mit Krankheitserregern zur Produktion von Impfstoffen. Sicherheitsstufe 4 mit gefährlichen Krankheitserregern („hohes Risiko") spielt praktisch keine Rolle.

Eine Kommission für die biologische Sicherheit entscheidet, in welche Stufe die gentechnischen Arbeiten einzuordnen sind. Die Bürger werden in einem öffentlichen Anhörungsverfahren beteiligt, wenn in ihrer Umgebung eine gentechnische Anlage entstehen soll. Für alle Ziele und Schritte der Forschung sowie die gentechnische Produktion besteht Aufzeichnungspflicht.

Produkt	Herstellung	Jahr	Anwendung bei
Humaninsulin	USA	1982	Diabetes
Gerinnungsfaktor VIII	D/USA	1983	Bluterkrankheit
Protropin	USA	1985	Wachstumshormonmangel bei Kindern
a2b-Interferon	D/USA	1985	Haarzell-Leukämie
a2a-Interferon	CH	1986	Haarzell-Leukämie
Recomblvax HB	D/USA	1986	Impfstoff gegen Hepatitis B
Activase	USA	1987	Herzinfarkt
Somatotropin	USA	1987	Wachstumshormonmangel bei Kindern
Erythropoietin	USA	1988	Anämie

2 Beispiele für zugelassene, gentechnisch hergestelle Arzneimittel

Tiere und Pflanzen nach Plan?

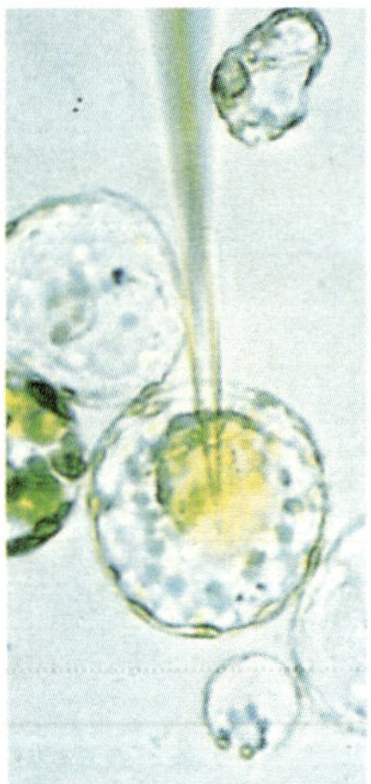

Gene werden „verpflanzt“. In eine Pflanzenzelle wird mit Hilfe einer Mikropipette DNA injiziert.

Auch die Erbinformation pflanzlicher und tierischer Zellen kann durch Einschleusen von DNA manipuliert werden. In die relativ großen Zellen kann man DNA mit Hilfe von Mikropipetten injizieren. Sie wird, wenn auch nicht immer, in Chromosomen eingebaut. Allerdings kann man nicht steuern, an welcher Stelle eines Chromosoms das geschieht. Es ist daher nicht vorhersehbar, ob eine Zelle durch Mikroinjektion von Fremdgenen wirklich in ihrer Erbinformation verändert *(transformiert)* wird und das neue Gen auch in ein entsprechendes Produkt umsetzt. Bestimmte Bakterien und Viren integrieren ihre DNA an einer bestimmten Stelle im Genom von Eukaryotenzellen. Sie dienen als „Gentaxi“. Man entfernt die krankheitserregenden Teile ihrer DNA und koppelt sie mit einem Fremdgen. So erhält man einen *Vektor* zum Einbau dieses Gens in die Zell-DNA. Es wird dann zusammen mit der Zell-DNA repliziert und vererbt.

Gentechnik an Pflanzen

Grundlage für einen solchen Vektor ist z. B. das Bodenbakterium *Agrobacterium tumefaciens.* Durch Verletzungen kann es in eine Pflanze gelangen und schleust dann ein Plasmid in einzelne Zellen ein. Dieses wird in die pflanzliche DNA integriert und veranlaßt die Zellen zu unkontrolliertem Wachstum. Dabei entsteht ein Pflanzentumor. Auch ohne die tumorerregenden Teile des Plasmids bleibt die Fähigkeit zur Integration in die DNA erhalten. Man kann es mit einem anderen Gen koppeln und so beide in die Zelle einschleusen. Das gelingt am leichtesten an *Protoplasten,* jungen Pflanzenzellen, deren Zellwand enzymatisch entfernt wurde. Durch geeignete Wachstumsbedingungen kann man sie zu Zellteilungen anregen und ganze Pflanzen regenerieren, die alle das Fremdgen enthalten. Weit fortgeschritten sind die Arbeiten zum Einschleusen von bestimmten Resistenzgenen gegen ungünstige klimatische Bedingungen, tierische Schädlinge oder bestimmte Herbizide. Andere Züchtungen zielen darauf ab, die Fotosyntheseleistung zu verbessern, den Gehalt an bestimmten Aminosäuren und Proteinen zu steigern oder die chemische Bindung von Luftstickstoff, also eine Selbstdüngung, zu ermöglichen.

Gentechnik an Tieren

Auch in tierische Zellen lassen sich Gene einschleusen. So hat man durch Injektion von DNA mit Mikropipetten schon eine Reihe von genetisch veränderten Organismen erhalten. Gene für das Wachstumshormon

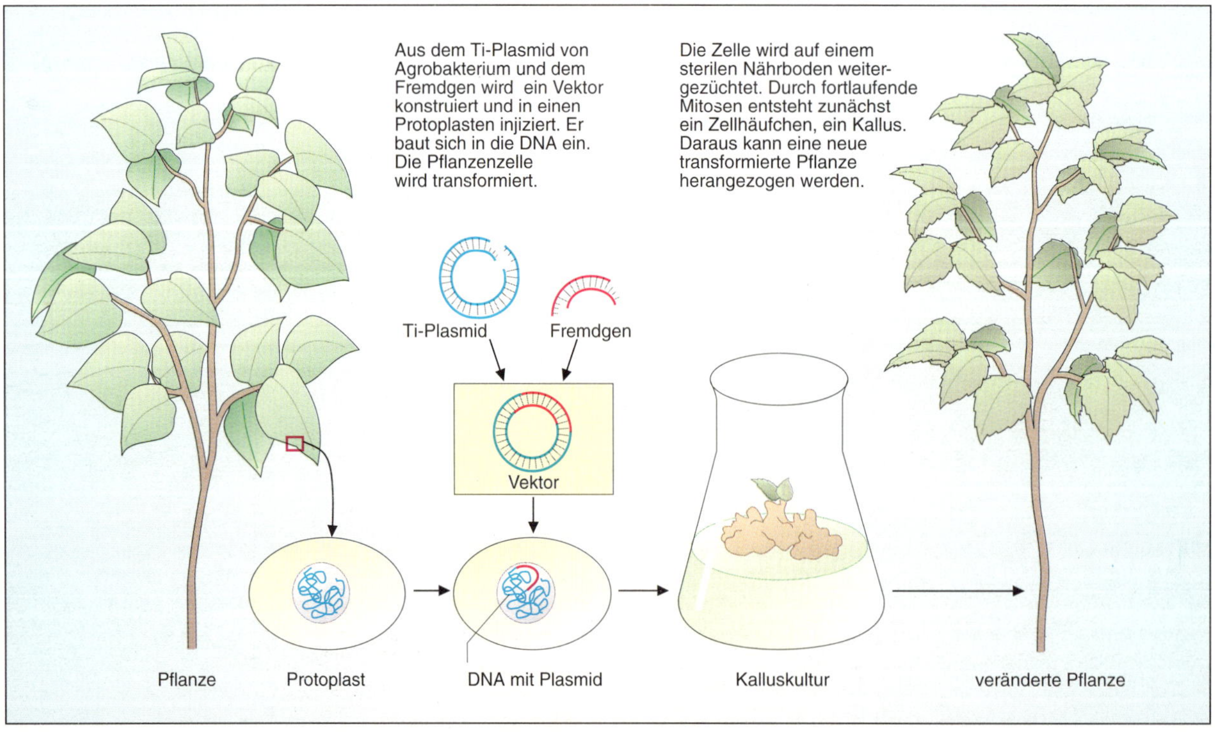

wurden aus Ratten in Mäuse verpflanzt. Es entstanden Riesenmäuse, etwa doppelt so schwer wie ihre nicht genveränderten Geschwister. Das menschliche Wachstumshormongen, in Schweine verpflanzt, bewirkt eine schnellere Gewichtszunahme, die aber zur Überlastung der Gelenke führt. Karpfen mit dem Gen für das Wachstumshormon der Forellen wachsen schneller heran und erreichen ein höheres Schlachtgewicht.

Gentechnik am Menschen

Von Bedeutung sind Experimente im Bereich der *genetischen Diagnostik.* In der Kriminalistik liefern DNA-Untersuchungen an Blut-, Speichel- oder Spermienzellen einen „genetischen Fingerabdruck" der Person, von der diese Zellen stammen. Bei der Überführung von Gewaltverbrechern spielt das Verfahren vor Gericht bereits eine Rolle. Die Anlagen für genetisch bedingte Krankheiten können durch den Nachweis bestimmter *genetischer Marker,* z. B. bestimmter Basenfolgen der DNA oder Schnittstellen für bestimmte Restriktionsenzyme, nachgewiesen werden. Die Verfahren werden in der pränatalen Diagnostik angewandt, sind aber ethisch problematisch, solange keine Therapien für die Krankheiten existieren, da die Konsequenz der pränatalen Diagnostik dann nur in einem Schwangerschaftsabbruch bestehen kann.

Die *somatische Gentherapie* ist eine Korrektur von Genen in Körperzellen und damit eine Therapiemöglichkeit für genetisch bedingte Krankheiten, bei denen ein bestimmter Wirkstoff nicht mehr oder nur fehlerhaft aufgebaut werden kann. So führt der Mangel an Wirkstoff ADA zu einem völligen Ausfall des Immunsystems. Betroffene können nur unter Ausschluß aller Krankheitserreger im sterilen Plastikzelt überleben. Man kann fremde intakte Knochenmarkszellen verpflanzen, sie werden aber sehr oft vom Körper der Kranken abgestoßen. Pflanzt man das Gen für intaktes ADA in eigene Knochenmarkszellen ein und gibt diese zurück, so kann ADA produziert werden. In Versuchen zeigte sich bei einem so behandelten Jungen eine deutliche Besserung. Langfristige Erfolge konnten bisher aber nicht erreicht werden, da das Gen für ADA nach einiger Zeit wieder eliminiert wurde.

Große ethische Probleme wirft der Versuch auf, Gene bereits in der befruchteten Eizelle zu ersetzen *(Keimbahntherapie).* Es ist nicht vorhersagbar, ob eine Keimbahnzelle wirklich transformiert wird. Die Entwicklung eines Embryos „zur Probe" verbietet sich aus ethischen Gründen. Daher ist die genetische Veränderung von Keimbahnzellen in Deutschland durch das Embryonenschutzgesetz bei Strafe untersagt.

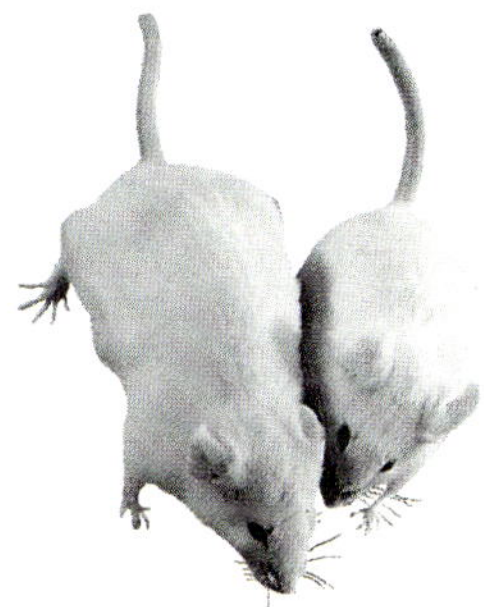

„Supermaus" mit dem Gen für Rattenwachstumshormon neben einer ihrer normalen Geschwister.

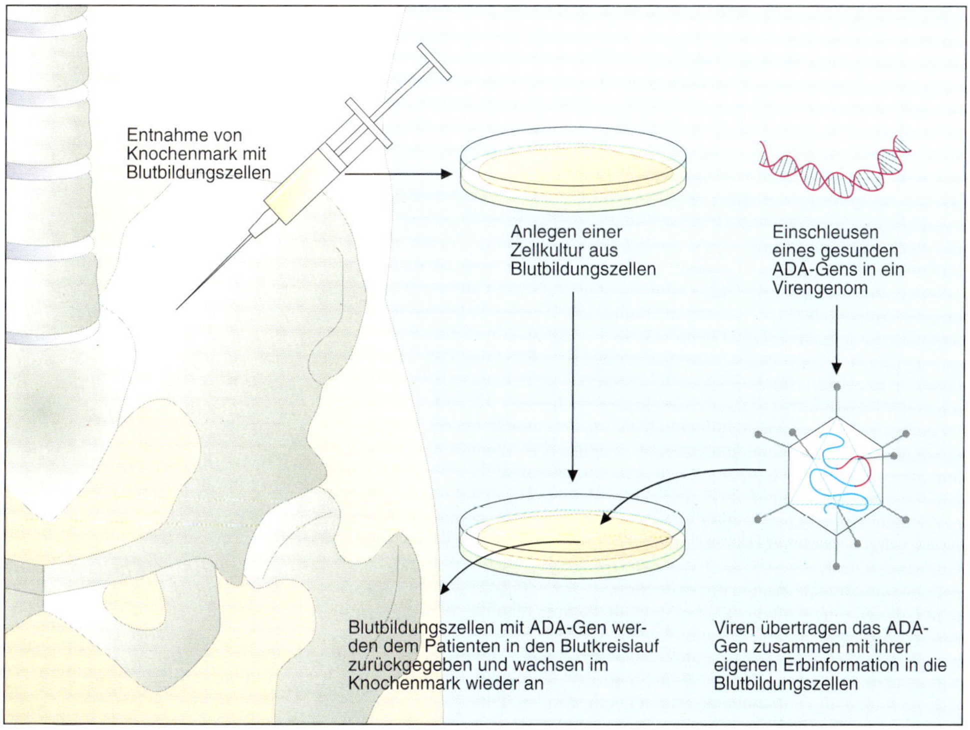

Gentechnik — Gen-Ethik

Fragen zur Diskussion

Zu 1: Diskutieren Sie, ob mit genetisch manipulierten Organismen hergestellte Lebensmittel den normalen Lebensmittelgesetzen genügen, besonders gekennzeichnet sein oder überhaupt verboten werden sollten?

Zu 2: Welche Unterschiede sehen Sie in der Freisetzung genetisch veränderter Bakterien bzw. Nutzpflanzen?

Zu 2, 3: In Ihrer Nachbarschaft ist der Bau einer Fabrikanlage zur gentechnischen Herstellung von Insulin geplant. Wie würden Sie bei einer Bürgerversammlung zu diesem Thema Ihre Meinung begründen?

Zu 4 und 5: Würden Sie einer genetischen Untersuchung zustimmen, wenn
- Ihr zukünftiger Arbeitgeber davon die Vergabe einer interessanten und gut bezahlten Arbeit abhängig machen würde?
- Ihre Krankenversichung Ihnen dann einen Sonderrabatt gewähren würde?
- Sie und Ihr Partner sich ein Kind wünschten und Sie das Risiko einer genetisch bedingten Krankheit vor einer Schwangerschaft abschätzen wollten?

Zu 6: Wie stehen Sie zu einem von britischen Wissenschaftlern vorgesehenen Test aller Ungeborenen? Würde Mucoviscidose dadurch in absehbarer Zeit verschwinden?

Zu 6: Sollte Eltern in Deutschland das Recht gegeben werden
- das Geschlecht ihres zukünftigen Kindes zu bestimmen?
- genetisch bedingte Krankheiten durch Gentransfer nach der Geburt des Kindes therapieren zu lassen?
- durch gezielte Befruchtung Kinder mit bestimmten körperlichen Eigenschaften zu bekommen (zur Zeit nicht durchführbar)?

1. Gentechniker konstruieren unsere Lebensmittel um

- In Großbritannien bereits zur Zulassung eingereicht ist eine Hefe, die in Düsseldorf „hergestellt" worden ist. Sie besitzt zwei fremde Gene und kann so in einem Produktionsgang ein kalorienarmes und zugleich geschmacklich befriedigendes Light-Bier vergären.
- Manipulierte Michsäurebakterien sondern ein Gift *(Nisin)* gegen einen bestimmten Krankheitserreger ab, der vorzugsweise Brie und Weichkäse befällt. Solche und ähnliche Vorhaben werden gern als „Bio-Konservierung" etikettiert.
- „. . . Von einzelnen Ausnahmen abgesehen braucht keiner der neuen Lebensmittelzusätze deswegen angemeldet oder zugelassen werden, weil er mit gentechnischen Verfahren produziert worden ist."
  (aus Globus, Zeitschrift des BUND, 12/91)

2. Gentechnik im Freiland

Die geplante Freisetzung von genveränderten Tieren, Pflanzen und Mikroorganismen wirft eine Reihe von Fragen auf:
- Wird die Anwendung von Herbiziden in der Landwirtschaft dadurch forciert, daß Nutzpflanzen dagegen resistent sind?
- Produzieren sie z. B. durch den Abbau von Herbiziden giftige Folgeprodukte?
- Können die veränderten Gene, z. B. für Herbizid- oder Antibiotikaresistenz, auf andere Organismen übertragen werden?
- Verdrängen die gentechnisch veränderten Organismen eventuell andere und verändern so ganze Ökosysteme?
- Können die genveränderten Organismen wieder aus der Umwelt zurückgeholt werden, wenn sich negative Auswirkungen zeigen?

3. Überschätzung der Gefahr?

„Die Gentechnik ist eine grundlegende und unverzichtbare biologische Technik, aber kein eigenständiges Forschungsgebiet. Ihre Anwendung in vielen Bereichen der biologischen und medizinischen Grundlagenforschung hat unser Wissen in diesen Disziplinen nachhaltig erweitert . . .
Wie bei jeder Technik kann auch eine vorsätzliche, mißbräuchliche Anwendung der Gentechnologie grundsätzlich nicht ausgeschlossen werden. Wir sehen auch die ethischen Probleme, die bei der Anwendung der Gentechnologie im Zusammenhang mit neuen Techniken der Befruchtungsbiologie und Embryonenforschung auftreten können. Diese Erkenntnis darf jedoch nicht zu einer falschen Einschätzung der Gefährlichkeit der Gentechnologie führen. Hunderttausende von gentechnischen Experimenten, die unter sorgfältig kontrollierten Bedingungen weltweit durchgeführt wurden, haben keine neuartige Gefährdung von Mensch und Umwelt durch diese Technik erkennen lassen . . .

Die Öffentlichkeit muß über Nutzen und Gefahren neuer Techniken, mit denen sie konfrontiert ist, diskutieren. Wir bedauern es, daß diese Diskussion, soweit sie die Gentechnologie betrifft, von ihren Kritikern oft ohne den für eine Wertung erforderlichen Sachverstand geführt wird . . . In diesem Sinne halten wir es für unsere Pflicht, darauf hinzuweisen, daß die Gefährlichkeit der Gentechnologie in Deutschland weit überschätzt wird. Die Aufgaben der Wissenschaft für die Gestaltung einer humanen Zukunft sind zu groß, als daß wir es uns leisten könnten, wegen einer falschen Einschätzung möglicher Risiken irreversible legislative und administrative Strukturen aufzubauen, die die Nutzung einer zukunftsweisenden Technologie unnötig erschweren . . ."
(Präsidenten der wichtigsten deutschen Großforschungseinrichtungen)

4. Gentechnik-Leitlinien

(herausgegeben vom Verband der Chemischen Industrie, Frankfurt, 1990)

- Wir wollen die Gentechnik nutzen, um Krankheiten und ihre Ursachen gründlicher zu erforschen und damit bessere diagnostische Methoden, bessere Arzneimittel und neue Impfstoffe zu entwickeln.
- Wir wollen die Gentechnik nutzen, um die Ernährungsgrundlagen zu verbessern und den Pflanzenschutz gezielter zu gestalten.
- Die Sicherheit der Menschen am Arbeitsplatz und der Schutz der Umwelt haben Priorität beim Umgang mit der Gentechnik.
- Vor der Aufnahme eines gentechnischen Projekts steht eine sorgfältige Sicherheitsanalyse . . .
- Für genetische Arbeiten in Forschung und Produktion hat die chemische Industrie ein Sicherheitskonzept erarbeitet. Es besteht aus biologischen und physikalisch-technischen Maßnahmen sowie aus der sicherheitsbezogenen Schulung der Mitarbeiter.
- Für die Anwendung der Gentechnik gelten Grenzen. Sie ergeben sich aus den ethischen Wertvorstellungen, insbesondere dem Respekt vor dem Leben und der Würde des Menschen. Gentechnische Eingriffe in die menschliche Keimbahn und die Herstellung biologischer Waffen lehnen wir ab.

5. Gesetz zur Genomanalyse

(Interview mit Wolf-Michael Catenhusen, ehem. Vorsitzender der Enquete-Kommission für ein Gentechnik-Gesetz, vom 7. 3. 1991)

Was verstehen Sie unter Genomanalyse?
„Ich verstehe darunter die Analyse menschlicher Erbanlagen auf der Ebene der DNS . . ."
Wer könnte denn solche Untersuchungsergebnisse überhaupt verwenden?
„Die Genom-Analyse könnte vor allem im Bereich der Arbeitsmedizin angewendet werden oder bei gesundheitlichen Untersuchungen, wie sie Kranken- und Lebensversicherungen verlangen könnten. Die Genomanalyse wird Bestandteil von gerichtsmedizinischen Untersuchungen werden, und sie wird eine besondere Brisanz bekommen bei der vorgeburtlichen Diagnostik."
Was ist da geplant, und warum sind Sie dagegen?

„In der Arbeitswelt könnten Untersuchungen am menschlichen Erbgut dazu genutzt werden, besondere genetisch bedingte Empfindlichkeiten von Arbeitnehmerinnen und Arbeitnehmern gegenüber bestimmten Schadstoffen oder physischen und psychischen Belastungen festzustellen. Und Aufgabe eines Gesetzes wäre es, sicherzustellen, daß solche Ergebnisse nicht von Arbeitgebern gegen die Beschäftigten ausgenutzt werden können."
Wenden Firmen in der Bundesrepublik derartige Untersuchungen schon an?
„. . . Es ist zu erkennen, daß die methodische Entwicklung der Genom-Analyse rasch voranschreitet und daß es in maximal 5 Jahren technische Möglichkeiten gibt, sie im Bereich der Arbeitsmedizin zu nutzen."

6. Pränatale Diagnose und Schwangerschaftsabbruch

„Die pränatale Diagnose kann dazu dienen, grundlos besorgte Eltern zu beruhigen oder sie auf die schwierige Aufgabe vorzubereiten, ein behindertes Kind anzunehmen. Die pränatale Diagnostik kann aber auch zur bloßen Qualitätskontrolle werden, wenn sie automatisch die Abtreibung nach sich zieht: 60 % der Eltern von *Mucoviscidose*-(CF)-Patienten würden im Falle einer weiteren Schwangerschaft eine pränatale Diagnose durchführen lassen und das Kind abtreiben, wenn der Test eine Mucoviscidose sicher voraussagen würde . . .

Die Mitglieder der Arbeitsgemeinschaft würden nicht leben, hätten sich ihre Eltern nach einer Pränataldiagnose während der Schwangerschaft für Abtreibung entschieden. Wir empfinden unser Leben aber als sehr lebenswert, das Leben mit Mucoviscidose als unsere Aufgabe.

Wir finden die gesellschaftliche Tendenz zur Vermeidung von Behinderung und Leiden um jeden Preis bedenklich. Das Ausschließen aller Gefahren raubt dem Menschen einen Teil seines Lebens . . .

Ein Testprogramm für die gesamte Bevölkerung schlagen britische Wissenschaftler vor. Sämtliche Schwangerschaften der dann bekannten Erbträger würden mittels pränataler Diagnose getestet und abgetrieben, falls der Embryo das CF-Gen trägt. Auf diese Weise würde die Mucoviscidose nicht geheilt, sondern die Mucoviscidose-Kranken würden abgeschafft."
(Stephan Kruip, Arbeitsgemeinschaft Erwachsener mit Mucoviscidose, 1989)

„Ein verläßlicher Test auf die Erbkrankheit Mucoviscidose ist in weite Ferne gerückt. Das ist das Ergebnis eines wissenschaftlichen Symposiums, zu dem die oberste Gesundheitsbehörde der USA, das National Institute of Health (NIH), geladen hatte."
(Science 247, 16. 3. 1990)

7. Zu früh gefreut?

„*Chapel Hill, USA.* Der therapeutische Gentransfer bei Mucoviscidosekranken ist wohl doch nicht so einfach. . . . Theoretisch war es eigentlich eine ganz einfache Sache. Adenoviren sollten die intakte Form des Mukoviscidose-Gens ins Nasenepithel einschleusen und so die angeborene Transportstörung der Zellen beseitigen. 12 Patienten erklärten sich zu dem Versuch bereit . . .

Am 6. Tag nach der Behandlung fanden die Kollegen m-RNA des gewünschten Gens nur bei 5 Patienten. Potentialmessungen ließen bei keinem der Patienten einen Einfluß auf die angeborene Chlorid- oder Natriumtransportstörung erkennen. Noch mehr Viren in die Nase zu träufeln, verbietet sich aufgrund der lokalen toxischen Wirkung (Ohrenschmerzen, Trommelfellentzündungen, Kieferschmerzen) . . .

Diese enttäuschenden Ergebnisse sind allerdings noch kein Grund, die Flinte ins Korn zu werfen, kommentiert Dr. Jeffrey M. Leiden, Chicago. Die Gentherapie steckt zwar noch in den Kinderschuhen, räumt der Kollege ein, von den mehr als 100 derzeit laufenden Studien hat kaum eine ihre Wirkung belegen können. Dennoch bietet die Gentherapie nach wie vor faszinierende Aussichten. Um keine falschen Erwartungen zu wecken, sollten die Wissenschaftler ihre Resultate derzeit nicht allzu emphatisch proklamieren, sondern in Ruhe weiterforschen."
(aus Medical Tribune, 1. 12. 1995)

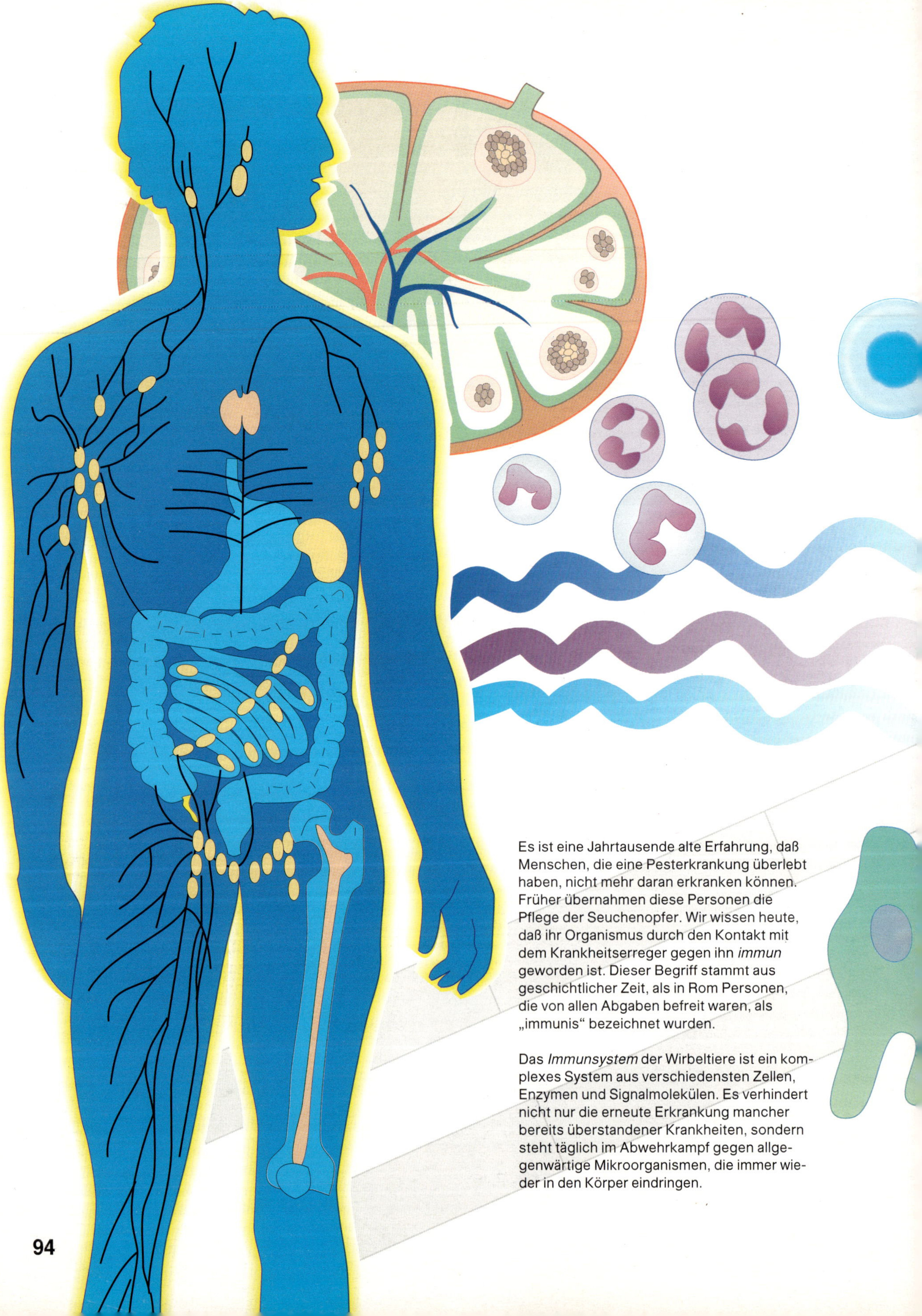

Es ist eine Jahrtausende alte Erfahrung, daß Menschen, die eine Pesterkrankung überlebt haben, nicht mehr daran erkranken können. Früher übernahmen diese Personen die Pflege der Seuchenopfer. Wir wissen heute, daß ihr Organismus durch den Kontakt mit dem Krankheitserreger gegen ihn *immun* geworden ist. Dieser Begriff stammt aus geschichtlicher Zeit, als in Rom Personen, die von allen Abgaben befreit waren, als „immunis" bezeichnet wurden.

Das *Immunsystem* der Wirbeltiere ist ein komplexes System aus verschiedensten Zellen, Enzymen und Signalmolekülen. Es verhindert nicht nur die erneute Erkrankung mancher bereits überstandener Krankheiten, sondern steht täglich im Abwehrkampf gegen allgegenwärtige Mikroorganismen, die immer wieder in den Körper eindringen.

Immunbiologie

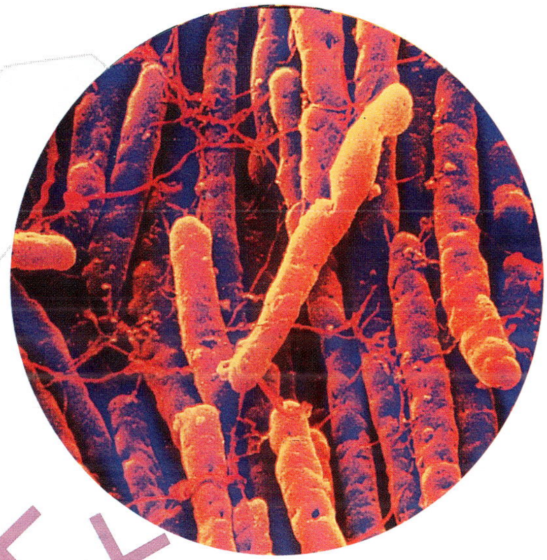

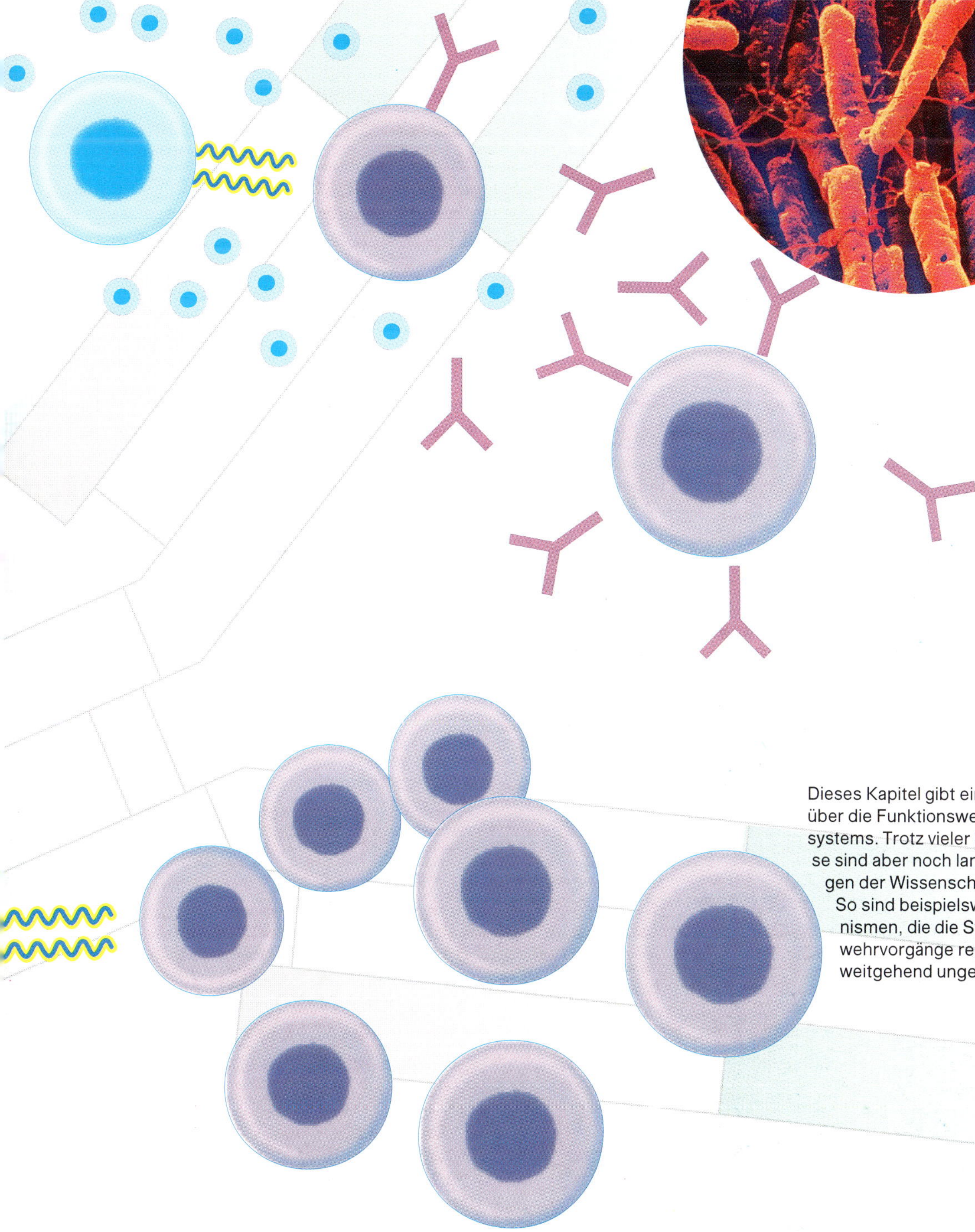

Dieses Kapitel gibt einen Überblick über die Funktionsweise des Immunsystems. Trotz vieler Einzelerkenntnisse sind aber noch lange nicht alle Fragen der Wissenschaft beantwortet. So sind beispielsweise die Mechanismen, die die Stärke der Abwehrvorgänge regulieren, noch weitgehend ungeklärt.

Infektion und unspezifische Abwehr

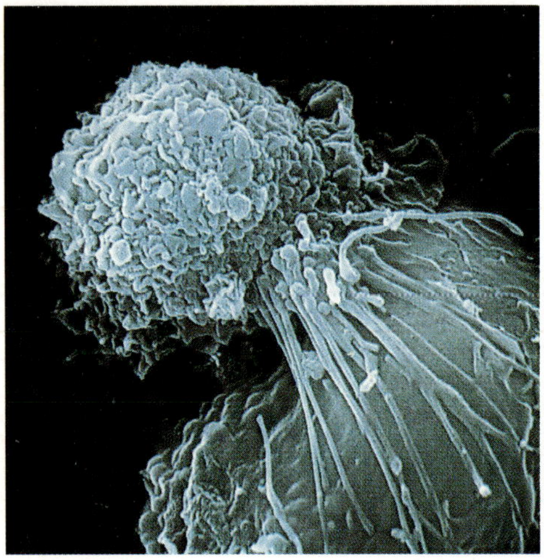

1 Makrophage (REM-Aufnahme, 3200 × vergr.)

In allen Lebensräumen gibt es Mikroorganismen wie Bakterien und Pilze, die organische Materie zersetzen. Lebende Organismen widerstehen dieser Bedrohung mit verschiedenen Schutzeinrichtungen. Beim Menschen ist die erste Barriere gegen Eindringlinge die Haut. Ihre verhornte Oberschicht ist ein wirksamer mechanischer Schutz. Die Ausscheidungen der Schweiß- und Tränendrüsen enthalten Salze, Milchsäure und Fettsäuren. Die Haut hat dadurch einen Säurefilm, der die Ansiedlung von Pilzen und Bakterien an der Oberfläche behindert.

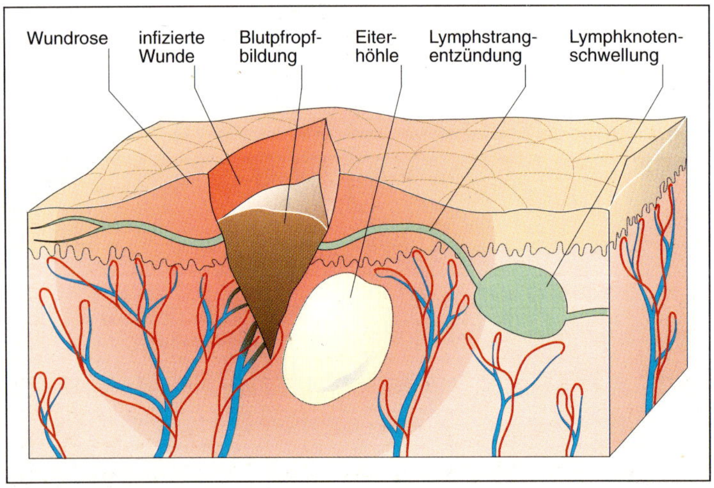

2 Infizierte Wunde

Stärker infektionsgefährdet sind die ständig feuchten Schleimhäute. Sie besitzen besondere Schutzeinrichtungen. Eindringende Mikroorganismen werden im Bereich der Atemwege durch abgesonderten Schleim gebunden. Flimmerhärchen der Flimmerzellen befördern den Schleim nach außen. Nasensekrete und der Speichel enthalten saure *Polysaccharide.* Sie verhindern das Anhaften mancher Viren und hemmen das Bakterienwachstum. In der Tränenflüssigkeit ist *Lysozym* enthalten. Dieses Enzym wirkt tödlich bei einigen Bakterienarten.

Dennoch dringen immer wieder Erreger ins Gewebe ein, beispielsweise durch Hautverletzungen. Bei kleinen Wunden bemerken wir nicht, wie ein umfangreiches und mehrstufig arbeitendes Abwehrsystem eindringende Erreger beseitigt. Bei größeren und tieferen Verletzungen und vor allem bei verunreinigten Wunden, wie sie etwa bei der Gartenarbeit entstehen können, entzünden sie sich und schmerzen. Dabei röten sich die Wundränder, schwellen an, und der gesamte Wundbereich wird wärmer.

Auf zellulärer Ebene sind jetzt heftige *Abwehrreaktionen* des Körpers vor allem gegen eingedrungene Bakterien im Gange. Im Gewebe befinden sich besondere Zellen, die *Makrophagen,* die eingedrungene Fremdorganismen erkennen, da jede Zelle an ihrer Zellmembran charakteristische Proteine und Glykoproteine trägt. Bakterien besitzen zudem eine Zellwand aus speziellen Polysacchariden. Die Makrophagen umfließen die eingedrungenen Bakterien amöbenartig, nehmen sie in ihr Plasma auf und zersetzen *(phagocytieren)* sie enzymatisch.

Durch die Aufnahme von Fremdstoffen sind die Makrophagen aktiviert und setzen verschiedenste Substanzen frei. Ein Teil bewirkt die Erweiterung der Kapillaren des Blutgefäßsystems und erhöht die Durchlässigkeit für Proteine. Es kommt zu einem vermehrten Austritt hochmolekularer Stoffe und von Blutserum aus den Blutkapillaren. Dieser Flüssigkeitseinstrom ins Entzündungsgebiet verursacht die charakteristischen Entzündungssymptome Schwellung, Rötung, Erwärmung und Schmerz. Nun kommen weitere Zellen ins Entzündungsgebiet. Es sind die amöboid beweglichen *Granulocyten.*

Sie durchdringen die Kapillarwände, indem sie sich zwischen den Zellen durchzwängen, die die Blutgefäße aufbauen. Sie werden unter anderem durch Bakteriengifte und Zerfallsprodukte der Zellen angelockt und phagocytieren ebenfalls eingedrungene Fremdorganismen.

Granulocyten sind weiße Blutzellen, die im Mikroskop nach Anfärbung ein körnig strukturiertes Zellplasma zeigen. Die Körnchen *(Grana)* sind Anhäufungen von Zellorganellen *(Lysosomen)*, die verschiedene Verdauungsenzyme enthalten. Die Lysosomen verschmelzen mit den Vakuolen, die Enzyme werden frei und die aufgenommenen Zellen verdaut. Meist sterben dabei die Granulocyten ab. An einer Verletzungsstelle kann sich Eiter bilden. Er besteht überwiegend aus Bakterien und abgestorbenen Granulocyten, die durch Fetteinlagerung gelblich verfärbt sind.

Die Abwehr eindringender Fremdorganismen mit Hilfe phagocytierender Zellen wird als *unspezifische Abwehr* bezeichnet. Sie richtet sich gegen alle körperfremden Zellen und ist bereits kurz nach der Infektion wirksam. Sie verhindert in den meisten Fällen das weitere Ausbreiten der Erreger im Körper und verleiht ihm gegenüber Parasiten Resistenz. Phagocytierende Zellen findet man außer bei den Wirbeltieren auch bei den Wirbellosen.

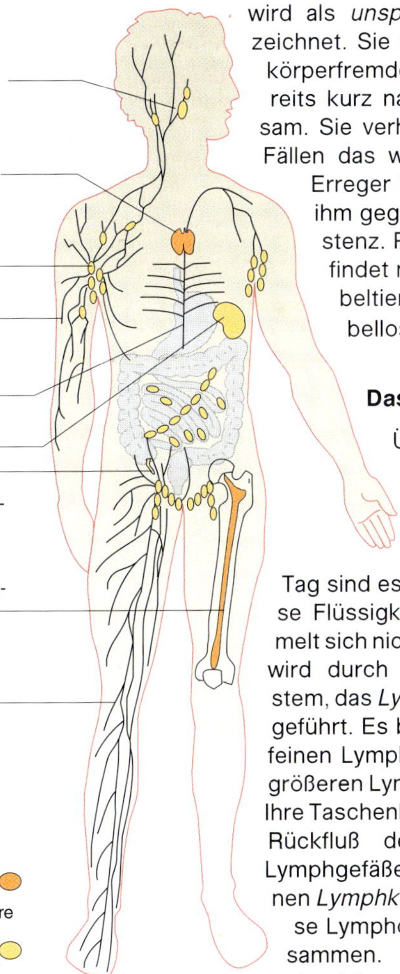

1 Lymphsystem

Das Lymphsystem

Überall im Kapillarbereich der Blutgefäße tritt Serumflüssigkeit aus, verstärkt an Entzündungsstellen. Am Tag sind es etwa 2 bis 3 Liter. Diese Flüssigkeit, die *Lymphe*, sammelt sich nicht im Gewebe, sondern wird durch ein eigenes Gefäßsystem, das *Lymphsystem*, wieder abgeführt. Es beginnt im Gewebe mit feinen Lymphkapillaren, die sich zu größeren Lymphgefäßen vereinigen. Ihre Taschenklappen verhindern den Rückfluß der Lymphe. Mehrere Lymphgefäße münden jeweils in einen *Lymphknoten*. Meist liegen diese Lymphorgane in Gruppen beisammen. Weitere von Lymphe durchflossene Organe sind Milz,

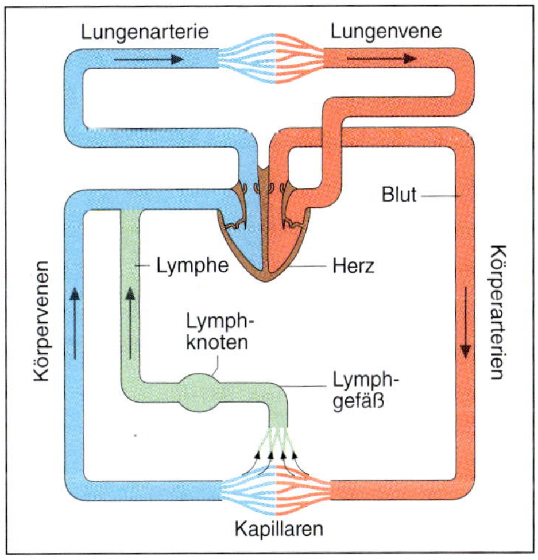

2 Lymphkreislauf

Wurmfortsatz und Thymus. Lymphatisches Gewebe ist vor allem an den Stellen zu finden, wo Fremdstoffe und Mikroorganismen leicht in den Körper eindringen können, wie im Nasen-, Rachen- und Darmbereich. Die von den Lymphknoten wegführenden Lymphgefäße vereinigen sich zu *Lymphstämmen*. Der größte ist der *Milchbrustgang*. Lymphstämme münden in große Venen. Sie führen so dem Blutkreislauf die Flüssigkeit wieder zu, die im Bereich der Blutkapillaren ausgetreten ist.

Alle Organe außer dem Thymus, durch die Lymphe fließt, werden als *sekundäre Lymphorgane* bezeichnet. Thymus und Knochenmark nennt man *primäre Lymphorgane*, da in ihnen Zellen des Immunsystems entstehen.

Mit dem Strom der Lymphflüssigkeit werden abgetötete Erreger und Zelltrümmer mitgeschwemmt. Gelingt es der unspezifischen Abwehr nicht, eindringende Erreger vollständig zu vernichten, so werden sie mit dem Lymphstrom zu den Lymphknoten transportiert. Das Innere der Lymphknoten ist ein von Spalten und Klüften durchzogener Raum, der die ankommende Lymphe filtriert. Angeschwemmte Erreger werden hier abgefangen. Die Abwehrreaktionen führen zu stärkerer Durchblutung und fühlbarem Anschwellen der Lymphknoten. In diesem Stadium einer Infektion fühlt man sich unwohl. Meist tritt jetzt Fieber auf. Dies ist das Anzeichen dafür, daß im Körper weitere Abwehrreaktionen im Gang sind. Erreger werden nicht nur durch Phagocytose vernichtet, sondern auch mit völlig anderen Abwehrreaktionen bekämpft.

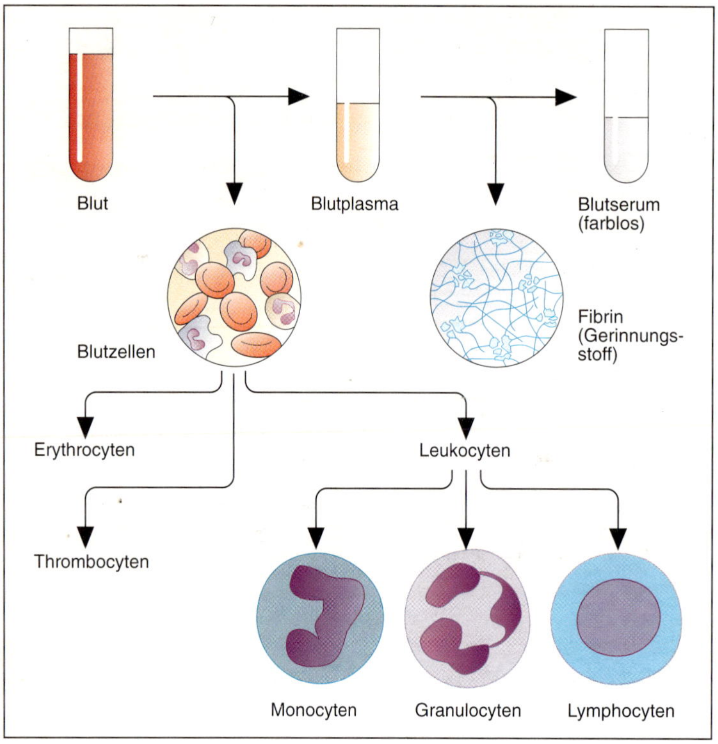

1 Bestandteile des Blutes

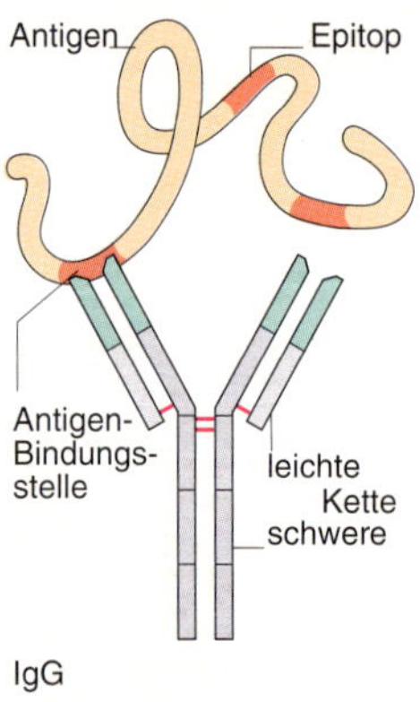

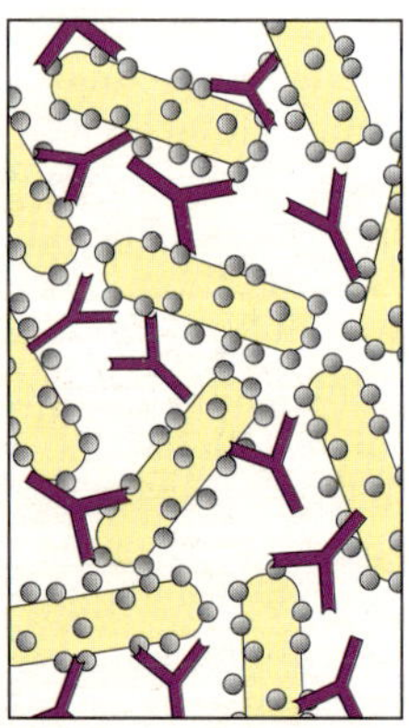

Die Immunreaktion

Sind Erreger einige Wochen im Organismus, ohne daß die unspezifische Abwehr in der Lage ist, sie zu beseitigen oder ihre Vermehrung wirksam zu kontrollieren, dann ist dieser Zustand an der Blutzusammensetzung feststellbar.

Im gesunden Organismus besteht Blut aus den *Blutzellen* mit 45 % Volumenanteil und dem flüssigen *Blutplasma*. Die Blutzellen lassen sich grob in drei Gruppen einteilen:
– Kernlose rote Blutzellen *(Erythrocyten)*, die den Sauerstofftransport durchführen.
– Kernlose Blutplättchen *(Thrombocyten)*, die für die Blutgerinnung nötig sind.
– Kernhaltige weiße Blutzellen *(Leukocyten)* für die Abwehr.

Alle Leukocyten sind amöboid beweglich und bilden eine heterogene Gruppe. Man unterscheidet bei ihnen zwischen *Monocyten* mit unstrukturiertem Plasma, die sich nach Verlassen der Blutgefäße vergrößern und zu *Makrophagen* werden, sowie *Granulocyten* und *Lymphocyten*. Alle Leukocyten sind zur Phagocytose befähigt, besonders aktiv sind jedoch Makrophagen und Granulocyten. Die Zellen des Blutes entstehen alle im Knochenmark durch Teilung der dort befindlichen Stammzellen.

Bei einem Infekt erhöht sich die Anzahl der Leukocyten im Blut auf 20 000 bis 30 000 je mm^3 Blut. Ohne Infektion sind es 5000 bis 10 000. Entfernt man aus dem wäßrigen Blutplasma die Vorstufe des Gerinnungsstoffes Fibrin, so erhält man *Blutserum*. Darin befinden sich noch eine Vielzahl verschiedenster Stoffe, wie Salze, Kohlenhydrate, Fette, Enzyme, Hormone und Proteine. Bei einer Infektion ist der Anteil einer bestimmten Gruppe der Serumproteine erhöht. Man bezeichnet sie als *Globuline*. Sie haben ganz besondere Eigenschaften, die sich gut an Mäusen untersuchen lassen. Die Ergebnisse sind auf den Menschen übertragbar. Infiziert man eine Maus mit Bakterien eines bestimmten Stammes, so erkrankt das Tier. Nach etwa 10 Tagen entnimmt man ihm Blut und gibt zum Serum Bakterien des Stammes, mit dem die Maus infiziert wurde. Im mikroskpischen Bild ist sichtbar, daß die Bakterien im Serum verklumpen. Diese Verklumpung *(Agglutination)* tritt nicht auf, wenn das Serum einer Maus verwendet wird, die zuvor keinen Kontakt mit Bakterien des verwendeten Stammes hatte.

Die Agglutination wird durch einen Teil der Globuline bewirkt, die *Immunglobuline*. Sie unterscheiden sich in ihrem molekularen Aufbau und sind in verschiedene Klassen eingeteilt. Die meisten zeigen, vereinfacht dargestellt, eine Y-förmige Gestalt und gehören zur Klasse IgG. Diese Moleküle bestehen aus je zwei schweren und leichten Polypeptidketten. Sie werden als H-*(heavy)* und L-*(light)* Ketten bezeichnet und sind über Disulfidbrücken miteinander verknüpft. Innerhalb jeder Kette gibt es einen konstanten Bereich, in dem die Aminosäuresequenz bei allen IgG-Molekülen eines Individuums übereinstimmt. An den Gabelenden ist die Aminosäuresequenz variabel. Diese variablen Bereiche verbinden sich mit Molekülen an der Bakterienoberfläche, den *Antigenen*. Antigene sind hochmolekulare, körperfremde Stoffe, wie Proteine, Glykoproteine oder Kohlenhydrate, die die Bildung von Antikörpern auslösen. Viele Antigene sind charakteristisch für ihre Träger.

Nur wenn Antigene und Bindungsstellen der Immunglobuline wie Schlüssel und Schloß zusammenpassen, findet die Immunreaktion statt. Dann werden die Bakterienzellen zum *Immunkomplex* vernetzt. Immunglobuline nennt man auch *Antikörper*. Ein Antikörper verbindet sich jedoch nicht mit dem gesamten Antigen, sondern nur mit einem kleinen Molekülabschnitt, dem *Epitop.*

Mit Antikörpern, die sich nur mit einem Antigen verbinden, wehrt sich der Organismus spezifisch gegen einen bestimmten Erreger. Antikörper sind, von Ausnahmen abgesehen, jedoch nicht von vornherein vorhanden, sondern werden erst gebildet, wenn ein eingedrungener Erreger nicht sofort von der unspezifischen Abwehr beseitigt wurde. Erst nach einigen Tagen, teilweise auch erst nach Wochen, sind genügend Antikörper zur wirksamen Abwehr vorhanden. Nun ist der Organismus sensibilisiert, d. h. weitere eindringende Erreger mit gleichen Antigenen werden sofort durch Antikörper gebunden. Die Beseitigung der in Immunkomplexen gebundenen Erreger geschieht größtenteils durch die phagocytierenden Monocyten, Makrophagen und Granulocyten.

Herkunft der Antikörper

Lange Zeit war die funktionelle Bedeutung der Lymphocyten, die etwa 25—40 % der Blutleukocyten ausmachen, nicht bekannt. Ein großer Fortschritt waren die Experimente von JAMES GOWANS, der in den sechziger Jahren des 20. Jahrhunderts Ratten die Lymphocyten entfernte. Zu seiner Überraschung waren die Tiere nun zu keiner Immunreaktion mehr fähig, und die Antikörperbildung blieb aus. Nachdem im Organismus der Tiere wieder Lymphocyten vorhanden waren, konnten sie wieder Antikörper bilden. Diese Experimente waren ein großer Fortschritt, ermöglichten sie doch eine Neuorientierung in der Forschung. Nachdem man sich bislang nur auf Antikörper konzentrierte, so erkannte man plötzlich die zentrale Rolle der Zellen für die Immunreaktionen des Organismus.

Inzwischen weiß man viel mehr über Lymphocyten. Nach ihrer Entstehung aus Stammzellen des Knochenmarks erfahren sie in den primären Lymphorganen eine Reifung. Beim Menschen reift ein Teil bereits im Knochenmark zu B-Lymphocyten. Diese können Antikörper bilden. Der andere Teil der unreifen Lymphocyten wandert aus dem Knochenmark in den Thymus und reift zu T-Lymphocyten. Alle Zellen, die den Reifungsprozeß durchlaufen haben, besitzen die Fähigkeit, zwischen körpereigenen und körperfremden Strukturen zu unterscheiden. B- und T-Lymphocyten sind mikroskopisch nicht unterscheidbar, sondern nur an speziellen Molekülen auf ihrer Zellmembran.

Immunglobulinklassen

Immunglobuline treten im gesamten Körper auf. Besonders hoch ist ihre Konzentration im Blut. In 100 ml Blutserum sind etwa 1,6 g Immunglobuline enthalten. Nach ihrem Aufbau werden sie in fünf Klassen eingeteilt. Sie zeigen jedoch alle das gleiche Bauprinzip. Neben Abschnitten mit konstanter Aminosäuresequenz und Gestalt besitzen sie Antigenbindungsstellen von variabler Struktur.

Etwa 80 % der Immunglobuline im Serum gehören zur Klasse *IgG.* Die Moleküle besitzen Y-Gestalt und sind hauptsächlich im Blut und der Zwischenzellflüssigkeit zu finden.

Die Moleküle der *IgM*-Klasse bestehen aus fünf zusammengelagerten Einzelmolekülen. Diese Immunglobuline sind nach einer Infektion mit Mikroorganismen als erste nachweisbar.

Die Klasse *IgA* enthält Doppelmoleküle, die vor allem Schleimhäute und den Darm vor eindringenden Erregern schützen.

Die Y-förmigen Moleküle der *IgD*-Klasse aggregieren und zerfallen rasch nach ihrer Isolation. Deshalb ist die Kenntnis über ihre Funktion gering. Sicher ist, daß sie als Oberflächenrezeptoren von Zellen auftreten.

Die *IgE*-Klasse besteht ebenfalls aus Y-förmigen Molekülen. Sie sind an der Abwehr von Wurmparasiten beteiligt. Eine wesentliche Rolle spielen sie bei allergischen Reaktionen.

Immunsysteme und Immunglobuline findet man bei fast allen Wirbeltieren. Am besten untersucht sind die Immunsysteme von Mensch und Maus. Dagegen haben Wirbellose keine Mechanismen zur spezifischen Abwehr. Sie beseitigen Körperfremdes nur mit phagocytierenden Zellen.

Aufgaben

① Welche Bedeutung hat der variable Molekülabschnitt der Antikörper?
② Welche Eigenschaften der Antikörper ermöglichen die Bildung eines Immunkomplexes?

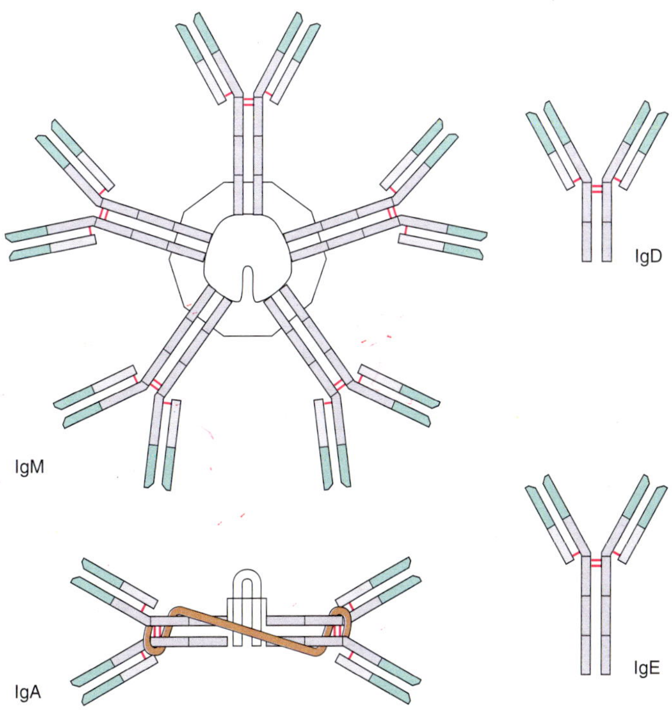

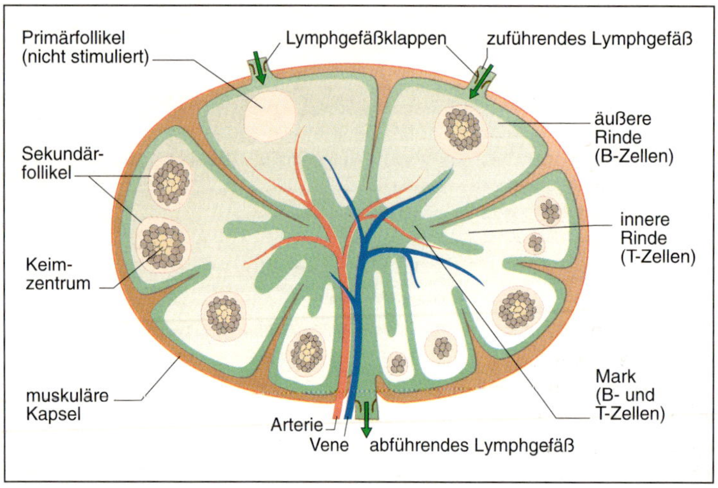

1 Lymphknoten

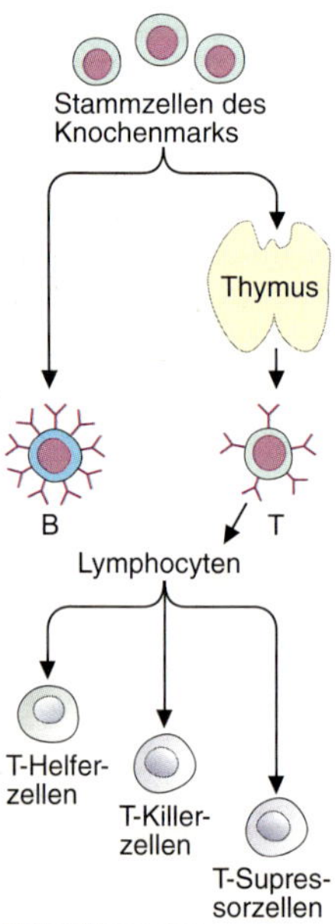

Entwicklung der Lymphocyten

Lymphocyten-Daten

Anzahl im Körper: 2×10^{12}
Menge: 2 kg
Konzentration im Blut: 1 – 2 Mio/ml
Durchmesser ruhend: 7 – 9 µm
Durchmesser aktiviert: 12 – 15 µm

Humorale Immunantwort

Lymphocyten und Makrophagen zirkulieren im Organismus. Sie wandern bevorzugt aus Blutgefäßen der Lymphknoten in das innere Spaltensystem, das die einströmende Lymphe filtert. Bei einer Infektion werden Erreger eingeschwemmt und kommen hier mit Abwehrzellen in Kontakt. Mit der Erkennung ihrer körperfremden Strukturen wird die spezifische Abwehr in Gang gesetzt.

Eingedrungene Bakterien oder Viren werden zuerst von Makrophagen phagocytiert und im Zellplasma enzymatisch abgebaut. Wie alle Zellen des Organismus, so transportieren auch Makrophagen ständig Zellinhaltsstoffe an die Oberfläche ihrer Zellmembran. Nach 1 bis 2 Tagen sind hier Bruchstücke der Antigene. Sie werden ruhenden Lymphocyten präsentiert. B-Lymphocyten besitzen an ihrer Zelloberfläche als Rezeptoren eingelagerte Immunglobuline. Sie verbinden sich mit den präsentierten Antigenen, sofern der Rezeptor die passende Struktur besitzt. Kommt es zur Bindung, so ist ein Antigen eines Erregers erkannt.

Im Körper sind viele Millionen Varianten der B-Lymphocyten, die sich in der Struktur der Bindungsstelle ihrer Antigenrezeptoren unterscheiden. Alle Rezeptoren eines B-Lymphocyten besitzen dieselbe Struktur. Praktisch wird jedes mögliche Antigen durch die Vielzahl der B-Lymphocyten mit unterschiedlichen Rezeptorstrukturen erkannt.

An die präsentierten Antigene binden zusätzlich T-Lymphocyten. Auch von ihnen gibt es sehr viele Varianten, die sich in der Struktur ihrer membranständigen Rezeptoren unterscheiden. Diese *T-Zellrezeptoren* sind ähnlich wie Immunglobuline aufgebaut. Nur die mit passendem Rezeptor ausgestatteten T-Lymphocyten binden an das Antigen. Dadurch wird die T-Zelle aktiviert und sendet jetzt den Signalstoff *Interleukin 2* (IL2) aus. Erst dadurch werden die antigengebundenen B-Lymphocyten aktiviert. Sie beginnen sich zu teilen und stellen ihre Wanderung durch den Körper ein. Weil zur Aktivierung der B-Lymphocyten eine bestimmte Gruppe von T-Lymphocyten erforderlich ist, nennt man sie *T-Helferzellen.* Auch die aktivierten T-Helferzellen beginnen sich nun zu teilen.

Diese Kontakt- und Aktivierungsvorgänge laufen größtenteils in der Rinde der Lymphknoten ab. Im Mikroskop sind Follikel mit den Keimzentren erkennbar, in denen die Zellteilungen ablaufen.

Aus einer B-Zelle entstehen bei etwa 10 Zellteilungen ca. 1000 erbgleiche Zellen, ein *Klon.* Diese Zellvermehrung wird durch eine andere T-Zellgruppe, die *T-Supressorzellen,* beendet. Sie geben vermutlich teilungshemmende Signalstoffe ab. Im Verlauf der Zellteilungen entstehen einige Gedächtniszellen, die mehrere Jahre im Körper leben. Die anderen Zellen differenzieren zu Plasmazellen. Sie sind größer als B-Lymphocyten, besitzen sehr viele Ribosomen und tragen keine Rezeptoren an der Zelloberfläche. Statt dessen produzieren sie in großer Menge Antikörper, die alle die gleichen Bindungsstellen haben wie die zellständigen Rezeptoren des ursprünglich aktivierten B-Lymphocyten. Die Lebensdauer der Plasmazellen beträgt nur 3 bis 5 Tage. In dieser Zeit sind sie äußerst produktiv. Je Sekunde verlassen mehrere tausend Antikörper die Zelle. Lymphe und Blutstrom verteilen sie im Körper. Wo sie auf die Antigene treffen, die ihre Produktion veranlaßt haben, bewirken sie ihre Agglutination. Die Beseitigung der Immunkomplexe übernehmen die phagocytierenden Zellen. Weil diese Abwehr in den Körperflüssigkeiten abläuft, spricht man von *humoraler Immunabwehr* (*humor* = Körperflüssigkeit).

Aufgaben

① Weshalb ist es biologisch sinnvoll, wenn sich aktivierte B-Zellen vor der Antikörperbildung vermehren?

② Welche Bedeutung hat der große Gehalt an Ribosomen in den Plasmazellen?

Zelluläre Immunantwort

Gelangen Viren in den Körper, so gelingt es der unspezifischen Abwehr meist nicht, alle Viruspartikel so schnell zu beseitigen, daß eine Infektion von Zellen verhindert werden kann. Auch die humorale Abwehr kann dies nicht leisten, da nach einer Infektion die Antikörperproduktion erst einige Tage später einsetzt. Die *zelluläre Immunabwehr* ermöglicht die spezifische Beseitigung von virusinfizierten, eigenen krebsartig veränderten sowie körperfremden Zellen. Alle diese Zellen tragen an der Oberfläche fremdartige Antigene, denn Zellen transportieren immer Makromoleküle aus dem Plasma an die Zellmembran. Darunter sind bei virusinfizierten Zellen auch Partikel der Virushülle.

Makrophagen und infizierte Zellen präsentieren Virusantigene. An sie binden T-Helferzellen mit den dazu passenden T-Zellrezeptoren und beginnen nun sich zu teilen. Dabei senden sie IL2 aus. An die Antigene lagern sich weitere T-Lymphocyten an. Es sind *T-Killerzellen,* von denen es ebenfalls viele verschiedenene Varianten gibt, die sich in der Struktur ihres T-Zellrezeptors unterscheiden. Auch von ihnen können sich nur diejenigen anlagern, die den zum Antigen spezifisch passenden Rezeptor besitzen. Die durch Antigenbindung selektierten T-Lymphocyten werden durch den Signalstoff IL2 der T-Helferzellen aktiviert.

Eine aktivierte T-Killerzelle beginnt sich zu teilen. Nach etwa 10 Teilungsschritten sind ungefähr tausend klonierte Zellen entstanden. Auch hier verhindern T-Supressorzellen weitere Zellteilungen. Die Zellen des entstandenen Klons tragen alle an ihrer Oberfläche den gleichen T-Zellrezeptortyp. Einige Zellen werden wieder zu langlebigen Gedächtniszellen. Die anderen verbinden sich mit den Antigenen, die an den Zelloberflächen sitzen und die Vermehrung der T-Zellen ausgelöst haben.

Erkennen aktivierte T-Killerzellen ihre Zielzellen bei einem Zell-Zell-Kontakt, dann läuft der letzte Schritt der zellulären Immunantwort ab. Aus Granula werden Substanzen freigesetzt, die die Zielzelle zerstören. Teils sind es Enzyme, die die Zellmembran abbauen, teils als *Perforine* bezeichnete tunnelförmige Moleküle, die sich in die Membran einlagern und sie damit durchlöchern. Außerdem existiert ein weiterer Mechanismus. Die Zielzellen werden durch die Killerzelle auf nicht völlig geklärte Weise zur Selbstzerstörung veranlaßt, indem ein Selbstzerstörungsmechanismus aktiviert wird. Die Zielzelle zersetzt selbst ihre DNA und stirbt den programmierten Zelltod *(Apoptose).* Eine T-Killerzelle kann nacheinander mehrere Zielzellen zerstören, deren Reste Makrophagen aufnehmen.

Apoptose
Programmierter Zelltod, der an der Zellmembran von Zellen ausgelöst werden kann.

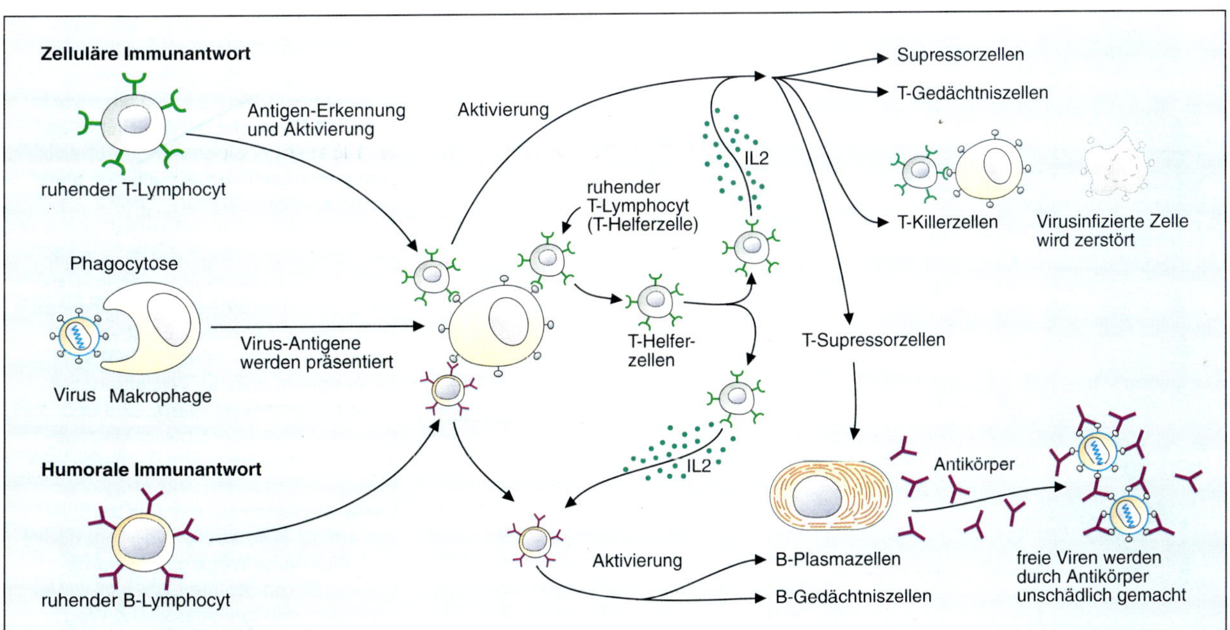

1 Humorale und zelluläre Immunantwort

AIDS

Aquired
Immune
Deficiency
Syndrome

erworbenes
Immun-
Schwäche-
Syndrom

HIV

Human
Immunodeficiency
Virus

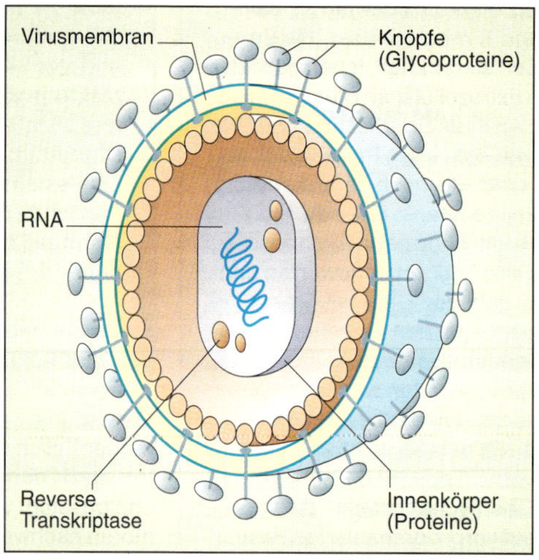

1 HI-Virus

AIDS

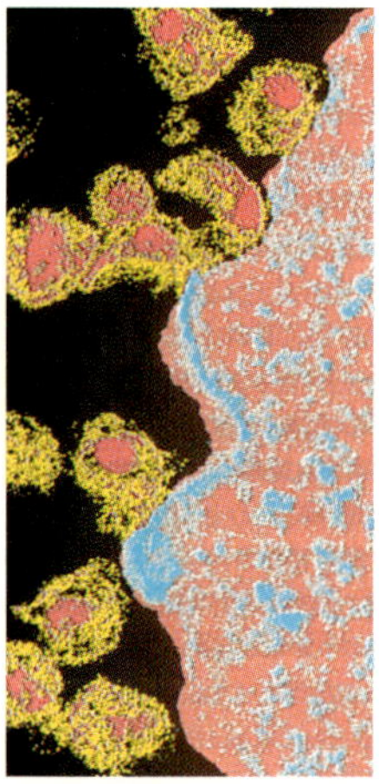

Die ersten AIDS-Fälle wurden 1981/82 bekannt, weil innerhalb kurzer Zeit mehrere junge Menschen mit Krankheitssymptomen bei Ärzten erschienen, die bisher nur bei älteren Patienten aufgetreten waren. Es waren hauptsächlich Hauttumoren. Zugleich litten die Patienten auch an verschiedenen Infektionskrankheiten. Es konnte nachgewiesen werden, daß bei diesen Patienten das Immunsystem stark geschwächt war.

1983 wurde der Erreger dieser Immunschwächekrankheit identifiziert: Das *Human-Immunodeficiency-Virus* (HIV), das RNA als genetisches Material besitzt. Im Organismus werden diese Viren zwar von Makrophagen phagocytiert, jedoch nicht zersetzt. Statt dessen vermehren sie sich in den Makrophagen und gelangen an die Zelloberfläche. Beim Kontakt mit T-Helferzellen werden auch diese infiziert, da sie einen Rezeptor an der Zelloberfläche tragen (CD4-Molekül), der sich mit einem Hüllprotein der Viren verbindet. In den T-Helferzellen vermehren sich die Viren. Dies muß aber nicht sofort nach der Infektion geschehen. Mit dem Enzym *Reverse-Transkriptase* können die Viren von ihrer RNA eine DNA-Kopie erzeugen, die ins Genom der Wirtszelle eingebaut wird. So ist HIV teilweise jahrelang im Organismus versteckt, ohne Angriffsmöglichkeit für die Abwehreinrichtungen. Die Zeitspanne von der Infektion bis zum Ausbruch der Krankheit *(Inkubationszeit)* dauert etwa 11 Jahre. Sie kann jedoch auch nur 2 Jahre oder sogar 2 Jahrzehnte betragen.

Bei jeder Aktivierung einer infizierten T-Helferzelle kommt es zur Virenvermehrung. Das Ausschleusen der Viren durch die Zellmembran verursacht so große Löcher, daß die T-Helferzellen dabei zugrunde gehen. Vermutlich bereiten auch infizierte Zellen durch Abgabe spezieller Proteine den programmierten Zelltod anderer T-Helferzellen vor, die dann bei Aktivierung absterben. Dies hat schwerwiegende Folgen für das Immunsystem, weil bei Ausfall der T-Helferzellen die Aktivierung der B-Lymphocyten, die Antikörper bilden, und der T-Killerzellen, die infizierte Zellen beseitigen, unterbleibt.

Ein gesunder Mensch hat etwa 1000 T-Helferzellen je 4 l Blut. Sinkt der Wert auf 200, so ist die Krankheit AIDS weit fortgeschritten. Meist sterben die Patienten an Infektionen mit verschiedensten Erregern, die Gesunden nicht gefährlich werden können. Vermutlich ist die katastrophale Zerstörung des Immunsystems nicht nur eine Folge der infizierten T-Helferzellen. Möglicherweise sind weitere Faktoren, wie die Infektion der Makrophagen, an der Inaktivierung der Immunabwehr beteiligt.

Die AIDS-Forschung hat derzeit zwei Hauptziele: Die Suche nach einem Impfstoff und die Entwicklung von Medikamenten zur Behandlung Infizierter und Erkrankter. Die Herstellung eines Impfstoffes ist sehr schwierig, denn das HIV zeigt eine hohe Mutationsrate. Dies liegt am Enzym Reverse-Transkriptase, das bei der Umschreibung der Information der RNA in eine DNA viele Basenpaarungsfehler erzeugt. Dadurch entstehen immer wieder neue Viren mit neuen Antigenen.

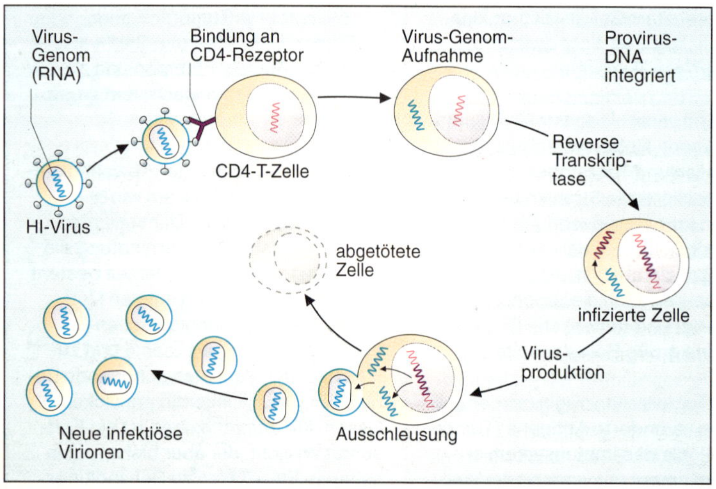

2 Vermehrungszyklen des HI-Virus

Bei einem Patienten sind 14 verschiedene Virusvarianten nachgewiesen. Diese Variabilität bewirkt, daß ein großer Anteil der Antikörper, die das Immunsystem bildet, wirkungslos ist. Bis sie produziert werden, sind bereits wieder neue Viren entstanden, die so nicht gebunden werden können.

Trotz medizinischer Fortschritte in den letzten Jahren läßt sich die Krankheit AIDS nicht heilen und verläuft in jedem Fall tödlich. Dennoch gibt es Möglichkeiten, in den Vermehrungszyklus des Virus einzugreifen. Beispielsweise hemmt der Stoff *Azidothymidin* (AZT) das Virusenzym Reverse-Transkriptase. Bei rechtzeitiger Anwendung kann AZT die Zeit zwischen Infektion und Ausbruch der Krankheit um 2 Jahre verlängern. Als günstig erweist sich eine Kombination aus mehreren derartigen Medikamenten, die inzwischen verfügbar sind.

Etwa 6 Wochen nach der Neuinfektion ist das HIV in allen Körperflüssigkeiten enthalten. Betroffene leiden zwar kurz nach der Infektion für etwa zwei Wochen an grippeähnlichen Symptomen (Unwohlsein, Fieber, Kopf-, Muskel- und Gelenkschmerzen), aber sie fühlen sich danach über viele Jahre hinweg bis zum Ausbruch der Krankheit völlig gesund. Viele wissen nichts von ihrer Infektion. Dennoch können sie andere Menschen anstecken. Im Blut tritt das Virus in höchster Konzentration auf. Darum ist durch Blutkontakt das Infektionsrisiko am größten. Bei Drogenabhängigen besteht die Infektionsgefahr durch gemeinsamen Gebrauch von Injektionsnadeln, an denen Blutreste haften. Die häufigsten Neuinfektionen in unserer Gesellschaft erfolgen beim Geschlechtsverkehr. Im Sperma und im Scheidensekret Infizierter sind ebenfalls hohe Viruskonzentrationen vorhanden. Beim Geschlechtsverkehr mit einem infizierten Partner besteht ein sehr hohes Infektionsrisiko, das bei Verwendung von Kondomen gemindert ist.

Wegen der langen Inkubationszeit und der genetischen Variabilität ist die Bekämpfung des Virus sehr schwierig. Nur durch eigenverantwortliches Handeln kann sich der Einzelne schützen und die weitere Verbreitung des Erregers verhindern. Auf den Kondomgebrauch sollte in einer Partnerschaft erst dann verzichtet werden, wenn sicher ist, daß keiner der Partner Virusträger ist. Dies läßt sich mit einem HIV-Test feststellen.

Die Anzahl HIV-Infizierter und der AIDS-Patienten nimmt weiterhin zu, wobei die Anzahl der Erkrankten der Anzahl Infizierter vor etwa 10 Jahren entspricht. Leider ist davon auszugehen, daß praktisch alle Infizierten im Laufe der Zeit an AIDS erkranken und daran sterben werden. Bei alltäglichen Kontakten mit infizierten Personen am Arbeitsplatz oder in Schulen besteht keine Ansteckungsgefahr. Infizierte dürfen nicht ausgegrenzt werden. Sie können ohne Gefahr für andere am gesellschaftlichen Leben teilnehmen und benötigen Verständnis für ihre schwierige Situation.

Aufgabe

① Stellen Sie die Faktoren zusammen, die bewirken, daß AIDS eine sehr gefährliche Krankheit ist.

Der HIV-Test

Die Konzentration von HIV im Blut ist für einen Nachweis meist zu gering. Alle Tests beruhen auf dem Nachweis der Antikörper gegen HIV, die bereits wenige Wochen nach der Infektion in genügender Menge vorhanden sind. Beim *ELISA-Test* (Enzyme-Linked-Immunosorbent Assay = Enzymgekoppelter Immunabsorptionstest) wird Blutserum der Testperson in ein Gefäß gebracht, an dessen Boden HI-Virusproteine (Ag) fixiert sind. Enthält das Serum Antikörper, findet die Immunreaktion statt. Anschließend wird das Gefäß ausgewaschen; am Boden bleiben gebundene Antikörper zurück.

Diese Immunreaktion wird sichtbar gemacht, indem speziell hergestellte Antikörper zugegeben werden, an die ein Enzym angekoppelt ist. Diese Antikörper verbinden sich mit den HIV-Antikörpern (IgG), die an den Virusproteinen angelagert sind. Nach erneuter Waschung wird die Vorstufe eines Farbstoffs zugegeben. Dieser wird durch das antikörpergekoppelte Enzym zum Farbstoff verändert. Die auftretende Rotfärbung ist der sichtbare Nachweis für vorhandene HIV-Antikörper; der Test ist positiv.

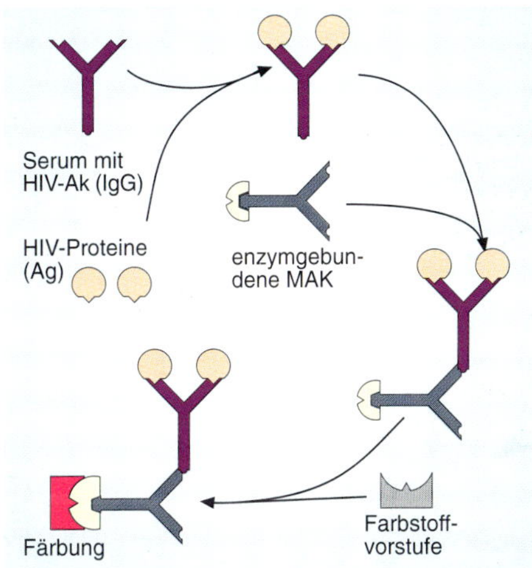

Nerven, Sinne und Hormone

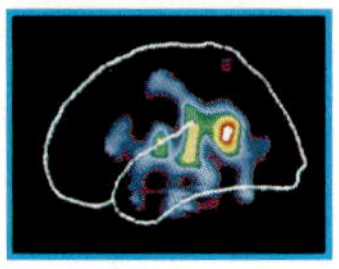
Worte hören

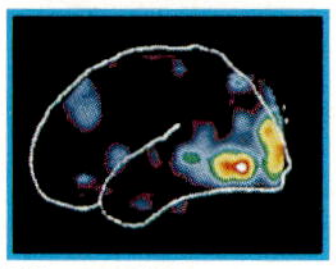
Worte sehen

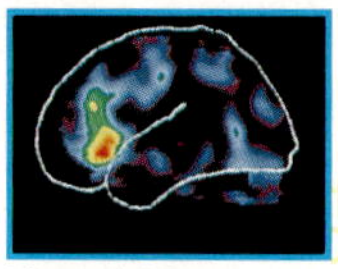
Worte bilden

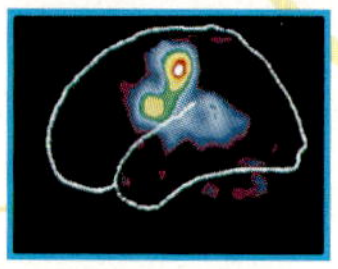
Worte sprechen

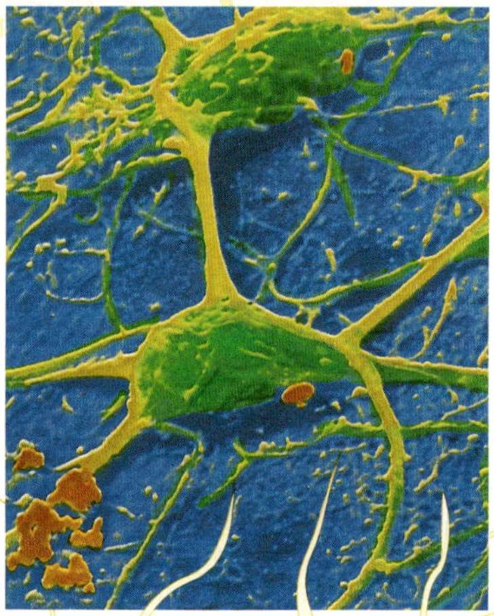

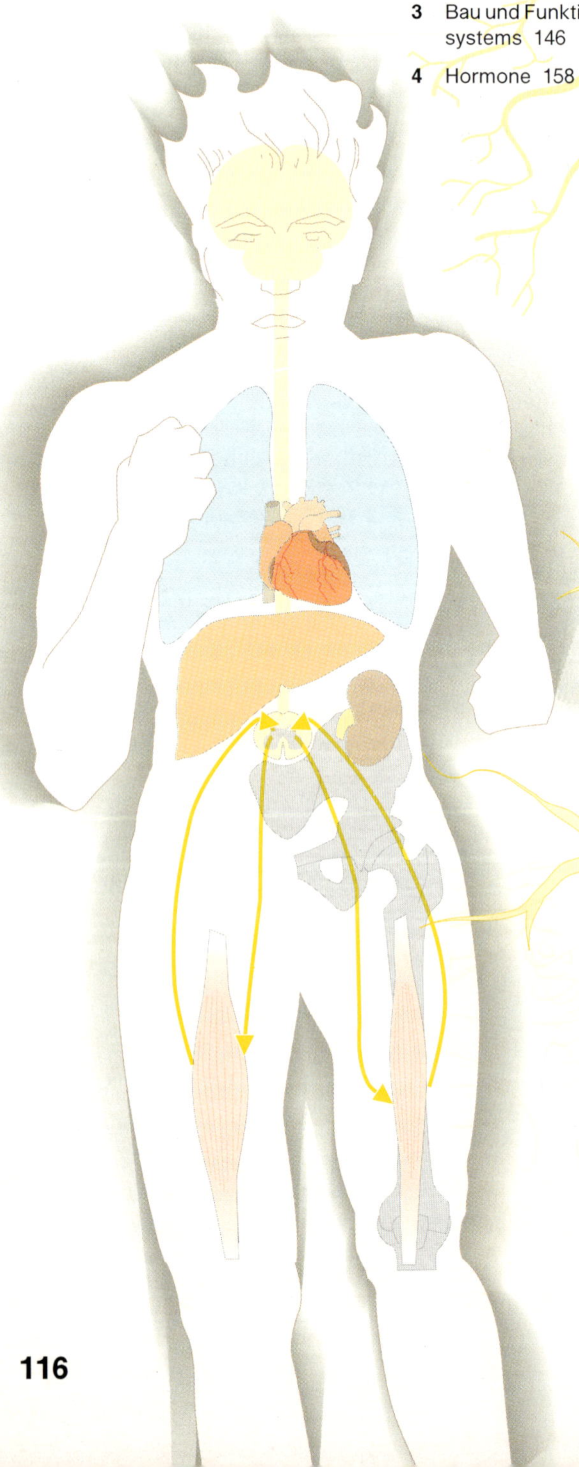

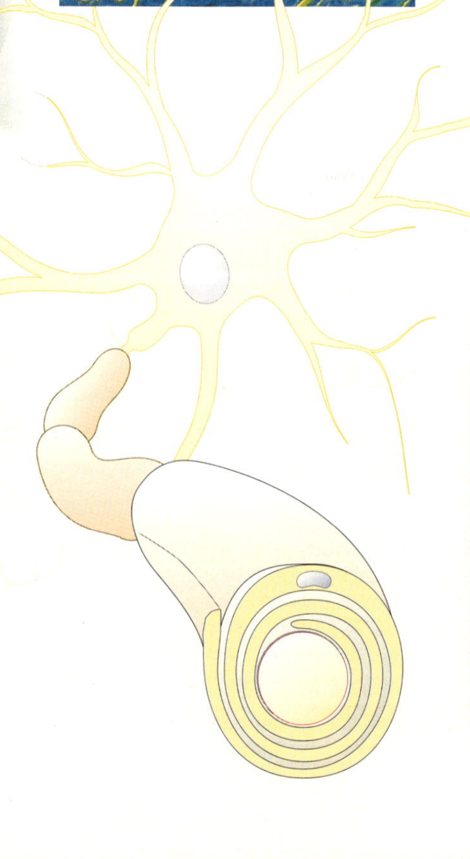

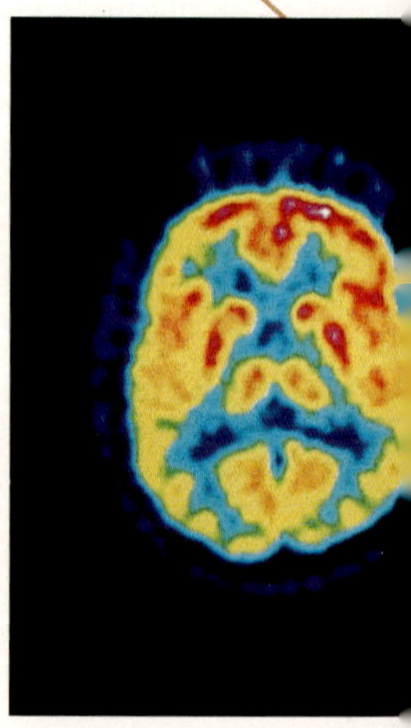
Gehirn in Ruhe

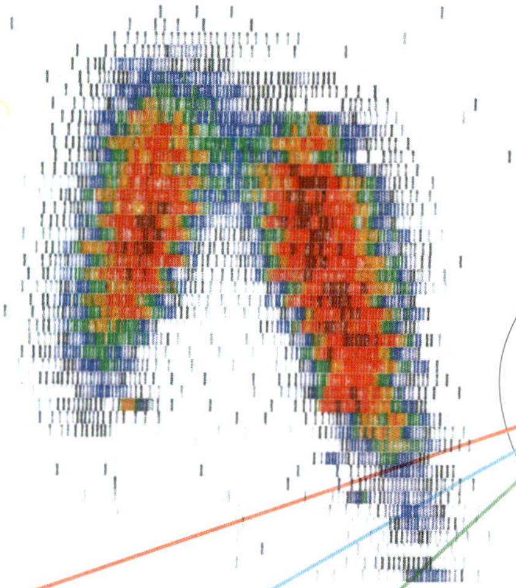

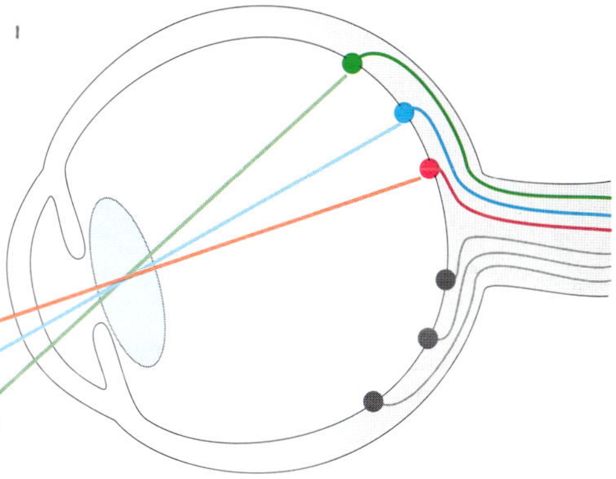

Während Sie diese Zeilen lesen, atmen Sie, Ihr Herz schlägt. Sie sitzen, und Sie bewegen sich. Gleichzeitig und oft unbemerkt sind hier viele einzelne Organe tätig, u. a. die Augen als Sinnesorgane, welche exakt bewegt werden müssen, und unser Gehirn, mit dem wir empfinden und erkennen können. Das Zusammenspiel aller Organe in Auseinandersetzung mit unserer Umwelt wird durch das Nervensystem und das Hormonsystem gesteuert.

Das *Nervensystem* besteht aus Nervenzellen, die erregbar sind. Die Erregung kann weitergeleitet und verarbeitet werden. Sie kann von Sinneszellen kommen, die Reize aufnehmen und in Erregung umwandeln. *Sinneszellen* können in Sinnesorganen, wie z. B. Auge oder Ohr, zusammengefaßt sein. Die Erregung wird an das Zentrale Nervensystem geleitet, dort verarbeitet und an Muskel- oder Drüsenzellen in den ausführenden Organen weitergeleitet. Die Reaktion ist teilweise direkt als Verhalten beobachtbar, z. B. als Bewegung und Schweißausbruch.

Das *Hormonsystem* wirkt mit winzigen Stoffmengen, die von Drüsen abgegeben werden, über die Blutbahn. Es steuert die individuelle Entwicklung, reguliert Stoffwechselvorgänge, beeinflußt das Verhalten und kann Gefühle und Stimmungen verändern.

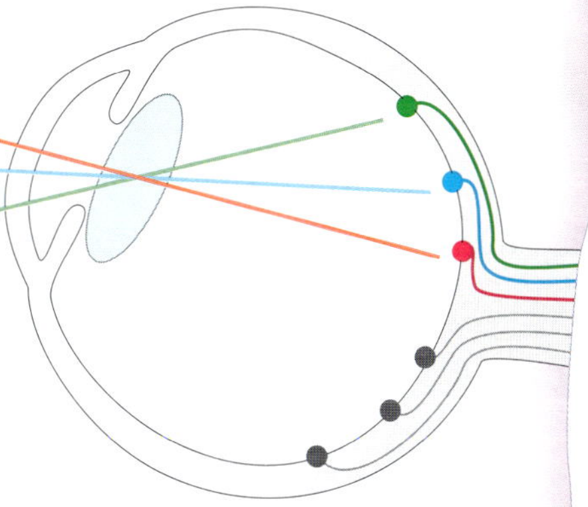

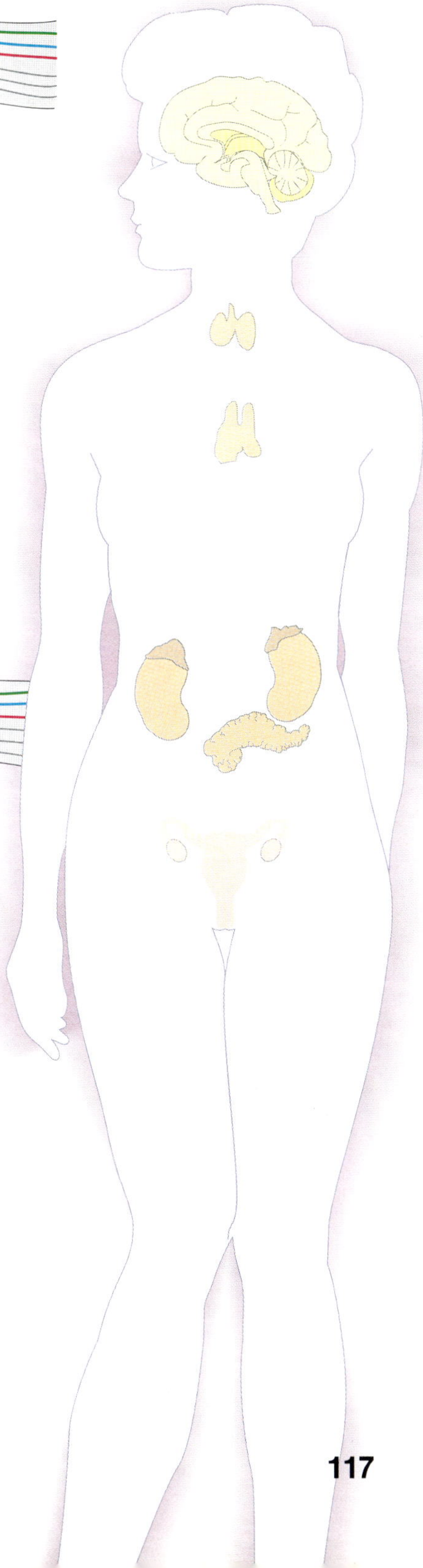

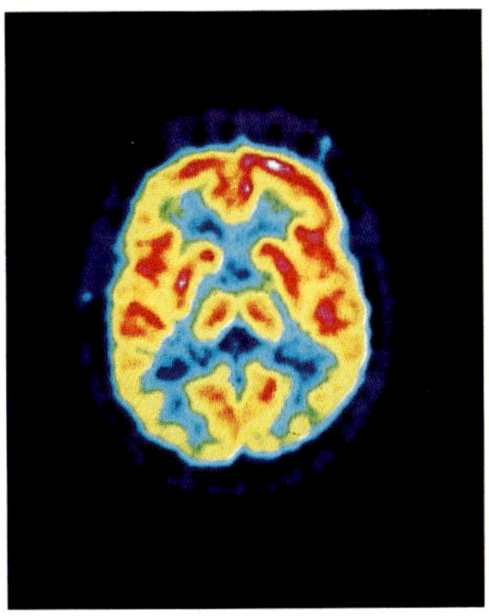

Worte wiederholen

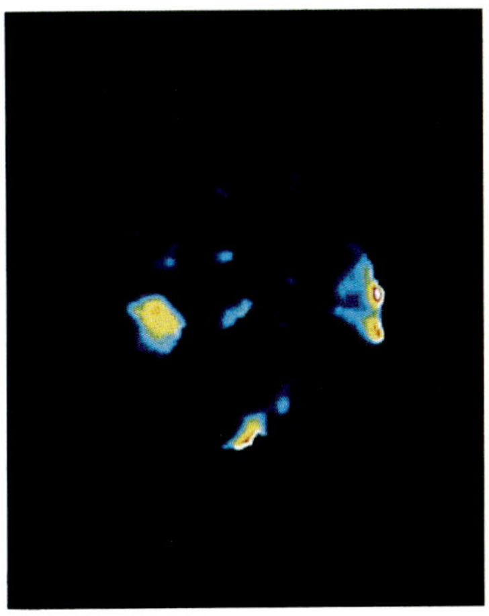

aktivierte Gehirnzentren

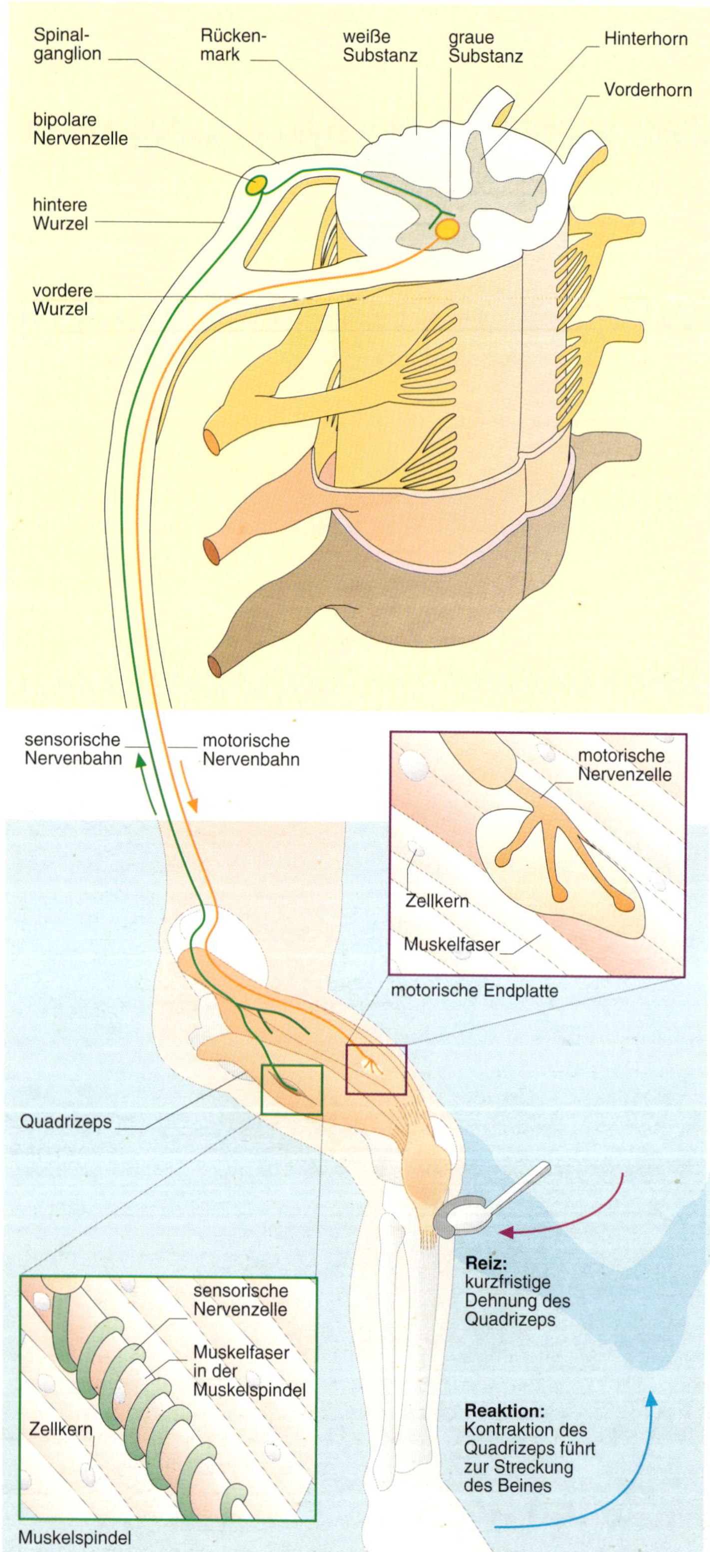

1 Reflexbogen beim Quadrizepsdehnungsreflex

Reflexe

Wird bei dem locker übergeschlagenen Bein kurz unterhalb der Kniescheibe auf die Kniesehne geklopft, so schnellt der Unterschenkel hoch, d. h. das Bein wird im Kniegelenk gestreckt. Diese Kickbewegung erfolgt zwangsläufig und ziemlich gleichförmig. Sie läßt sich bei entspannter Haltung der Versuchsperson immer wieder auslösen. In der ärztlichen Praxis wird dieser *Reflex* routinemäßig getestet.

Was geschieht bei einem Schlag auf die Kniesehne? Abbildung 1 zeigt die wichtigen Strukturen am Knie: Kniesehne und -scheibe, vierköpfiger Oberschenkelmuskel *(Quadrizepsmuskel)*, Oberschenkel- und Unterschenkelknochen. Der Schlag auf die Kniesehne zieht die Kniescheibe etwas nach unten und streckt damit den Quadrizepsmuskel kurzfristig. Im Quadrizepsmuskel liegen *Rezeptoren*. Es handelt sich um winzige, bis zu 3 mm lange Muskelspindeln, die durch den Schlag ebenfalls gestreckt werden. Die Dehnungen der Muskelspindeln sind die Reize, die zu Erregungen in den Nervenzellen führen. Die Erregungen werden über Nervenzellen zum Rückenmark als Teil des *Zentralen Nervensystems* (ZNS) geleitet. Diese Nervenzellen werden *sensorisch* genannt. Im Rückenmark wird die Erregung an andere Nervenzellen weitergegeben. Diese Nervenzellen leiten die verarbeiteten Erregungen zum Quadrizepsmuskel und werden *motorische Nervenzellen* genannt. Am Quadrizepsmuskel besteht Kontakt zu dessen Muskelfasern. Kommen hier Erregungen an, so verkürzt sich der Muskel *(Kontraktion)*. Dies läßt den Unterschenkel nach vorn schnellen, was als Kickbewegung zu beobachten ist.

Wenn bei vielzelligen Tieren und beim Menschen zwangsläufig ein spezifischer Reiz immer wieder einen bestimmten, einfachen Typ von Reaktion des Organismus auslöst, sprechen wir von *Reflexen*. Beim Quadrizepsdehnungsreflex haben die sensorischen Nervenzellen im Rückenmark direkte Kontakte mit motorischen Nervenzellen. Bei anderen Reflexen sind Zwischennervenzellen eingeschaltet. Weil beim Quadrizepsdehnungsreflex die Erregung im ZNS über nur eine Kontaktstelle *(Synapse)* weitergeleitet wird, bezeichnet man solche einfach verschalteten Reflexe auch kurz als *monosy-*

Reiz
Ein physikalisches oder chemisches Ereignis, welches in einer Sinneszelle eine Erregung auslöst. Sinneszellen sind für bestimmte Reize spezifisch empfindlich.

Reflex
Ein Reiz-Reaktions-Zusammenhang, bei dem ein bestimmter Reiz bei allen Individuen einer Art dieselbe stereotype, nervös ausgelöste Reaktion hervorruft.

Quadrizepsdehnungsreflex
auch *Patellarreflex* oder *Patellarsehnenreflex* genannt
von *patella* (lat.) = Kniescheibe

naptisch. Dieser Reflex ist genetisch bedingt und nicht erlernt. Seine biologische Funktion zeigt sich beim Stolpern. Hierbei kann das reflektorische und damit sehr schnelle Strecken des Unterschenkels einen Sturz verhindern. Der Quadrizepsdehnungsreflex, der auch *Patellarreflex* oder *Patellarsehnenreflex* genannt wird, eignet sich bei ärztlichen Untersuchungen zur ersten Beurteilung der Funktion von Nervenbahnen und Rückenmark.

Der Reflexbogen als Modell

Ein Reflex hat einen Reflexbogen zur Grundlage, wie er in Abbildung 1 modellhaft dargestellt ist. Der Reflexbogen beginnt mit einem Rezeptor, an dem ein Reiz in eine Erregung gewandelt wird. Diese Erregung wird über das ZNS an das Wirkorgan, den *Effektor,* geleitet, wo sie zu einem *Effekt* (Reaktion) gewandelt wird. Dabei werden nach der Richtung der Erregungsleitung unterschieden: *Afferente Nervenfasern,* die Erregungen von den Sinneszellen zum ZNS leiten, welches Rückenmark und Gehirn umfaßt, sowie *efferente Nervenfasern,* welche Erregungen vom ZNS in die Peripherie leiten. Die Erregung nimmt also folgenden Weg: *Rezeptor, sensorische Nervenzelle, Reflexzentrum, motorische Nervenzelle, Effektor.* Ein solches Modell kann zur Erklärung jedes Reflexes herangezogen werden. Man reduziert dabei den Organismus auf die betrachteten Strukturen und sieht von weiteren Verknüpfungen ab. Das Modell stellt nur die wesentlichen Strukturen und deren Beziehungen dar.

Beispiele für weitere Reflexe sind: Der Lidschluß nach Berühren der Hornhaut am Auge; das Zurückziehen der Hand nach Berühren eines heißen Gegenstandes; Husten, wenn ein Fremdkörper in der Luftröhre ist; oder Schlucken, wenn ein Gegenstand die hintere Rachenwand berührt. Der Effekt kann teilweise willentlich beeinflußt, d. h. gehemmt oder verändert werden, läuft aber sofort wieder in typischer Weise ab, wenn die Person entspannt oder zumindest durch andere Tätigkeiten abgelenkt ist. Viele Reflexe, z. B. jene, die Kreislauf, Atmung und Verdauung (z. B. Peristaltik) betreffen, bleiben weitgehend unbewußt.

Reflexe lassen sich typisieren und gruppieren: Eine Einteilung bezieht sich auf den Ort von Rezeptor und Effektor. Liegen diese, wie beim Quadrizepsdehnungsreflex, im gleichen Organ, so spricht man von *Eigenreflex.*

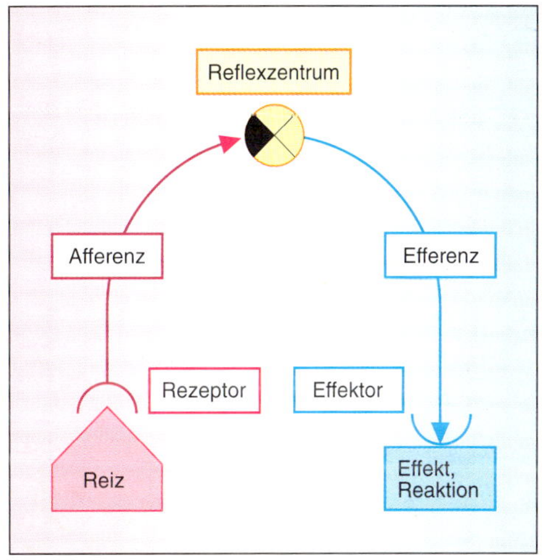

1 Reflexbogen

Ein *Fremdreflex* ist dagegen der Hustenreflex. Dabei werden Rezeptoren in der Schleimhaut der Luftröhre gereizt, und es kommt über die Reaktion des Zwerchfells und der Zwischenrippenmuskulatur zu heftiger, stoßweiser Ausatmung.

Der monosynaptische Reflex ist eine sehr einfache Form der Reiz-Reaktions-Verknüpfung. Daran lassen sich bereits wesentliche Strukturen und Funktionsprinzipien des Nervensystems erkennen. Wichtig für das Verständnis sind Bau und Funktion von Nervenzellen, die Art ihrer Verknüpfungen, die Funktionsweise von Sinneszellen und Sinnesorganen und das Zusammenwirken all der genannten Elemente, also die Integration zu einem System, dem *Nervensystem.*

Aufgaben

① Ertasten Sie an Ihrem Körper Muskel und Knochen, die in Abb. 118.1 dargestellt sind.
② Lassen Sie den Quadrizepsdehnungsreflex bei sich auslösen:
   a) Sitzen Sie locker.
   b) Versuchen Sie, den Reflex zu vermeiden.
   c) Ziehen Sie zur Ablenkung heftig Ihre verhakten Finger auseinander.
③ Vergleichen Sie das allgemeine Schema eines Reflexbogens (Abb. 1) mit dem des Quadrizepsdehnungsreflexes.
④ Den Quadrizepsdehnungsreflex nannte man früher Kniesehnenreflex.
   Was spricht für die neue Bezeichnung?
⑤ Stellen Sie Reiz, Rezeptor, Effektor und Effekt bei einigen Reflexen zusammen.

Nerv
Bündel von Nervenfasern, umgeben von Bindegewebe.

Nervenfaser
Axon mit umgebenden Hüllzellen.

Neuron
Meist verzweigte und ausgedehnte Zelle, speziell für die Verarbeitung von Erregungen.

Struktur verschiedener Nervenzellen

Das Neuron

Die Funktion eines Nervensystems ergibt sich aus der Funktion von Nervenzellen, den *Neuronen*. Diese Zellen können elektrische Erregungen erzeugen, verarbeiten und weiterleiten. Die Spezialisierung zeigt sich in der Form der Nervenzellen, die meist verzweigt und ausgedehnt sind. Jedes Neuron hat seine eigene Gestalt. Die Länge der Neuronen reicht von wenigen Mikrometern bis zu über einen Meter. Dennoch ist es möglich, aus der Vielfalt der Neuronen einen einheitlichen, typischen Bau abzuleiten (Abb. 1).

Das Neuron wird gegliedert in die Zellabschnitte Zellkörper und Zellfortsätze. Der Zellkörper *(Soma)* enthält u. a. den Zellkern. Bei den Zellfortsätzen werden *Dendrit* und *Axon* (auch *Neurit*) unterschieden. Dendriten bilden oft reich verzweigte Fortsätze („Bäumchen") von selten mehr als 2 mm Länge. Diese sind in der Nähe des Zellkörpers meistens dicker als das Axon, verjüngen sich aber mit jeder Gabelung. Das Axon ist oft wesentlich länger als ein Dendrit. Ein Neuron besitzt meist nur ein einziges Axon mit einem kegelförmigen Ursprungsbereich, der *Axonhügel* genannt wird. Das Axon weist kein rauhes endoplasmatisches Retikulum auf. Dendriten leiten Erregungen zum Zellkörper hin, Axone leiten Erregungen davon weg. Ein Axon endet in mindestens einer Verdickung, meist aber in mehreren. Diese *Endknöpfchen* stellen funktionelle Verbindungen *(Synapsen)* zu Muskelfasern und anderen Neuronen über deren Dendriten oder Zellkörper her.

Neuronen sind von Hüllzellen umgeben, den *Gliazellen* („Leimzellen"). Schätzungsweise gibt es 10mal so viele Gliazellen wie Neurone. Sie stützen und isolieren die Neurone. Beim Quadrizepsdehnungsreflex sind z. B. die erregungsleitenden Axone der sensorischen und motorischen Nervenzellen von den Plasmalamellen der Hüllzellen umwickelt und bilden die sog. *Markscheide*. Dazwischen bleiben Lücken, die sog. *Schnürringe*. Das Axon und die umgebenden Hüllzellen werden *Nervenfasern* genannt. Viele solcher Nervenfasern bilden gebündelt und von Bindegewebe umgeben einen Nerv. Dieser sieht im Schnitt weiß aus, was auf die lipidhaltigen Zellmembranen der Hüllzellen zurückzuführen ist. Die Gliazellen umgeben das Axon, indem sie bei der Entwicklung des Axons dieses mehrfach umschlingen. Dadurch entsteht der im Querschnitt weißlich aussehende Membranstapel (Abb. 1).

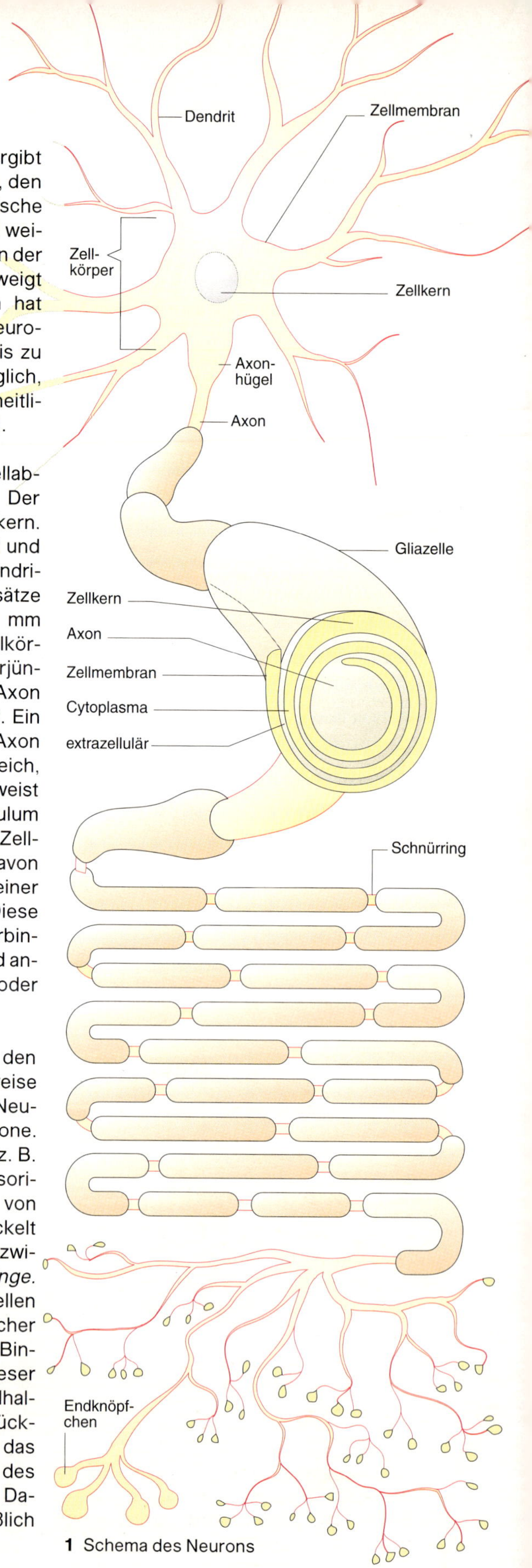

1 Schema des Neurons

Nervenzelle

Präparation von Nervenzellen

Material:
- Rückenmarksstrang vom Schwein oder Rind; frisch, oberflächlich leicht angefroren
- scharfe Rasierklinge oder Skalpell
- spitze Schere oder spitze Pinzette
- 6 Objektträger
- 2 Petrischalen
- Mikroskop und Zubehör
- Giemsa-Lösung
- Aqua dest.

Durchführung:

a) Der Rückenmarksstrang wird quer geschnitten und seine ursprüngliche, runde Form wieder hergestellt. Umgeben von einer Bindegewebshülle ist eine äußere weißliche und eine innere schmetterlingsförmige, zartrosa Fläche zu sehen, die der weißen bzw. der grauen Substanz entsprechen.

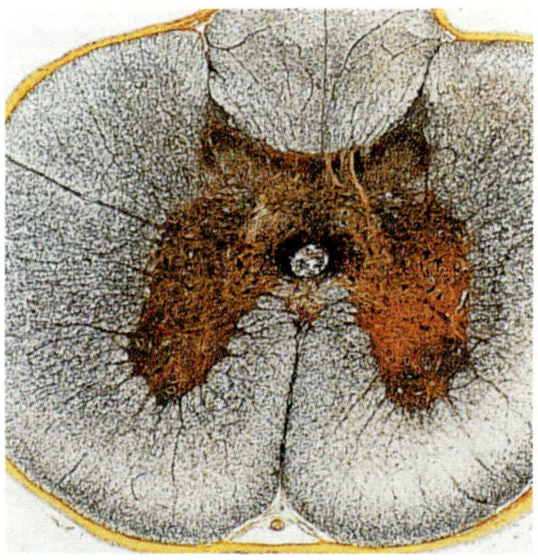

b) Aus dem Vorderhorn der grauen Substanz wird mit Hilfe der Schere oder der Pinzette etwas Material entnommen und auf einen Objektträger gebracht.

c) Neu anschneiden und Material entnehmen, d. h. Versuch a) und b) wiederholen, bis Proben auf den 5 Objektträgern vorliegen.

d) Mit einem weiteren Objektträger wird das Material gequetscht und verschiebend auseinandergezogen.

e) Giemsa-Lösung zum Färben dick auftropfen und 5 Minuten einwirken lassen (Petrischale).

f) Mit destilliertem Wasser (Aqua dest.) überschüssige Giemsa-Lösung abspülen.

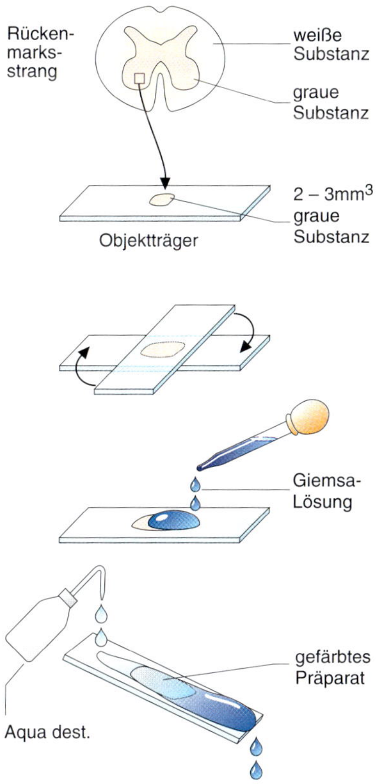

g) Die Präparate werden mikroskopisch untersucht: Zellkörper und Zellfortsätze sind violett gefärbt. Kerne mit dunkler kontrastiertem Kernkörperchen und das schollige endoplasmatische Retikulum heben sich ab. Weiterhin sind Kerne von Hüllzellen zu sehen.

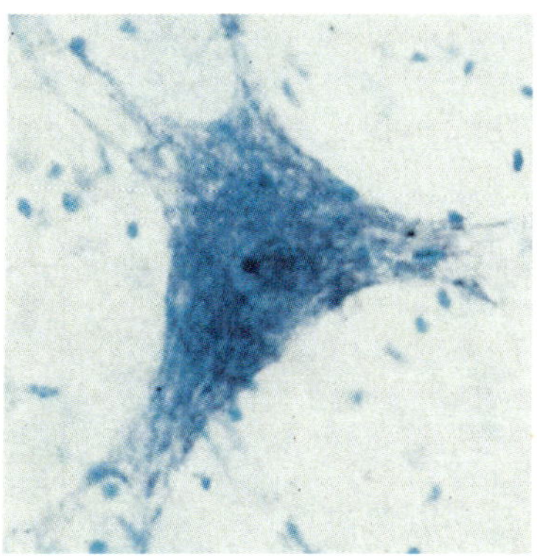

CAMILLO GOLGI entdeckte 1885, daß bei der Behandlung von Nervenzellen mit bestimmten Schwermetallsalzen nur ein kleiner Teil der Zellen eine Färbung annimmt. Dadurch werden auch im dichten Nervengewebe des Gehirns einzelne Zellen erkennbar.

SANTIAGO RAMUN Y CAJAL (1852 – 1934) untersuchte mit Hilfe der Golgi-Färbung die Nervensysteme des Menschen und vieler Wirbeltiere. Seine Zeichnungen gehören auch heute noch zu den Standardwerken der Neurobiologie.

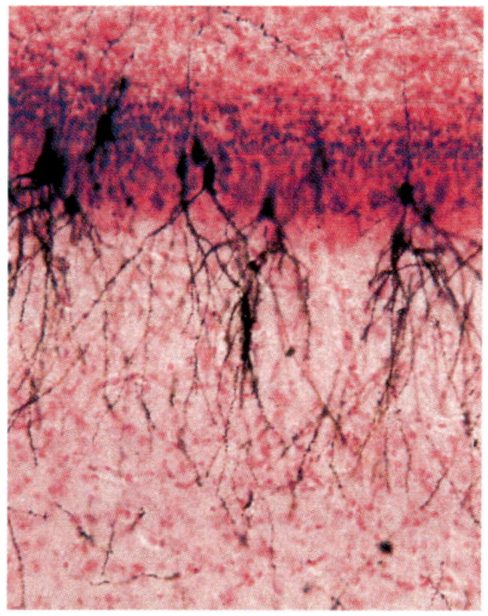

Großhirnrinde einer Katze (Mikrofoto; Golgi-Färbung)

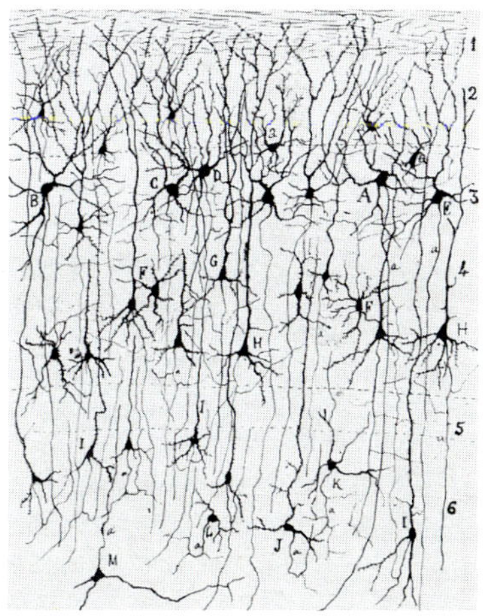

Großhirnrinde einer Ratte (Zeichnung von CAJAL 1888; Golgi-Färbung)

Aufgabe

① Vergleichen Sie beide Abbildungen in ihrer Aussagekraft. Weshalb erscheinen im Foto die Axone nicht in ihrer vollen Länge?

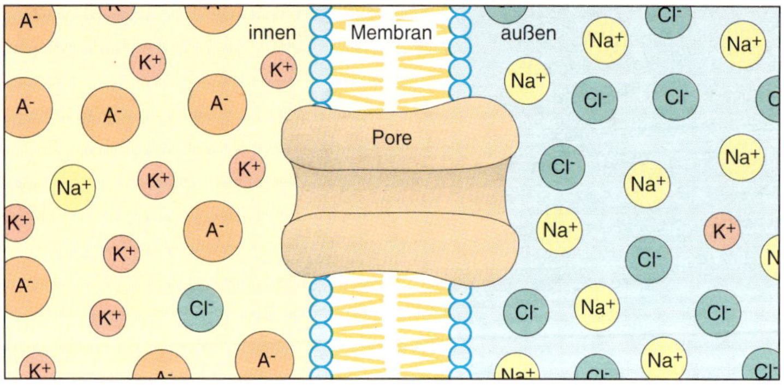

1 Ionenverteilung an der Zellmembran

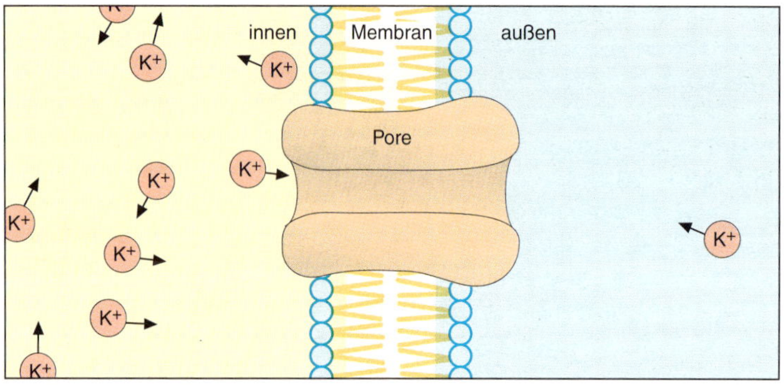

2 Kaliumverteilung an der Zellmembran

Ruhepotential

Eine Grundlage für die Funktion des Nervensystems sind elektrische Vorgänge in Nervenzellen. Bereits im 18. Jahrhundert beschrieb LUIGI GALVANI eine „tierische Elektrizität" nach Reizeinwirkung. Mit modernen Methoden wurde festgestellt, daß auch an unerregten Nervenzellen an der Zellmembran zwischen innen und außen elektrische Spannung auftritt. Sie beträgt etwa $\frac{1}{10}$ Volt.

Ruhepotential
Elektrische Spannung zwischen Zellinnerem und Zelläußerem von Neuronen, die nicht erregt sind.

Zur Entstehung dieser Spannung betrachten wir die Membran einer Nervenzelle. Sie ist die entscheidende Grenze zwischen der Zelle und ihrer Umgebung: innen und außen oder *intrazellulär* und *extrazellulär*. Auf beiden Seiten sind als Ladungsträger Ionen in wäßriger Lösung. Die Ionensorten sind zum einen auf beiden Seiten der Zellmembran ungleichmäßig konzentriert, zum anderen ist die Zellmembran für die verschiedenen Ionensorten unterschiedlich durchlässig. Die Zellmembran trennt auf diese Weise Bereiche unterschiedlicher Ionenkonzentrationen (Abb. 1). Innen ist die Konzentration der Kaliumionen (K^+) und der organischen Anionen (A^-) hoch, während außen die Konzentration der Natriumionen (Na^+) und der Chloridionen (Cl^-) hoch ist (Abb. 3).

Eine Zellmembran grenzt aber nicht nur ab, sie verbindet auch, indem sie den Austausch mit der Umgebung vermittelt. So ist die Durchlässigkeit für bestimmte Molekül- und Ionensorten sehr unterschiedlich. Unerregt ist die Zellmembran fast nur für Kaliumionen und Wassermoleküle durchlässig, aber undurchlässig für die anderen Ionen (Abb. 2). Infolge der Wärmebewegung der Teilchen können Kaliumionen die Membran durchqueren. Dies geschieht in beiden Richtungen, aber es gibt hier Konzentrationsunterschiede. Deshalb diffundieren mehr Kaliumionen von innen nach außen als in die umgekehrte Richtung. Es gibt einen *Nettofluß* von Kaliumionen in Richtung der niedrigeren Kaliumionenkonzentration (Abb. 2).

Polarisierung der Nervenzellmembran

Mit jedem Kaliumion, das die Zelle verläßt, wird auch eine positive Ladung nach außen transportiert. Außerhalb der Zelle entsteht ein Überschuß positiv geladener Teilchen *(Kationen)*, in der Zelle bleiben negative Überschußladungen *(Anionen)* zurück. Die elektrostatische Anziehung hält die Ionen in einer dünnen Schicht auf beiden Seiten der Membran. An der Membran entsteht eine elektrische Spannung, die mit jedem weiteren austretenden Kaliumion wächst. So bildet sich ein Gleichgewichtszustand aus zwischen der Ionendiffusion infolge des Konzentrationsgefälles und der anwachsenden rücktreibenden elektrischen Kräfte.

Im Vergleich zum Ionenvorrat bewirken nur kleine Ionenmengen die Polarisierung der Membran. Im Gleichgewichtszustand hat die Membranspannung einen Betrag von ca. 60 mV. Da sie vom Extrazellularraum aus gemessen wird, erhält man den negativen Wert −60 mV. Dieser Wert wird auch als *Membranpotential* bezeichnet und ist bei unerregten Nervenzellen das *Ruhepotential*. Es kennzeichnet ein Fließgleichgewicht, d. h. einen Zustand bei ständigem Aus- und Einströmen von Ionen.

Ion	Konzentration (in mmol/l)	
	intrazellulär	extrazellulär
K^+	120 – 150	4 – 5
Na^+	5 – 15	140 – 150
Cl^-	4 – 5	120 – 150

3 Ionenverteilung

permeabel
durchlässig

semipermeabel
durchlässig für das Lösungsmittel und undurchlässig für den gelösten Stoff

selektiv permeabel
durchlässig für das Lösungsmittel und einige (bestimmte) Ionensorten (oder Molekülsorten)

Durchlässigkeit der Nervenzellmembran

Warum ist eine Nervenzellmembran nur für bestimmte Ionensorten durchlässig? Diese selektive *Permeabilität* läßt sich mit dem molekularen Aufbau der Zellmembran erklären. In der Membran sind spezielle Ionenkanäle vorhanden. Das sind meist röhrenförmige Eiweißmoleküle, deren porenbildende Polypeptidketten elektrisch geladene Bereiche aufweisen. Je nachdem, ob positiv oder negativ geladene Bereiche in die Pore hineinragen, können Anionen oder Kationen bevorzugt hindurchtreten. Hinzu kommt, daß die Poren einen bestimmten Innendurchmesser haben und dadurch wie ein molekulares Sieb wirken. Ob ein Ion hindurchtreten kann, hängt also auch von dessen Durchmesser ab. Nun binden Ionen aufgrund elektrostatischer Anziehung eine Wolke von Wassermolekülen an sich. Zusammen mit dieser Hydrathülle ist das Natriumion größer als das hydratisierte Kaliumion.

Na^+-K^+-Ionenpumpe

Wäre die Membran völlig undurchlässig für Na^+-Ionen, könnte das Ruhepotential beliebig lange bestehen. Tatsächlich jedoch fließen z. B. Na^+-Leckströme, die nach einiger Zeit die Konzentrationsunterschiede ausgleichen und das Ruhepotential abbauen würden. Die Zelle hält das Ruhepotential jedoch aufrecht und stellt die unterschiedliche Ionenkonzentration mit Hilfe der *Ionenpumpen* immer wieder her. Sie bestehen aus Membran-Proteinen und transportieren bei Energiezufuhr Ionen gegen das Konzentrationsgefälle.

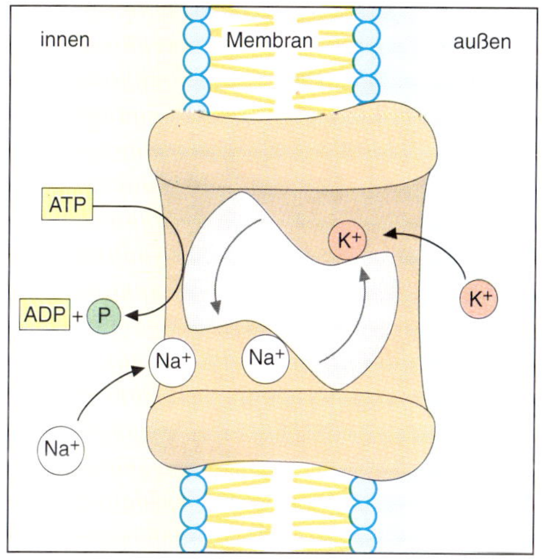

1 Na^+-K^+-Ionenpumpe

Eine wichtige und gut untersuchte Ionenpumpe ist die sog. *Na^+-K^+-Ionenpumpe* (Abb. 1). Sie transportiert gleichzeitig 3 Na^+ von innen nach außen und 2 K^+ von außen nach innen. Die dazu benötigte Energie wird aus der Spaltung von ATP zu ADP und Ⓟ geliefert. Das Protein wird deshalb auch *Na^+-K^+-ATPase* genannt. Der Betrieb der Na^+-K^+-Ionenpumpe benötigt bis zu ⅔ der Stoffwechselenergie eines aktiven Neurons.

Aufgaben

① Unter welchen Bedingungen kann es zur Diffusion einer Ionensorte durch die Zellmembran kommen?

② Wodurch wird die Nervenzellmembran elektrisch polarisiert?

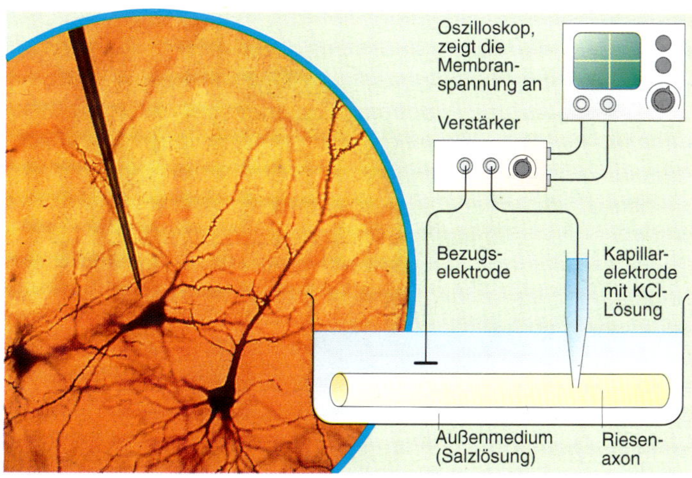

Messungen von elektrischen Spannungen an Membranen

Große Fortschritte wurden bei der Untersuchung von Nervenzellen erzielt, seit es gelingt, winzige Elektroden in eine lebende Zelle zu stechen und die elektrische Spannung zu messen. Die Elektrode für das Zellinnere besteht aus einer Glaspipette, deren Spitze sehr fein (0,5 µm) ausgezogen ist. Die Füllung besteht meist aus einer Kaliumchloridlösung, in die eine Metallelektrode eintaucht. Die intrazelluläre wie auch die extrazelluläre Elektrode werden mit dem Verstärker und einem Oszilloskop zur Spannungsmessung verbunden. Solange die Elektroden außerhalb der Zelle sind, ist die elektrische Spannung Null. Wird die Glasspitze eingestochen, wird eine negative Spannung angezeigt.

Aktionspotential

Aktionspotential
Impulsartige, zeitliche Änderung des Membranpotentials am Axon

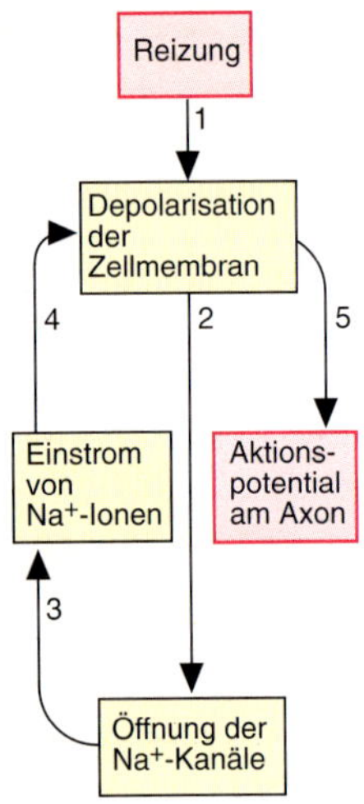

Vor jeder Muskelkontraktion leiten Axone der Motoneurone Erregungen zum Muskel. Dabei ändert sich die Spannung an der Axonmembran. *Erregung* ist also die zeitliche Änderung des Membranpotentials.

Mißt man an einem erregten Axon den zeitlichen Verlauf des Membranpotentials, zeigt sich eine typische Kurve, *Aktionspotential* genannt (Abb. 1). In weniger als einer Millisekunde geht dabei lokal die negative Spannung auf Null zurück und wird darüber hinaus sogar positiv. Für kurze Zeit wechselt die Polarität der Membran. Auf die rasche Verringerung der Spannung *(Depolarisation)* sowie die Ladungsumkehr *(Umpolarisation)* folgt eine *Repolarisation.* Aktionspotentiale werden ausgelöst, wenn die Membran bis zu einem Schwellenwert depolarisiert wird. Erreicht das Membranpotential den Wert von ca. −50 mV, so kommt es zu Ionenströmungen quer zur Membran.

Neben den ständig geöffneten Ionenkanälen gibt es auch *spannungsabhängige Ionenkanäle* in der Zellmembran. Bei Reizung öffnen sich spannungsabhängige Na^+-Kanäle. Wegen des Konzentrationsgefälles kommt es zu einem plötzlichen Na^+-Einstrom und damit zu einer weiteren Membran-Depolarisierung. Dies führt zum Öffnen weiterer Na^+-Kanäle usw. Es ist ein Vorgang, der sich selbst verstärkt. Die Repolarisation erfolgt aus zwei Gründen: Einmal gehen die Na^+-Kanäle kurz nach dem Öffnen spontan in einen dritten Zustand über. Sie werden geschlossen und inaktiv (Abb. 1). Zum anderen öffnen sich spannungsgesteuerte K^+-Kanäle kurz nach den Na^+-Kanälen, was zu einem erhöhten K^+-Ausstrom und so zu einer erneuten Ladungsumkehr führt. Die spannungsgesteuerten K^+-Kanäle bleiben solange offen, bis das Ruhepotential erreicht ist.

Aktionspotentiale laufen in kurzer Zeit ab. Ihnen folgt jeweils eine 1 Millisekunde dauernde Pause, die die spannungsabhängigen Na^+-Kanäle brauchen, bis sie wieder in ihren geschlossenen (Ausgangs-)Zustand übergehen. Vorher können sie nicht geöffnet werden. Die Zeit, in der kein Aktionspotential ausgelöst werden kann, heißt *Refraktärzeit.*

Ein Aktionspotential entsteht erst dann, wenn die Depolarisation der Zellmembran den Schwellenwert erreicht. Stärkere Depolarisationen verändern die Form der Aktionspotentiale jedoch nicht. Seine Entstehung ist ein Alles-oder-Nichts-Ereignis; es gilt das *Alles-oder-Nichts-Gesetz.*

Aufgabe

① Welcher Ionenstrom bewirkt die Depolarisation, welcher die Repolarisation?

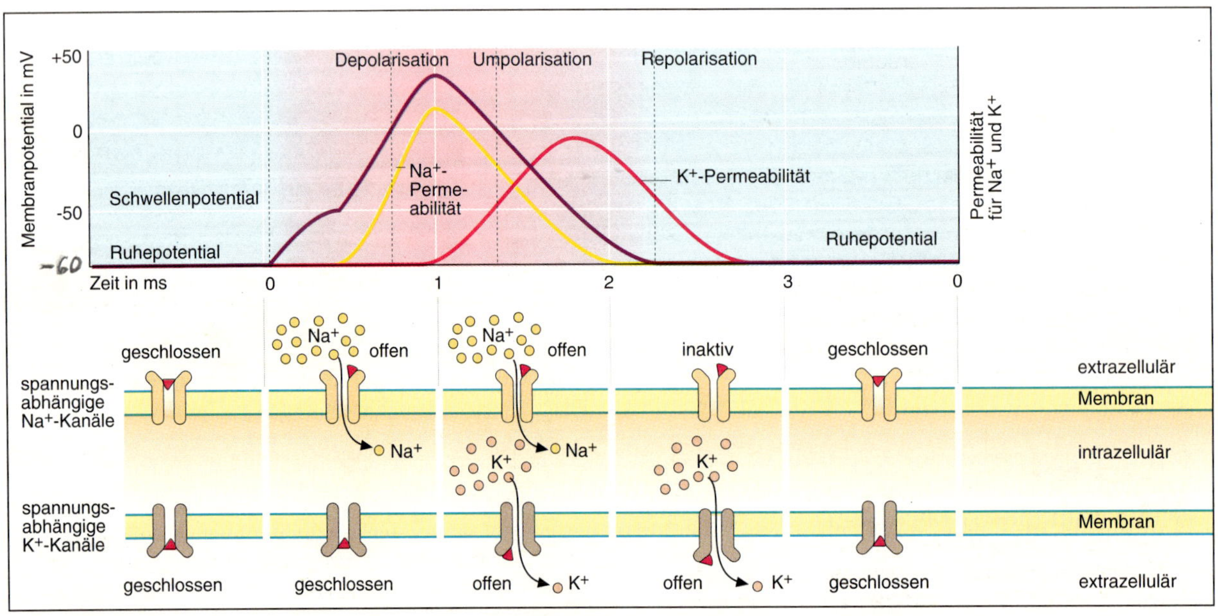

1 Zeitlicher Verlauf eines Aktionspotentials an einer Stelle des Axons

Fortleitung des Aktionspotentials

Wenn an einer Stelle des Axons ein Aktionspotential abläuft, wird davon auch die unmittelbare Nachbarschaft berührt. Betrachten wir das Axon in Längsrichtung, so liegen an dessen Membran sowohl innen wie auch außen direkt nebeneinander elektrisch positiv und negativ geladene Bereiche (Abb. 1). Da diese Bereiche nicht voneinander isoliert sind, fließen Ströme in benachbarte Bereiche. Diese lokalen *Ausgleichsströme* depolarisieren hier die Membran. Dort öffnen sich einige spannungsabhängige Na^+-Kanäle, ein Aktionspotential wird ausgebildet, welches seinerseits in benachbarten Bereichen zur Depolarisierung führt, usw. Das Aktionspotential leitet sich fort, ohne sich mit der Entfernung abzuschwächen, weil es an jeder Stelle der Membran neu gebildet wird.

Nun fließen die depolarisierenden Ausgleichsströme in beiden Richtungen des Axons. Wenn sich das Aktionspotential dennoch natürlich nur in einer Richtung ausbreitet, so liegt dies am *Refraktärzustand.* Dort, wo gerade ein Aktionspotential ausgebildet wurde, kann nicht sofort wieder ein Aktionspotential ausgelöst werden; die inaktivierten Na^+-Kanäle verhindern dies.

Aktionspotentiale transportieren z. B. Informationen über Reize, die auf Rezeptoren einwirken. Dies können Informationen über die Reizstärke und über die Geschwindigkeit sein, mit der sich die Reizstärke ändert. Da sich Aktionspotentiale in Höhe und Verlauf nicht unterscheiden, müssen diese Informationen in anderer Weise verschlüsselt sein. Die Codierung erfolgt über die Frequenz, mit der Aktionspotentiale aufeinander folgen. Hohe Reizstärken bedeuten im allgemeinen eine hohe Aktionspotential-Frequenz. Die Refraktärzeit setzt dieser Frequenz allerdings eine obere Grenze. Angenommen, ein Aktionspotential und die Refraktärzeit dauern je 1 ms, so können in 1 s höchstens 500 Aktionspotentiale ausgelöst werden. Die maximale Frequenz beträgt dann 500 Aktionspotentiale/s oder 500 Hz.

Aufgabe

① Abb. 3 zeigt Aktionspotential-Frequenzen bei Dehnung einer Muskelspindel. Entnehmen Sie den Diagrammen die Frequenzen, die die Reizstärke und deren Änderungsgeschwindigkeit wiedergeben.

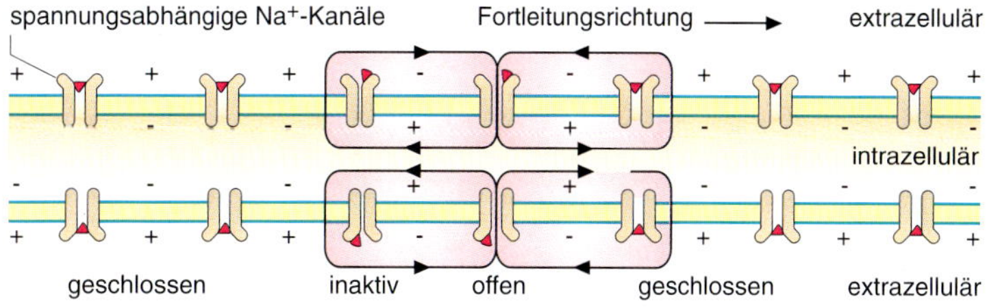

1 Ausgleichsströme

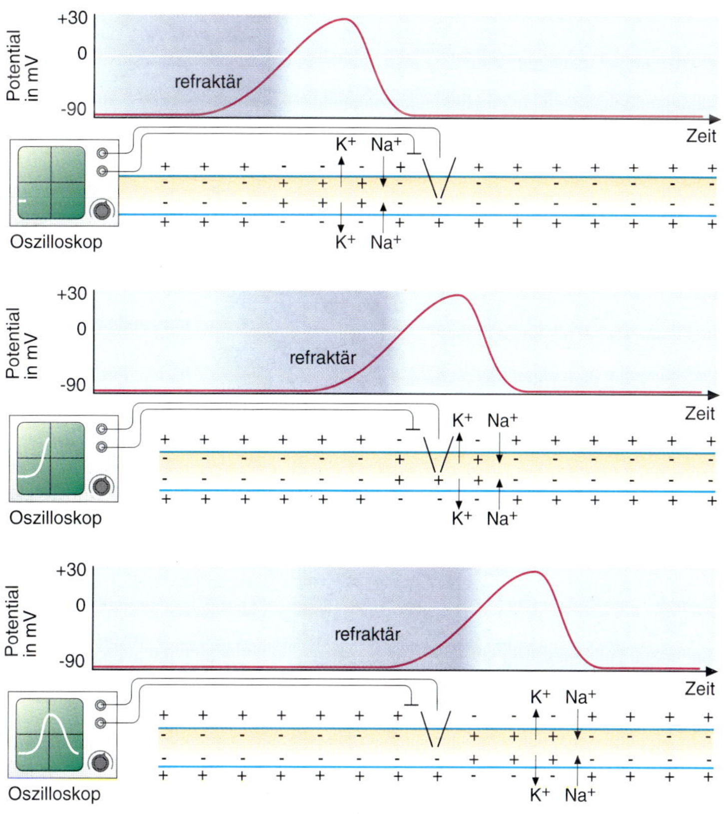

2 Fortleitung des Aktionspotentials

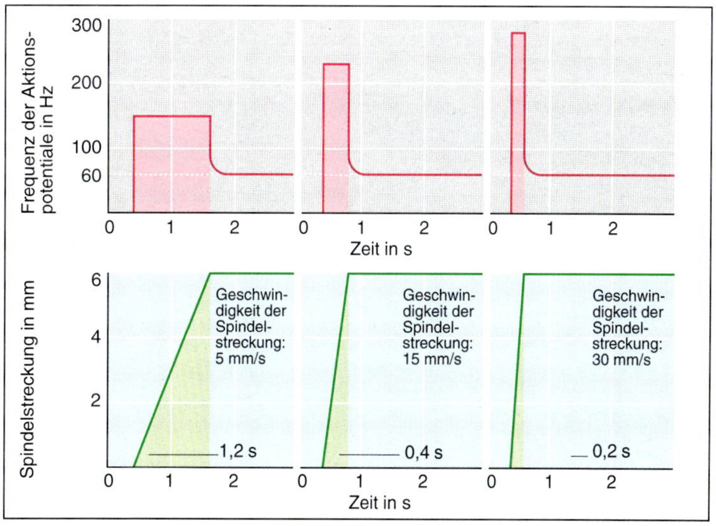

3 Codierung der Spindelstreckung

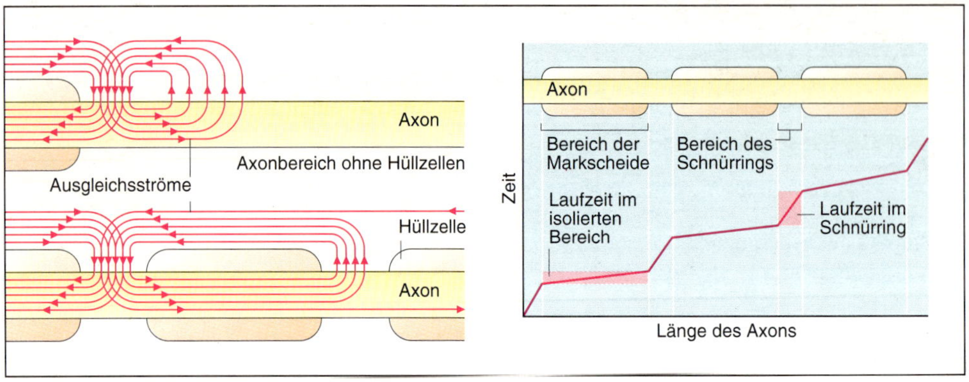

1 Fortleitung der Erregung und saltatorische Erregungsleitung

Saltatorische Erregungsleitung

Hüllzellen
Spezialisierte Zellen, die Axone der Neuronen mehrfach mit ihrem Zellkörper umwickeln (Myelinhülle) und damit isolieren.

Myelin
gr. *myelos* = Mark

Grundlage für schnelle, oft lebensentscheidende Reaktionen sind hohe Geschwindigkeiten der Fortleitung von Aktionspotentialen. Messen kann man diese Geschwindigkeiten, indem man an zwei Stellen eines Axons die Membranspannung registriert. Liegen die Meßstellen z. B. 10 cm (= 0,1 m) auseinander und durchläuft ein Aktionspotential diese Strecke in 5 ms (= 0,005 s), so beträgt die Leitungsgeschwindigkeit 20 m/s. Das ist etwa doppelt so schnell wie die Durchschnittsgeschwindigkeit eines guten 100-m-Läufers. Tatsächlich werden an verschiedenen Axonen Fortleitungsgeschwindigkeiten von 1 m/s bis 100 m/s gemessen. Solch große Unterschiede beruhen auf Unterschieden im Bau der Nervenfasern.

Die Fortleitung einer Erregung wird durch Ausgleichsströme parallel zur Membran ermöglicht. Allerdings ist die elektrische Leitfähigkeit in einer Nervenzelle gering. Außerdem entstehen Verluste durch Ausgleichsströme, die quer zur Membran durch die Ionenkanäle fließen. Daher schwächen sich die Ausgleichsströme, die ein Aktionspotential voranbringen, mit zunehmender Entfernung vom Erregungsort stark ab.

Die Fortleitungsgeschwindigkeit läßt sich durch bessere Isolierung erhöhen. Viele Axone der Wirbeltiere werden von den Plasmalamellen der Hüllzellen mehrfach umwickelt. Diese Hüllen enthalten *Myelin,* welches hauptsächlich aus fettartigen Stoffen *(Lipiden)* besteht und gut isoliert. *Myelinscheiden* („Markscheiden") umgeben ein Axon auf je ca. 1 mm langen Abschnitten (siehe Abbildung 1). Dazwischen bleiben schmale Bereiche des Axons, die sogenannten *Schnürringe,* frei.

Nur an den Schnürringen finden sich die spannungsabhängigen Na^+-Kanäle, und nur hier werden noch Aktionspotentiale gebildet. Die Fortleitungsgeschwindigkeit ist dann nicht mehr kontinuierlich (Abb. 1). Sie ist entlang der isolierten Bereiche hoch und wird nur an den Schnürringen verlangsamt. Die Aktionspotentiale springen gewissermaßen von Schnürring zu Schnürring *(saltatorische Erregungsleitung).* Die örtlichen Ausgleichsströme können schnell die isolierten Strecken zwischen den Schnürringen überbrücken.

Höhere Fortleitungsgeschwindigkeiten lassen sich auch mit größerem Axondurchmesser erzielen, da hier der Innenwiderstand geringer ist und deshalb die Ausgleichsströme weiter vorankommen.

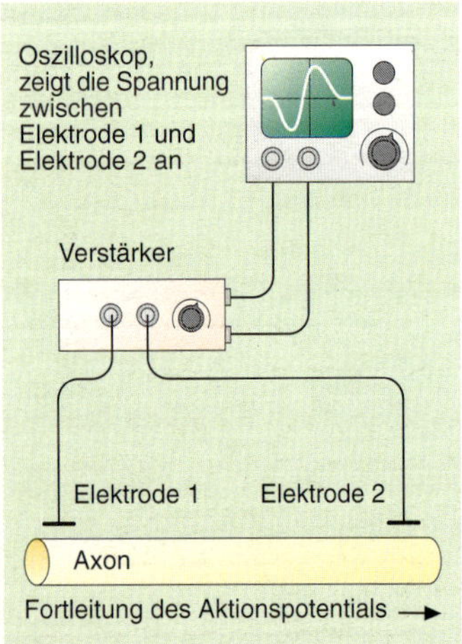

Extrazelluläre Ableitung

Aktionspotentiale können auch durch zwei extrazelluläre Elektroden gemessen werden, die in einem gewissen Abstand möglichst nahe an der Nervenfaser liegen. Ist das Axon nicht erregt (Zustand des Ruhepotentials) wird bei dieser Ableitung keine Spannung gemessen. Läuft ein Aktionspotential das Axon entlang, wird die Elektrode 1 negativer gegenüber der Elektrode 2. Kurz darauf ist das Aktionspotential bei Elektrode 2 angelangt. Wieder wird eine Spannung (positiv!) gemessen.

Funktion von Neuronen

K^+-Konzentration und Ruhepotential

Experimentell kann die K^+-Konzentration extrazelllulär leicht verändert werden, indem das Axon in verschiedene Badelösungen getaucht wird. Bei den verschiedenen K^+-Konzentrationen wird das Ruhepotential gemessen.

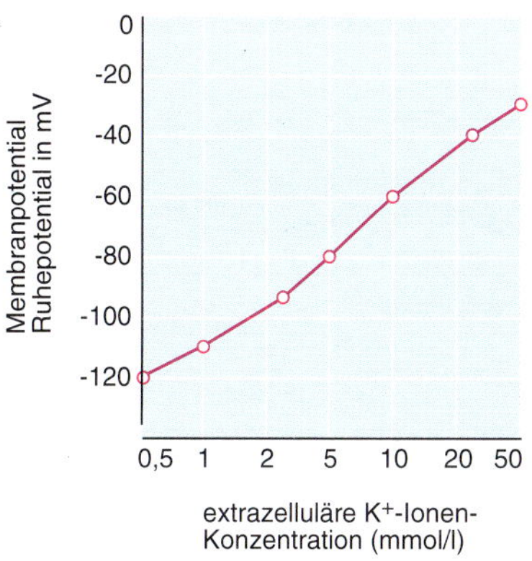

Aufgabe

① Beschreiben Sie die Abhängigkeit, und erklären Sie diese auf molekularer Ebene.

Na^+-Konzentration und Aktionspotential

An isolierten Axonen werden die Na^+-Konzentrationen der Badelösung schrittweise verringert. Dabei werden die Na^+-Ionen durch Glukosemoleküle ersetzt. Die Aktionspotentiale werden jeweils ausgelöst und registriert. Aufgetragen sind in der folgenden Abbildung nur die Veränderungen im Vergleich zur Amplitude eines Aktionspotentials unter normalen Bedingungen.

Aufgaben

① Zeichnen Sie ein typisches Aktionspotential, und tragen Sie die Veränderungen durch die Verringerung der extrazellulären Na^+-Ionenkonzentration ein.

② Erklären Sie die Beobachtungen mit Hilfe der Ionentheorie des Aktionspotentials.

③ Was geschieht, wenn die entfernten Na^+-Ionen nicht durch Glukosemoleküle ersetzt werden?

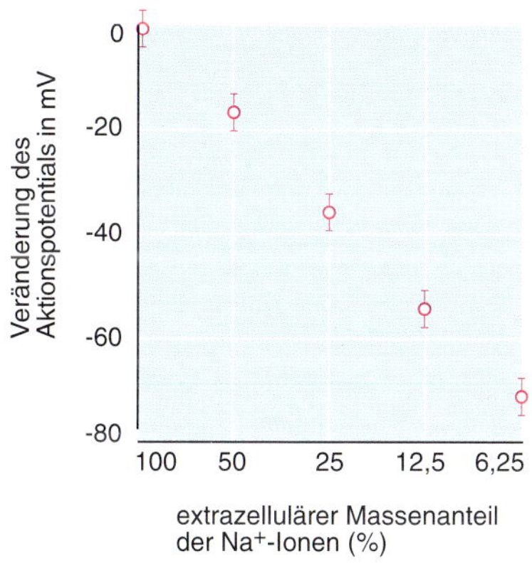

Vergiftung von Neuronen

Cyanide sind stark giftig, weil sie u. a. die Atmungskette blockieren, so daß kein ATP zur Verfügung gestellt werden kann. Gibt man Cyanide auf Neurone, sind zunächst noch Aktionspotentiale auslösbar. Schließlich sind Aktionspotentiale nicht mehr auslösbar. Zugleich wird das Ruhepotential kleiner.

Aufgabe

① Begründen Sie die Wirkung von Cyaniden auf Neurone.

Extrazelluläre Ableitung

Die Leitungsgeschwindigkeit eines Nervs am Unterarm wird bestimmt, indem nacheinander je ein kleiner Stromstoß im Ellenbogen und am Handgelenk gesetzt werden. Die Stellen liegen 27 cm voneinander entfernt. Die Wirkung der ausgelösten Aktionspotentiale wird am Daumenmuskel extrazellulär als Muskelaktionspotential abgeleitet. (Auch Muskelzellen zeigen ein Aktionspotential.)

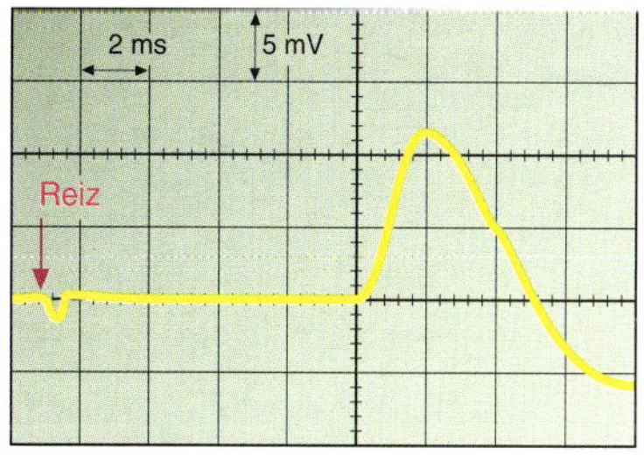

a) nach Reiz am Ellenbogen

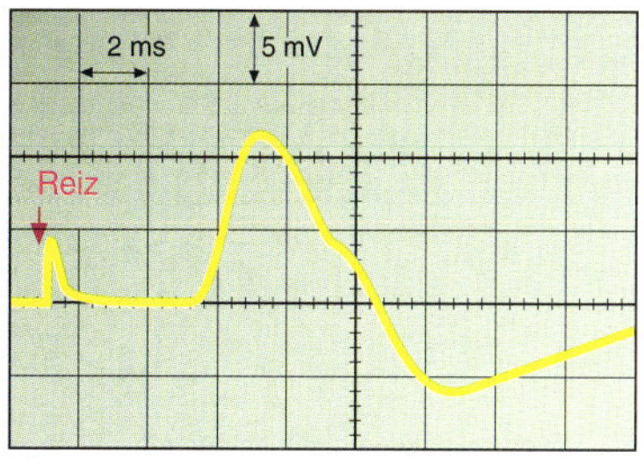

b) nach Reiz am Handgelenk

Aufgabe

① Berechnen Sie die Leitungsgeschwindigkeit.

Leitungsgeschwindigkeit

In der untenstehenden Tabelle ist die mittlere Leitungsgeschwindigkeit in Abhängigkeit verschiedener Faktoren angegeben.

Aufgaben

① Leiten Sie aus den Daten der untenstehenden Tabelle die Faktoren ab, welche die Geschwindigkeit der Erregungsleitung beeinflussen und begründen Sie.

② Erklären Sie die energetischen Vorteile, die myelinisierte Nervenfasern aufweisen.

Nervenfasertyp	Faserdurchmesser [µm]	mittlere Leitungsgeschwindigkeit [m/s]	Beispiele
nicht myelinisiert	1	1	langsame Schmerzfaser (Säuger)
	700	25	Riesenfaser (Tintenschnecke)
myelinisiert	3	15	Afferenzen von tiefen Mechanorezeptoren des Muskels (Säuger)
	9	60	Berührungsempfindung der Haut
	13	80	sensorische Faser von den Muskelspindeln (Säuger)
	13	30	Faser im Rückenmark (Frosch)

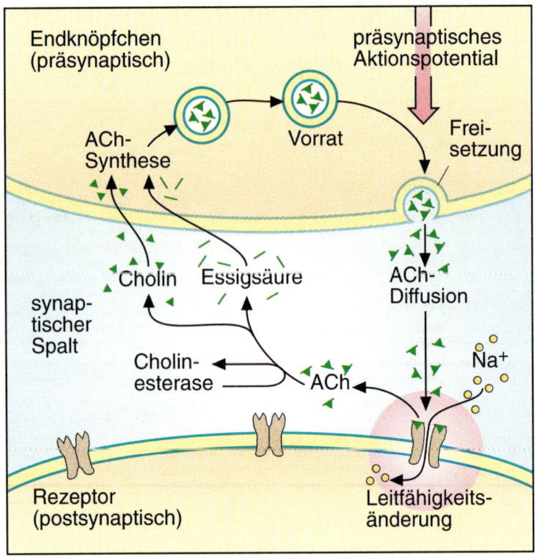

1 Schema einer Synapse

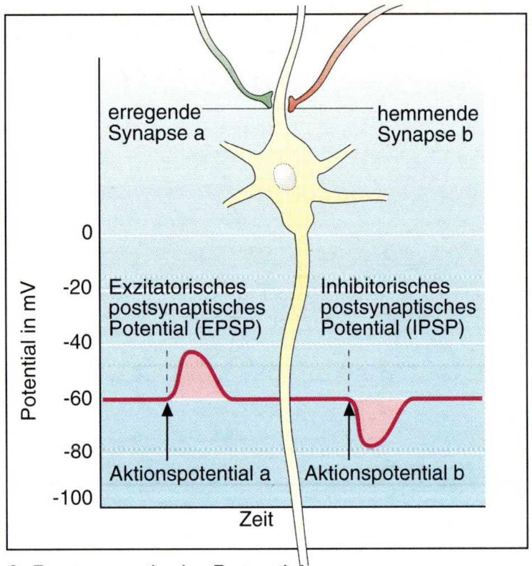

2 Postsynaptische Potentiale

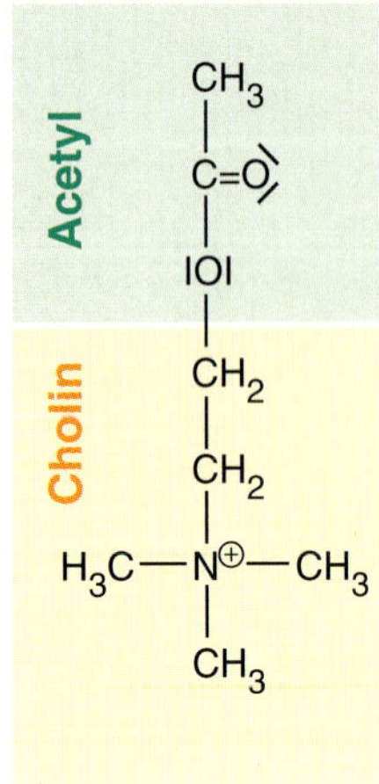

Acetylcholin

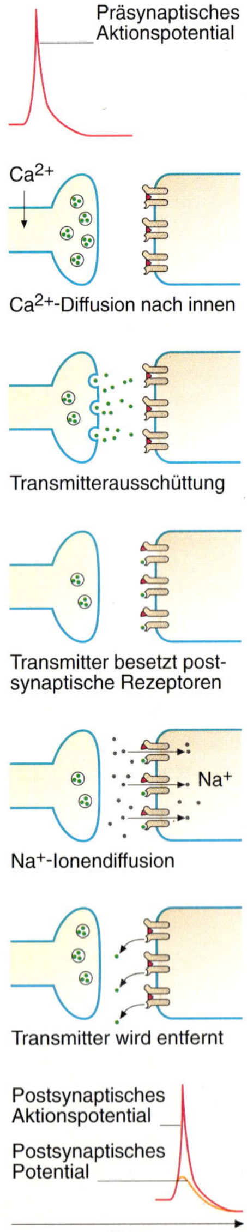

Synapsen

Die Verbindungsstelle eines Neurons mit einem anderen Neuron, einer Drüsenzelle oder einer Muskelzelle, wird *Synapse* genannt. An diesen Stellen können Erregungen übertragen werden. Eine Synapse besteht typischerweise aus einem verdickten Axonende, dem *Endknöpfchen,* einem nur elektronenmikroskopisch sichtbaren Spalt, dem *synaptischen Spalt* (siehe Abb. 1), und dem gegenüberliegenden Membranbereich der folgenden Zelle. Dementsprechend wird die Zelle und deren Teile vor dem synaptischen Spalt *präsynaptisch* genannt und danach *postsynaptisch.*

Läuft ein Aktionspotential an einem Axon entlang, erreicht es Synapsen, die das Neuron mit einer postsynaptischen Zelle verbinden. Ausgelöst durch das ankommende Aktionspotential öffnen sich im präsynaptischen Endknöpfchen spannungsgesteuerte Calciumionen-Kanäle (s. Randspalte). Ca^{2+}-Ionen diffundieren in das Endknöpfchen. Daraufhin verschmelzen dort synaptische Bläschen mit der präsynaptischen Membran. Sie enthalten winzige Mengen eines Überträgerstoffes *(Transmitter).* Die Transmittermoleküle, z. B. Acetylcholin (ACh), werden in den schmalen synaptischen Spalt freigesetzt und verteilen sich durch Diffusion.

In der postsynaptischen Membran befinden sich Rezeptorproteine, zu denen die Transmittermoleküle so wie ein Schlüssel zum Schloß passen. Sie gehen eine kurzfristige Bindung ein, die vorübergehend zu einer Formänderung des Rezeptormoleküls führt. Dadurch öffnet sich ein Na^+-Kanal, der als *transmitterabhängig* bezeichnet wird. Es kommt zu einem Fluß von Natriumionen in die postsynaptische Zelle. Dort ändert sich das Membranpotential. Der zeitliche Verlauf der Spannung wird *postsynaptisches Potential* (PSP) genannt. Je größer die freigesetzte Transmittermenge ist, desto mehr transmitterabhängige Na^+-Kanäle öffnen sich und desto stärker wird postsynaptisch die Spannung verändert. Wird zum Beispiel die Muskelzellmembran depolarisiert und dabei der Schwellenwert erreicht, bildet sich ein Aktionspotential aus.

Gäbe es keine Mechanismen, mit denen Transmitter aus dem synaptischen Spalt entfernt würden, käme es zu einer Dauererregung der postsynaptischen Membran und nicht zur Übertragung eines zeitlichen Musters der Erregung an einer Synapse. Transmitter werden entfernt, indem die Moleküle durch ein Enzym auf der postsynaptischen Membran gespalten werden. So spaltet Acetylcholinesterase den Transmitter Acetylcholin. Die Produkte der Spaltungsreaktion, *Cholin* und *Acetat,* sind nicht mehr als Transmitter wirksam. Sie diffundieren im Spalt. Treffen sie auf das Endknöpfchen, werden sie aktiv aufgenommen. Unter Energieaufwand wird wieder Acetylcholin synthetisiert.

Ein Neuron hat bis zu 10 000 (durchschnittlich 1000) synaptische Kontakte. Winzige Mengen Transmitter genügen, um die Erregung zu übertragen. Kleine Mengen Arznei, Drogen oder Gift können hier angreifen.

Erregende und hemmende Synapsen

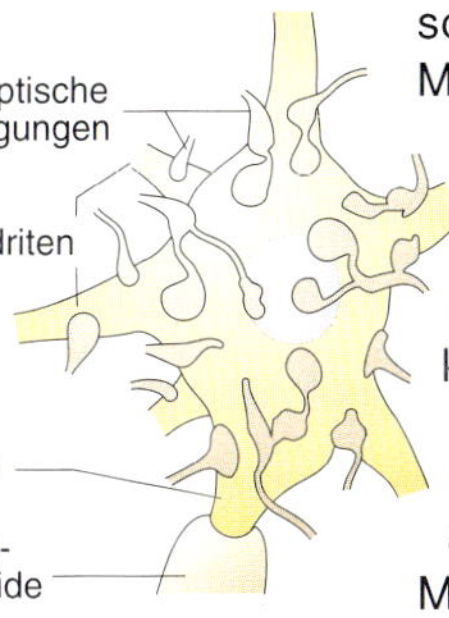

Neuron, besetzt mit vielen Endknöpfchen

Die Erregung eines motorischen Axons löst über den speziellen Synapsentyp, die „motorische Endplatte“, ein großes postsynaptisches Potential aus. Die postsynaptische Membran der Muskelzelle wird über die Schwelle hinaus depolarisiert. Es bildet sich ein Aktionspotential aus, welches über die Muskelzelle fortgeleitet wird. Die Muskelzelle verkürzt sich daraufhin, sie kontrahiert.

Immer wenn an einer Synapse Transmitter abgegeben und so die postsynaptische Membran depolarisiert wird, nennt man das postsynaptische Potential erregend oder *exzitatorisch*. Bei den meisten Synapsen zwischen Neuronen ist ein einzelnes *exzitatorisches postsynaptisches Potential* (EPSP) sehr klein. Erst wenn viele erregende Synapsen zugleich oder kurz nacheinander aktiv werden, wird ein Aktionspotential ausgelöst.

Zwischen Neuronen gibt es sowohl erregende als auch hemmende Synapsen. Sind letztere aktiv, so wird die postsynaptische Membran noch stärker polarisiert. Es entsteht ein sogenanntes *inhibitorisches postsynaptisches Potential* (IPSP). Dabei werden vom Transmitter z. B. Chloridionen-Kanäle geöffnet. Cl^--Ionen diffundieren in das Neuron und vergrößern die Spannung. Die Membran wird hyperpolarisiert.

Synapsengifte

Präsynaptische Wirkorte

Botulinustoxin ist ein Stoffwechselprodukt des Bakteriums *Clostridium botulinum.* Es lebt anaerob z. B. in unzureichend sterilisierten Fleisch-, Fisch- und Bohnenkonserven. Das Gift wird durch Kochen unwirksam. Botulinustoxin hemmt die Ausschüttung des Acetylcholins aus dem Endknöpfchen. Symptome wie Kopfschmerzen, Erbrechen und Muskelschwäche setzen nach 12 Stunden bis 4 Tagen ein. Der Tod erfolgt durch Atemlähmung oder Herzstillstand. Wegen seiner hohen Giftigkeit wurde Botulinustoxin als biologische Waffe in Erwägung gezogen.

Schwarze Witwe

Schierling

Das Gift der *Schwarzen Witwe* (Spinne der Gattung *Latrodectes*) führt zur gleichzeitigen Entleerung aller synaptischen Bläschen von motorischen Endplatten in den synaptischen Spalt. Schüttelfrost, Schmerzen und Atemnot sind die Folge. Manchmal tritt der Tod durch Atemlähmung ein.

Postsynaptische Rezeptorblocker

Curare ist ein Gemisch verschiedener Pflanzengifte, mit dem Indianer Südamerikas die Spitzen ihrer Jagdpfeile bestreichen. Der Wirkstoff blockiert reversibel die Rezeptorstellen für Acetylcholin, ohne den Ionenkanal zu öffnen. Dringt Curare in den Körper ein, kommt es zu einer schlaffen Lähmung der Skelettmuskulatur und Tod durch Atemlähmung. Der isolierte Wirkstoff *Tubocurarin* wird in der Medizin bei Operationen zur Muskelerschlaffung eingesetzt. Der Patient muß dann beatmet werden.

Coniin ist ein giftiger Bestandteil des Gefleckten Schierlings *(Conium maculatum).* Coniin blockiert reversibel die Rezeptorstellen für Acetylcholin, ohne den Ionenkanal zu öffnen. Es kommt bei hohen Dosen zur Lähmung der Atemmuskulatur. Der Tod erfolgt bei vollem Bewußtsein. Im Altertum wurde Schierling zur Vollstreckung der Todesstrafe eingesetzt. PLATON beschrieb den Tod des SOKRATES, der den Schierlingsbecher nehmen mußte.

Transmitter-Enzym-Hemmer

Alkylphosphate sind organische Phosphorsäureester, wie Insektizide (z. B. E 605), Weichmacher von Kunststoffflaschen, chemische Kampfstoffe (Tabun, Sarin, V-Kampfstoffe), die das Enzym Acetylcholinesterase irreversibel hemmen. Nach einer kurzen Zeit der Übererregbarkeit verkrampft die Skelettmuskulatur. Der Tod tritt durch Atemlähmung ein. *Atropin* hat lindernde Wirkung, da es Acetylcholin-Rezeptoren blockiert und dadurch die Erregbarkeit mindert.

Neostigmin ist ein Alkylphosphat und wird als Arzneimittel bei Myasthenie eingesetzt. Diese krankhafte Muskelschwäche wird verursacht durch eine verringerte Anzahl von ACh-Rezeptoren an motorischen Endplatten sowie einer Verbreiterung des synaptischen Spalts. Neostigmin ist ein reversibler Acetylcholinesterase-Hemmer.

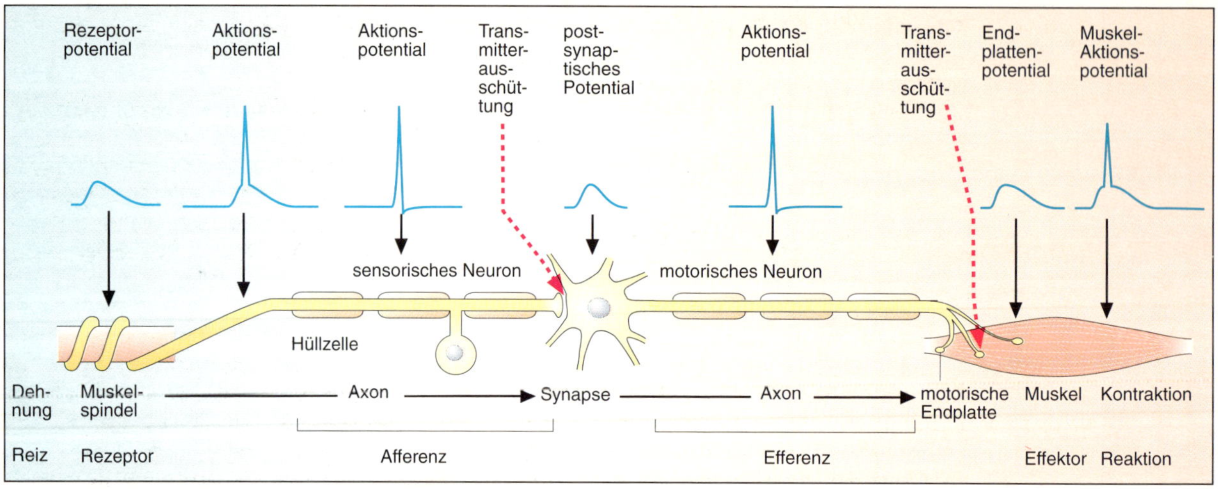

1 Fortleitung der Erregung beim Reflexbogen

Verschaltung von Nervenzellen

Rezeptorpotential
Der Wert, um den sich das Membranpotential

Der Quadrizepsdehnungsreflex ist eine einfache Form der Reiz-Reaktions-Verknüpfung: Nur zwei Gruppen von Neuronen bilden dabei den Reflexbogen (Abb. 1). Eine kurze, schnelle Dehnung der Muskelspindeln depolarisiert das sensorische Neuron *(Rezeptorpotential)*. Die Schwelle des Membranpotentials wird überschritten, und es folgen hochfrequente Aktionspotentiale am Axon des sensorischen Neurons. An den Synapsen im Rückenmark wird darauf Transmitter freigesetzt, was *postsynaptische Potentiale* (PSP) an motorischen Neuronen auslöst. An deren Axonhügeln werden Aktionspotentiale ausgelöst, die saltatorisch zu den motorischen Endplatten fortgeleitet werden. Dort wird Transmitter ausgeschüttet, worauf es an den Muskelfasern zum *Endplattenpotential* kommt. Die Muskelfasern des Quadrizepsmuskels kontrahieren, was sich als Kickbewegung bemerkbar macht.

Allerdings wird das Bein von gegensinnig wirkenden Muskeln bewegt. Kontrahiert der Strecker *(Quadrizeps)*, so muß notwendigerweise der Beuger *(Bizeps)* nachgeben, sonst könnte er der Streckung Widerstand entgegensetzen. Durch eine wechselseitige Verschaltung über *Interneurone* (Abb. 2) wird erreicht, daß der Beuger zur gleichen Zeit nachgibt, zu der der Strecker kontra-

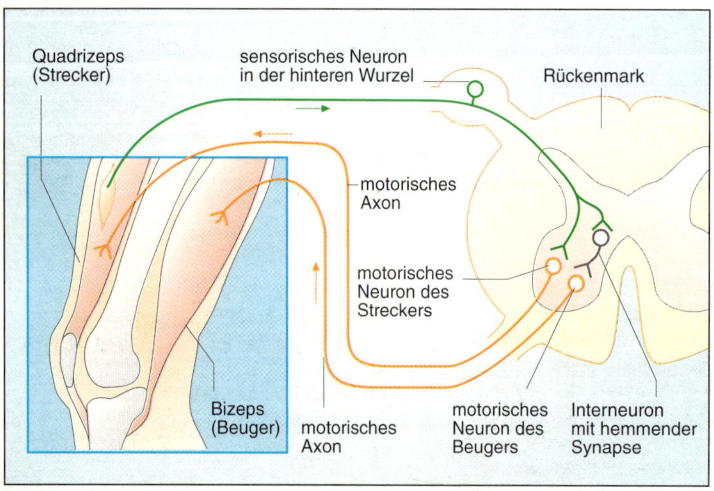

2 Gegenspielerhemmung

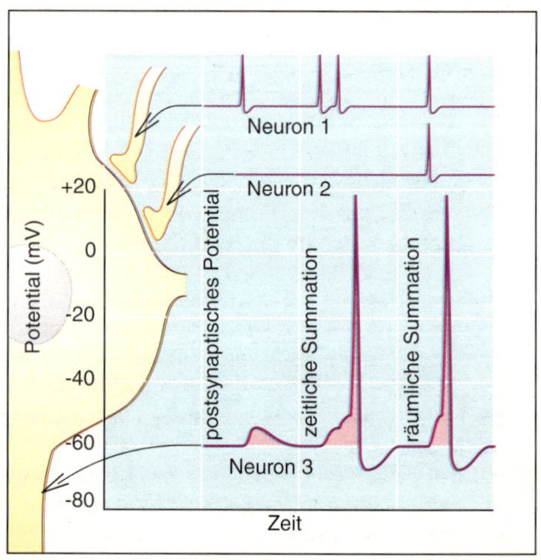

3 Bahnung von Erregung

hiert. Sensorische Neurone des Streckers haben nicht nur über erregende Synapsen Kontakte zu eigenen motorischen Neuronen, sondern auch noch zu Interneuronen. Diese sind hemmend mit den motorischen Neuronen des Beugers verbunden.

Übertragungseigenschaften von Synapsen

Die Erregungsübertragung an Synapsen bietet vielfältige Möglichkeiten der Informationsverarbeitung in Netzwerken von Neuronen. So bewirkt ein Aktionspotential des Neurons 1 (Abb. 130.3) ein EPSP an Neuron 3. Dabei wird aber die Schwelle des Membranpotentials nicht überschritten, ein Aktionspotential wird nicht ausgelöst. Erfolgt jedoch eine weitere Aktivierung, bevor das EPSP abgeklungen ist, kommt es zu einer stärkeren Depolarisierung. Ursache ist die längere Dauer des EPSP gegenüber dem zeitlichen Abstand der Aktionspotentiale. Die postsynaptischen Potentiale addieren sich dann. Die Erregbarkeitssteigerung durch kurz hintereinander einlaufende Synapsenaktivierung vom selben Neuron wird *„zeitliche Summation"* oder *„zeitliche Bahnung"* der Erregung genannt.

Ein Aktionspotential des Neurons 3 (Abb. 130.3) kann auch durch gleichzeitige Erregung der Neurone 1 und 2 ausgelöst werden. Die gemeinsame Aktivierung durch mindestens zwei Neurone wird *„räumliche Summation"* oder *„räumliche Bahnung"* genannt.

Die Verschaltung von Neuronen kann über verschiedene Synapsentypen erfolgen. Bereits im einfachsten Fall, bei nur zwei Neuronen, kann die Übertragungseigenschaft erstens erregend, zweitens hemmend und drittens zunächst erregend und dann hemmend sein. Die Übertragungseigenschaften des dritten Synapsentyps ändern sich bei wiederholter Aktivierung.

Aufgabe

① Sagen Sie das PSP voraus, wenn hemmende und erregende Synapsen gleichfrequent aktiv sind.

Regulation des Herzschlags bei Aplysia

Das Nervensystem der bis zu 40 cm langen Meeresschnecke *Aplysia californica* (vgl. S. 235) besteht nur aus zehn- bis hunderttausend Neuronen. Gruppen von 500 bis 1500 Nervenzellen — sogenannte *Ganglien* — wurden untersucht und kartiert. Das ist deshalb möglich, weil in allen Individuen deren Anzahl, Lage, Größe und Verknüpfung im wesentlichen gleich sind.

Das Herz von Aplysia schlägt auch ohne neuronale Verbindung spontan mit einer bestimmten Frequenz. Dieser Rhythmus kann durch Neuronen des Eingeweideganglions verändert werden. Nur 7 Neurone beeinflussen bei der Meeresschnecke die Herzschlagfrequenz und den Blutdruck. Die Muskulatur des Herzens wird von 3 Nervenzellen innerviert. Eine synaptische Verbindung (Neuron 2 — Herzmuskel) wirkt erregend. Die Neurone 3 und 4 erzeugen spontan eine bestimmte Frequenz von Aktionspotentialen. Sie wirken hemmend auf den Herzmuskel. Die Regulation der Herzfrequenz erfolgt also über gegensinnig (antagonistisch) wirkende Neurone.

Die Neurone 2, 3 und 4 werden gemeinsam von dem sogenannten Kommandoneuron 1 kontrolliert, ebenso wie die Neurone 5, 6 und 7. Letztere wirken erregend auf die Arterienmuskulatur, was zu einer Kontraktion und damit einer Querschnittsverkleinerung führt.

Eine Folge von Aktionspotentialen des Neurons 1 hemmt die Aktivität von Neuron 3 und 4 und verringert damit die Hemmung des Herzmuskels, d. h. die Dämpfung der Herzfrequenz fällt weg. Dieselbe Aktivität von Neuron 1 führt bei Neuron 2 zu einer Folge von Aktionspotentialen, die erregend auf den Herzmuskel wirken, wobei die Herzfrequenz steigt. Gleichzeitig werden die Neurone 5, 6 und 7 durch die Aktivität von Neuron 1 gehemmt. Die Hemmung der Erregung der Arterienmuskulatur führt zum Nachlassen von deren Kontraktion; der Durchmesser der Arterien steigt. Auch bei dieser vorübergehenden Steigerung der Herzschlagfrequenz kann so der (Spitzen-)Blutdruck annähernd gleich bleiben.

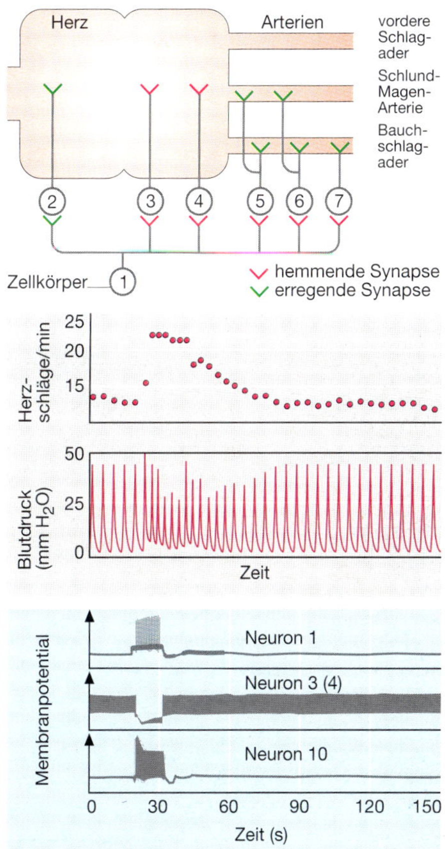

Sinnesorgan Auge

Sinneszelle (Rezeptorzelle, Rezeptor)
Zelle, in der Reize aus der Umwelt oder dem eigenen Körper in Erregung überführt werden.

Bei einer äußeren Betrachtung des Auges fällt zunächst die farbige Regenbogenhaut *(Iris)* auf, die das schwarz erscheinende Sehloch *(Pupille)* freiläßt. Daneben ist die von weißen Blutgefäßen durchzogene *Bindehaut* zu sehen. Durchsichtig – und deshalb besser von der Seite erkennbar – ist die *Hornhaut,* hinter der sich die *vordere Augenkammer* befindet. Im Innern wird diese Kammer durch die Linse begrenzt (Abb. 1), dahinter

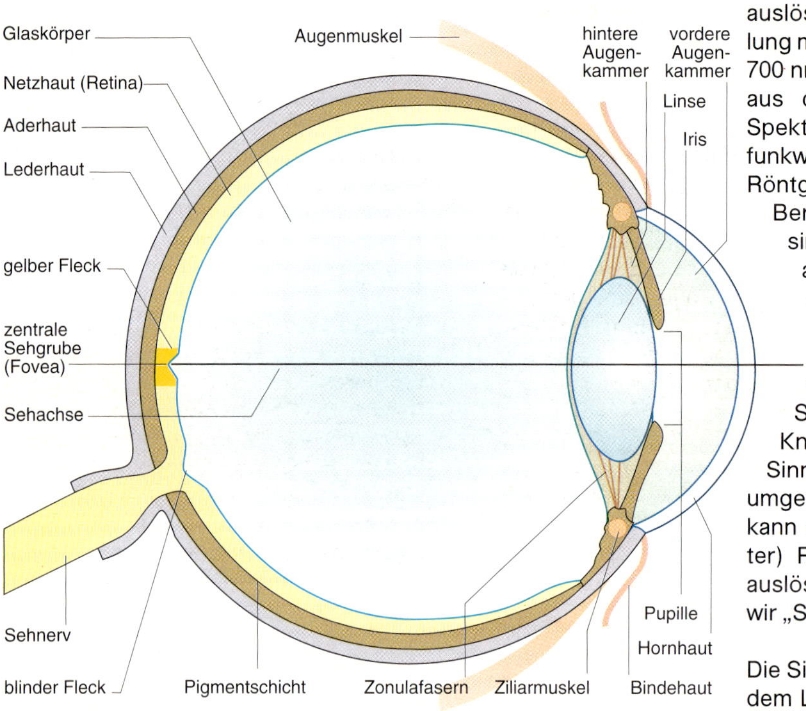

1 Horizontalschnitt durch das rechte Auge

Dioptrie (dpt)
Maß für die Brechkraft einer Linse
$1 \text{ dpt} = \frac{1}{f} (m^{-1})$
(f = Brennweite)

befindet sich der gelartige *Glaskörper,* dem die Netzhaut *(Retina)* anliegt. Es folgen *Pigmentschicht, Aderhaut* und *Lederhaut.*

Mit Ausnahme der Netzhaut, in der Millionen von Sinneszellen eng beieinanderstehen, handelt es sich bei dem komplexen Aufbau des Auges um Hilfsstrukturen, die u. a. der Bilderzeugung dienen. Hornhaut, Linse, vordere Augenkammer und Glaskörper bilden den lichtbrechenden *(dioptrischen) Apparat.* An den sphärisch gekrümmten Grenzflächen der Hornhaut treten Lichtstrahlen aus dem optisch weniger dichten (schwächer lichtbrechenden) Medium Luft in die Hornhaut mit höherer Lichtbrechung ein *(Brechungsindex* Luft 1, Hornhaut 1,37). Beim Übergang vom Kammerwasser in die Linse (Brechungsindex 1,40) erfolgt eine weitere Brechung; dann werden die Lichtstrahlen ungebrochen durch den Glaskörper zur Netzhaut geleitet. Die Brechkraft von Hornhaut und Kammerwasser beträgt zusammen 43 *Dioptrien,* die der veränderlichen Linse zwischen 18 und 32 Dioptrien.

Wenn wir Licht wahrnehmen, dann ist der auslösende Reiz elektromagnetische Strahlung mit einer Wellenlänge zwischen 400 und 700 nm. Dies ist nur ein schmaler Ausschnitt aus dem gesamten elektromagnetischen Spektrum; nicht zu sehen sind z. B. Rundfunkwellen, Wärmestrahlen, Ultraviolett- und Röntgenstrahlen. Nur Wellenlängen aus o. g. Bereich sind adäquate Reize für die Lichtsinneszellen. Werden die Sinneszellen adäquat gereizt, können bereits sehr geringe Energiemengen Erregungen auslösen. Hier wird aber nicht Lichtenergie in elektrische Energie umgewandelt. Das Licht ist Auslöser für die Spannungsänderungen, ähnlich wie ein Knopfdruck einen Gong ertönen läßt. An Sinneszellen können Reize in Erregung umgewandelt werden *(Transduktion).* Dabei kann auch ein ungeeigneter (nicht adäquater) Reiz mit hoher Intensität Erregungen auslösen: Bei einem Schlag aufs Auge sehen wir „Sterne“.

Die Sinneszellen der Netzhaut liegen auf der dem Licht abgewandten Seite. Es sind zwei mikroskopisch unterscheidbare Rezeptortypen: Die schlanken *Stäbchen,* die dem Hell-Dunkelsehen, und die kegelförmigen *Zapfen,* die dem Farbensehen dienen. Die Sinneszellen haben synaptische Kontakte mit Bipolarzellen und diese mit den Ganglienzellen, deren Nervenfasern zum Sehnerv vereinigt werden. Quer dazu verschalten die *Horizontalzellen* und *Amakrinen.* Dadurch kann die Erregung einer Sinneszelle mehr als eine Ganglienzelle beeinflussen. Andererseits gibt es wesentlich mehr Sinneszellen als Ganglienzellen. 120 Millionen Stäbchen und 6 Millionen Zapfen stehen gerade 1 Million Ganglienzellen gegenüber. Stäbchen und Zapfen sind unterschiedlich dicht auf der Netzhaut verteilt (Abb. 133.2). Im Zentrum, dort wo das Licht eines fixierten Punktes auf die Netzhaut fällt, gibt es nur Zapfen. Diese

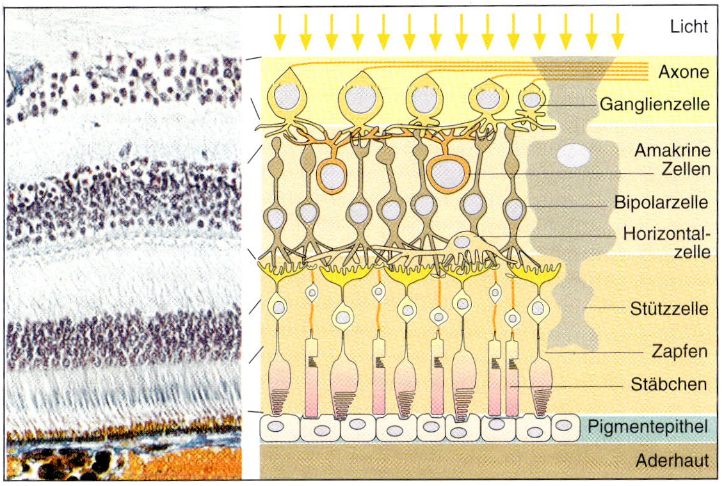

1 Netzhautquerschnitt

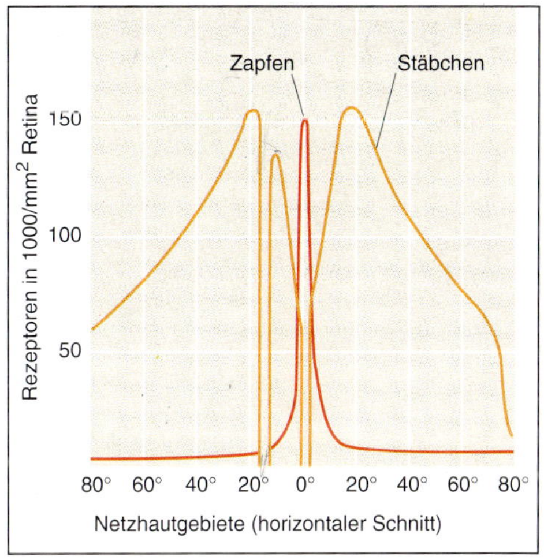

2 Verteilung der Rezeptoren auf der Netzhaut

Stelle der Netzhaut heißt *zentrale Sehgrube (Fovea)* und ist leicht eingetieft. Nur hier kommt auf jeden Zapfen eine Ganglienzelle. Deshalb müssen wir Gegenstände, die wir deutlich sehen wollen, so betrachten, daß sie auf diesem Bereich abgebildet werden. Überhaupt sind die Rezeptoren im Zentrum dichter gepackt als an der Peripherie. Es gibt einen Bereich ganz ohne Rezeptoren, den *Blinden Fleck.* Dort tritt der Sehnerv durch die Netzhaut.

Die unterschiedliche Verknüpfungsart der Lichtrezeptoren bedeutet, daß je weniger Sehzellen zusammengeschaltet sind, desto mehr Bildpunkte getrennt wahrgenommen werden, die *Sehschärfe* also um so größer ist. Je mehr Rezeptoren auf eine Ganglienzelle geschaltet sind, desto mehr Erregungen laufen in dieser ein und desto lichtempfindlicher ist die Netzhaut an dieser Stelle.

Aufgaben

① Halbieren Sie ein tiefgefrorenes Rinderauge mit einer Feinsäge von hinten mitten durch den Sehnerv und die Pupille. Decken Sie die glattgestrichene Schnittfläche mit einer Petrischalenhälfte so ab, daß Sie auf die Glasfläche eine Folie auflegen können. Zeichnen Sie nun alle erkennbaren Strukturen und benennen Sie diese mit Hilfe von Abbildung 132.1.

② Ermitteln Sie in Abbildung 2 den Blinden und Gelben Fleck aus der Verteilung der Rezeptoren. Begründen Sie.

Gesichtsfeld

Unter dem Gesichtsfeld versteht man jenen Teil der Umwelt, der mit starrem Geradeaussehen wahrgenommen wird. Hierbei unterscheidet man zwischen einäugigem *(monokularem)* und *binokularem* Gesichtsfeld. Die Grenzen und Ausfälle innerhalb des Gesichtsfeldes lassen sich ausmessen. Die Abbildung zeigt das monokulare Gesichtsfeld des rechten Auges.

Untersucht man ausschließlich Hell-Dunkel-Wahrnehmungen, so ist das Gesichtsfeld am größten. Für Farbwahrnehmungen ist das Gesichtsfeld dagegen eingeschränkt. Die Abbildung zeigt ferner einen Gesichtsfeldausfall, verursacht durch den Blinden Fleck, der im täglichen Leben jedoch nicht bemerkt wird.

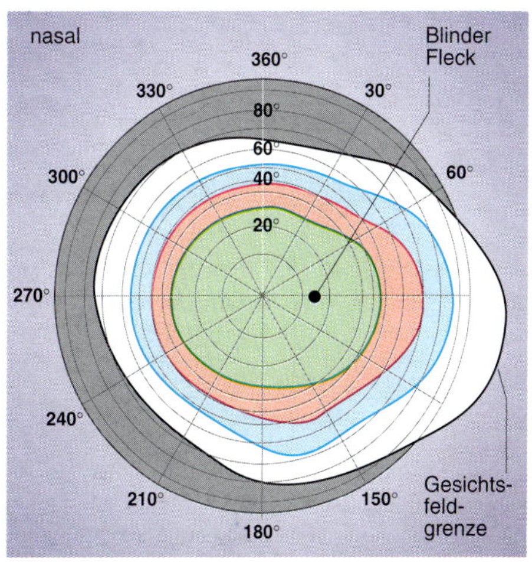

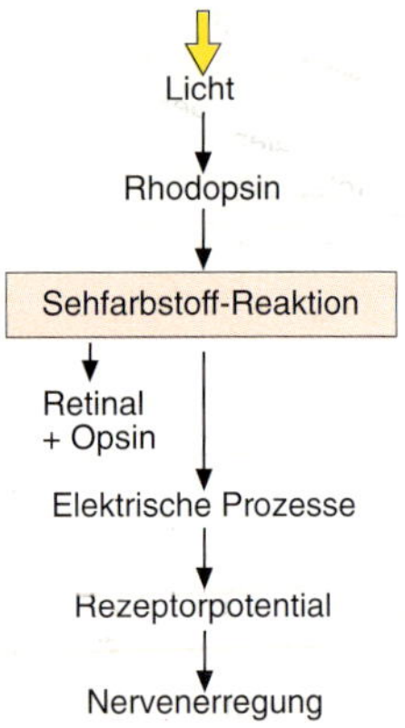

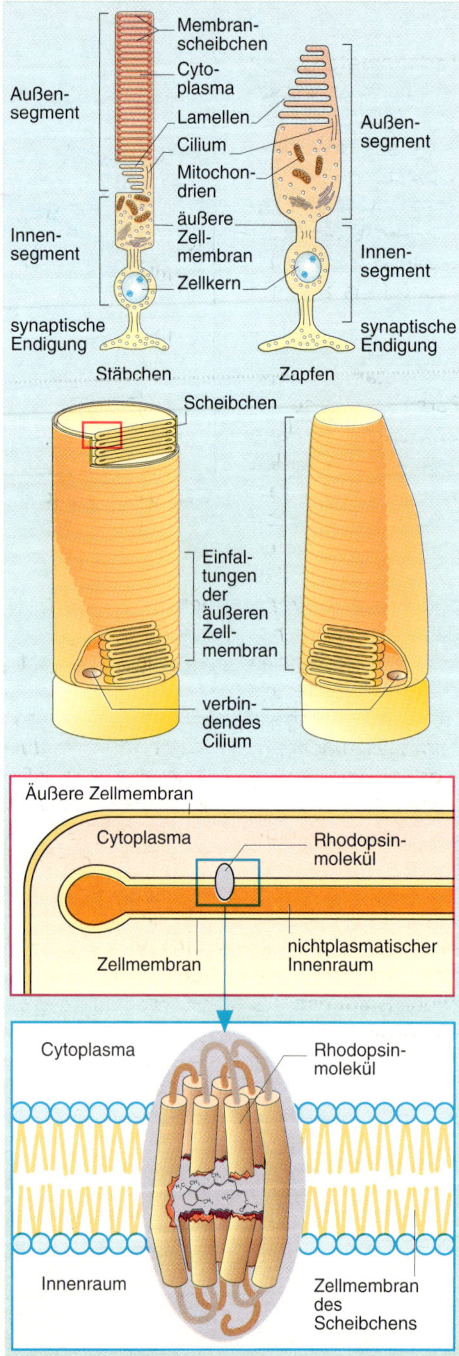

1 Bau der Lichtsinneszellen

Lichtsinneszellen

Bei Stäbchen und Zapfen (Abb. 1) lassen sich je drei Regionen unterscheiden: Das am weitesten vom Licht abgewandte *Außensegment,* das *Innensegment* mit Zellkern und Mitochondrien sowie die *synaptische Endigung,* wo die Erregung auf Bipolarzellen oder Horizontalzellen übertragen wird. Das Außensegment der Stäbchen enthält die durch Einfaltungen und Abschnürungen der äußeren Zellmembran entstandenen Scheibchen *(Discs).* Die Scheibchenmembran enthält den Sehpurpur, das *Rhodopsin.*

Das Rhodopsinmolekül ist groß genug, um durch die Membran der Discs hindurchzureichen. Es ist eine Verbindung aus dem Eiweiß *Opsin* und dem Farbstoff *Retinal,* dem Aldehyd des Alkohols Retinol, den wir als Vitamin A mit der Nahrung aufnehmen. In unbelichtetem Zustand hat das Retinal eine abgeknickte Form (11-*cis*-Retinal), bei Belichtung streckt sich das Retinalmolekül in die all-*trans*-Form (Abb. 2): Aus Rhodopsin ist *Metarhodopsin* geworden. Innerhalb etwa einer Millisekunde nach Auftreffen des Lichts — wobei nur ein einziges Lichtquant zur Auslösung der Reaktion genügt — setzt das instabile Metarhodopsin eine biochemische Kaskade in Gang, die Hunderttausende anderer Moleküle reagieren läßt und damit die lichtaktivierte Reaktion nur eines Moleküls immens verstärkt. Ein *Rezeptorpotential* wird aufgebaut.

Im Rhodopsinzyklus wird das Ausgangsmolekül unter Energieumsetzung regeneriert: Nach Reduktion des all-*trans*-Retinals zu all-*trans*-Retinol bildet das Enzym *Isomerase* die gekrümmte 11-*cis*-Form. Das Retinol wird zu Retinal oxidiert, welches sich mit dem Opsin zu Rhodopsin verbindet.

Der Zerfall des Rhodopsins ist vermutlich eng mit dem Ca^{2+}-Haushalt der Zelle verknüpft, der seinerseits die Na^{+}-Schleusen der Zellmembran beeinflußt. Das Ruhepotential der Wirbeltiersinneszelle ist mit −20 mV relativ hoch, weil im Dunkeln die Na^{+}-Kanäle dauernd geöffnet sind. Bei Belichtung diffundieren Ca^{2+}-Ionen aus den Discs an die Außenmembran, verschließen die Na^{+}-Kanäle und stoppen den Na^{+}-Einstrom. Die Folge ist eine Vertiefung des Potentials, eine *Hyperpolarisation* (s. Randspalte). Die Synapse der Lichtsinneszelle reagiert darauf mit Transmitterausschüttung, was auf dem folgenden Neuron Aktionspotentiale auslöst.

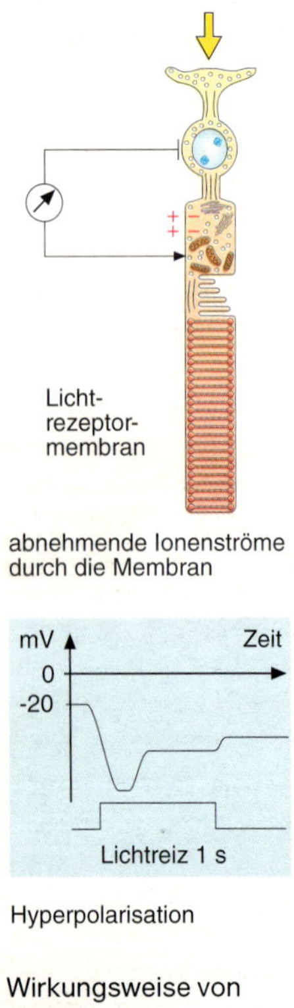

Wirkungsweise von Stäbchen aus dem Wirbeltierauge (schem. Darstellung)

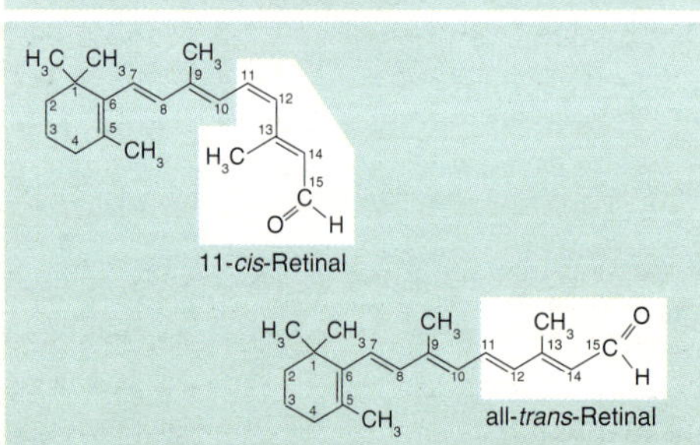

2 Lichtaktivierte Reaktion des Sehfarbstoffes

Adaptation

Gehen wir aus einem hell erleuchteten Raum in die Nacht, können wir fast nichts mehr sehen. Erst nach einer Weile sind Einzelheiten schwach beleuchteter Gegenstände wieder sichtbar. Die Empfindlichkeit unseres Sehsystems paßt sich langsam an die viel geringere Beleuchtungsstärke in der Umgebung an. Dieser Anpassungsvorgang wird *Dunkeladaptation* genannt und dauert bis zu einer halben Stunde (Abb. 1).

Gemessen wird die Dunkeladaptation mit folgendem Versuch: Eine Person blickt auf einen sehr hell erleuchteten Schirm, der dann verdunkelt wird. In kurzen Zeitabständen wird dann jeweils geprüft, wie hell ein Leuchtpunkt gerade sein muß, damit er von der Versuchsperson noch wahrgenommen wird. Die kleinste Reizstärke, die noch eine Empfindung auslöst, wird *Schwellenreizstärke* genannt. Bei normalsichtigen Versuchspersonen werden zwei Kurven gemessen (Abb. 1). Die eine außerhalb der zentralen Sehgrube, die in zwei Schwüngen niedrigere Schwellenreizstärken erreicht. Die andere in der zentralen Sehgrube, die zuerst ähnlich verläuft, dann aber bei mehr als 1000fach höherer Schwellenreizstärke konstant bleibt.

In der zentralen Sehgrube befinden sich nur Zapfen. Die zweite Kurve kann damit als Adaptationskurve der Zapfen gedeutet werden. Im Bereich außerhalb der zentralen Sehgrube befinden sich sowohl Stäbchen als auch Zapfen. Der obere Kurventeil kann damit der *Zapfenadaptation* zugeordnet werden, der untere der *Stäbchenadaptation.* Stäbchen wären dann nach mindestens 10 Minuten Dunkeladaptation empfindlicher als Zapfen, d. h. Stäbchen sprechen dann auf geringere Lichtstärken an. Stäbchen ermöglichen Sehen bei Schwachlicht *(skotopisches Sehen).* Zapfen sprechen nur auf Starklicht an *(fotopisches Sehen).* Der vollständige Verlust der Stäbchenfunktion führt beim Menschen zur Nachtblindheit. Menschen ohne Zapfenfunktion sehen die Welt, wie sie uns bei sehr schwachem Licht erscheint: schwarz-weiß schattiert und ganz ohne einen Farbton.

Die Dunkeladaptation dauert deshalb so lange, weil fast das gesamte Rhodopsin ausgeblichen ist. Es dauert ungefähr 30 Minuten, bis es vollkommen regeneriert ist. Dann aber genügt sehr wenig Licht, um in den Stäbchen eine Reaktion auszulösen. In den Zapfen hingegen ist der Sehfarbstoff geringer konzentriert, so daß viel höhere Lichtintensitäten zur Auslösung der Reaktion *(Transduktion)* nötig sind.

Adaptationsleistung der Iris

Beleuchtungsstärken

Mondlicht: 0,01 lux
Sommertag: 100 000 lux
Leuchtdichtenverhältnis: 1 : 10 000 000

Größe der Pupille: von 4 bis 64 mm²
Regelbereich der Pupille: 1 : 16

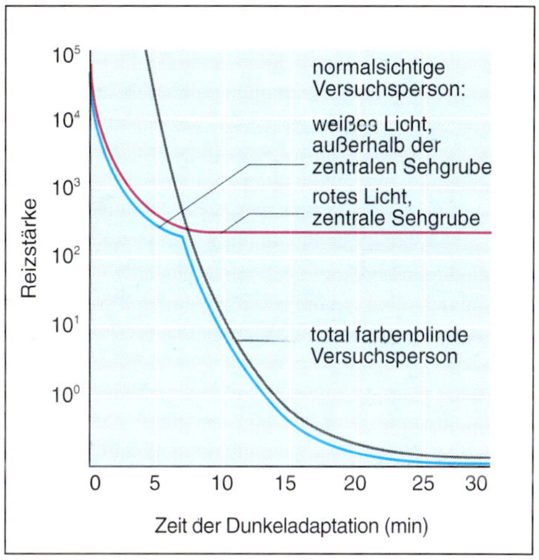

1 Dunkeladaptationskurven

Die Anpassung unseres Sehsystems an Helligkeit *(Helladaptation)* verläuft wesentlich schneller. Dies läßt sich leicht beobachten, wenn man nach längerem Aufenthalt im Dunkeln einen hell erleuchteten Raum betritt. Durch die großen Intensitätsunterschiede kommt es zur vorübergehenden *Blendung,* die mit einer herabgesetzten Empfindlichkeit und gestörter Formwahrnehmung einhergeht. Innerhalb von 15 bis 60 Sekunden paßt sich das System an, die Sicht ist wieder gut. Die größere Anpassungsgeschwindigkeit bei der Helladaptation läßt sich dadurch erklären, daß der Rhodopsinzerfall in den Stäbchen nur wenig Zeit braucht und dann die weniger empfindlichen Zapfen reagieren können.

Adaptation wird zu einem geringen Teil von der Iris geleistet (s. Randspalte). Hauptsächlich sind es Vorgänge in den Sinneszellen. Deshalb können einzelne Bereiche der Retina in verschiedene Adaptationszustände versetzt werden. Beobachten läßt sich dies an den sog. Nachbildern. Fixiert man für kurze Zeit eine kontrastreiche Fläche und blickt danach auf eine einheitliche Fläche, sieht man ein negatives Nachbild (s. Seite 139).

Aufgabe

① Nachts sind Navigationsinstrumente auf Schiffsbrücken oder in Flugzeugcockpits oft rot beleuchtet. Warum wählt man keine weiße Beleuchtung (s. Abb. 140.1)?

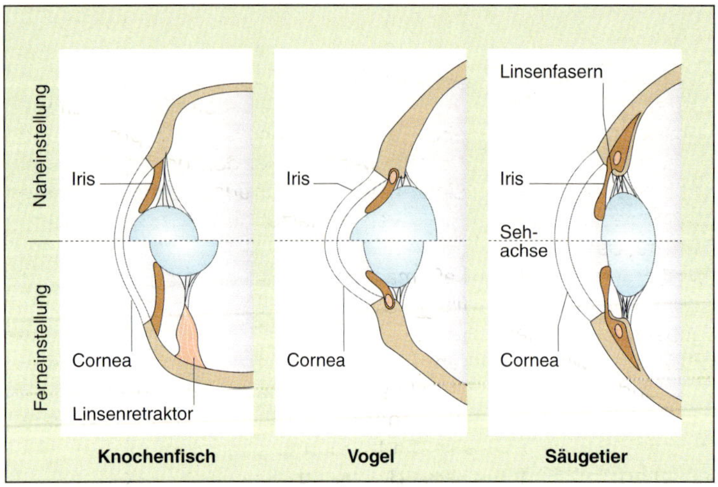

1 Akkommodation bei Knochenfisch (a), Vogel (b) und Säuger (c)

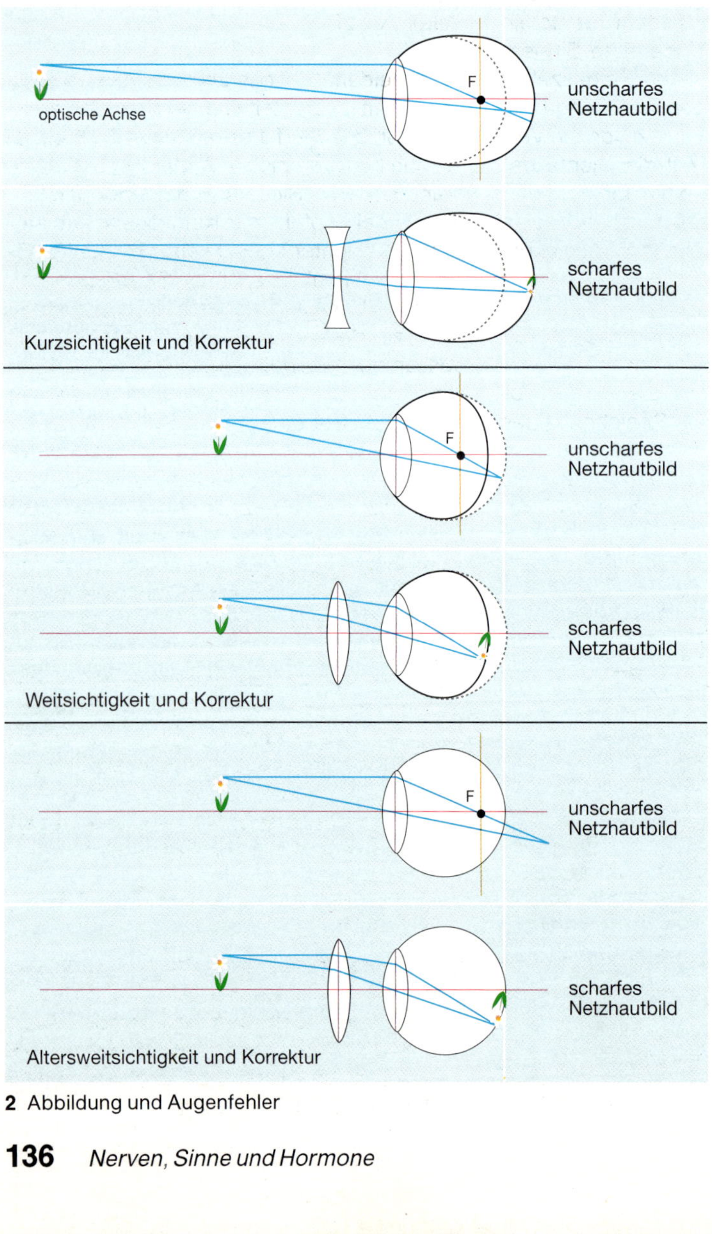

2 Abbildung und Augenfehler

Akkommodation und Sehfehler

Alle Wirbeltieraugen können *akkommodieren,* um unterschiedlich weit entfernte Gegenstände scharf abzubilden. Durch die Regulierung der Entfernung zwischen Linse und Retina erfolgt bei Fischen eine aktive *Fernakkommodation,* bei Amphibien eine aktive *Nahakkommodation.* Bei den übrigen Wirbeltieren wird durch Muskelarbeit die Krümmung der Linse und damit ihre Brechkraft verändert. So wird bei Reptilien und Vögeln die stärkere Linsenkrümmung durch direkten Druck der umgebenden Muskulatur erreicht.

Bei den Säugetieren ist die elastische Linse ringsherum an Fäden, den *Zonulafasern,* aufgehängt, die zugfest mit dem *Ciliarmuskel* verbunden sind. Der Augeninnendruck spannt die Linsenfasern passiv, wodurch die Linse abgeflacht wird. In dieser Ruhestellung ist die Brechkraft der Linse klein, das Auge ist auf die Ferne eingestellt *(fernakkommodiert).* Beim Blick in die Nähe kontrahiert sich der ringförmige Ciliarmuskel, wodurch sich der Innenraum verengt und die Zonulafasern erschlaffen. Durch ihre Eigenelastizität kugelt sich die Linse stärker ab, ihre Brechkraft steigt, das Auge ist *nahakkommodiert.*

Ein in seiner Form veränderter Augapfel führt zu unscharfen Bildern: Bei *Kurzsichtigkeit* werden ferne Gegenstände unscharf, nahe jedoch scharf gesehen. Die Ursache ist ein zu langer Augapfel, bei dem die Brechkraft der Linse auch bei stärkster Abflachung in der Ferneinstellung noch zu groß ist, so daß das Bild vor der Netzhaut entsteht. Brillen mit Zerstreuungslinsen gleichen dies aus. *Weitsichtige* können ferne Dinge deutlich, nahegelegene jedoch nur unscharf sehen. Die Ursache ist ein zu kurzer Augapfel, dessen Nahpunkt bei maximaler Linsenkrümmung bei 20 cm liegt. Bei weiterer Annäherung entsteht ein Bild, das erst hinter der Netzhaut scharf würde. Brillen mit Sammellinsen brechen die Lichtstrahlen zusätzlich.

Mit zunehmendem Alter nimmt die Elastizität der Linse ab. Damit vermindert sich die Fähigkeit zur Nahakkommodation, so daß nahe Gegenstände nicht mehr scharf auf der Netzhaut abgebildet werden. Dies nennt man *Altersweitsichtigkeit.* Durch eine Brille mit Sammellinsen wird die fehlende Brechkraft der Augenlinse bei Naheinstellung ausgeglichen.

Auflösungsvermögen

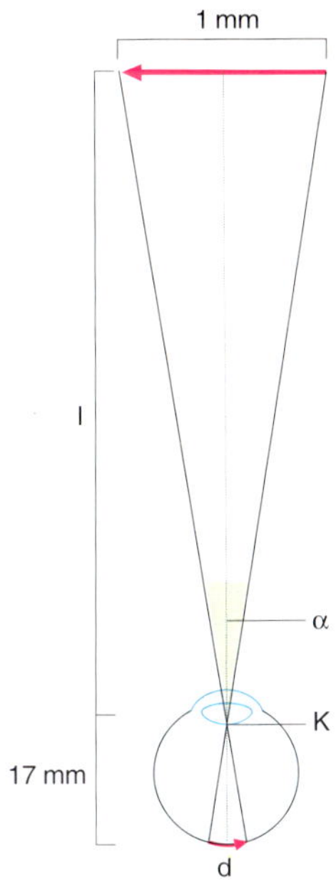

Sehschärfe

Die Fähigkeit, mit bloßem Auge kleinste Einzelheiten zu unterscheiden, ist begrenzt. Ein Blick durch Lupe oder Mikroskop dagegen läßt zuvor für uns nicht sichtbare Strukturen erkennen. Die Fähigkeit, zwei nahe beieinander liegende Punkte als zwei einzelne Punkte zu sehen, wird *räumliches Auflösungsvermögen* genannt. Dieses wird meist als Sehwinkel α angegeben (s. Randspalte). Der Wert liegt bei etwa 50 Bogensekunden. Dies entspricht der Entfernung 0,06 mm zwischen zwei Punkten bei einem Abstand zum Auge von ca. 25 cm.

Was der Arzt bei einem Sehschärfetest prüft, ist das Auflösungsvermögen an der Stelle schärfsten Sehens auf der Netzhaut. Dazu wird das Objekt fixiert, damit dessen Licht in die zentrale Sehgrube fällt. Um beispielsweise eine Einzelheit der Leseprobentafeln zu erkennen, muß eine ungereizte Sinneszelle zwischen zwei gereizten Sinneszellen liegen. Dies gilt für die zentrale Sehgrube, wo Sinneszellen und Ganglienzellen ein Verhältnis von 1:1 haben. Weil die Dichte der Sinneszellen zur Peripherie hin abnimmt und dort auch viele Sinneszellen auf nur eine Ganglienzelle geschaltet sind, nimmt hier die Sehschärfe bis auf $\frac{1}{20}$ ab.

Begrenzt ist auch die Fähigkeit, zwei zeitlich kurz aufeinander folgende Lichtreize als solche zu erkennen, also das *zeitliche Auflösungsvermögen.* Von den Speichen eines schnelldrehenden Rades ist nur noch ein durchscheinendes Grau zu sehen. Die Begrenztheit des zeitlichen Auflösungsvermögens ist die Grundlage für den Kinofilm und das Fernsehen. Ein Filmstreifen enthält viele einzelne Bilder, von denen 25 pro Sekunde gezeigt werden. Bei den geringen Leuchtdichten reicht dies aus, um die einzelnen Bilder verschmelzen zu lassen (Abb. 1).

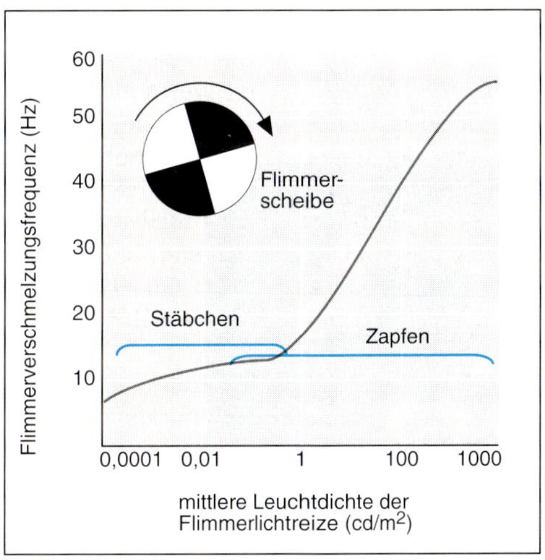

1 Flimmerverschmelzungsfrequenz

Läßt man einen Film langsamer laufen, dann flimmert es. Beim Fernseher, der sogenannten „Flimmerkiste“, kann dies auch passieren. Die Frequenz, mit der ein Elektronenstrahl das Bild aufbaut, bleibt zwar konstant (25 Bilder pro Sekunde). Aber die kritische Flimmerfrequenz des Auges wird unter stärkerer Beleuchtung und am Rande des Gesichtsfeldes unterschritten. Moderne Monitore arbeiten deshalb mit höheren Frequenzen. Für Insekten reicht auch dies noch nicht – sie lösen bis zu 200 Lichtreize pro Sekunde auf.

Entscheidend für das zeitliche Auflösungsvermögen ist die Zeit von der lichtaktivierten Reaktion des Sehfarbstoffs über die biochemische Kaskade bis zur Änderung der Membranspannung. Sie dauert bei Stäbchen länger als bei Zapfen. Während dieser Zeit eintreffende Lichtstrahlung kann zu einer Erhöhung der Membranspannung beitragen. Die längere Verarbeitungszeit bei Stäbchen trägt zu deren hoher Empfindlichkeit bei, begrenzt aber deren zeitliches Auflösungsvermögen. Die Verarbeitungszeit bei Zapfen ist kürzer. Sie benötigen aber mehr Licht, ehe die Membranspannung sich verändert. Deshalb ist ihr zeitliches Auflösungsvermögen besser, wenn genügend Licht vorhanden ist. Bei hohen Frequenzen ist die Verarbeitungszeit länger als die Zeit zwischen den Lichtblitzen. Die Membranspannung bleibt dann gleich hoch.

Tritt der Lichtreiz kurz nacheinander an unterschiedlichen Stellen auf, wird eine Bewegung wahrgenommen, wobei es sich um eine Scheinbewegung handeln kann. Kino und Fernsehen arbeiten mit diesem Effekt, wenn ein Gegenstand kurz nacheinander an verschiedenen Stellen projiziert wird.

Aufgabe

① Bestimmen Sie die Entfernung l, in der eine Versuchsperson ein 1 mm-Raster bei guter Beleuchtung gerade noch scharf sehen kann (s. Randspalte). Berechnen Sie die Größe des abgebildeten Rasters auf der Netzhaut.

Botenstoffe im Körper

Wenn es das erste Mal im Spätherbst kalt wird und überraschend Frost kommt, sind wir gegenüber Kälte besonders empfindlich. Wir frieren oft. Nach ein bis zwei Wochen ist man besser an die niedrigen Temperaturen angepaßt. Der Körper produziert mehr Wärme. Diese Anpassung erfolgt langsam und bleibt über Wochen und Monate erhalten.

Die Steigerung der Wärmeproduktion geht auf die Wirkung eines Stoffes zurück, der vermehrt von der Schilddrüse in den Blutkreislauf abgegeben wird. Dieser *Botenstoff, Thyroxin* genannt, veranlaßt den Körper, mehr energiereiche Substanzen abzubauen. Dadurch wird mehr Wärme erzeugt. Die Menge an Thyroxin im Blut ist ein Maß für den Energieumsatz des Körpers im Ruhezustand *(Grundumsatz)*.

Stoffe, die von Drüsen in geringen Mengen direkt in den Blutkreislauf abgegeben werden und Informationen übermitteln, heißen *Hormone*. Mit dem Blutstrom kreisen sie durch den Körper und gelangen zu allen Organen. Doch nur an bestimmten Organen, den *Erfolgsorganen*, befinden sich *Rezeptoren*, zu denen das Hormon paßt wie ein Schlüssel zum Schloß. Verbinden sich Hormon und Rezeptor, so entfaltet das Hormon seine spezifische Wirkung. Dazu genügen bereits geringste Hormonmengen.

Die Informationsübertragung durch Hormone erfolgt wesentlich langsamer als durch Nerven. Die Wirkung hält dafür länger an, weil Hormone eine Zeitlang im Blutkreislauf bleiben und nur allmählich abgebaut werden.

Das Hormonsystem besteht aus verschiedenen Drüsen. Die Abbildung 1 zeigt ihre Lage im Körper und nennt einige wichtige Hormone und deren Wirkung im Stoffwechsel. An der Unterseite des Zwischenhirns, dem *Hypothalamus*, sitzt die übergeordnete Zentrale des Hormonsystems, die *Hypophyse* oder *Hirnanhangsdrüse*. Sie ist etwa erbsengroß, wiegt nur ½ Gramm und besitzt zwei Abschnitte, den Vorder- und Hinterlappen. Über den Hypothalamus sind Hormon- und Nervensystem miteinander verknüpft.

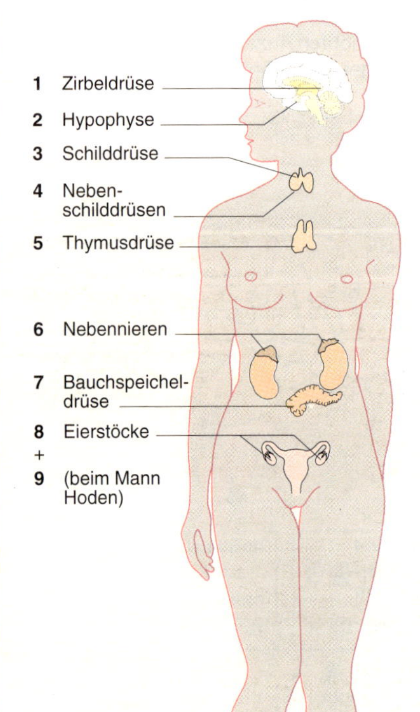

Drüse	Hormon	Wirkung
2	**Hypophysen-Vorderlappen**	
	Somatotropin	Knochenwachstum, Eiweißsynthese
	Thyreotropin (TSH)	Anregung der Schilddrüse zur Thyroxinausschüttung
	Corticotropin (ACTH)	regt Nebennierenrinde an
	Follikelstimulierendes Hormon (FSH)	Entwicklung von Ei- und Spermazellen; Östrogenbildung
	Luteinisierendes Hormon (LH)	Anregung der Progesteronbildung; Eisprung
	Hinterlappen	
	Adiuretin	Regelung des Wasserhaushalts
	Oxytocin	Auslösen der Wehen
3	*Thyroxin*	Steigerung des Grundumsatzes, Wachstum
6	*Cortisol* (in der Rinde)	Ab- und Umbau von Eiweißen zu Glukose
	Adrenalin (im Mark)	Glykogenabbau, Steigerung des Blutzuckerspiegels
7	*Insulin*	Senkung des Blutzuckerspiegels, Glykogenbildung
	Glukagon	Steigerung des Blutzuckerspiegels, Glykogenabbau
8	*Östrogene*	Ausbildung weiblichen Sexualorgane, Zyklusregelung
	Progesteron	Erhaltung der Schwangerschaft
9	*Testosteron*	Ausbildung männlichen Geschlechtsmerkmale, Muskelzunahme

1 Hormondrüsen des menschlichen Körpers und ihre Aufgaben

Die Schilddrüse

In der Schilddrüse *(Thyreoidea)*, die vor dem Kehlkopf liegt und Luft- und Speiseröhre seitlich umfaßt, werden zwei gleichsinnig wirkende Hormone produziert: das Tetraiodthyronin *(Thyroxin)* und das Triiodthyronin. Letzteres ist das wirksamere, es liegt aber in geringerer Konzentration im Blut vor und hat die kürzere *biologische Halbwertszeit*. Thyroxin steigert den Grundumsatz in Leber- und Muskelzellen, indem es in deren Mitochondrien eine erhöhte Enzymaktivität auslöst. An Nervenzellen aktiviert Thyroxin die Na^+-K^+-Ionenpumpen der Membran. Beide Hormone beeinflussen auch das Körperwachstum.

Der Thyroxingehalt des Blutes wird ständig kontrolliert und den jeweiligen Erfordernissen angepaßt. Daran sind der Hypothalamus und die Hypophyse nach dem Prinzip eines Regelkreises beteiligt: Sinkt die Thyroxinmenge ab, so wird von der Hypophyse verstärkt das Hormon *Thyreotropin* (TSH = *Thyreoidea stimulierendes Hormon*) freigesetzt. Dieses veranlaßt die Schilddrüse, ihrerseits Thyroxin auszuschütten. Eine ausreichende Menge Thyroxin wiederum wirkt hemmend auf die Hypophyse zurück (negative Rückkopplung), die Ausschüttung von TSH unterbleibt. Die Hypophyse selbst wird vom Hypothalamus und dessen Neurohormonen, in diesem Fall dem *Thyreotropin-Releasing-Faktor* (TRF), reguliert (Abb. 1).

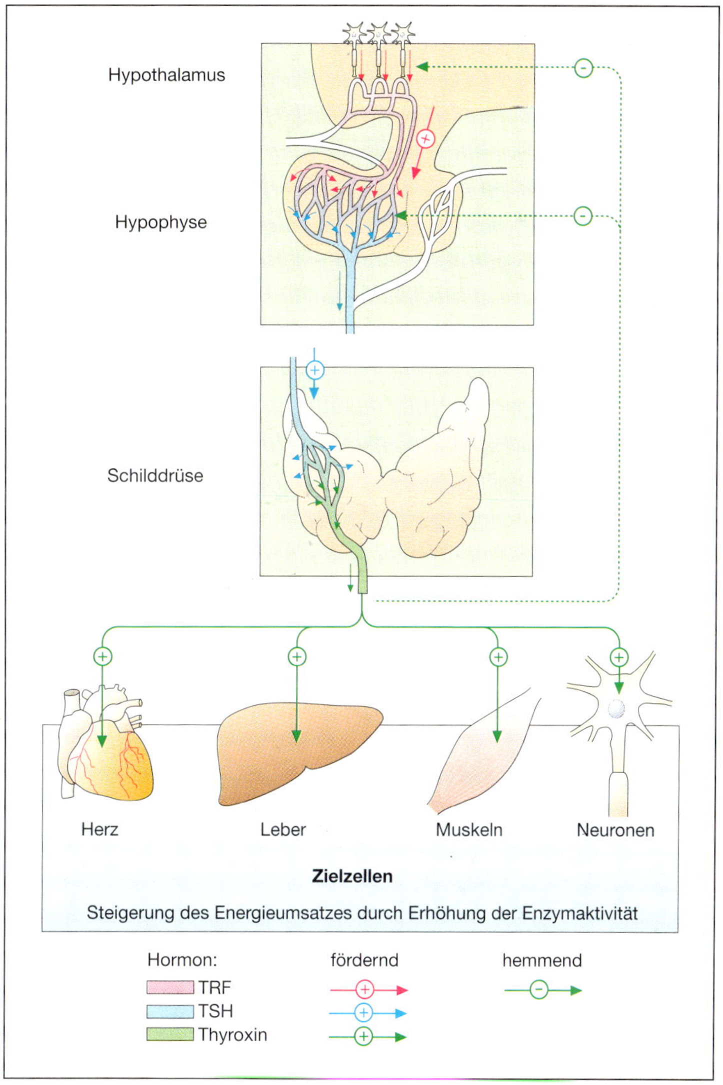

1 Regulation der Thyroxinkonzentration

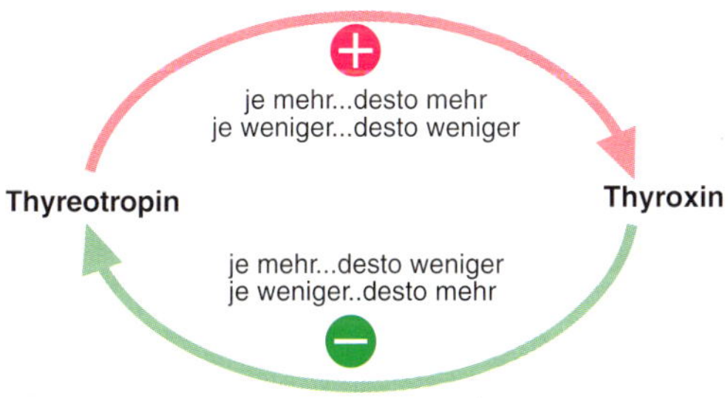

Bei Schilddrüsenunterfunktion *(Hypothyreose)* schüttet die Schilddrüse zu wenig Thyroxin aus. Die Symptome sind: Verminderte geistige und körperliche Leistungsfähigkeit, verringerter Grundumsatz, teigige Haut, Appetitlosigkeit. Ursache für diese, *Myxödem* genannte, Krankheit kann Iodmangel in der Ernährung sein, denn Iod ist ein Grundbaustein bei der Thyroxinsynthese. Die Schilddrüse versucht den Mangel durch Vergrößerung auszugleichen, es bildet sich ein Kropf. Bei angeborener Unterfunktion kommt es zu schwerwiegenden Entwicklungsstörungen *(Zwergwuchs, Kretinismus)*.

Bei Überfunktion *(Hyperthyreose)* sind Stoffwechsel, Herztätigkeit und Atmung beschleunigt, die Körpertemperatur ist erhöht und die Augen werden nach vorne gedrückt. Trotz größerer Nahrungsaufnahme magern die Patienten ab, sind nervös und haben Schlafstörungen, ein Kropf bildet sich. Man spricht von der *Basedowschen Krankheit*.

Biologische Halbwertszeit
Zeitspanne, in der die Konzentration eines Stoffes durch Abbau und/oder Ausscheidung auf die Hälfte sinkt

Aufgaben

① Hormonelle und nervöse Informationsübertragung werden oft mit der in Rundfunk und Telefon verglichen. Erläutern Sie dies.

② Stellen Sie die Regelung des Schilddrüsenhormonspiegels als Regelkreis (analog zu Abbildung 141.1) dar.

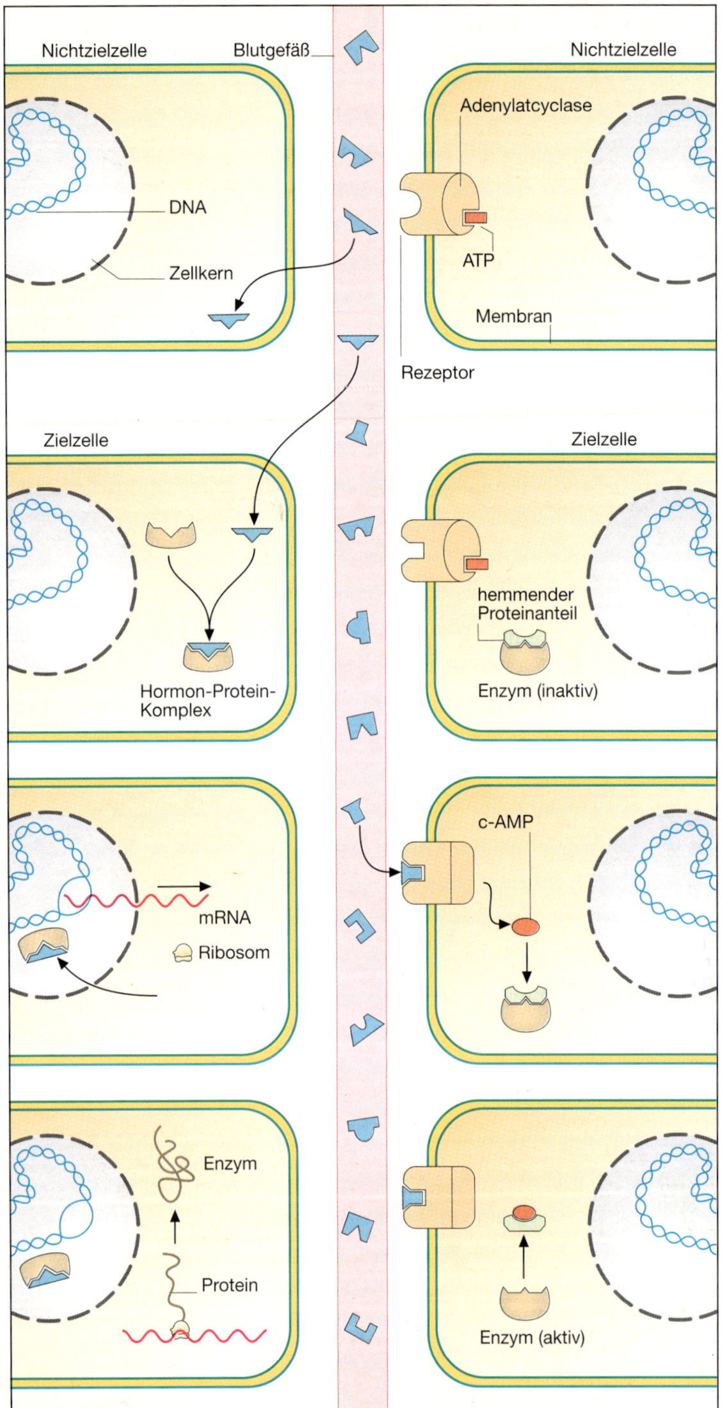

Hormonbeispiele für den dargestellten Wirkmechanismus:

- Thyroxin
- Östrogen und Progesteron (weibliche Geschlechtshormone)
- Testosteron (männliches Geschlechtshormon)
- Aldosteron (reguliert den Blutdruck)

1

Hormonbeispiele für den dargestellten Wirkmechanismus:

- Insulin und Glukagon (regulieren die Blutzuckerkonzentration)
- TSH (steuert Wachstum und Hormonproduktion der Schilddrüse)
- Vasopressin (wirkt auf die Wasserrückresorption in der Niere)

2

Zelluläre Wirkungsweise

Wenn sich aus Kaulquappen Frösche entwickeln, so werden aus Larven, mit speziellen Anpassungen an das Leben im Wasser, amphibische Landtiere. Dies bedeutet eine totale körperliche Umgestaltung *(Metamorphose)*, die durch Thyroxin geregelt wird. In diesem Stadium enthalten die Schwanzzellen viele membranumhüllte Bläschen *(Lysosomen)*. Sie speichern zwei eiweißspaltende Enzyme, deren Konzentration jetzt um bis zu 30fach über dem Wert der übrigen Gewebe liegt. Beide Enzyme bauen das Eiweißmaterial des Kaulquappenschwanzes ab, Beine und Lungen entstehen.

Fügt man Zellsuspensionen verschiedener Froschgewebe radioaktiv markiertes Thyroxin zu, läßt sich die Radioaktivität kurz darauf im Cytoplasma aller Zellen nachweisen. Das Thyroxin in den Schwanzzellen wird vorwiegend an ein bestimmtes Eiweiß gebunden *(Hormon-Protein-Komplex)*. Analysiert man Parallelproben einige Zeit später, so häuft sich die Radioaktivität in den Zellkernen der Schwanzzellen an. Bei anderen Zellen ist keine Anhäufung beobachtbar. Lediglich der Hormon-Protein-Komplex kann die Kernhülle passieren und aktiviert im Zellkern spezifische Gene. Die entsprechende m-RNA wird gebildet. An den Ribosomen im Cytoplasma werden die zugehörigen Enzyme synthetisiert, z. B. die eiweißabbauenden Enzyme in den Lysosomen (Abb. 1). Hormone mit diesem Wirkungsmechanismus sind meist lipidlösliche Nichtproteine.

Für die zweite Gruppe der Hormone — in der Regel sind es lipidunlösliche Proteine — trifft ein anderer Wirkungsmechanismus zu. Diese Substanzen können keine Zellmembran passieren. Sie werden an spezifische Rezeptormoleküle auf den Membranen der Zielzellen gebunden. Der *Hormon-Rezeptor-Komplex* aktiviert ein membrangebundenes Enzym, die *Adenylatcyclase*, auf der inneren Zellmembranseite. Dieses Enzym wandelt ATP in ein ringförmiges Nukleotid, das zyklische *Adenosin-Mono-Phosphat* (AMP), um. Dies ist ein intrazellulärer Botenstoff, der in der Zelle die Aktivierung bestimmter Enzyme bewirkt (Abb. 2).

Aufgabe

① Stellen Sie stichwortartig die unterschiedliche Wirkungsweise der beiden Hormontypen in den Zielzellen zusammen.

Metamorphose der Insekten

Die Entwicklung eines Seidenspinner- oder Fliegeneies zum ausgewachsenen Insekt ist die Folge komplexer Vorgänge. Die eigentliche Umwandlung *(Metamorphose)* von der Larve zur Imago entzieht sich in einer festen, dunkelgefärbten *(sklerotisierten)* Puppenhülle unserer Betrachtung.

Aufgaben

① An Seidenspinnerraupen wurden Transplantations- und Schnürexperimente durchgeführt. Beschreiben Sie die Experimente und ihre Ergebnisse in Abb. 1, und deuten Sie sie hinsichtlich einer möglichen Steuerung der Metamorphose.

② BUTENANDT und KARLSON gelang es im Jahre 1954 erstmals, eine Substanz zu isolieren, der sie den Namen *Ecdyson* gaben. Beschreiben Sie den Versuchsablauf in Abbildung 2, und erläutern Sie die in der Aufarbeitung deutlich werdende chemische Eigenschaft der Substanz.

③ Speicheldrüsen-Chromosomen von Fliegenlarven sind in Folge vieler Mitosen ohne Teilung besonders groß. Die Puffbildung ist im Mikroskop leicht beobachtbar. Im Versuch von Abb. 3a wurde radioaktiv markiertes Uracil zugegeben, das sich autoradiographisch als schwarze Punkte auf der Fotoplatte nachweisen läßt. Im nachfolgenden Experiment (Abb. 3b) wurde die Bildung und Wirkung eines für die Häutung wichtigen Enzyms gemessen. *N-Acetyldopamin* ist eine Substanz, die zur Sklerotisierung der Puppe führt. Beschreiben Sie die Experimente, und erläutern Sie zusammenfassend die Induktion der Metamorphose.

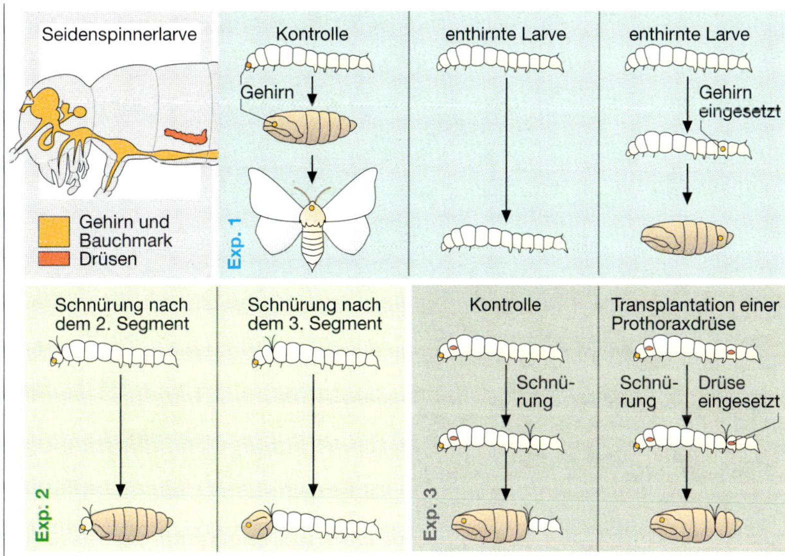

1

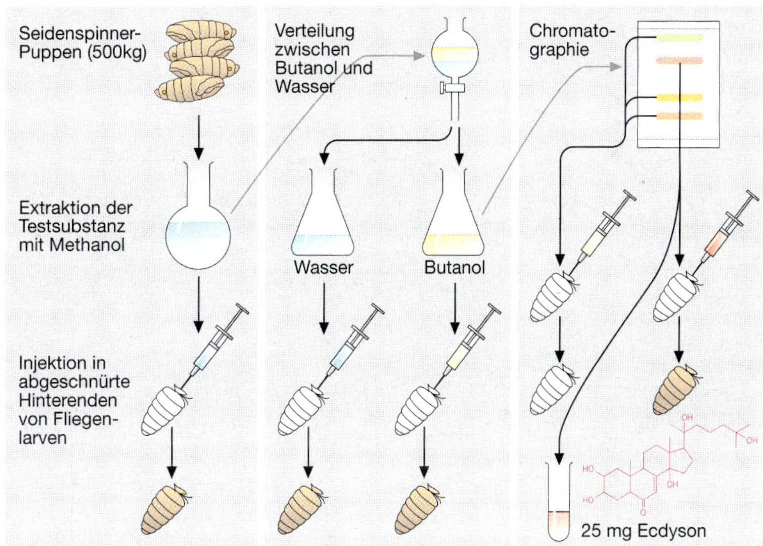

2

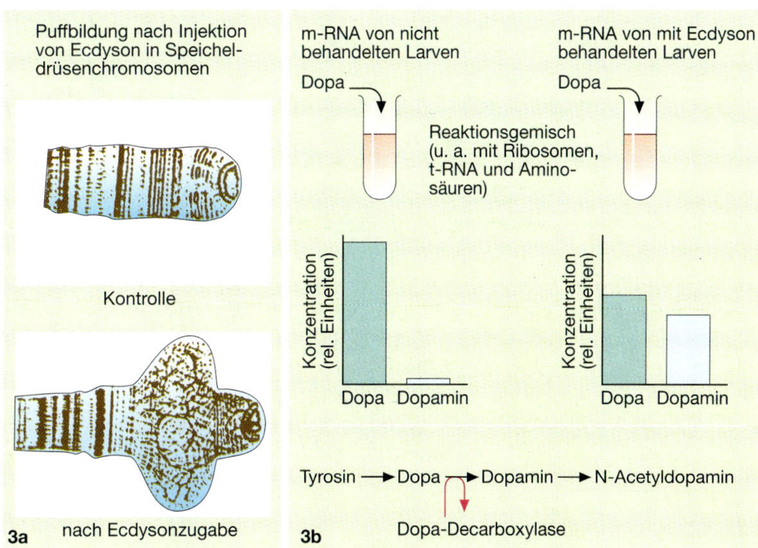

3a 3b

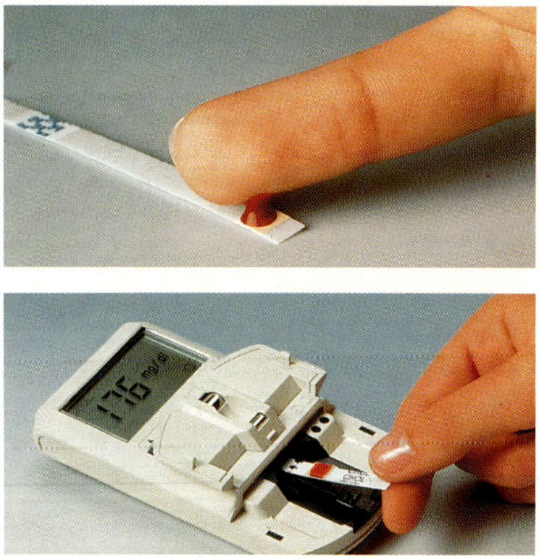

1 Blutzuckertest

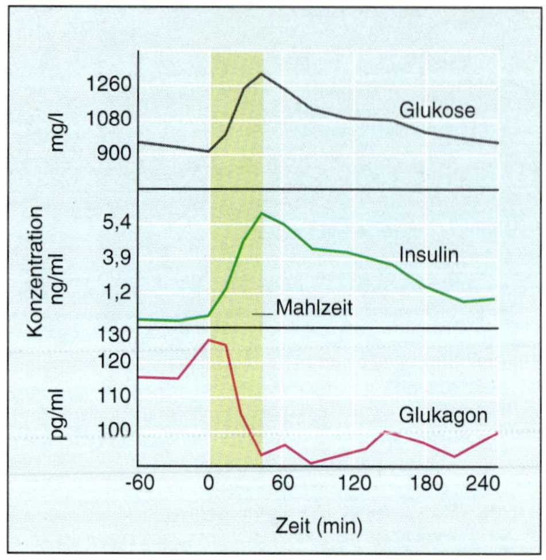

2 Konzentrationsverläufe nach einer Mahlzeit

Die Blutzuckerregulation

Blutzuckergehalt
90 mg/dl = 900 mg/l Blut.

Überschlagsrechnung:
in den ca. 7 Litern Blut eines Erwachsenen sind 7 × 900 mg = 6,3 g Glukose enthalten.
180 g Glukose ≙ 1 mol ⟶ 2836 kJ
6,3 g Glukose = 100 kJ

Energiebedarf beim Radfahren: 40 kJ/min. Der Energiegehalt des im Blut enthaltenen Zuckers reicht für ca. 2,5 min.

Nervenzellen decken ihren Energiebedarf fast ausschließlich durch Glukose. Eine Unterversorgung kann eine Verminderung der Konzentrationsfähigkeit, in extremen Fällen einen Verlust des Bewußtseins zur Folge haben. Nervenzellen können selbst nur wenig Glukose speichern. Das Blut liefert ständig Glukose nach. Die Zuckermenge im Blut eines Erwachsenen beträgt ca. 6 g. Überschlagsrechnungen zeigen, daß diese Menge lediglich reicht, um 14 min ruhig zu sitzen oder 2,5 min Fahrrad zu fahren. Danach müßte erneut Nahrung aufgenommen werden.

Es muß also einen intensiven Kohlenhydratstoffwechsel geben. Der Mensch nimmt normalerweise nur zu bestimmten Zeiten am Tag Nahrung auf. Er benötigt jedoch kontinuierlich Energie. Der Energiebedarf ist von der körperlichen Belastung abhängig. Trotzdem schwankt die Glukosekonzentration eines gesunden Menschen nur minimal. Daraus muß man folgern: Im menschlichen Körper gibt es ein Regulationssystem, das die Blutzuckerkonzentration konstant hält. Ein sogenannter *Blutzuckerbelastungstest,* bei dem man einer gesunden Person 75 g in Wasser gelöste Glukose verabreicht und in bestimmten Abständen die Zuckerkonzentration im Blut mißt, bestätigt dies. Der Blutzuckerspiegel steigt kurzfristig auf maximal 2000 mg pro Liter Blut, sinkt innerhalb von 2 Stunden jedoch wieder und pendelt sich auf die Ursprungskonzentration ein (Abb. 2). 75 000 mg Glukose hätten in ca. 7 Litern Blut Blutzuckerwerte von ca. 10 000 mg pro Liter erwarten lassen.

Mit der Nahrungsaufnahme und damit parallel zum Ansteigen der Blutzuckerkonzentration wird ein Hormon in die Blutbahn freigesetzt, das ein Absinken des Zuckergehaltes bewirkt (Abb. 2). Es handelt sich um *Insulin.* Da es in inselartigen Zellgruppen der Bauchspeicheldrüse gebildet wird, die sich deutlich vom übrigen Gewebe abheben, bekam es diesen Namen. Die Zellgruppen werden nach ihrem Entdecker als *Langerhanssche Inseln* bezeichnet. Jede Erhöhung des Glukosespiegels über den Sollwert (ca. 90 mg/l Blut) wird in speziellen Zellen der Bauchspeicheldrüse, den β-Zellen, registriert. Diese setzen Insulin ins Blut frei.

Die Wirkungsweise des Insulins ist vielfältig. Es fördert die Glukoseaufnahme durch Zellmembranen, insbesondere in die Muskel- und Fettzellen. In den Leber- und Muskelzellen stimuliert es den Aufbau von *Glykogen* aus Glukose und die Energiegewinnung durch den Glukoseabbau. Gleichzeitig hemmt es den Abbau von Glykogen. Die Synthese von Fetten und Eiweißen aus Glukose wird ebenfalls angeregt. Insulin senkt damit den Blutzuckerspiegel auf zweierlei Weise: Einerseits bewirkt es die Bildung von Glykogen und dessen Speicherung (Speicherhormon), andererseits fördert es den Verbrauch (Transport durch die Zellmembran und Steigerung des oxidativen Abbaus).

Körperliche Leistungen, selbst der Grundumsatz, werden vom Organismus überwiegend durch die freiwerdende Energie beim Glukoseabbau erbracht. In den Zellen tritt

⑥ Metamorphose durch Thyroxin geregelt
(Frosch, Seidenspinner, ...)

1. <u>Wirkungsmechanismus des Hormons</u>

Hormon - Protein - Komplex

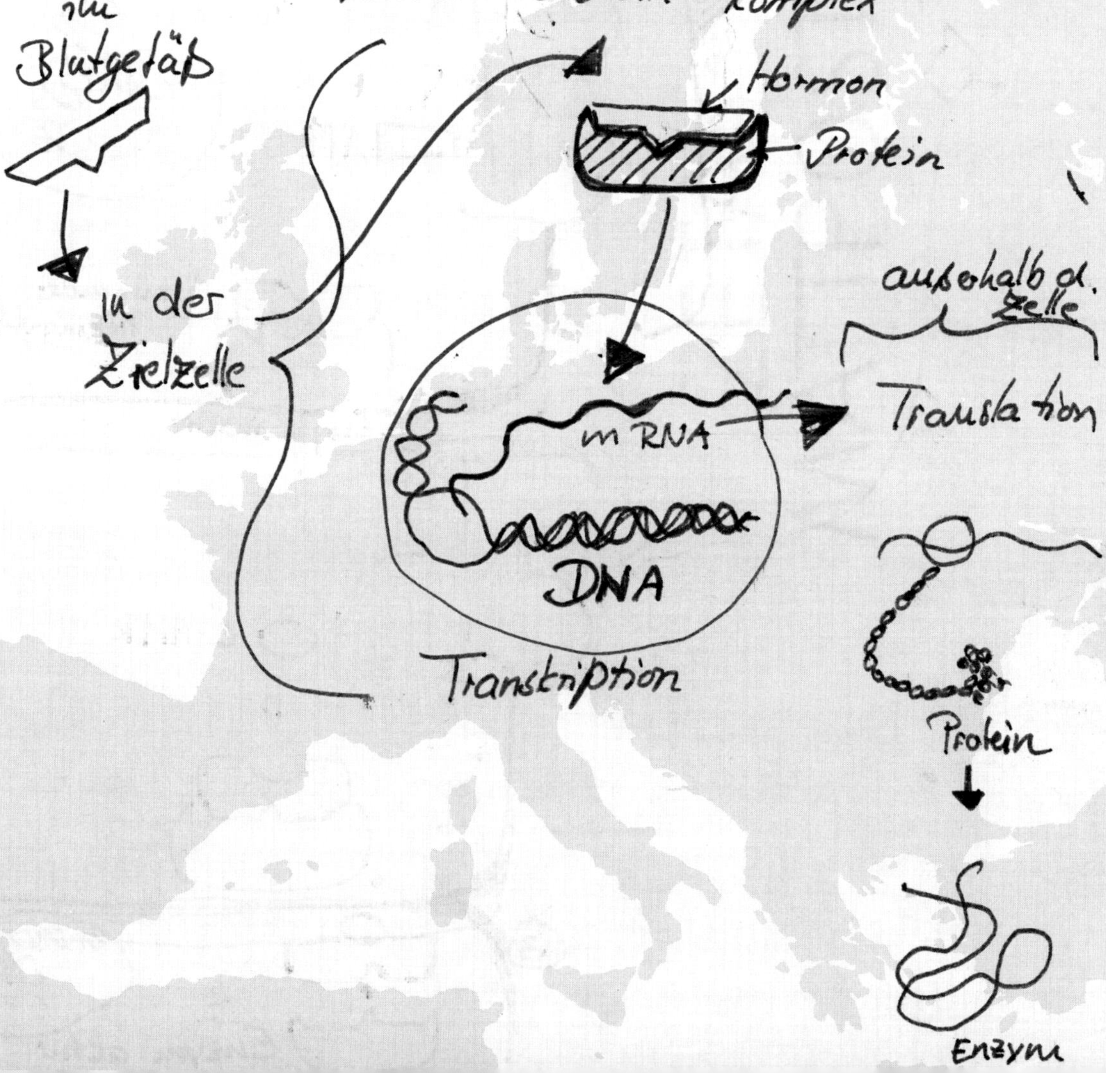

(7)

2. Wirkungsmechanismus des Hormons

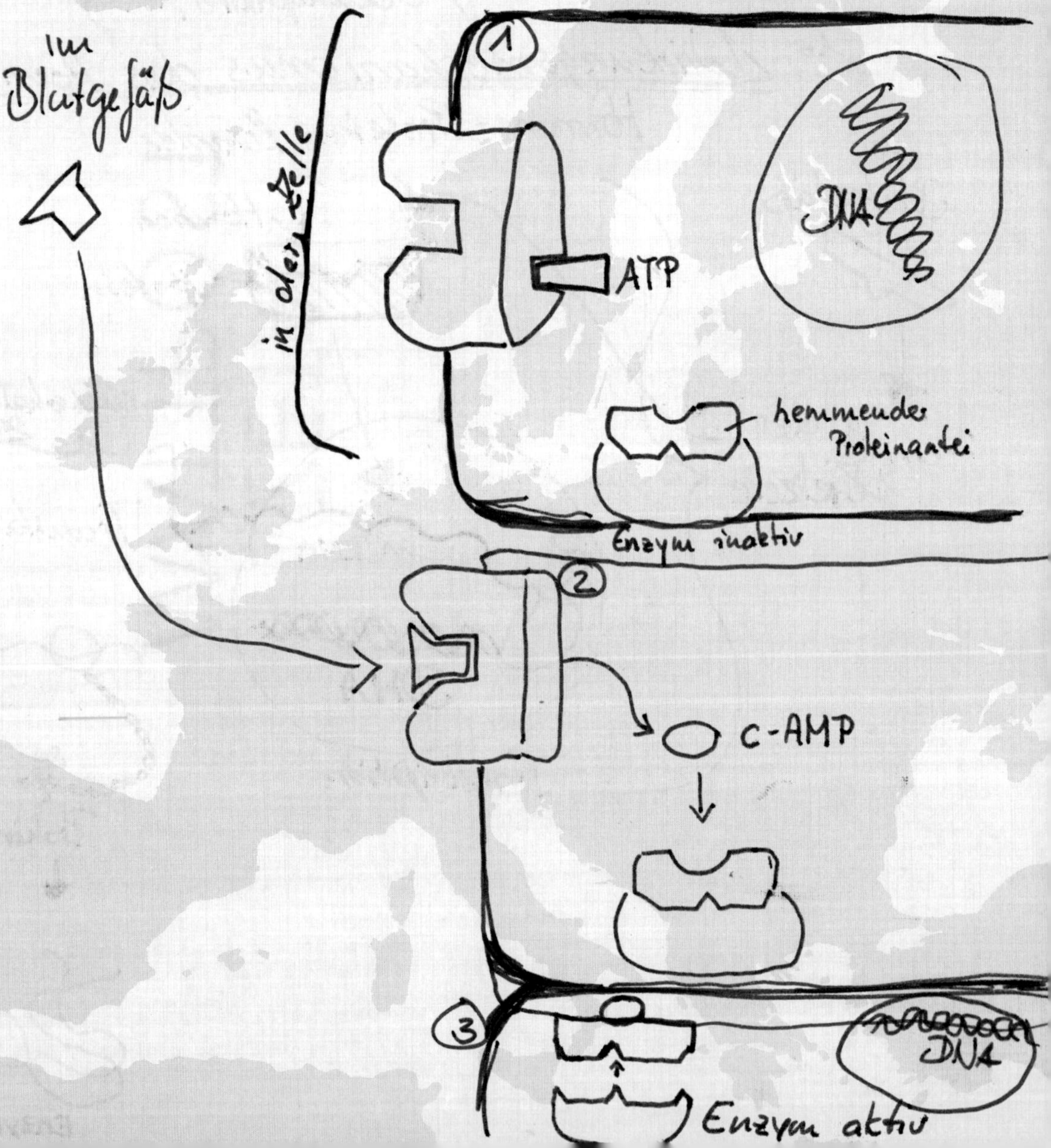

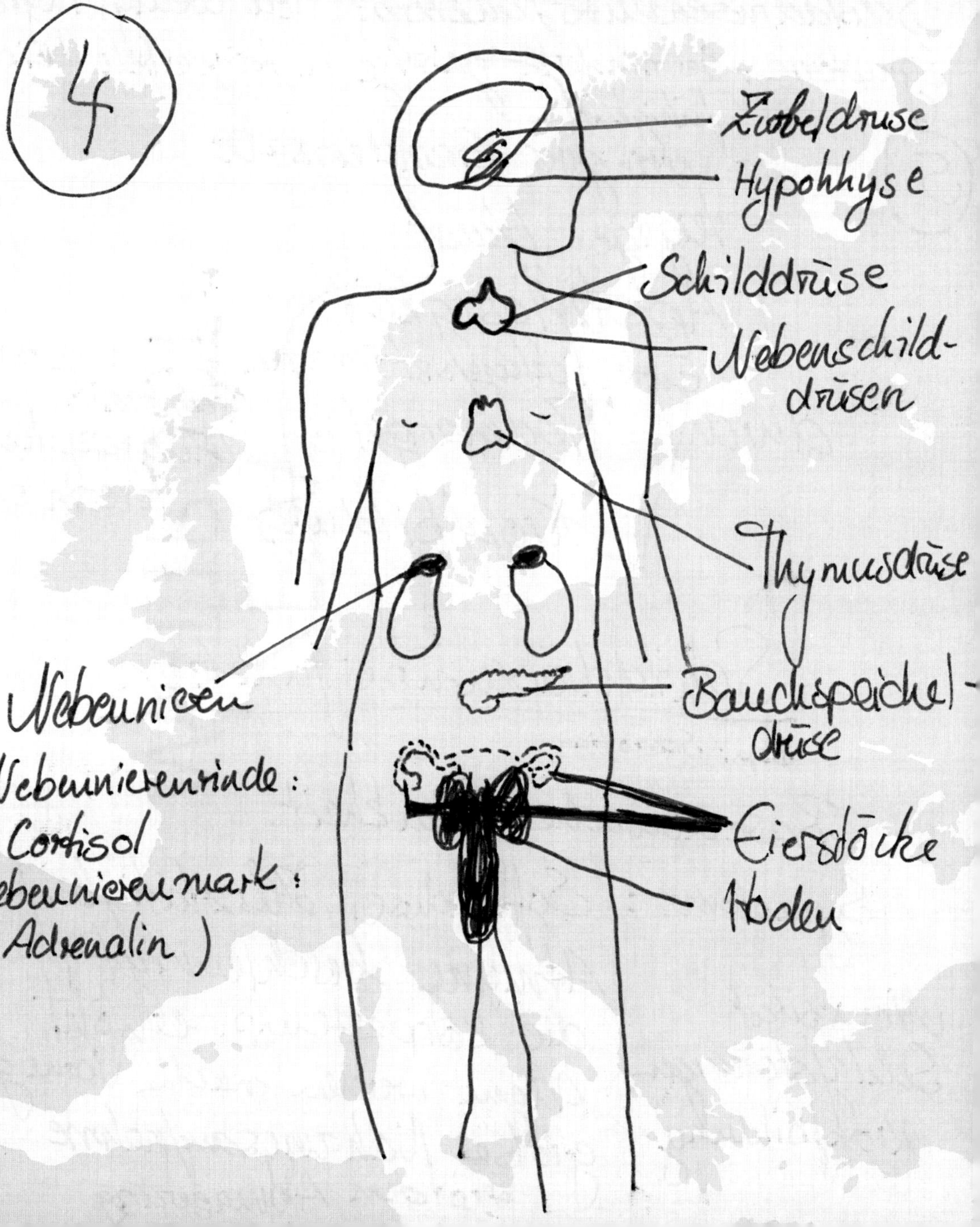
4
Zirbeldrüse
Hypophyse
Schilddrüse
Nebenschilddrüsen
Thymusdrüse
Nebennieren
(Nebennierenrinde:
Cortisol
Nebennierenmark:
Adrenalin)
Bauchspeicheldrüse
Eierstöcke
Hoden

Schilddrüsenunterfunktion: zu wenig Thyroxin

Symptome:
(5)
- Verminderte geistige u. körperliche Leistungsfähigkeit
- verringerter Grundumsatz
- teigige Haut
- Apetitlosigkeit
- Entwicklungsstörungen bei angeborener Krankheit (Zwergwuchs, Kretinismus)

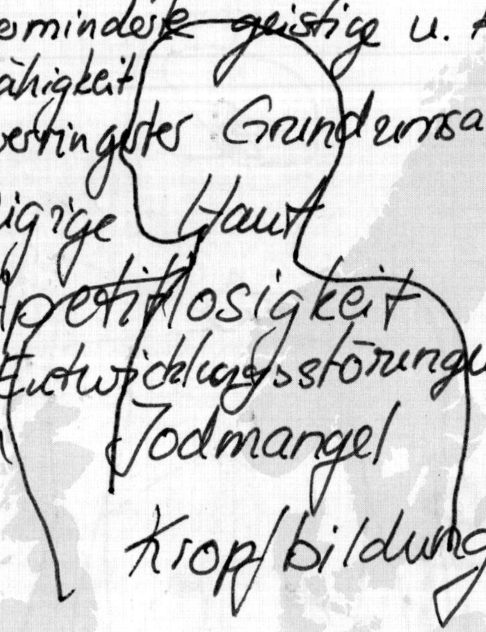

durch Jodmangel

Kropfbildung

Schilddrüsenüberfunktion

Bsp.: Sebastian

Basedowsche Krankheit

Symptome: Stoffwechsel, Herztätigkeit und Atmung beschleunigt,
die Körpertemp. erhöht
Augen werden nach vorne gedrückt
große Nahrungsaufnahme
trotzdem Abmagerung

Nervosität
Schlafstörungen
Kropfbildung

(1) Botenstoff Thyroxin veranlasst den Körper mehr energiereiche Substanzen abzubauen, wenn er vermehrt von der Schilddrüse in den Blutkreislauf abgegeben wird

⇒ mehr Wärme wird erzeugt

Grundumsatz: Umsatz des Körpers in Ruhe

Leistungsumsatz: Zusätzlicher Umsatz des Körpers bei Anstrengung

Hypothalamus → Hypophyse

Hypophyse → Hormone → Drüsenhormone

Hypophyse → versch. Drüsen

versch. Drüsen → direkte Abgabe → Blutkreislauf (Informationsübermittlung)

Blutkreislauf ⇒ Gelangen in alle Organe

Organe → Erfolgsorgane

Erfolgsorgane ⇒ Hormone entfalten ihre spezifische Wirkung

Schlüssel-Schloß-Prinzip

2

Hypothalamus

verknüpft Nerven + Hormonsystem miteinander

⇓

übergeordnete Zentrale des Hormonsystems

Hypophyse
Hirnanhangsdrüse

Hinter Lappen

Vorder Lappen

⇓

Drüse

z. B. Schilddrüse (Thyreoidea)

liegt vor Kehlkopf
umfasst Speiße- u. Luftröhre

Hormonproduktion → bei Schilddrüse

Thyroxin (Steigerung des Grundumsatzes in Leber und Muskelzellen Wachstum)

⇓ ~~Muskelzellen~~ Mitochondrien erhöhte Enzymaktivität

Nervenzellen Na^{+}-K^{+}-Ionenpumpe aktiviert

3

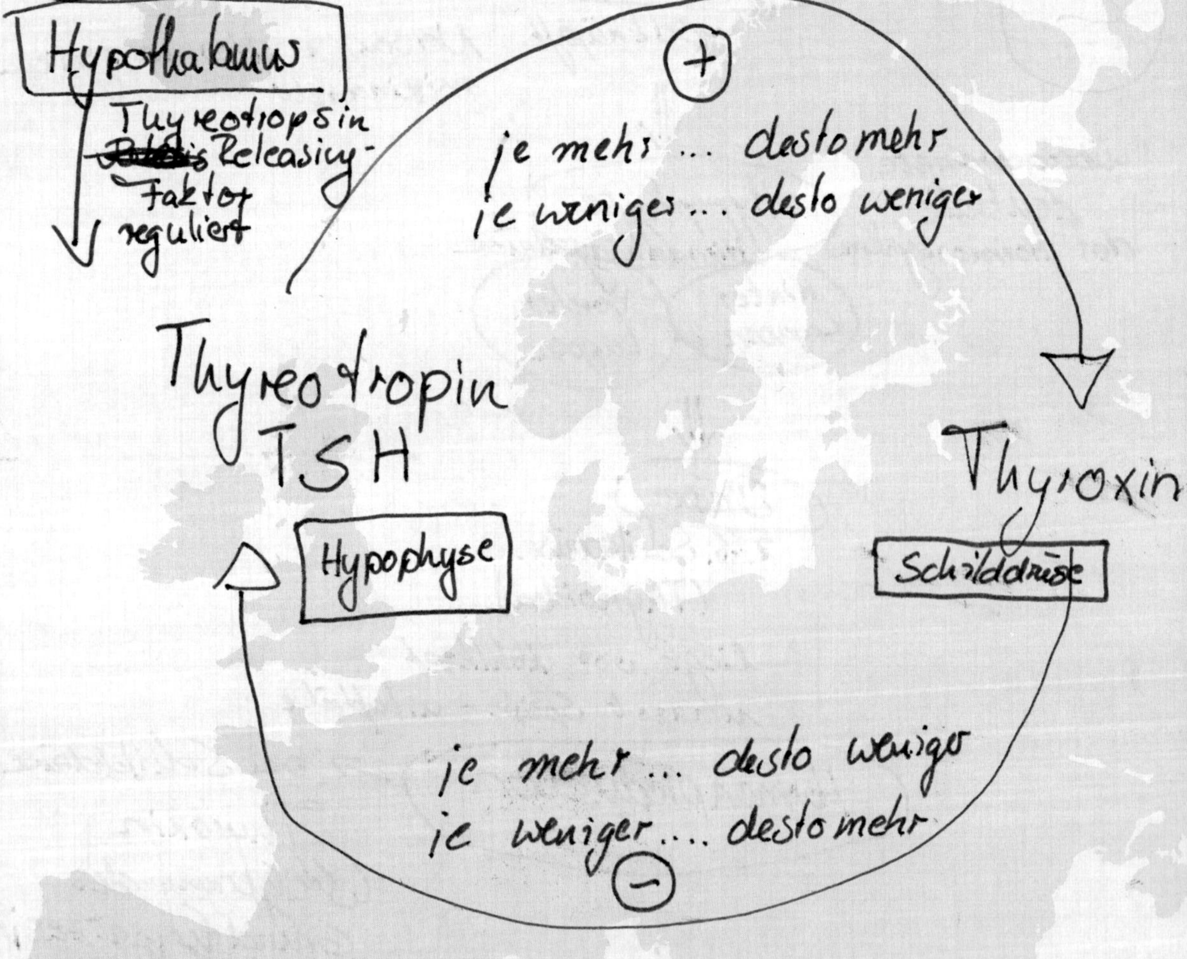

negative Rückkoppelung

Ausschüttung von TSH unterbleibt

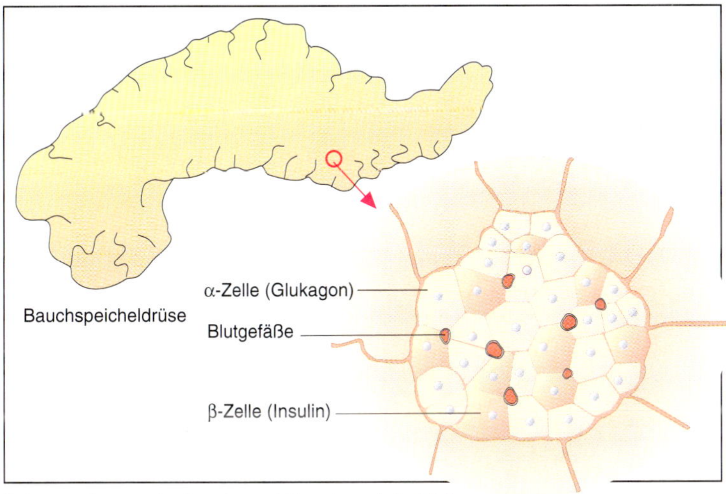

1 Langerhanssche Inseln und Bauchspeicheldrüse

ein Glukosemangel auf, der über das Blut sofort ausgeglichen wird. Als Folge sinkt der Glukosespiegel im Blut. Die Insulinabgabe aus den β-Zellen wird reduziert und, da Insulin in kurzer Zeit im Körper abgebaut wird, sinkt die Insulinkonzentration. Dadurch verringert sich auch seine Hemmwirkung auf die Freisetzung eines zweiten Hormons, des *Glukagons,* das in den α-Zellen der Langerhansschen Inseln gebildet wird. Glukagon fördert in der Leber den Glykogenabbau und damit die Glukoseneubildung. Auch Eiweiße und Fette werden für die Glukosesynthese abgebaut *(Mobilisierungshormon).* Diese Prozesse führen zu einem Ansteigen der Glukosekonzentration im strömenden Blut. Oft werden Insulin und Glukagon als Gegenspieler bezeichnet, weil sie sich wechselseitig hemmen und entgegengesetzte Prozesse stimulieren. Im Glukosestoffwechsel aber ergänzen sie sich, da Glukagon für die Freisetzung von Glukose und Insulin für die Senkung des Blutzuckerspiegels sorgen.

Glykogen
Polysaccharid, bestehend aus 5000 – 100 000 Glukoseeinheiten. Energiereservesubstanz

In außergewöhnlichen, lebensbedrohlichen Situationen, wie z. B. Kampf, Flucht, aber auch Streß, greift ein drittes Hormon, das im Nebennierenmark gebildete *Adrenalin,* in das Stoffwechselgeschehen ein. Es fördert im Gegensatz zum Glukagon nicht nur in der Leber, sondern auch im Muskel den Glykogenabbau. So wird eine schnelle, massive Energiebereitstellung im Körper bewirkt.

Aufgabe

① Erstellen Sie ein Regelkreisschema, das die Regulation der Blutzuckerkonzentration darstellt.

Diabetes mellitus

Thomas war ein guter Schüler und auch sportlich sehr aktiv. Nach einer Grippeinfektion traten gleichsam über Nacht unbekannte Symptome auf. Er hatte ständig einen ungeheuren Durst und mußte oft zur Toilette. Innerhalb weniger Wochen nahm er 10 kg ab, obwohl er fast immer Hunger hatte und mehr aß als früher. Bereits morgens fühlte er sich schlapp. Am Sport konnte er nicht mehr teilnehmen. Thomas konsultierte einen Arzt, der nach einer ersten Untersuchung einen Blutzuckertest durchführte. Die Blutzuckerwerte lagen bei 3200 mg/l Blut, der Normalwert liegt bei max. 2000 mg/l. *Diabetes mellitus* (Blutzuckerkrankheit) war die Diagnose. Bei Thomas waren die β-Zellen zerstört und nicht mehr in der Lage, Insulin zu produzieren. Die Ursachen für diese Krankheit sind nur zum Teil bekannt. So gibt es Belege, daß während bestimmter Virusinfektionen Proteinanteile dieser Krankheitserreger in die Membranen der β-Zellen integriert werden. Das Immunsystem erkennt diese Zellen nicht mehr als körpereigen an, sie werden zerstört. Eine genetische Veranlagung kann ebenfalls am Ausbruch dieser Krankheit beteiligt sein. Da dieser Diabetes-Typ zum größten Teil im Jugendalter auftritt, wird er als *Jugenddiabetes* (Diabetes Typ I) bezeichnet. Die Mediziner weisen auf mögliche Spätfolgen hin: Erblindungen, Gefäßleiden und Herzinfarkte kommen häufiger als bei Gesunden vor. Auch Nierenversagen tritt auf, etwa 60 % der Dialysepatienten sind Diabetiker.

Bei mehr als 90 % der Diabetiker tritt die Krankheit jedoch erst im fortgeschrittenen Alter auf. Dieser Typ wird *Altersdiabetes* (Diabetes Typ II) genannt. Für dieses Krankheitsbild ist typisch, daß die Personen meist übergewichtig sind. Neben Personen mit einer verminderten Insulinfreisetzung, ähnlich wie bei Thomas, haben viele Diabetiker des Typs II einen normalen oder sogar erhöhten Insulinspiegel.

Neben einer genetisch bedingten Veranlagung sehen Mediziner die Hauptursache für diesen Krankheitstyp im zivilisationsbedingten Eßverhalten. Eine übermäßige, ballaststoffarme Nahrungsaufnahme führt zu ständig erhöhtem Blutzucker- und Insulinspiegel. Dadurch sind einerseits die Insulinrezeptoren fast immer besetzt, das Gewebe wird gegenüber diesem Hormon unempfindlich. Andererseits werden die β-Zellen durch den erhöhten Blutzuckerspiegel dauernd angeregt, Insulin zu produzieren. Dies kann eine Erschöpfung der β-Zellen zur Folge haben und langfristig dazu führen, daß ein Insulinmangel auftritt. Aus diesen Gründen ist für Altersdiabetiker die Reduktion des Gewichtes und ballaststoffreiche, zuckerarme Nahrung der Anfang jeder Therapie.

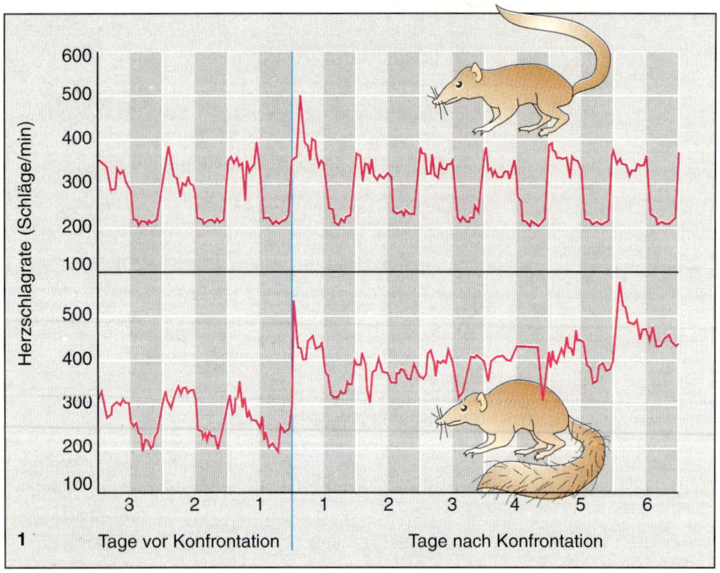

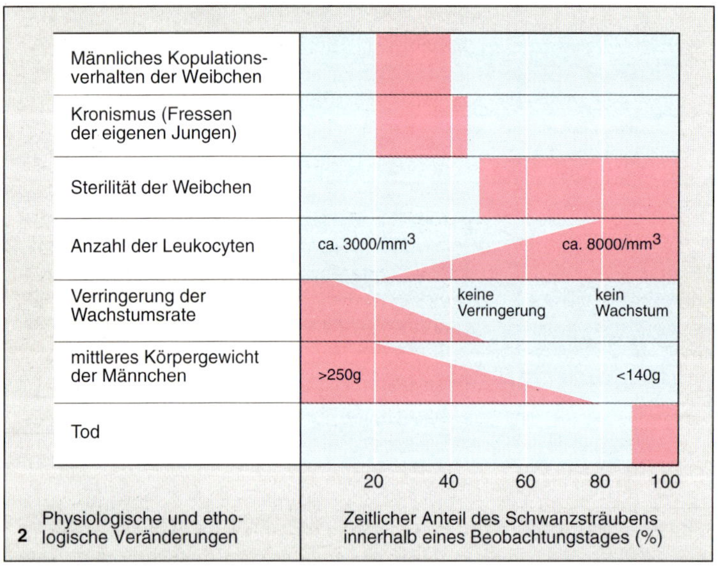

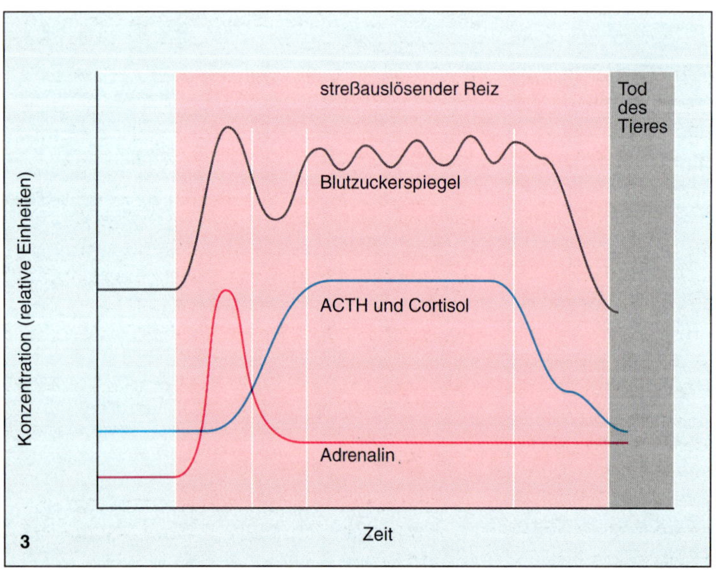

Streß

Tupajas (Spitzhörnchen) sind kleine, tagaktive Säugetiere der südostasiatischen Regenwälder. Dort leben sie einzeln oder paarweise in Revieren, die sie gegen Eindringlinge heftig verteidigen. Das Sekret einer *Sternaldrüse* dient bei geschlechtsreifen Männchen zur Reviermarkierung, bei Weibchen zum Beduften der Jungen.

Normalerweise sind die Schwanzhaare der Tupajas glatt angelegt. Begegnen sich zwei geschlechtsreife Männchen, werden die Haare fast senkrecht abgespreizt, es kommt zum Kampf. Trennt man die Tiere nach diesem Kampf durch eine Holzwand voneinander, erholt sich der Verlierer ebenso schnell wie der Sieger. DIETRICH VON HOLST trennte zwei Kämpfer nur durch einen Maschendraht. Über implantierte Minisender zeichnete er die Herzfrequenzen der beiden Tiere auf. Parallel bestimmte er den prozentualen Zeitanteil, in dem die Schwanzhaare gesträubt waren. Beim Sieger sanken kurz nach dem Kampf beide Meßgrößen auf ihre Normalwerte. Beim unterlegenen Tier führte der Anblick und vermutlich der Geruch des siegreichen Rivalen zu einer konstant erhöhten Herzfrequenz und zu fast ständig abgespreizten Haaren. Die Dauer der abgespreizten Haare ist ein sichtbares Maß für die innere Erregung des Tieres (Abb. 1).

Das Spitzhörnchen reagiert nicht nur auf fremde Männchen im gleichen Käfig mit Schwanzsträuben, sondern auch auf eine erhöhte Populationsdichte, auf plötzlich einsetzende Geräusche oder den Anblick eines fremden Individuums, also immer dann, wenn etwas Unbekanntes, Bedrohliches auf das Tier zukommt. Man sagt, es befindet sich in einer Streßsituation. DIETRICH VON HOLST konnte in seinen Untersuchungen zeigen, daß derartige Situationen, wenn sie lange Zeit andauern, zu anormalem Verhalten führen (Abb. 2). Gelingt es nicht, dem streßauslösenden Faktoren auszuweichen, sind Gewichtsabnahme und Tod die Folge.

Injiziert man den Tupajas *Adrenalin,* sträuben sich die Schwanzhaare. Durch diese und ähnliche Versuche konnten die physiologischen Vorgänge im Tier geklärt werden. Optische, akustische sowie Geruchs- und Geschmacksreize werden aufgenommen und im Großhirn verarbeitet (Abb. 165.1). Von der Großhirnrinde gelangen nervöse Impulse zum *Hypothalamus*. Dieser sendet eine Impulsserie in den sympathischen Teil des ve-

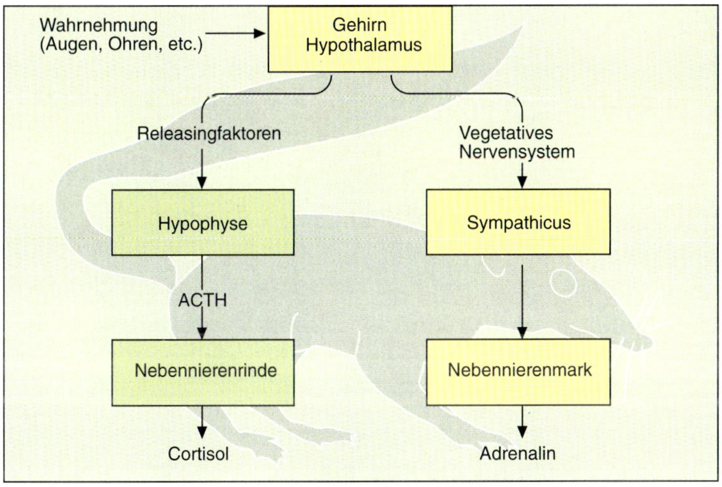

1 Schematische Zusammenfassung der Streßwirkungen

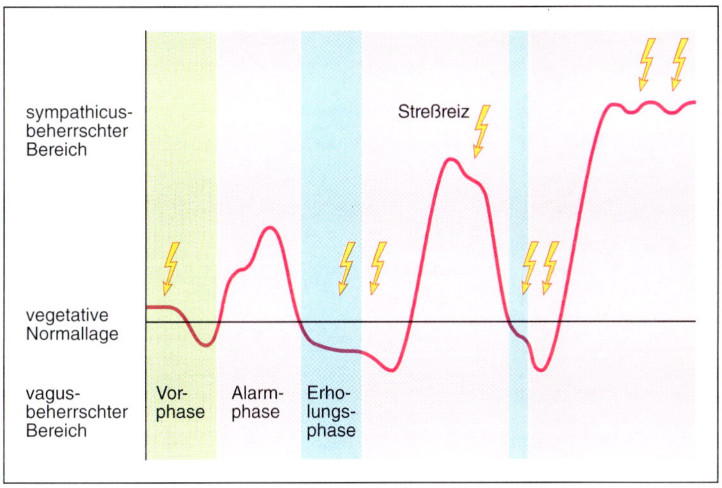

2 Vegetativer Dreitakt der Streßreaktion

Glukokortikoide
Hormone aus der Gruppe der lipidlöslichen Nichtproteine, z. B. Cortisol

getativen Nervensystems. Im *Sympathicus* laufen daraufhin Impulse zum Herzen, zu den Blutgefäßen und zum Nebennierenmark. Die Herzschlagfrequenz steigt, der Blutdruck erhöht sich. Im Nebennierenmark wird verstärkt das Hormon *Adrenalin* freigesetzt. Zu seinen vielfältigen Wirkungen gehört die Verengung der Blutgefäße, außer in der Skelettmuskulatur. Dies wirkt blutdrucksteigernd. Die Mobilisierung von Zucker durch Glykogenabbau in Leber und Muskeln erhöht den Blutzuckerspiegel. Die biologische Bedeutung dieser Reaktionen besteht darin, den Körper in Sekundenschnelle durch Aktivierung von Energiereserven bei Angriff oder Flucht zur Höchstleistung zu befähigen. Diese Anpassungen des Körpers bezeichnet man als *Fight-or-Flight-Syndrom.*

Auf schädliche Einflüsse, wie Hitze, Kälte, Hunger, Durst, Infektionen, Verletzungen oder psychische Belastungen kann sich der Körper einstellen und wird in den Streßzustand versetzt. Dies ist die *ursprüngliche* Bedeutung von *Streß*, d. h. Streß ist Anpassung und damit eine lebenserhaltende Reaktion des Organismus auf die äußeren Belastungsfaktoren, die *Stressoren.*

Stressoren wirken über den Hypothalamus, der vermehrt Releasingfaktoren ausschüttet. Sie stimulieren die Hypophyse zur vermehrten Abgabe von ACTH *(Adrenocorticotropes Hormon)*, das seinerseits auf die Nebennierenrinde einwirkt. An Tieren im Streßzustand wurde festgestellt, daß die Nebennierenrinde vergrößert ist und vermehrt Hormone abgibt, darunter *Glukokortikoide* wie das Cortisol. Diese erhöhen die Widerstandskraft des Körpers, indem sie u. a. die Proteinbiosynthese hemmen und den Proteinabbau in Muskeln, Knochen und lymphatischen Geweben fördern. Dadurch gelangen vermehrt freie Aminosäuren ins Blut, die in der Leber zur Neubildung von Glukose eingesetzt werden, was zum Ansteigen des Blutzuckerspiegels führt. Durch das Hemmen der Proteinbiosynthese in den lymphatischen Organen wirken Glukokortikoide entzündungshemmend, da durch verringerte Antikörperproduktion die Abwehrreaktionen bei Infektionen verlangsamt sind. Alle diese Veränderungen, die sich erst nach längerer Zeit einstellen, bezeichnet man als *allgemeines Anpassungssyndrom* (AAS).

Gelegentlicher Streß mit entsprechenden Erholungsphasen kann die Widerstandskraft des Körpers steigern und wird als *Eustreß* bezeichnet. Fehlen Erholungsphasen, wird der sich einstellende Dauerstreß, auch *Distreß* genannt, zur Gefahr für den Organismus. Auch ständig erhöhter Adrenalinspiegel bei häufig auftretendem Fight-or-Flight-Syndrom bewirkt eine erhöhte ACTH-Ausschüttung und damit Streß. Deshalb bezeichnet man heute bereits einmalige Aufregung als Streß. Diese Dauerbelastung des Gesamtorganismus führt über Jahre hinweg zu Herz- und Kreislauferkrankungen. Der Herzinfarkt ist heute eine der häufigsten Todesursachen.

Aufgabe

① Nennen Sie Unterschiede und Gemeinsamkeiten von Fight-or-Flight-Syndrom und Streß.

Halobakter-Kolonien

CHARLES DARWIN

von unten:
Spitzhörnchen,
Pinseläffchen,
Magot, Kapuziner-
affe, Schimpanse

Spechtfink
aus Galapagos

Auf der Erde gibt es eine große Vielfalt von Tieren und Pflanzen. Biologen kennen etwa 400 000 Pflanzen- und etwa 1,5 Millionen Tierarten. Man nimmt an, daß die tatsächliche Anzahl existierender Arten noch viel größer ist. Das Spektrum der Lebensformen ist beeindruckend: Bakterien zählen mit 1 µm Länge und einem Gewicht von einem milliardstel Milligramm zu den kleinsten Lebewesen, wogegen Elefanten mit 4 m Schulterhöhe und 6000 kg Körpergewicht die größten heute lebenden Landtiere sind. Mammutbäume erreichen sogar Höhen bis zu 130 m .

Die Fülle der Lebensformen ist unüberschaubar, und dem Betrachter stellt sich die Frage, wie diese Artenfülle entstanden ist. In diesem Kapitel werden wissenschaftliche Erkenntnisse vorgestellt, die darauf hinweisen, daß die heutigen Lebewesen aus früheren Lebensformen hervorgegangen sind, also Evolution stattgefunden hat. Es werden naturwissenschaftlich untersuchbare Ursachen dargelegt, die die Entstehung des Lebens und des Menschen erklären können.

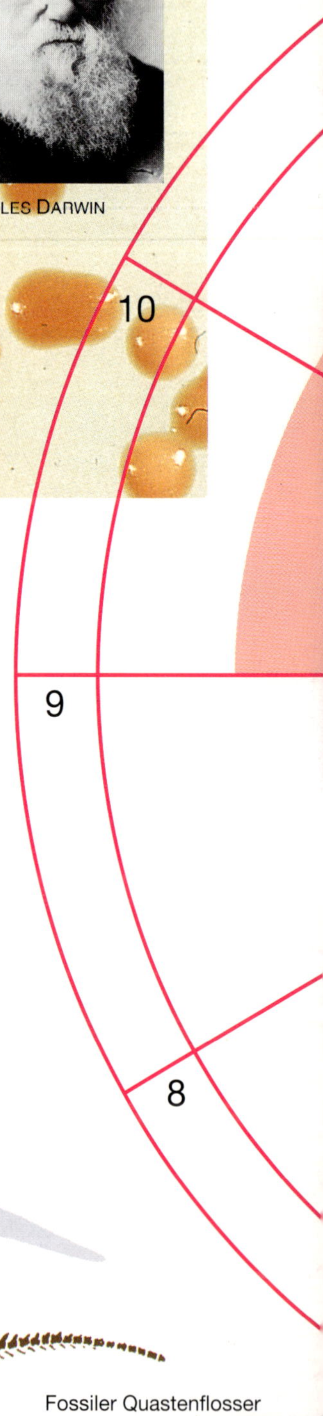

Dinosaurier Iguanodon.
Skelett und Rekonstruktion

Fossiler Quastenflosser

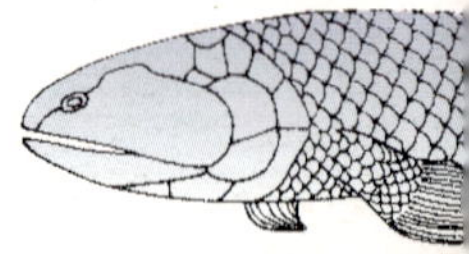

Evolution

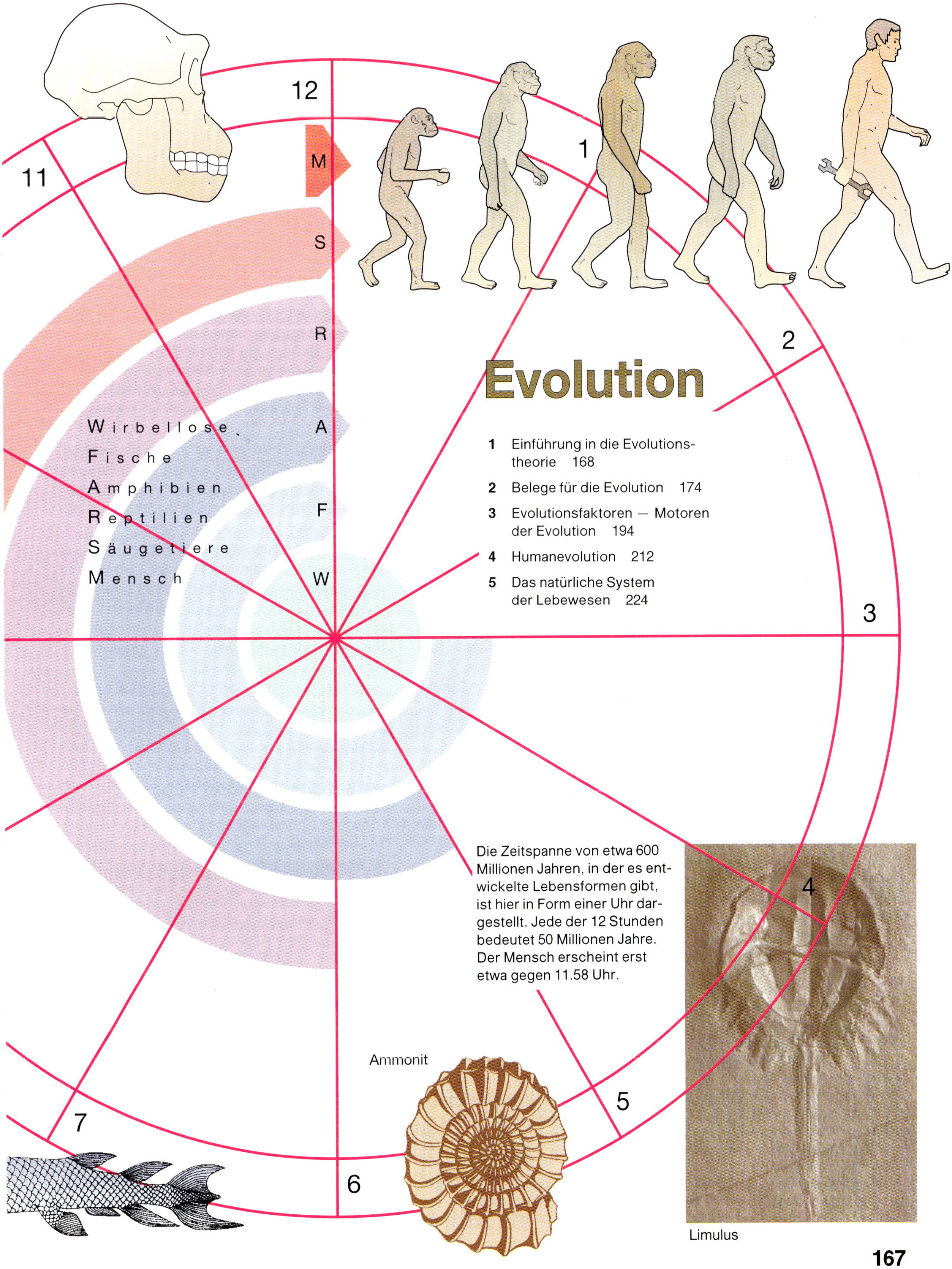

Die Zeitspanne von etwa 600 Millionen Jahren, in der es entwickelte Lebensformen gibt, ist hier in Form einer Uhr dargestellt. Jede der 12 Stunden bedeutet 50 Millionen Jahre. Der Mensch erscheint erst etwa gegen 11.58 Uhr.

Ammonit

Limulus

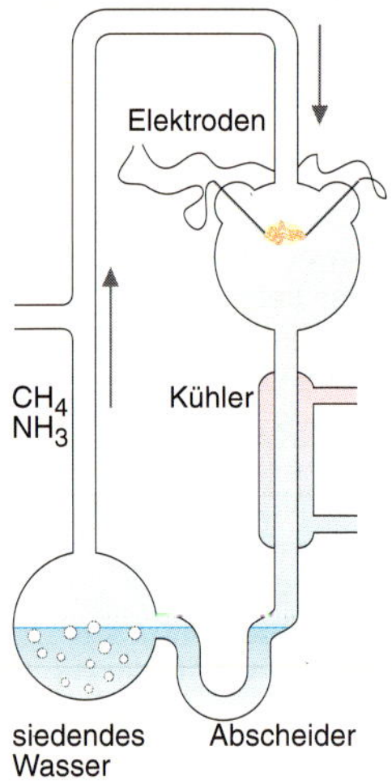

Miller-Versuch

Chemische Evolution und frühe biologische Evolution

Die Entstehung des Lebens auf der Erde und die frühe Entwicklung der Lebewesen ist bis heute durch Beobachtungen und Experimente nur unzureichend erforscht. In geologischen Formationen, die älter als ca. 600 Mio. Jahre sind, gibt es kaum Fossilien, da die entsprechenden Gesteine im Laufe der Erdgeschichte hohem Druck und hohen Temperaturen ausgesetzt waren. Die damals existierenden, urtümlichen Lebewesen waren noch sehr klein und wiesen kaum Hartteile wie Knochen oder Panzer auf. Die folgenden Aussagen beruhen demzufolge auf wenigen gesicherten Funden und auf Modellversuchen. Sie haben deshalb teilweise nur den Charakter von Hypothesen.

Die Erde wird heute auf ein Alter von 4,5 bis 5 Mrd. Jahre geschätzt. Ihre ursprüngliche Atmosphäre zeigte eine völlig andere chemische Zusammensetzung als die uns bekannte Luft: Die Uratmosphäre enthielt vermutlich Methan, Kohlenstoffmonooxid, Kohlenstoffdioxid, Stickstoff, Schwefelwasserstoff, Ammoniak, Wasserdampf, Wasserstoff und Cyanwasserstoff. Man spricht auch von einer *reduzierenden Gashülle,* da kein elementarer Sauerstoff vorhanden war und das Gasgemisch zum Teil reduzierend wirkende Stoffe enthielt.

Stromatolithen
geschichtete Lager organischer und kalkiger Stoffe

Die mutmaßliche Zusammensetzung der Uratmospäre war der Ausgangspunkt für Modellversuche des amerikanischen Studenten STANLEY MILLER aus dem Jahre 1953: In einem gegen die Umgebung dicht verschlossenen Versuchsaufbau simulierte er Einwirkungen, wie sie in der frühen Erdgeschichte vermutlich geherrscht haben, auf ein Gasgemisch aus Methan, Ammoniak und Wasserdampf. Die elektrischen Entladungen einer Funkenstrecke sollten Blitze simulieren. Erhitzen und anschließendes Abkühlen simulierten Temperaturschwankungen. Wurde das Reaktionsgemisch nach einigen Tagen untersucht, so konnte man darin neben anderen organischen Molekülen auch mehrere verschiedene Aminosäuren nachweisen. Durch gezielte Variation der Versuchsbedingungen gelang in vergleichbaren Apparaturen auch die Synthese von Kernbasen, ATP und Kohlenhydraten.

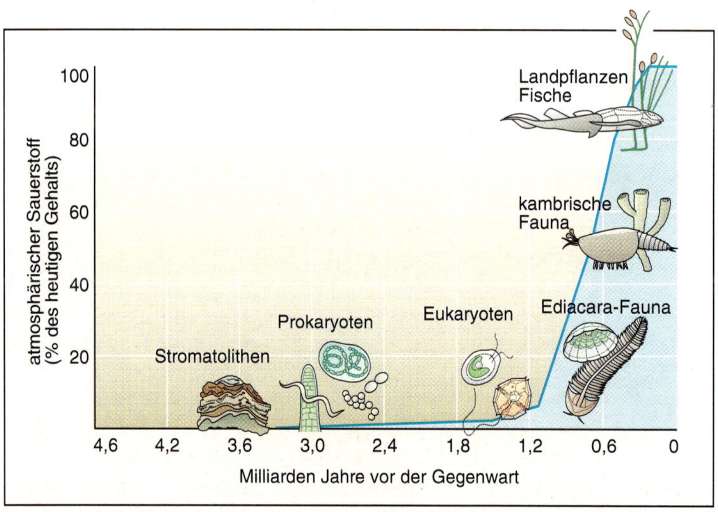

1 Entwicklung der Lebewesen bei Zunahme des atmosphärischen Sauerstoffs

Diese Versuche legen die Vermutung nahe, daß durch ähnliche Reaktionen auch unter den Bedingungen der Uratmosphäre biologisch wichtige organische Moleküle entstehen konnten. Man spricht auch von *chemischer Evolution.* Diese organischen Verbindungen sammelten sich in den Urozeanen an; in kleinen Tümpeln können die organischen Moleküle eine höhere Konzentration erreicht haben. Man nennt dies eine *Ursuppe.* Organische Verbindungen können sich unter geeigneten Versuchsbedingungen zu Makromolekülen, wie einfachen Proteinen oder Polynukleotiden, zusammen lagern. Modellversuche zeigten, daß dabei bestimmte Mineralien katalytisch wirken können.

Der nächste Schritt in der Evolution war die Entstehung von komplexen Strukturen, die sich selbst vermehren konnten: Organische Makromoleküle können unter geeigneten Bedingungen aus einer wäßrigen Lösung heraus winzige Tröpfchen bilden, sogenannte *Koazervate.* Diese sind allerdings noch nicht durch eine Membran von der Umgebung abgetrennt.

Aus proteinhaltigem Wasser können abgegrenzte komplexe Gebilde von 1–2 µm Größe entstehen, die man auch *Mikrosphären* nennt. Sie sind durch eine semipermeable Membran gegen die Umgebung abgegrenzt. Als *Protobionten* bezeichnet man die Vorläufer von Lebewesen. Sie enthielten neben katalytisch wirksamen Proteinen auch Makromoleküle, die Informationen speichern und verdoppeln konnten. Durch das Zusammenwirken beider Molekülarten entstanden die ersten lebenden Systeme, die in *Stromatolithen* Spuren hinterließen. Erste Vertreter richtiger Lebewesen waren *Prokaryoten,* also urtümliche Bakterien. Die bekanntesten

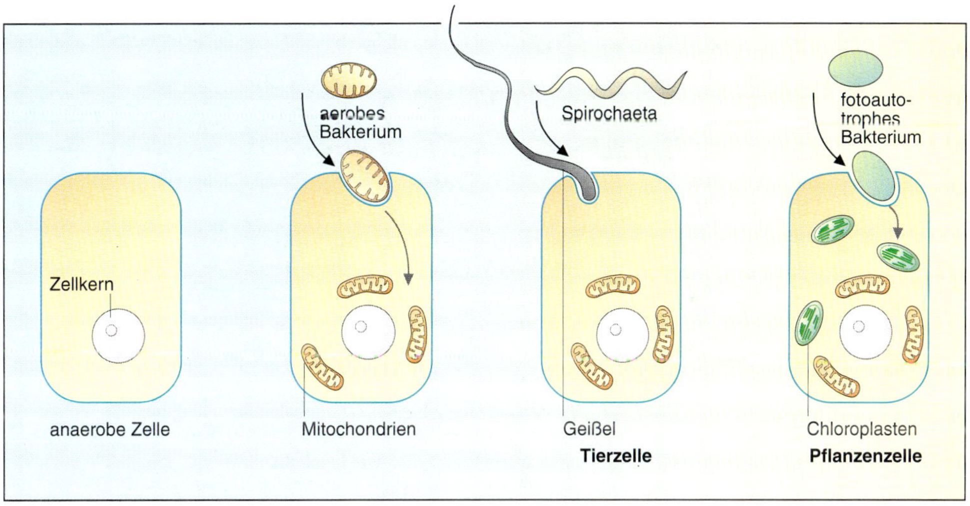

1 Endosymbiontenhypothese

Beispiele aus der Ediacara-Fauna

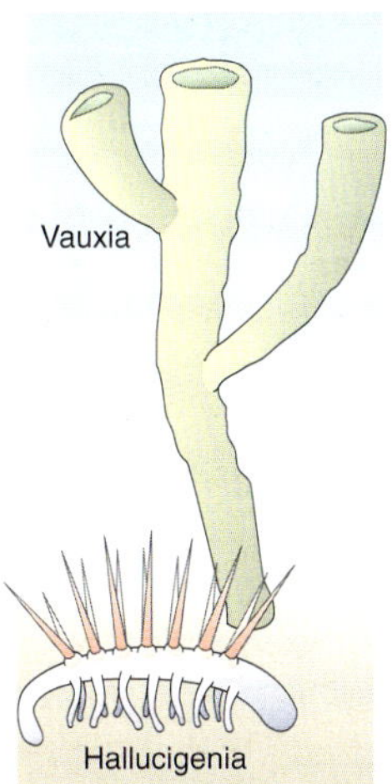

Beispiele aus der Burgess-Fauna

Funde stammen aus Südafrika und weisen ein Alter von ca. 3,2 Mrd. Jahren auf. Neuere Funde aus Australien werden auf ein Alter von sogar 3,5 Mrd. Jahren geschätzt.

Die entscheidende Wende in der Geschichte des frühen Lebens brachte die Entstehung der *Fotosynthese.* Lebewesen, ähnlich den heute noch existierenden *Cyanobakterien*, konnten mit Hilfe der Energie des Sonnenlichts energiereiche Stoffe selbst herstellen. Dabei entstand auch Sauerstoff als „Abfallprodukt“, der in die Atmosphäre abgegeben wurde. Für viele ursprünglich anaerobe Lebewesen bedeutete diese Entwicklung eine Katastrophe. Sie wurden durch Lebewesen mit dem viel effektiveren aeroben Stoffwechsel abgelöst. Anaerob lebende Bakterien existieren aber heute noch in Biotopen mit geringem Sauerstoffgehalt, wie z. B. in Faulschlamm.

Ein weiterer Schritt in der Entwicklung der Lebewesen war die Entstehung der eukaryotischen Zelle vor ca. 1,4 Mrd. Jahren, die im Gegensatz zu den Prokaryoten Zellkern, Plastiden und Mitochondrien aufweist. Chloroplasten und Mitochondrien verfügen über eine eigene DNA. Beide können sich selbständig durch Teilung vermehren. Sie sind die einzigen Organellen, die durch zwei Membranen vom umgebenden Zellplasma abgegrenzt sind und über eigene Ribosomen verfügen. Diese unterscheiden sich deutlich von den Ribosomen des Zellplasmas, sind aber mit denen von Prokaryoten fast identisch. Diese Fakten sind die Basis der *Endosymbionten-Hypothese:* Farblose Prokaryoten mit bestimmten Energiestoffwechselwegen wurden von Zellen aufgenommen. Sie entwickelten sich weiter zu den heutigen Mitochondrien. Bestimmte fotoautotrophe Bakterien wurden von Zellen aufgenommen und in deren Stoffwechsel integriert. Sie entwickelten sich weiter zu den heutigen *Chloroplasten.* Die Entstehung von Geißeln erklärt man durch Endosymbiose mit spiraligen Prokaryoten.

Vor 600 bis 700 Mio. Jahren existierte die sogenannte *Ediacara-Fauna,* die aus einfachen, vielzelligen Lebewesen bestand. Vor ca. 570 Mio. Jahren kam es zur Bildung zahlreicher Gruppen von Tieren. Der bekannteste Fundort ist der Mount Burgess in Kanada. In dieser *Burgess-Fauna* findet man Vertreter aller Stämme der Wirbellosen. Sie ist damit die Basis für die rasche Entwicklung der Lebewesen im Kambrium und den darauffolgenden geologischen Perioden.

Aufgaben

① Gibt man in eine Versuchsapparatur nach MILLER außer den erwähnten Stoffen auch elementaren Sauerstoff, so werden keine organischen Stoffe gebildet. Warum ist dies so?

② „Alle heute existierenden Lebewesen stammen von denselben Vorfahren ab.“ Begründen bzw. widerlegen Sie diese Aussage durch Beschreibung geeigneter Fakten.

③ Unter den heute herrschenden Lebensbedingungen könnte es nicht noch einmal zur Entstehung völlig neuer Lebensformen aus unbelebter Materie kommen. Nehmen Sie zu dieser Aussage Stellung.

Übersicht über die Entwicklung der Lebewesen

Das **Kambrium** (vor ca. 600—480 Mio. Jahren) ist die älteste Epoche, aus der zahlreiche, gut erhaltene Fossilien bekannt sind. Alle heute bekannten Stämme der Wirbellosen Tiere waren bereits mit zum Teil einfachen Formen vertreten. Insekten und Wirbeltiere existierten noch nicht. Das Festland war nicht besiedelt.

Im **Ordovizium** (vor 480—430 Mio. Jahren) lebten die *Panzerfische,* die ersten Wirbeltiere. Ihr Skelett war knorpelig, Kiefer fehlten.

Im **Silur** (vor 430—390 Mio. Jahren) besiedelten die ersten Pflanzen das Festland. Es handelte sich dabei noch um sehr einfach gebaute, sogenannte *Psilophyten* (Nacktfarne). Sie entwickelten für das Leben an Land spezielle Anpassungen: Ein Verdunstungsschutz bewahrte die Pflanzen vor rascher Austrocknung. Spezielle Gewebe dienten zur Aufnahme und dem Transport von Wasser. Festigungsgewebe gaben den Pflanzen eine aufrechte Gestalt. Ihre Fortpflanzung erfolgte weitgehend unabhängig vom Wasser. In der gleichen Epoche folgten den Pflanzen mit *Tausendfüßern* und *Skorpionen* die ersten Tiere auf das Festland. Durch das damals vorherrschende warmfeuchte Klima fanden Pflanzen und Tiere auf dem Festland gute Lebensbedingungen vor.

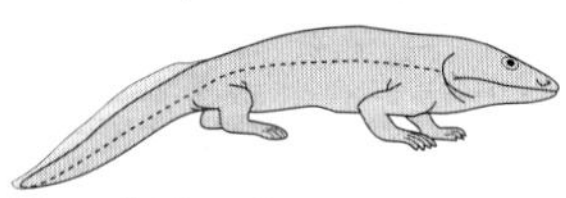

Ichthyostega

Seymouria

Cynognathus

Beispiele von Brückentieren

Das **Devon** (vor 390—340 Mio. Jahren) zeigt nicht nur im Wasser, sondern auch auf dem Festland zahlreiche Pflanzen und Tiere: Die Psilophyten wurden durch verschiedene leistungsfähigere Pflanzengruppen, wie z. B. *Bärlappe* und *Farne*, ersetzt. Wirbeltieren war die Eroberung des Festlandes noch nicht gelungen. Allerdings lebte am Ende des Devons *Ichthyostega*, ein Brückentier, das zwischen Fischen und Amphibien steht. Ichthyostega mußte einige Probleme meistern: Die Fortbewegung an Land erforderte einen erheblich höheren Kraft- und Energieaufwand, die Körperoberfläche mußte einen wirksamen Verdunstungsschutz bilden, und für die Atmung waren Lungen erforderlich.

Im **Karbon** (vor 340—270 Mio. Jahren) bilden *Farne, Schachtelhalme* und *Bärlappe* mit baumhohen Arten Wälder, deren Reste wir heute als *Steinkohle* kennen. Wirbeltiere waren auf dem Festland nun mit *Amphibien* vertreten, z. B. den *Dachschädlern.*

Das **Perm** (vor 270—225 Mio. Jahren) war eine Epoche mit starken Veränderungen in der Tier- und Pflanzenwelt: *Reptilien* traten auf (z. B. Seymouria) und verdrängten die Amphibien immer mehr. Sie sind bei der Fortpflanzung im Gegensatz zu Amphibien nicht mehr auf das Wasser angewiesen, da bei ihnen eine innere Besamung stattfindet und die Eier gegen Austrockung geschützt sind. *Nacktsamer* lösten allmählich Farne, Bärlappe und Schachtelhalme ab. Das Klima war warm und trocken.

In der **Trias** (vor 225—180 Mio. Jahren) waren die Reptilien die dominierende Tiergruppe. Die zu den Reptilien gehörenden *Theriodontier* bildeten Brückenformen (z. B. Cynognathus) zu den späteren Säugetieren.

Der **Jura** (vor 180—135 Mio. Jahren) ist die Epoche der *Dinosaurier.* An Land, im Meer und in der Luft bildeten sie die vorherrschende Tiergruppe. *Archaeopteryx* und einfache Säugetiere lebten bereits.

In der **Kreide** (vor 135—65 Mio. Jahren) erlebten die Saurier ihre letzte Blütezeit. Vor ca. 65 Mio. Jahren starben alle Dinosaurier und zahlreiche andere Tiergruppen, wie z. B. die *Ammoniten,* aus. Man vermutet heute, daß es durch den Einschlag eines riesigen Meteoriten im Gebiet der mexikanischen Küste zu einer weltweiten Verschlechterung der Lebensbedingungen kam. Allerdings werden noch andere mögliche Ursachen des massenhaften Aussterbens vieler Lebewesen diskutiert.

Das **Tertiär** (vor 65—2 Mio. Jahren) ist die Epoche der *Säugetiere* und *Vögel.* Die Radiation der Säugetiere führte dabei relativ rasch zu der Bildung von ca. 30 verschiedenen Ordnungen.

Im **Quartär** (seit 2 Mio. Jahren) kam es immer wieder zu einem Wechsel von Eiszeiten und Warmzeiten. Mit dem *Homo habilis* erschien der erste Vertreter der Gattung Mensch.

Aufgabe

① Erste einfache Säugetiere lebten bereits zur Zeit der Dinosaurier. Erst nach deren Aussterben kam es zu einer raschen Radiation der Säugetiere. Mit welchen ökologischen Nischen könnten die Ursäugetiere das Erdmittelalter überdauert haben? Wie ist die Radiation der Säugetiere im Tertiär zu erklären?

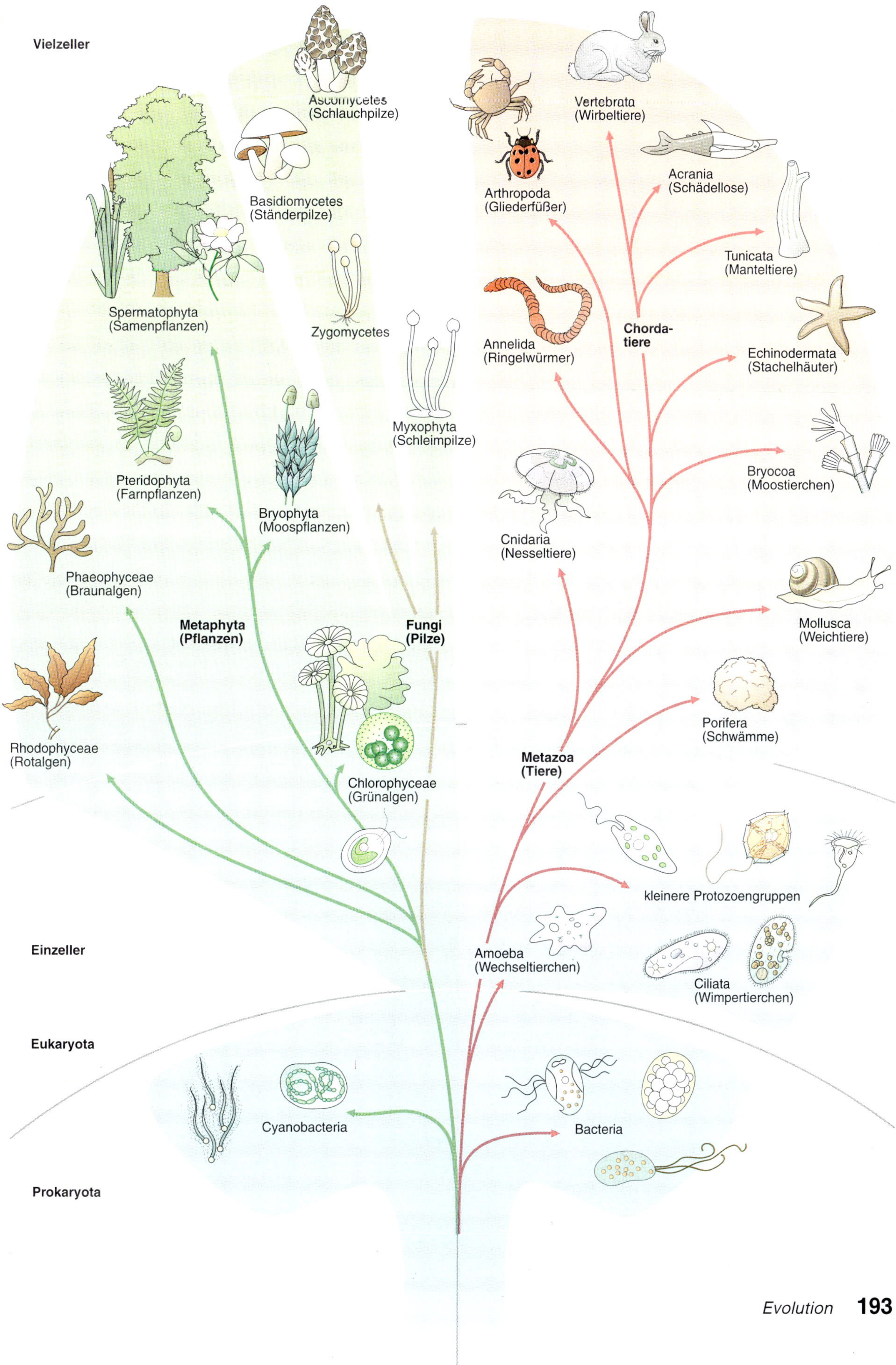

Vielzeller
Ascomycetes
(Schlauchpilze)
Basidiomycetes
(Ständerpilze)
Zygomycetes
Myxophyta
(Schleimpilze)
Spermatophyta
(Samenpflanzen)
Pteridophyta
(Farnpflanzen)
Bryophyta
(Moospflanzen)
Phaeophyceae
(Braunalgen)
Metaphyta
(Pflanzen)
Fungi
(Pilze)
Rhodophyceae
(Rotalgen)
Chlorophyceae
(Grünalgen)
Vertebrata
(Wirbeltiere)
Acrania
(Schädellose)
Arthropoda
(Gliederfüßer)
Tunicata
(Manteltiere)
Annelida
(Ringelwürmer)
Chorda-
tiere
Echinodermata
(Stachelhäuter)
Bryocoa
(Moostierchen)
Cnidaria
(Nesseltiere)
Mollusca
(Weichtiere)
Porifera
(Schwämme)
Metazoa
(Tiere)
kleinere Protozoengruppen
Einzeller
Amoeba
(Wechseltierchen)
Ciliata
(Wimpertierchen)
Eukaryota
Cyanobacteria
Bacteria
Prokaryota

Mögliche Anzahl Nachkommen pro Jahr

Art	Nachkommenzahl
Kabeljau	6 500 000
Hering	30 000
Klatschmohn	20 000
Erdkröte	8 000
Löwenzahn	5 000
Drosophila	600
Haushuhn	265
Ratte	50
Kreuzotter	18
Blauwal	1

Population
Gruppe von Individuen, die zur gleichen Zeit in einem Biotop leben und sich miteinander fortpflanzen können.

Variation
Phäno- und genotypische Verschiedenheit der Individuen einer Art.

Populationsbiologischer Artbegriff
Gruppe von Populationen, die unter sich eine Fortpflanzungsgemeinschaft bilden und gegen andere vollständig isoliert sind.

Variation und Rekombination

Die zur Familie der Schnirkelschnecken gehörenden *Heideschnecken* sind in sehr trockenen Lebensräumen anzutreffen. An heißen Sommertagen kleben sie sich mit Schleim an Ästen und Stämmen fest und überdauern hier die Hitzezeit. Findet man eine große Anzahl von Tieren an einem Stamm, so erkennt man augenblicklich die Vielfalt von Gehäusemustern. Trotz der Verschiedenheit sind es Tiere einer Art, weil sie sich uneingeschränkt untereinander fortpflanzen können.

Die variierenden Gehäusemuster sind erbfeste Merkmale; sie werden von verschiedenen Genen verursacht, die Farbe und Art der Bänderung bestimmen. Von jedem Gen gibt es verschiedene Allele. Die Vielfalt der Merkmale ist die Folge genetischer Vielfalt der Schnecken. Sie kommt zustande, weil in der Population die vorhandenen Allele immer wieder zufällig *rekombiniert* werden.

Rekombination von Allelen wird durch sexuelle Fortpflanzung ermöglicht. Bei diploiden Organismen befinden sich in den Urkeimzellen homologe Chromosomenpaare. Ein Chromosom eines Paares stammt vom Spermium, das andere von der Eizelle. Beide tragen meist verschiedene genetische Informationen. Bei der Keimzellenbildung werden die homologen Chromosomen getrennt. In einer Keimzelle befinden sich dann praktisch immer Chromosomen beider Eltern.

Durch die zufällige Verteilung der homologen Chromosomen auf die entstehenden Keimzellen kann eine große Anzahl genetisch verschieden ausgestatteter Keimzellen entstehen; beim Menschen sind es $2^{23} = 8\,388\,608$. Diese Anzahl wird in der Meiose durch Stückaustausch zwischen homologen Chromosomen vergrößert.

Bei der Fortpflanzung kommt es zur Vereinigung von Keimzellen, deren Gene einem riesigen Rekombinationspotential entstammen. Je nach Organismenart gibt es unterschiedlich viele Nachkommen. Auch bei sehr vielen Nachkommen wird nur ein Bruchteil der möglichen Kombinationen realisiert. Von den vielen Nachkommen überlebt nur ein geringer Teil. Alle Organismen, die an diesem Genaustausch teilnehmen können, bilden eine *Population*. Die Gesamtheit der Populationen, deren Individuen sich untereinander fortpflanzen können, bilden eine *Art* (populationsbiologischer Artbegriff).

In einer Population übersteigt die Anzahl der möglichen Allelkombinationen die Anzahl der Individuen bei weitem. So entstehen immer wieder neue Geno- und Phänotypen. Sie variieren nicht nur in den sichtbaren, sondern auch in physiologischen Merkmalen, wie beispielsweise der Toleranz gegenüber extremen Temperaturen und Wassermangel oder der Resistenz gegenüber verschiedenen Krankheitserregern.

1 Vielfalt bei Heideschnecken

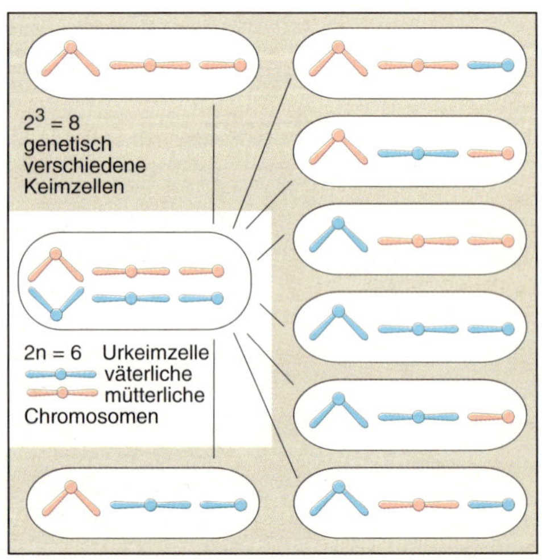

2 Genetische Vielfalt bei der Keimzellenbildung

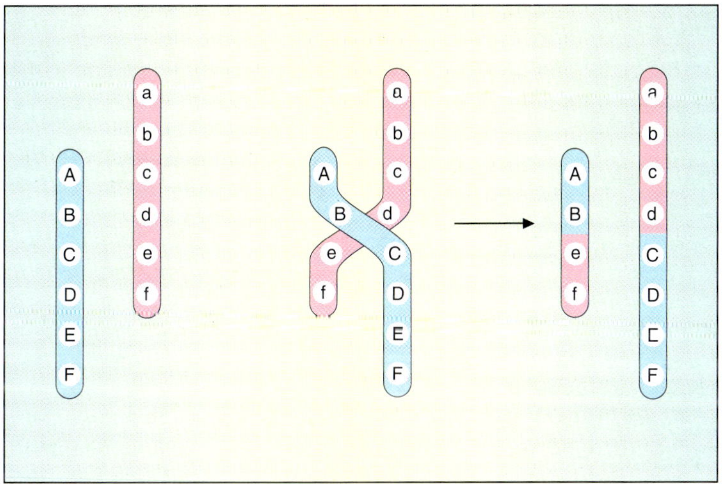

1 Schema des Crossing over mit ungleichem Chiasma

Mutationen

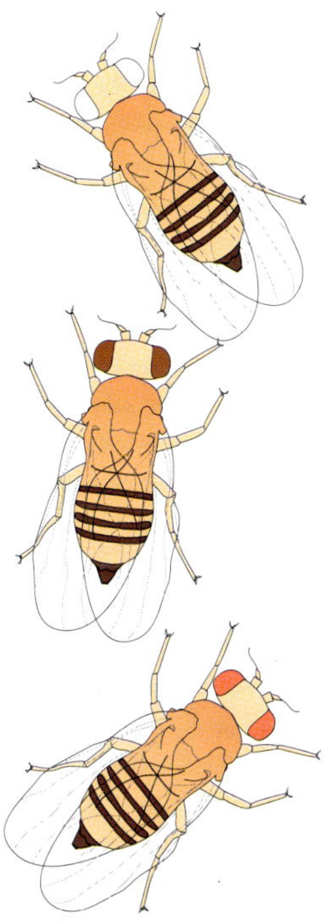

Bei der Taufliege *Drosophila* treten mehrere Augenfarben auf. Die Wildtypfarbe ist rot. Gelegentlich findet man Tiere mit weißen, braunen oder eosinfarbenen Augen. Genetische Untersuchungen zeigen, daß vier verschiedene Allele eines Gens vorliegen.

Diese *multiplen Allele* sind durch *Mutationen* des Wildtypallels entstanden. Mutationen treten immer wieder von selbst ohne erkennbaren Anlaß auf. Sie verändern Erbanlagen und damit die genetische Information zufällig und ungerichtet. Der Zeitpunkt für ein solches Ereignis und seine Auswirkungen sind nicht vorhersagbar. Betrifft eine Mutation nur ein Basenpaar der DNA, so spricht man von *Punktmutation.* Ihre Auftrittshäufigkeit liegt statistisch bei etwa 10^{-5} bis 10^{-9} je Gen und Generation. Das bedeutet, daß ein bestimmtes Gen innerhalb von 100 000 bis 1 Milliarde Generationen, statistisch betrachtet, einmal mutiert. Durch Mutationen wird die Gesamtheit aller genetischen Informationen in einer Population, der *Genpool,* erweitert.

Genpool
Gesamtheit der genetischen Information einer Population

Bereits die Änderung eines Basenpaares in einem Gen kann zu einem funktionsunfähigen Protein führen. So bewirkt eine *Punktmutation* den Austausch der Aminosäure Glutaminsäure gegen Valin an der 6. Position in der Beta-Polypeptidkette des menschlichen Hämoglobins. Bei homozygoten Trägern dieses Allels nehmen die roten Blutzellen eine sichelförmige Gestalt an, es entsteht *Sichelzellanämie.* Die roten Blutzellen werden von den weißen angegriffen und zerstört.

Mutationen sind Veränderungen der genetischen Information. Sie erfolgen ungerichtet und können daher vorteilhaft, nachteilig oder neutral sein. Bei starken Veränderungen, z. B. durch radioaktive Strahlung, ist die Wahrscheinlichkeit für vorteilhafte Änderungen viel geringer als für nachteilige. Bei diploiden oder polyploiden Lebewesen wirken sich Mutationen phänotypisch nicht aus, wenn das mutierte Allel rezessiv wirkt, also von der Wirkung des homologen Allels überdeckt wird.

Es gibt aber auch Fälle, bei denen eine Mutation zu einer neuen komplexen Anpassung führt. Beim Bakterium *Pseudomonas aeruginosa* bewirkt die Mutation eines Gens, das ein Enzym codiert, daß das Bakterium völlig andere Substrate als Kohlen- und Stickstoffquellen nutzen kann als der Wildtyp. Hier ermöglicht eine Mutation die Nutzung neuer Nahrungsquellen.

Im Laufe der Evolution hat sich bei vielen Organismen das Genom vergrößert und der Informationsgehalt erweitert. Die Höherentwicklung ist meist mit einer Zunahme des DNA-Gehalts verbunden. Ein Mechanismus, der zu dieser Veränderung führt, ist die *Genduplikation.* Abb. 1 zeigt, wie durch ungleiche Chiasmata während der Meiose in einem Chromosom Gene vermehrt werden. Dabei trägt nur eines der Chromosomen die Verdopplung. Mutationen mit ihren Auswirkungen, Merkmale zu verändern oder neue entstehen zu lassen, liefern das Rohmaterial für die Evolution.

Aufgaben

① a) Untersuchen Sie mit Hilfe des genetischen Codes, welche Basentripletts beim normalen Hämoglobin die 6. Aminosäure in der DNA codieren können.
b) Ermitteln Sie, welche und wieviel verschiedene Punktmutationen zu Sichelzellhämoglobin führen können.

② Bei Drosophila tritt die Mutation, die braune Augen bewirkt, mit der Häufigkeit 3×10^{-5} auf. Die Generationsdauer beträgt 14 Tage.
a) Nach welcher Zeit kann man, statistisch betrachtet, erwarten, daß das mutierte Gen in einer Population mit 1000 Individuen auftritt?
b) Ein Forscher findet nach 6 Wochen das mutierte Gen in einer Population mit 400 Individuen. Wie ist dies erklärbar?

	Birmingham, Industriegebiet		Dorset, ländliche Region	
	dunkel	hell	dunkel	hell
freigesetzte Tiere	601	201	473	496
Rückfang absolut	205	34	30	62
relativ	34,1%	16,9%	6,3%	12,5%

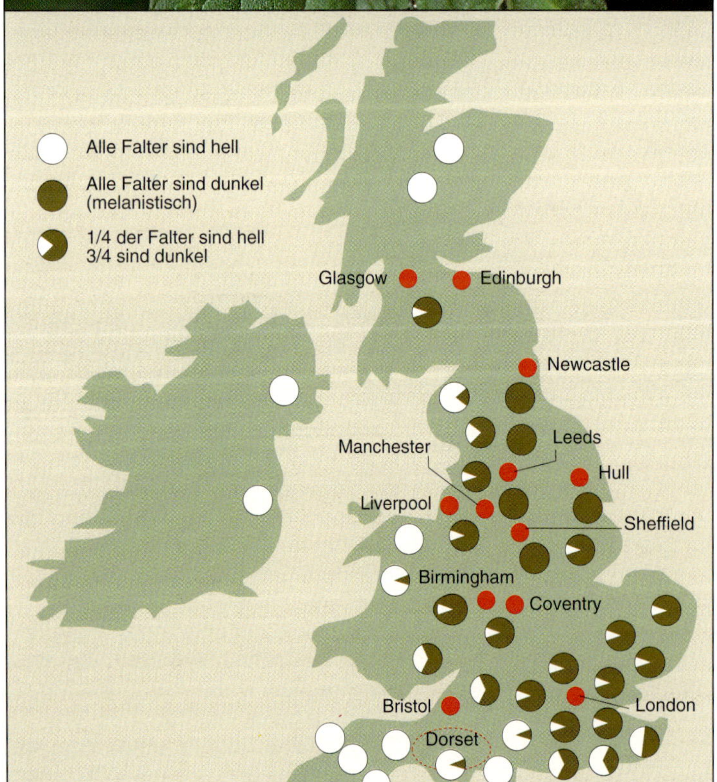

Häufigkeit von Birkenspannern in Großbritannien und Irland

Selektion

Der *Birkenspanner* (Biston betularia) ist ein Nachtfalter mit hellen, feinscheckig gemusterten Flügeln. Er sitzt tagsüber häufig an der Rinde von Bäumen, insbesondere an Birken. Seine Färbung verleiht ihm eine gute Tarnung und schützt ihn vor Freßfeinden, wie beispielsweise Singdrosseln, Rotkehlchen und Kohlmeisen. An Baumstämmen, die durch den Bewuchs mit Strauch- oder Baumflechten hell gefärbt sind, wird der Birkenspanner so von seinen tagaktiven Freßfeinden schwer wahrgenommen.

Immer wieder traten in verschiedenen Populationen in England, Amerika und Deutschland dunkel gefärbte Tiere auf. Ihre Färbung beruht auf der gesteigerten Produktion des Farbstoffs Melanin. Dieser *Melanismus* ist die Folge einer Mutation, die ein dominant wirkendes Melanismusallel erzeugt.

Erstmals wurden 1848 in der Industriestadt Manchester melanistische Tiere entdeckt. 1866 hatte sich die dunkle Form *(forma carbonaria)* in England schon weit ausgebreitet, die helle Form *(forma typica)* wurde seltener. Um 1900 betrug der Anteil der melanistischen Form in Manchester 83 %, 1960 in einigen Populationen Englands sogar 98 %. Auch in Deutschland nahm der Anteil der hellen Form immer weiter ab.

Um dieses Phänomen zu klären, wurden an verschiedenen Orten mit Farbflecken markierte helle und dunkle Birkenspanner ausgesetzt. Mit Licht wurden nachts die Falter wieder angelockt und dann eingefangen. Die Auszählung der markierten Exemplare zeigte, daß die Rückfangquote für dunkle Tiere in stark industrialisierten Gebieten wesentlich größer ist als in ländlichen Regionen ohne Industrie.

Dieses Ergebnis der Experimente läßt den Schluß zu, daß die hellen Formen in stark industrialisierten Regionen nicht so gut überleben können wie die dunklen. Hier sind durch starke Luftverunreinigung die Bäume rußgeschwärzt und die Flechten abgestorben. Die Baumstämme, an denen sich die Falter tagsüber lange aufhalten, haben eine dunkle Färbung angenommen. Helle Tiere sind hier ungetarnt. Sie werden von ihren Feinden häufiger erkannt und gefressen als die dunkel gefärbten Falter. In diesem natürlichen Ausleseprozeß, der *Selektion,* sind die melanistischen Tiere im Vorteil. An Bäumen sitzend sind sie getarnt, also besser an

Selektion
Natürliche Auslese durch Umweltbedingungen.

Selektionsfaktor
Umwelteinfluß, der unterschiedliche Fortpflanzungsraten verschiedener Phänotypen bewirkt.

Selektionsdruck
Einwirkung der Selektionsfaktoren auf eine Population.

Transformierende Selektion
Selektion bewirkt Genpooländerung.

Stabilisierende Selektion
Selektion bewirkt Erhaltung des Genpools.

diese Umweltbedingungen angepaßt. Sie überleben häufiger und haben dadurch mehr Nachkommen. Der Anteil der dunklen Form nimmt zu; es entsteht *Industrielemelanismus*.

Bei der Veränderung der Umweltbedingungen infolge der einsetzenden Industrialisierung zu Beginn des 19. Jahrhunderts ist die Tarnung der hellen Tiere immer schlechter geworden, bis sie praktisch ganz entfallen ist. Die helle Form wurde zunehmend häufiger gefressen. Die stets vorhandenen Freßfeinde verursachen einen beständigen *Selektionsdruck* auf die Population. Unter diesem Einfluß konnten dunkel gefärbte Tiere mehr Nachkommen erzeugen als helle.

Genetisch betrachtet bedeutet dies, daß die Häufigkeit des melanistisch wirkenden Allels in der Population zunahm und die des anderen abnahm. Der konstante Selektionsdruck bei veränderten Umweltbedingungen bewirkte die Veränderung des Genpools. Die Selektion hat *transformierende Wirkung*. Sie wandelt die Eigenschaften der Population und führt zu Artumbildung. Verändert sich der Genpool und damit die Häufigkeit bestimmter Merkmale in einer Population nicht mehr, kann man davon ausgehen, daß der Prozeß der Anpassung abgeschlossen ist.

Helle Körperfärbung bedeutet unter den neuen Umweltbedingungen einen starken Selektionsnachteil. Dennoch tritt dieses Merkmal immer wieder auf. Die Hauptursache liegt darin, daß das Allel für helle Färbung rezessiv wirkt und heterozygote, dunkle Tiere keinen Selektionsnachteil haben. Bei diesen Individuen ist das Allel für helle Körperfarbe der Selektion, die auf den Phänotyp wirkt, entzogen. Heterozygote Elterntiere haben also immer wieder homozygote, helle Nachkommen. Diese entstehen außerdem auch dadurch, daß das Melanismusallel durch Rückmutation in das andere Allel übergehen kann.

Die hellen Nachkommen werden infolge des ständigen Selektionsdrucks zu einem größeren Anteil sterben als die dunklen. Die Häufigkeit von hellen und dunklen Formen in der Population bleibt infolge des Selektionsdrucks konstant; ihr Genpool wird stabilisiert. Solange sich die Umweltbeziehungen nicht ändern, wirkt die Selektion *stabilisierend.*

Selektion ist ein statistischer Prozeß, der durch den Anteil der Allele charakterisiert ist, die in den Genpool der Folgegeneration eingebracht werden können. Selektionsbegünstigt sind all diejenigen Organismen, deren Merkmale bewirken, daß ihre Träger mehr fortpflanzungsfähige Nachkommen haben als andere Individuen dieser Art. Man sagt, ihre *Fitness* ist größer.

Fitness ist eine Phänotypeigenschaft. Sie ist an der Anzahl der Nachkommen meßbar, die dieser Phänotyp hervorbringen kann. Die Fitness ist dann hoch, wenn Organismen möglichst gut an die herrschenden Umweltbedingungen angepaßt sind. Weniger gut angepaßte Lebewesen sterben früher. Sie haben im Mittel weniger fortpflanzungsfähige Nachkommen; ihre Fitness ist geringer.

Für den Grad der Angepaßtheit sind in der Natur viele Merkmale von Bedeutung, wenn auch in unterschiedlichem Maße. Deshalb stellt die Berücksichtigung einzelner Merkmale, wie die Färbung des Birkenspanners, eine vereinfachte Betrachtung dar. Dies ist beim vorliegenden Beispiel sinnvoll, weil die Freßfeinde ihre Beute optisch erkennen.

Artänderung ist nur im Verlauf von Generationen möglich. Ändern sich die Selektionsbedingungen für eine Population in kurzer Zeit erheblich, so führt dies zu einem starken Selektionsdruck auf die Population; sie wird kleiner.

Beim betrachteten Beispiel des Birkenspanners war eine Anpassung an die sich rasch ändernden Lebensbedingungen in verhältnismäßig kurzer Zeit möglich. Zum einen ist die Generationsdauer mit einem Jahr gering, zum anderen wird die Anpassung durch die Alleländerung nur eines Gens ermöglicht. Sind es jedoch Organismen mit großer Generationsdauer, und würde erst eine komplexe genetische Veränderung eine erneute Anpassung an die vorherrschenden Selektionsbedingungen ermöglichen, so kann es sein, daß die zum Überleben erforderlichen genetischen Veränderungen nicht schnell genug eintreten. Die Population stirbt aus.

Aufgaben

① Inwiefern ist es bei sich ändernden Selektionsbedingungen für eine Art vorteilhaft, wenn Eltern viele Nachkommen haben?
② Weshalb ist bei veränderlichem Selektionsdruck geschlechtliche Fortpflanzung günstiger als ungeschlechtliche?
③ Diskutieren Sie die Bedeutung der Diploidie für evolutive Vorgänge.

Selektionsfaktoren und ihre Wirkung

Abiotische Selektionsfaktoren

Auf den Kerguelen, einer Gruppe kleiner Inseln im südlichen Indischen Ozean, leben mehrere Fliegen- und Schmetterlingsarten, deren Flügel so stark rückgebildet sind, daß die Tiere nicht fliegen können. Das Merkmal ist die Folge von Mutationen und scheint auf den ersten Blick für die Tiere von Nachteil zu sein. Doch sind die Inseln meist starken Winden ausgesetzt, so daß unter diesen Bedingungen Flugfähigkeit für die kleinen und leichten Tiere ungünstig wäre. Fliegende Insekten würden leicht aufs Meer getrieben und dabei umkommen. Der *Selektionsfaktor* Wind bewirkt, daß das Merkmal Flugunfähigkeit in den Insektenpopulationen erhalten bleibt. Dieses Beispiel zeigt, daß sich nicht ohne Kenntnis der Umweltbedingungen beurteilen läßt, ob ein Merkmal günstig oder nachteilig ist.

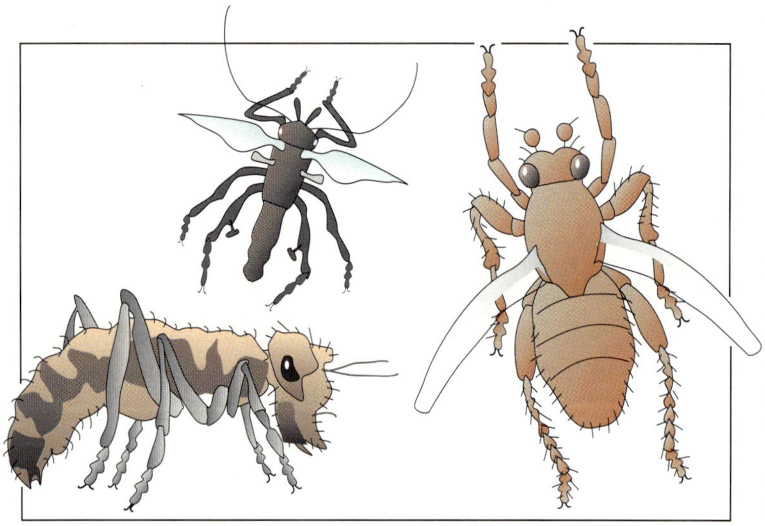

1 Flugunfähige Insekten

Viele Pflanzen, die in Trockengebieten vorkommen, können Wasser in speziellen Geweben speichern. Mit diesem Vorrat wird der Wasserbedarf in langen Trockenperioden gedeckt. Zugleich ist der Wasserverlust durch Transpiration stark eingeschränkt. Das Abschlußgewebe, die *Epidermis,* ist stark verdickt und bei manchen Arten sind die Blattflächen stark reduziert. Oft bestehen die Blätter nur noch aus Dornen. Diese typischen Merkmale findet man bei Kakteen, die Wasser im verdickten Stamm speichern. Bei Agaven ist der Sproß stark reduziert; der Wasservorrat befindet sich in den Blättern.

Als Selektionsfaktoren kommen praktisch alle *abiotischen* Faktoren in Betracht. Selektion bewirkt daher die Anpassung von Organismen an diese Lebensbedingungen und erhält die Merkmale der Angepaßtheit.

Biotische Selektionsfaktoren

Auch Lebewesen wirken als Selektionsfaktoren. Artgleiche Individuen konkurrieren untereinander um Nahrung, Lebensraum oder Sexualpartner. Artfremde Individuen können als Freßfeinde oder Parasiten auftreten.

Malaria ist eine Tropenkrankheit, die durch Erreger der Gattung *Plasmodium* verursacht wird. Ein Teil der Entwicklung dieses einzelligen Parasits verläuft in den roten Blutzellen eines infizierten Menschen. Die Entwicklung ist gestört und die Vermehrung unterbunden, wenn der Infizierte zugleich heterozygoter Träger des Sichelzellallels ist. Die Karte zeigt, daß in den Malariagebieten Afrikas das Sichelzellallel in der Bevölkerung häufig auftritt. Je größer die Infektionsgefahr für Malaria ist, desto stärker ist das Sichelzellallel in der Bevölkerung verbreitet. Homozygote Träger des Sichelzellallels sterben meist, bevor sie Nachkommen haben. Daher müßte das Allel selten sein. Von den homozygoten Trägern des Normalallels stirbt ein größerer Teil als von den heterozygoten. Diese besitzen unter den herrschenden Bedingungen einen Selektionsvorteil *(Heterozygotenvorteil).* Indem sie mehr Nachkommen haben, bringen sie das Sichelzellallel mit großer Häufigkeit in den Genpool von Folgegenerationen ein.

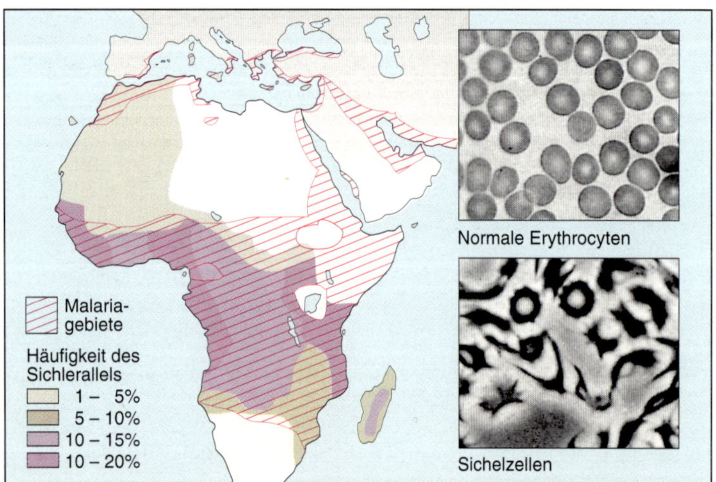

2 Verbreitung von Sichelzellanämie und Malaria

Selektion bei wechselnden Bedingungen

Die *Spitze Strandschnecke* (Littorina littorea) ist als Bewohner der Spritzwasserzonen an der Meeresküste sehr stark variierenden Umweltbedingungen ausgesetzt. Infolge der Gezeiten schwankt der Meeresspiegel ständig. Für die Tiere bedeutet dies in regelmäßigen Zeitabständen eine vollständige Wasserbedeckung und mehrstündiges Trockenfallen.

Durch diesen Wechsel verändert sich der Salzgehalt der Umgebung beträchtlich. Sinkt der Wasserspiegel und trocknen die Küsten oberhalb der Wasserlinie ab, so steigt der Salzgehalt. Bei niedrigem Wasserspiegel kann er bei Niederschlägen auch absinken. Gleichfalls extremen Schwankungen unterliegt die Umgebungstemperatur, insbesondere, wenn beim Trockenliegen starke Sonneneinstrahlung auftritt.

Ohne ihr Schneckengehäuse könnte die Strandschnecke unter diesen Bedingungen nicht überleben. Bei ausschließlich wasserlebenden Arten bietet das Gehäuse vor allem Schutz vor Freßfeinden. In der Spritzwasserzone übernimmt es weitere Funktionen. Es verhindert bei sinkendem Wasserspiegel die Austrocknung des Körpers, und durch Schließen des Gehäusedeckels werden auch starke Schwankungen des Salzgehaltes in der Umgebung überstanden. Im Gehäuse wird durch den dicht schließenden Deckel eine kleine Menge Seewasser mit eingeschlossen. Dadurch verändert sich die Salzkonzentration im Innern bei wechselnden Außenbedingungen nur langsam. Außerdem verhindert das Gehäuse die Übererwärmung des Körpers, indem es einen großen Teil des auftreffenden Sonnenlichts reflektiert.

Die Besiedlung der Spritzwasserzone ist also durch mehrfache Funktionen eines vorhandenen Organs, dem Schneckengehäuse, möglich. Es wurde evolutiv immer besser an die verschiedensten Selektionsbedingungen angepaßt. Dies läßt die Beobachtung vermuten, daß Schnecken der Gattung Littorina um so höher in der Gezeitenzone siedeln können, je toleranter sie infolge ihres dicht schließenden Gehäusedeckels gegen Schwankungen des Salzgehaltes sind.

Das Beispiel dieses Schneckengehäuses läßt den Schluß zu, daß Merkmale der Lebewesen in der Vergangenheit einem Selektionsdruck ausgesetzt waren und im Verlauf der Zeit immer besser angepaßt wurden.

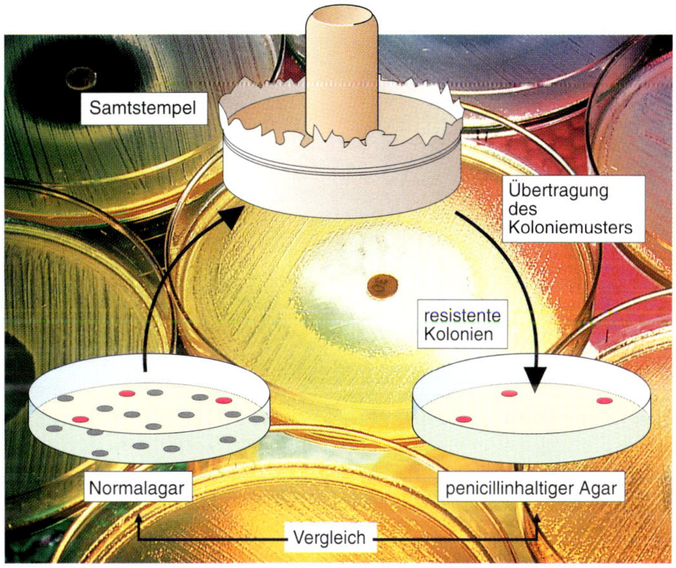

Selektionsexperiment mit Bakterien

Die transformierende Wirkung der Selektion bei Änderung der Umweltbedingungen kann man direkt nur an Organismen beobachten, deren Generationsdauer gering ist, wie etwa Bakterien.

Auf zwei Normalagarplatten I und II werden Bakterien der Art Escherichia coli ausplattiert. Beide Platten enthalten die für das Bakterienwachstum notwendigen Nährstoffe, die Platte II zusätzlich das Antibiotikum Penicillin. Dieser Stoff hemmt das Bakterienwachstum. Die Platten werden für 24 Stunden bei 37 °C bebrütet. Auf Platte I bilden die Bakterien durch Vermehrung einen dichten Rasen, auf Platte II entstehen nur wenige Kolonien. Diese Bakterien sind *penicillinresistent.*

Für die Entstehung der *Resistenz* gibt es zwei verschiedene Erklärungen. Entweder sind die resistenten Kolonien aus Bakterien hervorgegangen, die bereits vor dem Ausplattieren, z. B. infolge von Mutationen, penicillinresistent waren, oder einige wenige der ausplattierten Bakterien sind unter dem Einfluß des Penicillins resistent geworden.

Dies läßt sich auf folgende Weise entscheiden: Auf Normalagar werden Bakterien ausplattiert und bebrütet, bis einzelne Kolonien entstehen. Ein mit Samt überzogener Stempel wird auf die Agaroberfläche mit den Kolonien gedrückt. Dabei haften Bakterien an den Samthärchen. Drückt man nun den Stempel auf eine penicillinhaltige Agarplatte, so wird mit den Bakterien auch das Koloniemuster übertragen. Hier entwickeln sich nach Bebrütung wenige resistente Kolonien. Vom Normalagar werden jetzt Bakterien aus einem Bereich abgenommen, in dem beim Penicillinagar resistente Kolonien sind. Plattiert man diese Bakterien vom Normalagar auf einem neuen Penicillinagar aus, so wachsen sie weiter. Sie sind resistent. Dies zeigt, daß Resistenz ohne die Einwirkung des Penicillins entsteht. Mit Penicillin werden nur solche Bakterien selektiert, die bereits zuvor resistent waren. Infolge ihrer genetischen Variabilität ist ein Merkmal entstanden, das unter den veränderten, nicht vorhersehbaren Umweltbedingungen einen *Selektionsvorteil* erbracht hat. Die Bakterien waren *prädisponiert.*

Hauptsächlich bei diploiden Organismen ist *Prädisposition* gut möglich. Hier können rezessive Allele über lange Zeiträume im Genpool verweilen. In heterozygoten Organismen unterliegen sie nicht der Selektion. Bei Änderung der Umweltbedingungen können sie dem homozygoten Träger Selektionsvorteile verschaffen.

1 Schema zur Ermittlung der Genotypenfrequenz in der F_1-Generation

Populationsgenetik

Die vorangehenden Überlegungen haben gezeigt: Evolution findet in Populationen statt, und dabei wird der Genpool verändert. Die *Populationsgenetik* untersucht mit statistischen Methoden die Art und die Häufigkeit von Allelen in Populationen.

Der englische Mathematiker GEORGE HARDY und der deutsche Arzt WILHELM WEINBERG entwickelten 1908 unabhängig voneinander eine Methode, mit der die Häufigkeit von Allelen und die Verteilung der Phänotypen in einer Population bestimmt werden können. Sie nahmen dabei starke Vereinfachungen vor, indem sie von folgenden Bedingungen ausgingen:

- Die Anzahl der Individuen ist so groß, daß Tod und Geburt einzelner Individuen praktisch keine Änderung der Allelhäufigkeiten bewirken.
- Alle Individuen können sich beliebig paaren *(Panmixie)*.
- Kein Genotyp hat gegenüber einem anderen einen Selektionsvorteil.
- Mutationen treten nicht auf.
- Es gibt keine Zu- oder Abwanderung von Individuen.

Eine Population mit diesen Eigenschaften heißt *Idealpopulation.*

Betrachten wir als Beispiel ein Gen eines Schmetterlings, das in zwei Allelen A und a vorliegt: Die Flügel sind beim Genotyp aa ungefleckt, beim Genotyp Aa schwach gefleckt und beim Genotyp AA stark gefleckt. In einer zunächst künstlich zusammengesetzten Elternpopulation mit 100 Tieren, die alle homozygot sind, sind 60 Tiere stark gefleckt und 40 ungefleckt. In dieser Population existieren 200 Allele für die Flügelmusterung, 120 vom Typ A. Dieser Anteil von 60 % ist zugleich die *relative Häufigkeit* p des Allels A in der Population. Sie wird auch als *Allelfrequenz* bezeichnet. Hier ist $p = 60\,\% = 0{,}6$. Das Allel a existiert 80mal in der Population mit der relativen Häufigkeit $q = 40\,\% = 0{,}4$. Bei zwei Allelen gilt also stets die Gleichung: $p + q = 100\,\% = 1$.

Die Werte von p und q bestimmen zugleich die relative Häufigkeit, mit der die Allele a und A in allen Gameten auftreten, die von den Tieren gebildet werden. Pflanzt sich die Elterngeneration fort, so kommen die Allele A und a in die F_1-Generation. Hier entspricht die Häufigkeit der Allele genau der, mit der sie in den Gameten vertreten sind, aus denen die F_1-Generation hervorgeht.

Daraus folgt, daß in der F_1-Generation genau dieselben Allelfrequenzen auftreten wie in der Elterngeneration. Diese ändern sich dann auch in den Folgegenerationen nicht mehr. Damit kommt man zu der fundamentalen Aussage: *In der Idealpopulation bleibt die Allelfrequenz und damit der Genpool konstant.*

Wenn man nun die Häufigkeit kennt, mit der die Allele A und a auftreten, dann weiß man jedoch noch nicht, mit welcher Häufigkeit die Genotypen AA, Aa und aa in der F_1-Generation vertreten sind. Zur Ermittlung dieser *Genotypenfrequenzen* muß das Kombinieren

Wahrscheinlichkeitsrechnung
Die Wahrscheinlichkeit für das Würfeln einer Eins mit einem Würfel ist $\frac{1}{6}$.

Die Wahrscheinlichkeit dafür, daß mit zwei Würfeln bei einem Wurf zweimal Eins auftritt, ist das Produkt der Einzelwahrscheinlichkeiten: $\frac{1}{6} \times \frac{1}{6} = \frac{1}{36}$.

Hardy-Weinberg-Regel
$p^2 + 2pq + q^2 = 1$
Genotypenfrequenzen

$p + q = 1$
Allelfrequenzen

der Allele bei der Zygotenbildung statistisch untersucht werden. Dieser Vorgang ist mit den Zufallsereignissen beim Würfeln vergleichbar. Ein Wurf mit nur einem Würfel entspricht dem Ereignis, daß ein beliebiger Gamet in der Population zur Fortpflanzung gelangt, ein Wurf mit zwei Würfeln, daß zwei Gameten eine Allelkombination bilden (siehe Randspalte).

Die Wahrscheinlichkeit für das Vorhandensein eines einzigen Allels in einer Keimzelle ist so groß wie seine relative Häufigkeit. In unserem Beispiel ist die Wahrscheinlichkeit für das Antreffen eines Gameten mit dem Allel A 0,6 und 0,4 für das Allel a. Die Wahrscheinlichkeit für das Zustandekommen des Genotyps AA beträgt $p \times p = 0{,}6 \times 0{,}6 = 0{,}36$. Dementsprechend werden 36 % der Nachkommen diesen Genotyp aufweisen. Die Wahrscheinlichkeit für aa beträgt $q \times q = 0{,}16$. Den Anteil der Heterozygoten entnimmt man dem Schema $p \times q + q \times p = 2 \times p \times q = 2 \times 0{,}6 \times 0{,}4 = 0{,}48$.

Für die Genotypenhäufigkeit in der F_1-Generation gilt:

$$p^2 + 2pq + q^2 = 1$$

Diese Beziehung zwischen der relativen Häufigkeit von Allelen und Genotypen heißt *Hardy-Weinberg-Regel.* Sie zeigt, daß die Genotypenhäufigkeiten, und damit auch die Häufigkeiten der möglichen Phänotypen, ausschließlich durch die Allelfrequenzen p und q bestimmt werden. Diese bleiben unter den vorausgesetzten idealen Bedingungen unverändert; es tritt also keine Evolution auf.

Wendet man die Hardy-Weinberg-Regel auf die Elternpopulation der Schmetterlinge an, so würde man einen Heterozygotenanteil von 0,48 berechnen, der gar nicht existiert. Die Ursache ist die künstliche Zusammensetzung der Anfangspopulation in unserem Beispiel, in der nur homozygote Individuen vorkommen. Dies ist in der Natur so nicht möglich. Erst ab der F_1-Generation ist die Population im *Hardy-Weinberg-Gleichgewicht.* Dann erhält man mit den Werten für p und q die tatsächlichen Häufigkeitswerte für die Phänotypen.

Die Hardy-Weinberg-Regel gilt streng nur unter den idealen Voraussetzungen, die in natürlichen Populationen nie realisiert sind. Deshalb treten unter natürlichen Bedingungen immer Genpooländerungen auf; es findet Evolution statt. Dennoch kann man näherungsweise auf einzelne Allele in realen Populationen die Hardy-Weinberg-Regel anwenden. Brauchbare Ergebnisse erzielt man, wenn sich die Populationen näherungsweise im Gleichgewicht befinden, hinreichende Größe für statistische Aussagen besitzen und mit kleinen Generationszahlen gearbeitet wird.

Aufgabe

① In einer Drosophilapopulation hat jedes hundertste Tier zinnoberrote Augen. Dieses Merkmal ist gegenüber normal roten Augen rezessiv. Bestimmen Sie die Anzahl der heterozygoten Tiere in der Population mit 2000 Individuen. Welcher Anteil an Heterozygoten ist in der nächsten Generation zu erwarten? Begründen Sie.

Anwendungsbeispiel für die Hardy-Weinberg-Regel

Die Regel wird häufig verwendet, um bei dominant-rezessiv wirkenden Allelpaaren den Anteil von Heterozygoten (Aa) zu ermitteln, die sich phänotypisch nicht von Homozygoten (AA) unterscheiden.

In einer Population von 1600 Hasen sind 4 Tiere, die die rezessive Fellfarbe „weiß" besitzen. Nun soll die Anzahl der homozygoten und der heterozyogoten schwarzen Tiere berechnet werden.

Relative Häufigkeit des Genotyps aa:
$q^2 = 4/1600 = 1/400 = 0{,}0025 = 0{,}25\ \%$

Allelfrequenz von a:
$q = \sqrt{(1/400)} = 1/20 = 0{,}05 = 5\ \%$

Allelfrequenz von A:
$p = 1 - q = 1 - 1/20 = 19/20 = 0{,}95 = 95\ \%$

Relative Häufigkeit des Genotyps AA:
$p^2 = (19/20)^2 = 0{,}9025 = 90{,}25\ \%$

Absolute Häufigkeit des Genotyps AA:
$p^2 \times 1600 = 0{,}9025 \times 1600 = 1444$ (schwarz, homozygot)

Relative Häufigkeit des Genotyps Aa:
$2pq = 2 \times (19/20) \times (1/20) = 0{,}095 = 9{,}5\ \%$

Absolute Häufigkeit des Genotyps Aa:
$2pq \times 1600 = 0{,}095 \times 1600 = 152$
152 der 1596 schwarzen Hasen sind heterozygot.

Gendrift

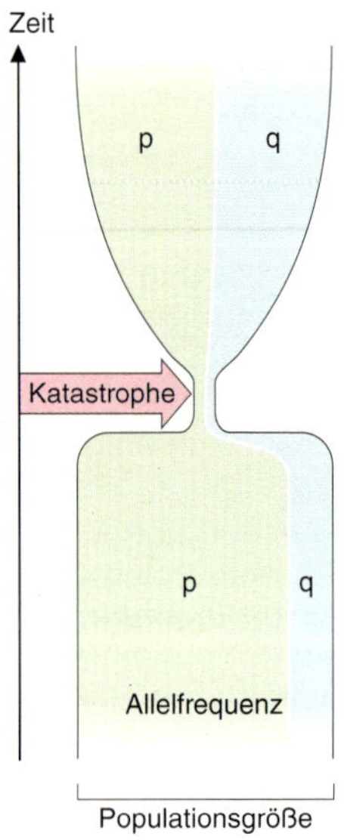

Flaschenhalseffekt

Der Pingelap-Archipel ist eine Inselgruppe im Pazifik. Hier leben etwa 1600 Eingeborene, von denen 5 % farbenblind sind ($q^2 = 0{,}05$). Sie sind homozygote Träger eines rezessiven Allels a, das die Sehstörung bewirkt. Das Allel tritt auch in anderen Populationen auf; erstaunlich ist jedoch die große Häufigkeit bei dieser Inselpopulation. Die Anwendung der Hardy-Weinberg-Regel liefert für die Allelfrequenz den Wert $q = 22\,\%$. Das ist ein Vielfaches dessen, was in anderen Populationen beobachtbar ist.

Die Ursache für diese Besonderheit findet man in der Geschichte der Inselbevölkerung. Im späten 18. Jahrhundert starben viele Einwohner bei tropischen Wirbelstürmen und durch Hungersnot. Die Population war stark dezimiert; nur etwa 30 Personen überlebten. Wenn sich unter ihnen ein heterozygoter Träger des Allels a befand, so betrug die anfängliche Allelfrequenz $q = 1{,}7\,\%$. Nun ist bei kleinen Populationen, die im Wachstum sind, keine Stabilität der Allelfrequenzen zu erwarten. Es kommt vor, daß der einzige Träger eines bestimmten Allels besonders viele Nachkommen hat oder auch ganz ohne Nachkommen stirbt.

Durch solche Zufälligkeiten wird der Genpool nachhaltig beeinflußt. Diese Zufallswirkungen werden als *Gendrift* bezeichnet. Der große Anteil des Farbenblindheit-Allels ist auf Gendrift zurückzuführen, weil andere Ursachen, wie eine besonders hohe Mutationsrate oder ein Selektionsvorteil für Farbenblinde, ausscheiden.

1 Seitenfleckenleguan (Normalfärbung)

Gendrift ist nur in kleinen Populationen möglich. Die vorübergehend geringe Populationsgröße, der *Flaschenhalseffekt,* tritt bei Feind-Beute-Beziehungen auf oder bei Organismen, die ausgeprägte Massenwechsel zeigen. Das erneute Populationswachstum kann nur mit dem genetischen Bestand der Überlebenden erfolgen. Die Wiederbesiedlung eines Lebensraumes nach einer Naturkatastrophe geht manchmal von sehr kleinen Teilpopulationen aus, die in zufälliger Zusammensetzung in einem Teilbiotop überlebt haben. Diese Organismen müssen nicht diejenigen mit der größten Fitness sein. Oft spielen Eigenschaften, die Fitness bewirken, keine Rolle für das Überleben bei Katastrophen. Im Genpool der *Gründerpopulation* sind die mitgebrachten Allele in Art und Häufigkeit keineswegs repräsentativ für den Genpool, dem sie entstammen. Dabei kann es sogar vorkommen, daß sich ehemals nachteilige Merkmale in der Population ausbreiten können, weil jetzt Konkurrenten oder Freßfeinde fehlen.

Gendrift ist in der Natur nicht direkt nachweisbar. Erst wenn alle anderen Evolutionsfaktoren zur Erklärung ausscheiden, muß man von Gendrift ausgehen. Deshalb wurden Laborversuche unternommen. An Hausmäusen wurde festgestellt, daß die Allelfrequenzen eines Hämoglobinallels in mehreren kleinen und großen Populationen im Mittel praktisch gleich groß sind. Die Tabelle zeigt jedoch, daß Unterschiede in den Allelfrequenzen zwischen kleinen Populationen stärker sind als zwischen großen Populationen. Dies wird durch den Varianzwert ausgedrückt. Zufallswirkung zeigt sich bei geringer Individuenanzahl.

Populationsgröße	Anzahl unterschiedlicher Populationen	Mittlere Allelfrequenz	Varianz der Allelfrequenz
ca. 10	29	84,9 %	0,188
ca. 100	13	84,3 %	0,008

Aufgaben

① Wie viele Einwohner des Pingelap-Archipels sind heterozygote Träger des Allels für Farbenblindheit?

② Auf einigen Inseln im Golf von Kalifornien findet man Seitenfleckenleguane mit grüner Körperfärbung, die auf den hellgrauen Granitfelsen keine Schutzfärbung darstellt. Geben Sie eine evolutive Erklärung für diese Beobachtung.

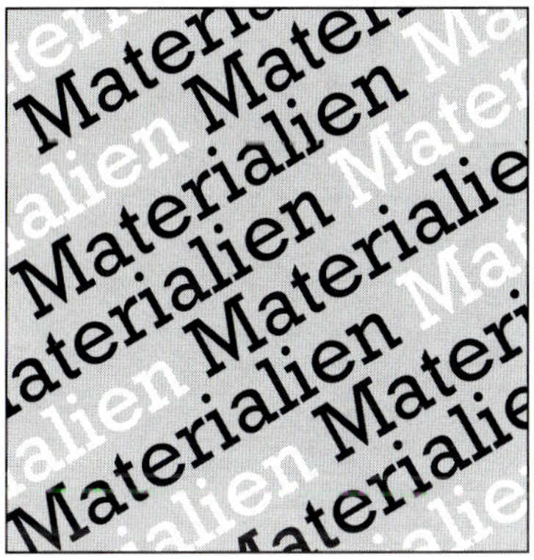

Simulation von Evolutionsprozessen

Mit Computerprogrammen können evolutive Vorgänge simuliert werden. Die Daten auf dieser Seite sind das Ergebnis von Modellberechnungen. Weil Modelle immer Vereinfachungen beinhalten, geben sie reale Verhältnisse nicht in allen Einzelheiten wieder. Dennoch eignen sie sich zur Untersuchung prinzipieller Fragestellungen und zur Erarbeitung von Prognosen.

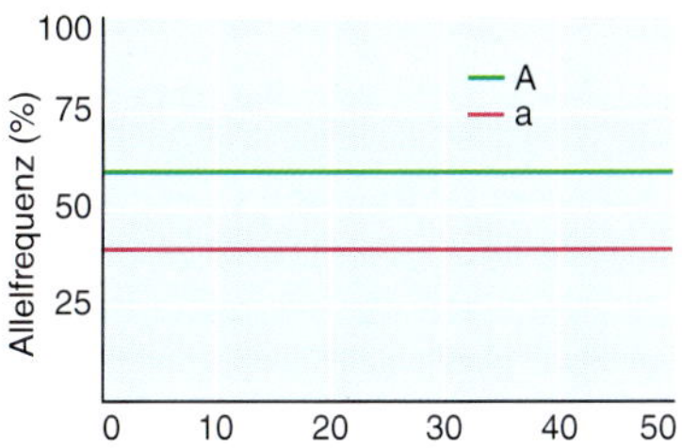

1

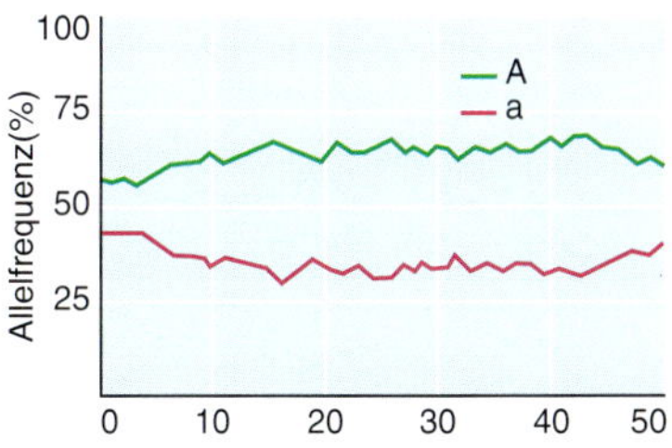

2

Abb. 1 zeigt den zeitlichen Verlauf der Frequenzen der Allele A und a über mehrere Generationen in einer Population mit 100 000 Individuen.

① Bestimmen Sie die Frequenzen der Genotypen AA, Aa und aa sowie die absolute Anzahl der Träger der zugehörigen Merkmale.

② Abb. 2 zeigt den Verlauf derselben Allelfrequenzen für eine weitere Population. Vergleichen Sie die beiden Abbildungen. Begründen Sie, welche Abbildung praktisch eine Idealpopulation beschreibt. In welcher Eigenschaft unterscheiden sich die beiden Populationen?

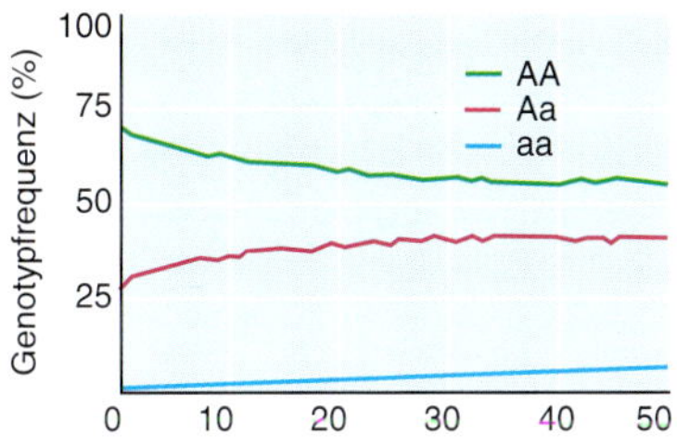

3

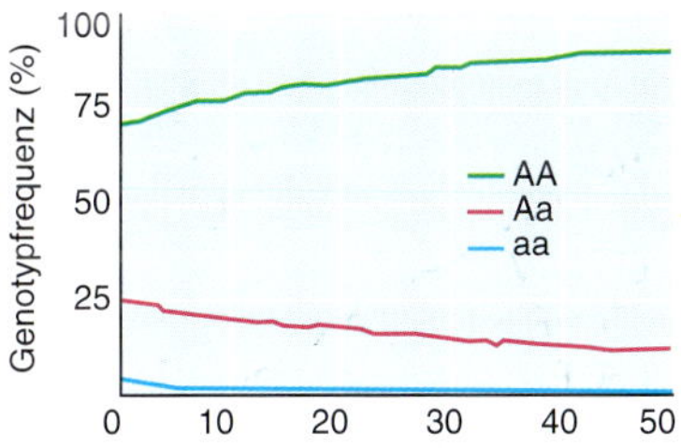

4

In einer Population tritt das Sichelzellallel a mit einer Frequenz von 15 % auf. Abb. 3 und 4 zeigen den simulierten zeitlichen Verlauf der Genotypfrequenzen für die Fälle, daß die Population in ein malariafreies bzw. in ein malariaverseuchtes Gebiet übersiedelt.

③ Begründen Sie, welches der Diagramme die Verhältnisse wiedergibt, die bei der Population im Malariagebiet eintreten werden.

④ Diskutieren Sie für beide Diagramme den Kurvenverlauf.

In einer Population mit Birkenspannern, die an helle Baumrinden angepaßt ist, findet man 1 % melanistische Individuen.

⑤ Berechnen Sie mit der Hardy-Weinberg-Regel, wieviel homozygote und heterozygote dunkle Tiere in einer Population mit 10 000 Individuen vorhanden sind.

⑥ Abb. 5 zeigt den zeitlichen Verlauf der Genotypfrequenzen für den Fall, daß infolge von Luftverunreinigungen die Baumrinden dunkel gefärbt werden. Erklären Sie den Verlauf der Genotypfrequenzen, insbesondere Anstieg und Abnahme beim Typ Aa.

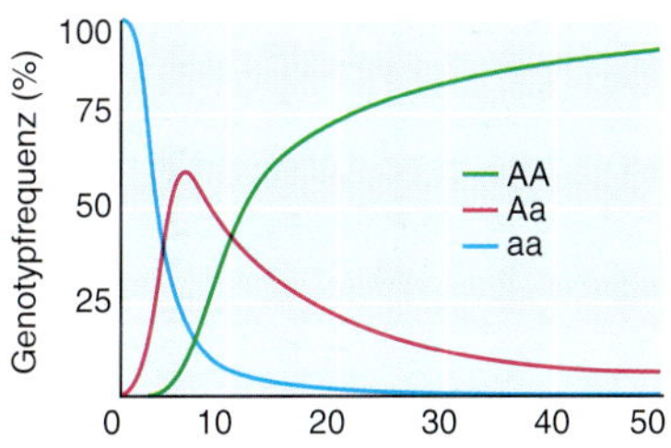

5

⑦ Überlegen Sie, ob die Genotypen Aa und aa bei sehr großen Populationen unter den Selektionsbedingungen von Aufgabe 6 verschwinden können, wenn man Neumutationen ausschließt. Diskutieren Sie Ihr Ergebnis im Hinblick auf eine Umkehr der Selektionsbedingungen, wenn durch Umweltschutzmaßnahmen die Luftqualität verbessert und die Baumrinden wieder heller werden.

Mucoviscidose ist eine autosomal-rezessive Krankheit. Sie tritt etwa mit der Häufigkeit 1:5000 auf und kann tödlich verlaufen. Der in den Atemwegen gebildete Schleim weist einen zu geringen Flüssigkeitsgehalt auf. Weil er nur schwer abgehustet werden kann, besteht ständig die Gefahr der Lungenentzündung. Als hypothetische Maßnahme zur Verminderung der Frequenz des Mucoviscidoseallels wird angenommen, daß keiner der Merkmalsträger sich fortpflanzt. In einer Simulation wird untersucht, wie sich dadurch die Allelfrequenz in der Bevölkerung verändern würde. Es wird angenommen, daß Heterozygote keinen Selektionsvorteil besitzen. Die Tabelle zeigt das Simulationsergebnis.

Generation	Allelfrequenz
0	1,40 %
5	1,26 %
10	1,13 %
15	1,00 %
20	0,92 %
25	0,87 %
30	0,84 %
35	0,81 %

⑧ Zeichnen Sie mit Hilfe der Tabelle ein Diagramm, das die Abnahme des krankheitsverursachenden Allels in Abhängigkeit der Zeit zeigt. Extrapolieren Sie bis zu dem Zeitpunkt, an dem die Allelfrequenz auf die Hälfte abgenommen hat.

⑨ Bestimmen Sie die Zeitspanne, in der die Allelfrequenz auf die Hälfte absinkt. Gehen Sie von 25 Jahren Generationszeit aus.

⑩ Diskutieren Sie Auswirkung und Wert der simulierten hypothetischen Maßnahme zur Senkung der Allelfrequenz.

⑪ Mucoviscidosekranke werden heute so behandelt, daß sie eine viel größere Lebenserwartung haben als früher. Erklären Sie, wie sich dies auf die Allelfrequenz auswirkt.

1 Grünspecht

2 Grauspecht

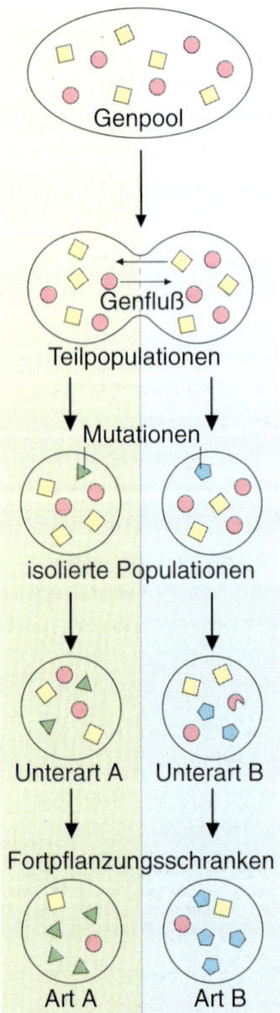

Trennung von Genpools

Isolation und Artbildung

Grünspecht und Grauspecht sind zwei Spechtarten, die bei uns gemeinsam Waldränder und lockere Mischwälder besiedeln. Bei flüchtiger Betrachtung kann ein auffliegender Grauspecht leicht mit der anderen Art verwechselt werden. Doch zeigen beide Spechtarten bei genauer Betrachtung deutliche Unterschiede im Gefieder. Der Grünspecht ist in vielen Schattierungen grün gefärbt, besitzt eine schwarze Gesichtsmaske und trägt eine rote Haube. Beim Grauspecht ist der Vorderkopf des Männchens rot, beim Weibchen graugrün. Das Gefieder ist an einigen Stellen grau statt grün.

Die Entstehung dieser zwei Spechtarten aus einer Art ist auf einschneidende Klimaveränderungen in der Vergangenheit zurückzuführen. Im Verlauf der letzten Kaltzeit rückten in Europa Eisfronten von Skandinavien nach Süden und von den Alpen nach Norden vor. Auf dem Höhepunkt dieser Kaltzeit vor etwa 20 000 Jahren waren die Gletscher in unserem Raum etwa 500 km voneinander entfernt, und es bildete sich eine lebensfeindliche Kältesteppe aus. Es blieben für viele wärmebedürftige Arten nur Lebensräume im Südosten und im Westen Europas. Dadurch wurden Tier- und Pflanzenpopulationen in östliche und westliche *Teilpopulationen* getrennt. Diese *geographische Isolation* durch die Eisbarriere bewirkte die *genetische Isolation* der Genpools; der Genfluß war unterbrochen. Es folgte die unabhängige genetische Entwicklung der getrennten Populationen bei unterschiedlichen Umwelt- und Selektionsbedingungen. Beide Genpools wurden verändert. Dadurch entstanden zwei Unterarten, die man als *geographische Rassen* bezeichnet. Sie unterschieden sich zwar voneinander, hätten aber bei Aufhebung der Isolation zu diesem Zeitpunkt wieder zu einer Population verschmelzen können.

Nach dem Rückzug der Gletscher wurden die Gebiete wieder besiedelt. Jetzt trafen die lange Zeit getrennten Populationen wieder aufeinander, vermischten sich aber nicht. Die genetischen Differenzierungen waren so weit fortgeschritten, daß sie sich jetzt im gleichen Lebensraum nicht mehr kreuzten. Der Genfluß blieb unterbrochen. Die Isolation ermöglichte, daß sich aus einer Art zwei Arten entwickelten. Im Osten entstand der Grauspecht, im Westen der Grünspecht. Isolation kann Artaufspaltung bewirken.

Die beiden Spechtarten konkurrieren nur wenig um Nahrung. Der Grünspecht ernährt sich hauptsächlich von Ameisen. Mit seiner langen Leimrutenzunge stochert er regelmäßig in Nestern und Ameisenhaufen. Der Grauspecht hält sich häufig an Baumstämmen auf und sucht hier baumbewohnende Insekten und deren Larven. Weil asiatische Grauspechte überwiegend Bodenspechte sind, darf man annehmen, daß die europäischen Grauspechte an die speziellen Bedingungen ihres Lebensraumes angepaßt wurden. Als Baumspechte stehen sie mit den bodenbewohnenden Grünspechten nicht mehr in Konkurrenz. Der evolutive Prozeß, der zur Anpassung einer bestehenden Art an die speziellen Lebensbedingungen führt, heißt *Einnischung*. Eingenischte Arten haben gegenüber anderen weniger gut angepaßten Arten, die denselben Lebensraum nutzen, einen Selektionsvorteil.

Bei der Aaskrähe hat die eiszeitliche Trennung nur zur Bildung von Unterarten geführt. Die Rabenkrähe besitzt vollständig schwarzes Gefieder und lebt im westlichen Europa. Die Nebelkrähe hat einen grau gefärbten Rumpf und ist im östlichen Europa zu finden. In einem schmalen Gebiet im Bereich der Elbe vermischen sich die Populationen. Das Auftreten von Mischformen zeigt, daß Raben- und Nebelkrähe noch eine Art bilden.

Aufgabe

① Was könnten die Faktoren dafür sein, daß sich mit Grün- und Grauspecht zwei Tochterarten aus einer Stammart entwickelt haben, bei den Krähen jedoch nur zwei Unterarten?

Lexikon

Weitere Isolationsmechanismen

Die Vermehrung von Arten findet in der Regel nur durch Unterbrechung des Genflusses zwischen Teilpopulationen statt. Dies ist zumeist die Folge von Isolationsvorgängen. Angesichts der riesigen Artenfülle auf der Erde ist es nicht verwunderlich, daß die Isolationsmöglichkeiten außerordentlich vielfältig sind. Nur in wenigen Fällen kann der Ablauf des Isolationsvorgangs zuverlässig rekonstruiert werden. Aber die Bedingungen, die eine bereits vor langer Zeit eingetretene Isolation zwischen Populationen im gleichen Biotop aufrecht erhalten, lassen sich auch heute untersuchen.

1. Isolation vor Zygotenbildung

a) Ökologische Isolation
Ein botanisches Beispiel ist der *Fingerhut*. Der Rote Fingerhut *(Digitalis purpurea)*, der auf sauren Silicatböden gedeiht, ist vorwiegend im Westen zu finden. Im Osten wächst der Großblütige Gelbe Fingerhut *(Digitalis grandiflora)* auf basischen, oft kalkhaltigen Böden. Im Schwarzwald gibt es eine Überlappung der Verbreitungsgebiete. Dennoch können an einem Standort nicht beide Arten zugleich existieren, weil das wechselnde Bodenmilieu jeweils nur für eine Art geeignet ist.

Ein anderes Beispiel ist die *Ringeltaube*, die ihr Nest auf Ästen baut. Sie ernährt sich von Kleinlebewesen und Früchten in Nestnähe. Die *Hohltaube* brütet in Baumhöhlen und frißt Früchte, die auch in weiterer Umgebung ihrer Behausung vorkommen. So sind beide Arten dadurch isoliert, daß sie unterschiedliche Nischen besetzen.

b) Tageszeitliche Isolation
Der gelbe *Kleefalter* hat sein Aktivitätsoptimum am Tage bei höheren Temperaturen. Die weiße Mutante ist besonders in den frühen Morgenstunden und abends aktiv. Dies zeigt, daß kleine genetische Veränderungen dazu führen können, daß der Genfluß innerhalb einer Population zwischen verschiedenen Varietäten stark behindert ist.

c) Ethologische Paarungsisolation
Bei verschiedenen Arten beobachtet man Isolation, wenn zum Auffinden eines Geschlechtspartners von diesem spezifische Signale ausgehen müssen. Weibliche *Leuchtkäfer* reagieren nur auf solche Männchen, die das artspezifische Leuchtmuster aussenden, das durch Leuchtdauer, Dunkelzeiten und Flugbahn charakterisiert ist.

Weitere Ursachen für die Verhinderung des Genflusses zwischen verschiedenen Arten im gleichen Verbreitungsgebiet sind verschiedene Lautsignale bei der Balz von Vögeln, unterschiedliche Sexuallockstoffe bei Schmetterlingen oder Farbmusterdifferenzen bei Fischen. Manchmal kann durch geringfügige Eingriffe die in der Natur sehr wirksame Isolationsschranke beseitigt werden. Beispielsweise konnten bei Möwen Kreuzungen zwischen Arten ausgelöst werden, indem der Kontrast zwischen Augen und Gesichtsfedern verändert wurde.

d) Jahreszeitliche Paarungsisolation:
Damit Genfluß auftritt, müssen die beteiligten Individuen zur selben Zeit fortpflanzungsfähig sein. Ist diese Voraussetzung nicht erfüllt, besitzen sie keinen gemeinsamen Genpool und bilden verschiedene Arten. Frösche haben verschiedene Laichzeiten. Der *Wasserfrosch* laicht von Ende Mai bis Anfang Juni, der *Grasfrosch* zwischen Ende Februar und Anfang April.

Bei Pflanzen kommt es auf die Blütezeit an. Die *Gemeine Roßkastanie* blüht am gleichen Standort 14 Tage früher als die *Rote Roßkastanie*. Der *Rote Holunder* blüht von April bis zum Mai, der *Schwarze Holunder* 2 Monate später.

e) Mechanische Paarungsisolation
Bei Insekten und Spinnen sind die Geschlechtsorgane oft sehr artspezifisch ausgebildet. Aus mechanischen Gründen kann in die Samentaschen des Weibchens kein Sperma übertragen werden, wenn die Begattungsorgane zwischen den Geschlechtern nicht genau wie Schlüssel und Schloß zusammenpassen.

2. Isolation nach Zygotenbildung

Die zuvor beschriebenen Isolationsmechanismen verhindern Zygotenbildung. Neben der *präzygotischen* gibt es aber auch *postzygotische Isolation*.

Der *Leopardfrosch* und der *Waldfrosch* sind in Nordamerika beheimatet. Zwischen diesen Froscharten kann es unter Laborbedingungen zur Paarung kommen, und es entwickeln sich Keime. Die Entwicklung verläuft aber nur bis zum Gastrulastadium, dann sterben die Keime vermutlich wegen genetisch fehlgesteuerter Differenzierungsprozesse ab. Selbst wenn es unter natürlichen Bedingungen zu Paarungen käme, entstünden keine Hybriden.

Daß auch Bastarde bei zwischenartlicher Paarung entstehen können, zeigen Kreuzungen zwischen Esel und Pferd. *Maultiere* gehen aus der Paarung von Eselhengst und Pferdestute hervor; *Maulesel* sind die Nachkommen bei reziproker Kreuzung. Diese Hybriden sind steril. Meist ist die Sterilität von Mischlingen auf die Kombination unterschiedlicher Chromosomensätze zurückzuführen. In der Meiose entstehen Gameten mit fehlenden Chromosomen oder Chromosomenteilen.

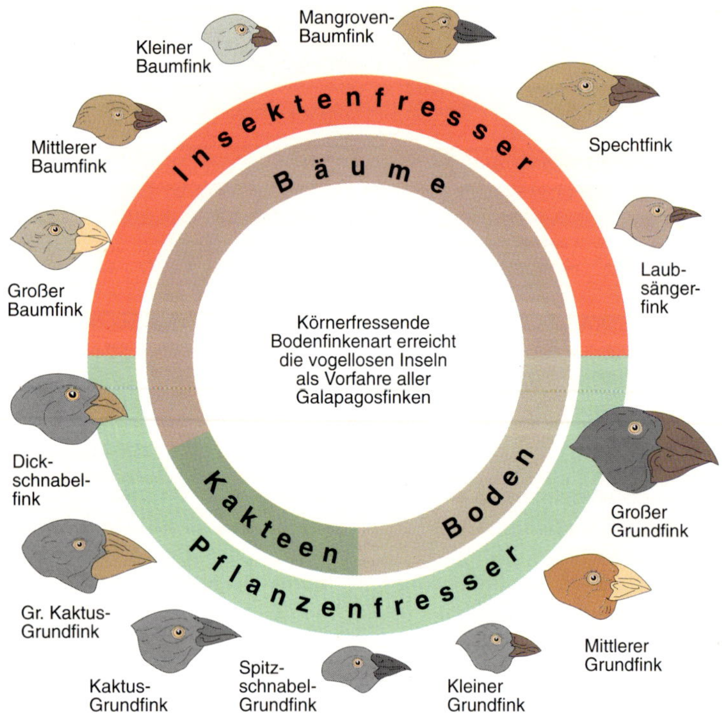

1 Darwinfinken auf Galapagos

Adaptive Radiation

CHARLES DARWIN erreichte bei seiner Forschungsreise 1835 den Galapagosarchipel, der vor 1 bis 5 Millionen Jahren durch unterseeische Vulkanausbrüche entstanden ist. Die hier lebenden Finkenvögel, die unscheinbar bräunlich-grau bis schwarz gefärbt sind, interessierten ihn zunächst nicht sonderlich. Bei der Untersuchung durch Vogelkundler fielen aber Merkwürdigkeiten auf. Einerseits waren sich die Tiere trotz der Größenunterschiede in bezug auf Körper- und Flügelform sowie Gefieder sehr ähnlich. Andererseits unterschieden sie sich auffallend in der Form und der Größe der Schnäbel. Heute weiß man, daß es insgesamt 13 verschiedene Finkenarten sind. Diese Finken kommen nur auf Galapagos vor; sie sind *Endemiten.* Die nächsten Finken leben auf dem etwa 1100 km entfernten südamerikanischen Festland.

Die *Galapagosfinken* zeigen eine erstaunliche Vielfalt in der Nahrungsauswahl. Die Grundfinken leben am Boden und knacken mit ihrem dicken Schnabel Körner und Samen. Kaktusfinken suchen ihre Nahrung auf Kakteen. Überwiegend ernähren sie sich von Nektar und Fruchtfleisch. Der Laubsängerfink bewohnt Bäume und ernährt sich von Insekten, die er mit dem langen spitzen Schnabel aufpickt. Der Spechtfink frißt, ähnlich unseren einheimischen Spechten, Insektenlarven, die im Holz der Bäume leben. Zwar fehlt ihm der meißelförmige Schnabel und die lange Spechtzunge, aber mit einem Kaktusstachel im Schnabel kann er seine Beute mit verblüffender Geschicklichkeit aus kleinen Bohrlöchern herausholen. Die Schnabelform ist also eine spezielle Anpassung der Finken an das jeweilige Nahrungsangebot in ihrem Lebensraum.

Da außer auf Galapagos nirgends Finkenvögel leben, die sich ausschließlich von Insekten ernähren, hat bereits DARWIN vermutet, daß sich die endemischen Arten auf dem Archipel selbst entwickelt haben. Heute bezeichnet man sie auch als *Darwinfinken.*

Die Besiedlung der Inseln ist vermutlich folgendermaßen abgelaufen: Nachdem sie durch Vulkantätigkeit entstanden waren und die Lavaoberfläche abgekühlt war, wuchsen zunächst Pflanzen. Sie entwickelten sich aus Samen und Sporen, die durch Wind und Wasser auf die Inseln gelangten. Durch Stürme oder auf Baumstämmen im Wasser treibend, wurde eine kleine Finkengruppe vom südamerikanischen Festland auf die Inselgruppe verschlagen. Diese Finken gehörten zu den ersten tierischen Besiedlern des neuen Eilands und konnten sich ohne Nahrungskonkurrenten und Freßfeinde vermehren.

Die einzelnen Phasen der Artentstehung erklärt folgendes Modell: Im ersten Schritt besiedeln die Finken nur die dem Festland am nächsten gelegene Insel San Cristóbal, erst danach umliegende Inseln. Dieser zweite Schritt führt zur Bildung isolierter Teilpopulationen auf den Inseln, mit verschiedenen ökologischen Verhältnissen. Im Laufe der Zeit, mit Zunahme der Individuenzahl und dem Aufkommen *innerartlicher Konkurrenz,* werden die Populationen an die vorherrschenden ökologischen Bedingungen, insbesondere die unterschiedlichen Nahrungsquellen, evolutiv angepaßt. Es findet *Einnischung* statt. Ein anfänglich weniger guter Anpassungsgrad führt nicht zum Aussterben, da die Finken als Erstbesiedler ohne *zwischenartliche Konkurrenten* leben. In einem dritten Schritt besiedelt eine veränderte Population wieder die Ausgangsinsel, wo sie sich nicht mehr mit der ursprünglichen Population vermischt. Es ist eine neue Art entstanden. Zwischenartliche Konkurrenz führt im Weiteren zu verstärkter Einnischung.

Dies belegt folgende Beobachtung: Leben Populationen des Spitzschnabelgrundfinks und des Kleingrundfinks im selben Biotop, so unterscheiden sich ihre Schnabelformen stärker, als wenn die Arten in getrennten Biotopen auftreten. Durch mehrfaches Wiederholen von Wanderungsprozessen über die Inseln entstehen nach und nach weitere Arten. Daß es 13 Arten geworden sind, muß kein Zufall sein. Untersuchungen weisen darauf hin, daß die Finken unter den gegebenen Bedingungen nur eine begrenzte Anzahl von ökologischen Nischen besetzen konnten.

Diesen Vorgang der Aufspaltung einer Population in mehrere Unterarten und Arten unter gleichzeitiger Ausbildung verschiedener ökologischer Nischen, bezeichnet man als *adaptive Radiation.* An diesem Vorgang zeigt sich ein grundsätzliches Phänomen der Evolution. Unablässig entstehen in Populationen durch Mutation und Rekombination neue Phänotypen. Viele von ihnen sind mit ihren Merkmalsausprägungen etwa so gut angepaßt wie ihre Vorfahren. Bei anderen ist der Grad der Angepaßtheit vermindert; infolge der Selektion können sie sich nicht fortpflanzen. Ganz selten führt eine neue Merkmalsausprägung zu einem verbesserten Anpassungsgrad. Gelangt eine Population in einen neuen konkurrenzfreien Lebensraum, so erweist sich die ständige Neubildung und Neukombination von Allelen als der Mechanismus, der den Anpassungsprozeß ermöglicht. Durch ungerichtetes, unablässiges Ausprobieren aller nur möglichen Varianten entstehen in vergleichsweise kurzer Zeit viele verschiedene Lebensformen, die ökologische Nischen bilden können.

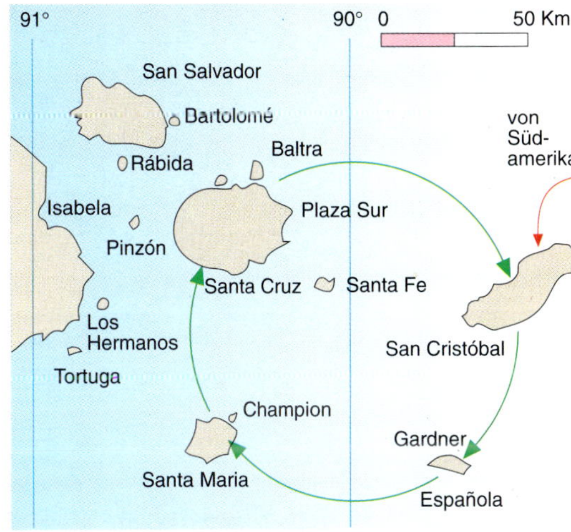

1 Wanderungsbewegungen bei Darwinfinken

Aufgabe

① Im Gegensatz zur Pflanzenwelt ist die Tierwelt auf dem Galapagosarchipel artenarm. Erklären Sie diesen Sachverhalt.

② In Perioden größerer Vereisungen in der Erdgeschichte sind ganze systematische Klassen von Meerestieren ausgestorben, wie z. B. die zu den Gliederfüßern gehörigen Trilobiten. Nach der Erwärmung der Meere haben sich überlebende Gruppen unter enormer Artentfaltung entwickelt. Wie läßt sich dieser Befund erklären?

③ Auf den Hawaiischen Inseln, die vulkanischen Ursprungs sind, wird die einheimische Flora teilweise durch importierte Pflanzen verdrängt. Erörten Sie, welche Faktoren diesen Vorgang bewirken.

Die adaptive Radiation der Beuteltiere

In Australien und auf benachbarten Inseln findet man eine Tierwelt, die sich grundlegend von der anderer Kontinente unterscheidet. Die vorherrschende Tiergruppe sind die *Beuteltiere.* Ihre Jungen werden in einem sehr frühen Entwicklungsstadium geboren und kriechen in den Beutel des Muttertieres. Dort ernähren sie sich von der Milch, die das Muttertier bildet. Die Säugetiere der anderen Kontinente ernähren ihre Embryonen bzw. Föten durch einen Mutterkuchen *(Plazenta).*

Vergleicht man die Beuteltiere mit den Säugetieren anderer Kontinente, so stellt man eine Reihe von Konvergenzen fest: Die ökologische Nische unseres Wolfes wird in Australien vom Beutelwolf gebildet, entsprechendes gilt z. B. für Maulwurf und Beutelmaulwurf, Gleithörnchen und Gleitbeutler. Allerdings ist die Übereinstimmung nicht vollständig. Es gibt keine „Beutelaffen“ und auch keine Beuteltiere, die sich das Wasser als Lebensraum erschließen konnten.

Die Entwicklung so vieler verschiedener Lebensformen bei den australischen Beuteltieren wird durch eine *adaptive Radiation* erklärt: Australien wurde durch die Kontinentalverschiebung von den anderen Kontinenten getrennt, als die Säugetiere mit Plazenta noch nicht entstanden waren. Die Beuteltiere konnten so eine große Zahl verschiedener Lebensformen entwickeln, ohne der Konkurrenz der leistungsfähigeren Säugetiere ausgesetzt zu sein.

Ihre heutige Verbreitung darf allerdings nicht zu der Schlußfolgerung führen, die Beuteltiere seien in Australien entstanden. Die bekannten Fossilfunde zeigen, daß sie sich in Südamerika entwickelten und dort eine große Zahl unterschiedlicher Lebensformen hervorbrachten. Von Südamerika aus wanderten sie über die Antarktis nach Australien ein. Dies war möglich, weil es früher eine Landverbindung von Südamerika über das antarktische Festland nach Australien gab.

Koevolution

Beispiel 1: Raupen der amerikanischen Schmetterlingsgattung **Heliconius** ernähren sich von verschiedenen Arten von *Passionsblumen.* Diese sind durch bestimmte giftige Inhaltsstoffe, sogenannte *Alkaloide,* gut gegen andere Pflanzenschädlinge — nicht aber gegen Heliconius-Raupen — geschützt. Einige Arten der Passionsblumen tragen auf ihren Blättern Strukturen, die den Eiern von Heliconius ähneln. Heliconius-Weibchen legen ihre Eier nicht an Blättern ab, an denen bereits andere Weibchen Eier abgelegt haben. Passionsblumen können Haare aufweisen, die die Raupen von Heliconius an der Fortbewegung hindern.

Beispiel 2: Verschiedene **Ragwurz-Arten** aus der Familie der Orchideen haben Blüten, die Ähnlichkeiten mit den Weibchen bestimmter Insektenarten zeigen. Die Nachahmung ist so perfekt, daß die Orchideen nicht nur die Gestalt der Insektenweibchen nachahmen, sondern sogar deren Duft und Behaarung. Diese Blüten sind relativ klein und unauffällig gefärbt. Die Namen der Orchideenarten weisen auf die nachgeahmten Tiere hin: *Fliegen-Ragwurz, Bienen-Ragwurz* und *Hummel-Ragwurz.* Die entsprechenden Insektenmännchen versuchen, sich mit den vermeintlichen Weibchen zu paaren und übertragen dabei die Pollenpakete.

Beispiel 3: Der **Schwertschnabel** führt seinen Namen zu Recht. Dieser ca. 22 cm lange Kolibri weist einen Schnabel von etwa 11 cm Länge auf. Muß sich der Schwertschnabel ausruhen, stellt er seinen Schnabel steil nach oben, weil er sonst durch dessen hohes Gewicht in die Tiefe gerissen würde. Der Schwertschnabel sucht seine Nahrung bevorzugt in den langen, röhrenförmigen Blüten verschiedener Nachtschattengewächse oder der Passionsblumen.

Beispiel 4: Bestimmte *Ameisenarten* leben auf Bäumen, wo sie ihre Nester bauen und ihre Nahrung suchen. Die Bäume profitieren ihrerseits von den Ameisen, die sie vor Pflanzenfressern schützen. Manche **Akazia-Arten** zeigen weitergehende Merkmale: Sie haben sogenannte *extraflorale Nektarien,* d. h. Nektardrüsen außerhalb der Blüten. Außerdem bilden sie spezielle proteinreiche Nahrungskörperchen und haben hohle Dornen, in denen nur Ameisen einer bestimmten Gattung leben. Diese Ameisen sind außergewöhnlich aggressiv gegen Eindringlinge. Weiterhin beseitigen sie andere Pflanzen von der Oberfläche der Akazien und schützen diese so auch vor der Konkurrenz anderer Pflanzenarten.

Aufgaben

① a) Erklären Sie die Entstehung der Alkaloide in Passionsblumen mit den Evolutionsfaktoren.
b) Wie könnte man erklären, daß Heliconius-Raupen unempfindlich gegen die Alkaloide sind?
c) Welchen Selektionsvorteil bietet es, wenn Heliconius-Weibchen ihre Eier an Blättern ablegen, auf denen sich keine anderen Eier befinden?
d) Wie kann man die Entstehung der eiähnlichen Strukturen und der Haare auf den Passionsblumen-Blättern erklären?

② a) Welche Selektionsvorteile hat es für die verschiedenen Ragwurzarten, bestimmte Insektenmännchen anzulocken?
b) Welche Vorteile bzw. welche Nachteile ergeben sich für die angelockten Insektenarten?
c) Versuchen Sie, die Anpassungen zwischen Insekten und Pflanzen zu erklären.

③ Erklären Sie mit Hilfe der bereits besprochenen Evolutionsfaktoren, wie es zu den Wechselbeziehungen zwischen den Arten des 3. und 4. Beispiels kommen konnte.

④ Zwei Aussagen: „Wenn durch die Evolution anderer Organismen neue ökologische Möglichkeiten entstehen, so setzt auch bald deren Nutzung ein. Oft kommt es zur Koevolution zweier Lebewesen bzw. ganzer Familien oder Klassen." „Als Mitte des Tertiärs das Klima trockener wurde, entstanden ausgedehnte Grasländer. Mit diesen Steppen entwickelten sich grasfressende Pferde."
a) Versuchen Sie, eine fachlich begründbare Definition des Begriffs *Koevolution* zu erstellen.
b) Überprüfen Sie, ob es sich bei den Beispielen auf dieser Doppelseite um Fälle von Koevolution handelt.

Lexikon

Tarnung und Warnung

Merkmale, die einen Organismus vor seinen Freßfeinden schützen, verschaffen ihren Trägern einen Selektionsvorteil. In der Natur lassen sich viele erstaunliche und wirksame Schutzeinrichtungen beobachten. Über ihre evolutive Entstehung gibt es aber meist keine Belege.

1. Warntracht

Wehrhafte Tiere sind häufig auffällig gefärbt. Dennoch sind sie geschützt, obwohl auch sie Freßfeinde haben, die ihnen unangenehm zusetzen können. Es ist für diese Tiere aber vorteilhaft, wenn sie ihre Gefährlichkeit deutlich machen. Dazu besitzen sie oft eine lebhafte Körperfärbung. Diese wird als *Warntracht* bezeichnet. Wespen und Hornissen beispielsweise zeigen eine auffällige schwarz-gelbe Ringelung des Hinterleibs. Freßfeinde, die bereits mit derart wehrhaften Tieren schlechte Erfahrungen gemacht haben, erkennen sie an diesen Merkmalen und meiden sie künftig. So besteht für die auffälligen wehrhaften Arten ein Selektionsvorteil, der von der Lernfähigkeit der Freßfeinde abhängig ist.

2. Mimikry

Der **Hornissenschwärmer** ist ein harmloser Schmetterling, der auf den ersten Blick mit einer Hornisse verwechselt werden kann. Er zeigt dieselbe gelbschwarze Färbung wie die Hornissen. Die Gemeinsamkeit geht sogar soweit, daß er häutig durchsichtige Flügel ohne Schuppen besitzt und diese in Ruhe wie das Vorbild neben dem Hinterleib, statt über ihm, zusammenfaltet. Diese Nachahmung von Warnsignalen, die von wehrhaften Arten ausgehen und vor Freßfeinden schützen, bezeichnet man als *Scheinwarntracht* oder *Mimikry*. Sie verschafft ihrem Träger einen Selektionsvorteil. Er hängt entscheidend von dem Zahlenverhältnis zwischen wehrhaften Tieren und wehrlosen Nachahmern ab, die im selben Biotop leben. Diese Mimikry zeigen auch einige Arten aus der Familie der Schwebfliegen.

3. Tarnung durch Schutzfärbung

Viele Tierarten haben eine Körperfärbung, mit der sie in ihrem Lebensraum gut getarnt sind. So haben die Schneehasen im Winter ein weißes Fell, während das Fell von Wüstentieren, wie Wüstenmaus oder Kojote, ganzjährig gelbbraun gefärbt ist.
Der *Gemeine Tintenfisch* (Sepia officinalis) hat in seiner ganzen Körperoberfläche Pigmentzellen, die verschiedene Farbstoffe enthalten. Durch Ausdehnen oder Zusammenziehen verschiedener Zelltypen kann der Tintenfisch seine Körperfärbung der jeweiligen Umgebung anpassen.

4. Mimese

Mimese ist eine besonders gute Form der Tarnung. Ihre Wirksamkeit besteht darin, daß ein Organismus in Form und Farbe Objekten seiner Umgebung gleicht, die für Freßfeinde bedeutungslos sind. Der indische Blattschmetterling **Callima** beispielsweise gleicht einem dürren Blatt, wenn er die Flügel über dem Hinterleib faltet und in Ruhe ist. Der Fügelumriß hat die Form eines spitzen Blattes. Schmale Ausläufer sehen aus wie ein Blattstiel. Die Flügelunterseiten tragen Zeichnungen, die Blattrippen und faulende Blattstellen vortäuschen.

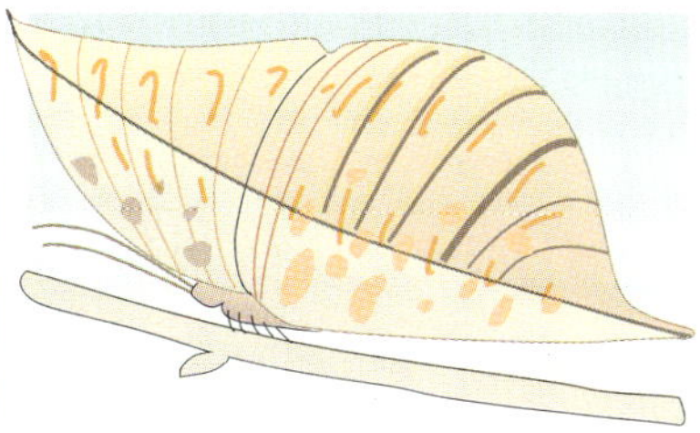

Ein anderes Beispiel ist der an der australischen Küste vorkommende **Fetzenfisch** *(Phyllopteryx)*. Er gehört zur Familie der Seepferdchen und ist etwa 25 cm lang. Sein rotbrauner Körper ist überall mit lappigen und stacheligen Anhängen versehen. Sein Körperumriß ist völlig aufgelöst. Er gleicht einer schwimmenden Tangpflanze. Zwischen Algen und Tangen ist er perfekt getarnt.

5. Molekulare Tarnmechanismen

Eine besondere Form der Tarnung wurde an krankheitserregenden Einzellern untersucht. Ihre Gegenspieler sind die Abwehreinrichtungen und das Immunsystem des menschlichen Körpers. In den Tropen Afrikas kommen die Erreger der *Schlafkrankheit* vor. Es sind begeißelte Einzeller der Gattung *Trypanosoma,* die durch den Stich der Tsetse-Fliege auf den Menschen und auf Rinder übertragen werden. Die Erreger entwickeln sich frei im Blut und sind dem Zugriff des Immunsystems ausgesetzt. Normalerweise bildet das Immunsystem spezifisch wirksame Antikörper. Diese reagieren mit körperfremden Molekülen, den *Antigenen,* die an der Zelloberfläche der Eindringlinge sitzen. Diese Abwehr versagt bei den Trypanosomen. Sie können im Kampf ums Überleben ihre Oberflächenantigene abwerfen und neue bilden. Noch bevor alle Erreger eines Antigentyps vernichtet sind, existieren schon wieder andere. An diesen, mit einem neuen Antigenmuster getarnten Erregern, ziehen Antikörper vorbei, ohne zu reagieren. Bis ein neuer Antikörpertyp entstanden ist, gibt es bereits wieder ein weiteres, bisher unbekanntes Antigenmuster. So ist Trypanosoma mit seiner molekularen Tarnung dem Immunsystem immer einen Schritt voraus.

Klimaschwankungen — Motoren der Evolution des Menschen?

An der Wende von der Kreide zum Tertiär vor ca. 65 Mio. Jahren kam es zu tiefgreifenden Veränderungen in der Tier- und Pflanzenwelt. Neben vielen anderen Lebewesen starben auch die Saurier aus, die damals weltweit alle Lebensräume beherrschten. So wurde der Weg frei für die Evolution der Säugetiere und damit letztlich auch des Menschen.

Betrachtet man die Klimaverhältnisse während der letzten 65 Mio. Jahre, also der Zeit, in der die Evolution der Primaten ablief, so zeigen sich bemerkenswerte Veränderungen: Die Durchschnittstemperaturen waren meist relativ hoch. Vor einigen Mio. Jahren setzte eine Abkühlung ein, die jedoch nicht gleichmäßig verlief, sondern deutliche Temperaturschwankungen aufwies. Es fällt auf, daß die Entwicklung der Hominiden in dieser Periode der Klimaverschlechterung stattgefunden hat.

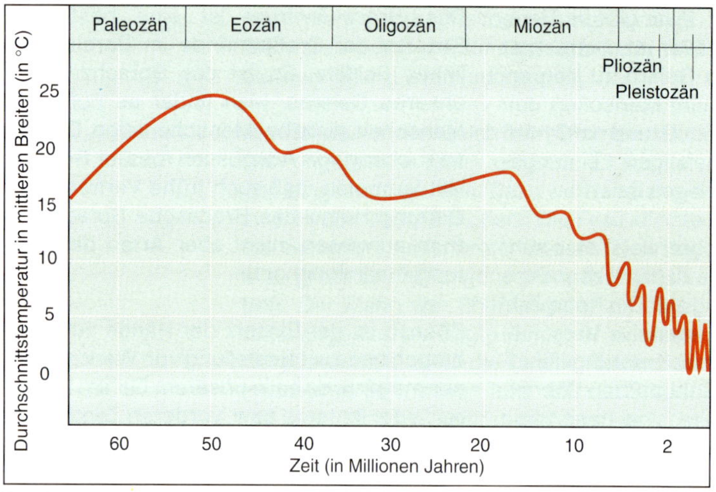

1 Klimaschwankungen

2 Totenkopfäffchen (Neuweltaffe)

3 Javaneraffe (Altweltaffe)

Großräumige Änderungen des Klimas können allgemein als ein Evolutionsfaktor gelten. Arten oder höhere systematische Gruppen, die sich den geänderten Lebensbedingungen nicht rasch genug anpassen konnten, starben aus, und die von ihnen beanspruchten Ressourcen wurden von anderen Tier- und Pflanzengruppen genutzt.

Neben klimatischen Änderungen können jedoch auch geologische Ereignisse die Evolution entscheidend beeinflussen. *Breitnasenaffen* z. B. kommen ausschließlich in Amerika vor, man nennt sie deshalb auch *Neuweltaffen. Schmalnasenaffen* leben nur in Afrika und Asien, daher ihr Name *Altweltaffen.* Als Südamerika von Afrika wegdriftete, gab es bereits Primaten, die sich nun aufgrund der geographischen Isolation getrennt zu den Altwelt- bzw. Neuweltaffen weiterentwickelten. In Australien gab es vor der Zuwanderung des Menschen keine Primaten. Dieser geographischen Verbreitung liegen wahrscheinlich Veränderungen der Erdkruste zugrunde: Australien trennte sich von den anderen Kontinenten, bevor es zur Entwicklung der erfolgreicheren Säugetiere mit Plazenta kam. Deshalb leben dort nur Beuteltiere und Fledermäuse.

Geologische Einflüsse bestimmen aber nicht nur die großräumige Verbreitung bestimmter Arten, sie beeinflussen auch das Klima und damit die Vegetation in einem bestimmten Gebiet. So führten geologische Veränderungen, durch die Ostafrika in den Regenschatten von Gebirgen geriet, dazu, daß der Osten Afrikas heute nicht mehr mit einem tropischen Regenwald bedeckt ist, sondern ein sehr vielgestaltiges Landschaftsbild zeigt. Die dadurch entstandenen Savannen scheinen für die Evolution des Menschen besonders wichtig gewesen zu sein.

Aufgaben

① Welche Selektionsfaktoren wirken in einem vielgestaltigen Lebensraum wie den ostafrikanischen Savannen?

② Inwiefern stellt ein rascher Wechsel von Eiszeiten und Warmzeiten einen sehr starken Selektionsdruck dar?

Die Australopithecinen

Zu der Gruppe der *Australopithecinen* gehören die ältesten *Hominiden*, die wir derzeit kennen. Alle ihre Fossilbelege stammen aus Afrika. Der älteste Fund wird auf 4,5 Mio. Jahre geschätzt, der jüngste auf ca. 1 Mio. Jahre. Die Fußspuren von *Laetoli* zeigen, daß Hominiden bereits vor 3,6 bis 3,7 Mio. Jahren aufrecht gingen. Die Spuren konnten über diesen langen Zeitraum so gut erhalten bleiben, weil die Hominiden offensichtlich unmit telbar nach einem Vulkanausbruch durch die feuchte Asche gegangen waren. Durch die hohen Temperaturen in dieser Gegend erhärtete die Asche schnell, weitere Ablagerungen bedeckten die Fußspuren.

Der Körper der Australopithecinen war schon an den aufrechten Gang angepaßt, aber ihre Schädel zeigten noch eine Reihe ursprünglicher Merkmale. Typisch war ein ausgeprägter Geschlechtsdimorphismus. Die Weibchen waren knapp über einen Meter groß und nur ca. 30 kg schwer. Die Männchen waren bis zu 1,7 m groß und wogen ca. 65 kg. Das Gehirnvolumen lag bei ca. 400 – 500 ml. Die Schnauze war noch affenähnlich ausgeprägt. Eine kräftige Nackenmuskulatur hielt den Kopf im Gleichgewicht, das Hinterhauptsloch lag zentral. Neuere Untersuchungen der Extremitätenknochen zeigen, daß Australopithecinen noch gut an das Klettern in Bäumen angepaßt waren.

Mehrere Arten werden heute unterschieden. Man faßt sie in zwei Gruppen zusammen:

a) Grazile Australopithecinen mit den beiden Arten *A. afarensis* und *A. africanus.*
b) Robuste Australopithecinen mit den drei Arten *A. robustus, A. boisei* und *A. crassidens.*

Ältester bekannter Vertreter der Australopithecinen ist *Australopithecus afarensis.* Er ist vermutlich bereits vor ca. 4 Mio. Jahren entstanden und wahrscheinlich der Vorfahre aller nachfolgenden Hominiden. Der berühmteste Fund eines A. afarensis ist *„Lucy"*, das Skelett eines jungen weiblichen Australopithecinen, das ungewöhnlich gut erhalten ist und deshalb sehr genau rekonstruiert werden konnte.

Aufgabe

① Die Abbildung zeigt zwei Hypothesen zur Stellung der Australopithecinen in der Stammesgeschichte der Hominiden. Vergleichen Sie diese Hypothesen.

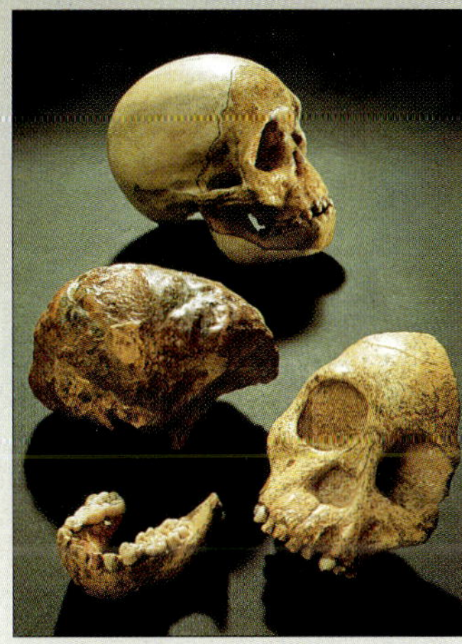

Schädel von Australopithecinen

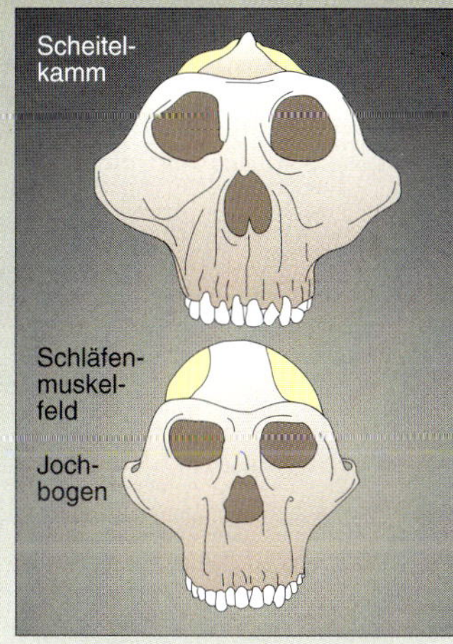

Schädelvergleich von A. africanus (unten) und A. boisei (oben)

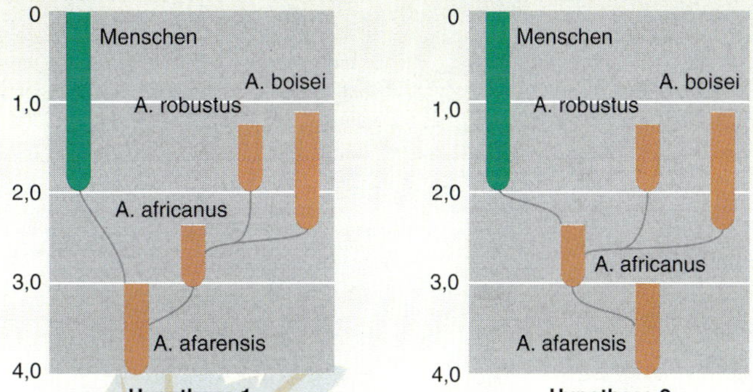

Hypothese 1 Hypothese 2

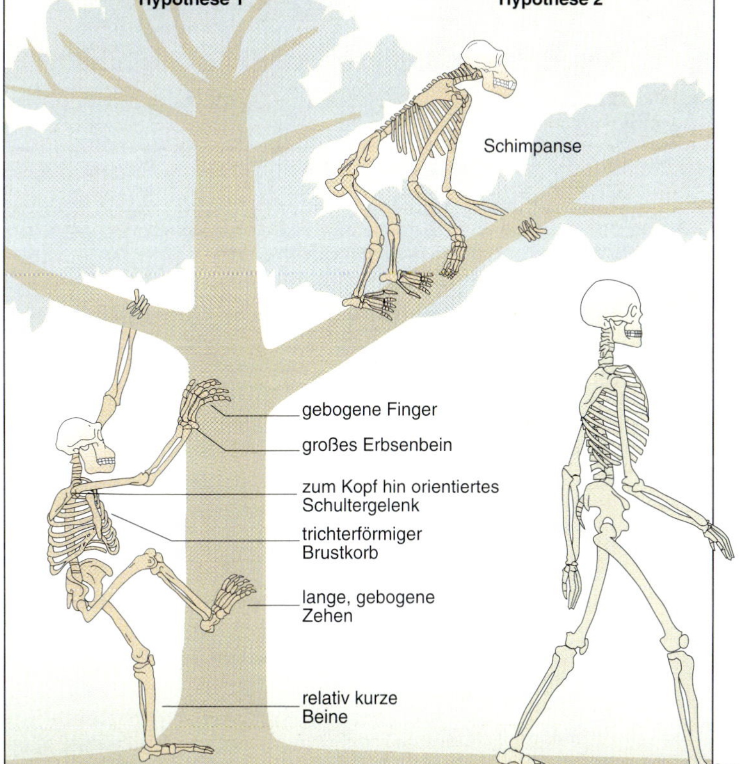

Australopithecus afarensis
Angepaßtheit des Skeletts an das Klettern

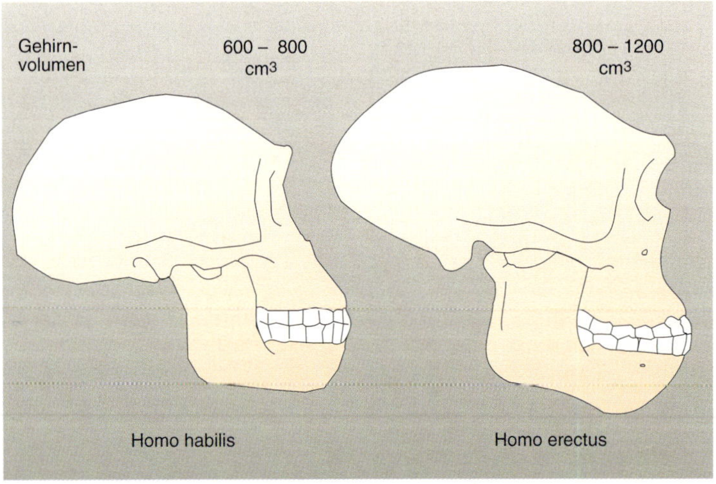

1 Schädelformen von Homo habilis und erectus

Homo — eine Gattung erobert die Erde

Der älteste bekannte Vertreter der Gattung *Homo,* zu der auch wir heutigen Menschen gehören, ist *Homo habilis.* Seinen Artnamen (*habilis* = befähigt) erhielt er, weil ihm die ersten Steinwerkzeuge, die man gefunden hat, zugeschrieben werden. Ungeklärt ist, ob die verschiedenen Arten von Australopithecinen bereits Werkzeuge aus Holz hatten, da dieses Material nicht fossil erhalten geblieben ist. Die Steinwerkzeuge des Homo habilis waren noch sehr einfach, man nennt sie *Olduvan-Industrie.* Die ältesten Reste des Homo habilis werden auf ca. 2,3 Mio. Jahre datiert. Sein Gehirnvolumen war mit 600 bis 800 ml bereits deutlich größer als das der Australopithecinen.

Abgelöst wurde Homo habilis durch *Homo erectus,* der von ca. 1,8 Mio. Jahren bis vor ca. 130 000 Jahren lebte. Er ist der erste Hominide, der nicht nur in Afrika, sondern auch in Europa und Asien vorkam. Vor mehr als 1 Mio. Jahren wanderten erste Gruppen des Homo erectus aus dem nördlichen Afrika nach Asien und später nach Europa ein. Zu dieser Zeit war es zu einer deutlichen Klimaverschlechterung gekommen.

Homo erectus zeigte außer seiner weiten Verbreitung verglichen mit Homo habilis noch eine weitere Neuerung: Er nutzte das Feuer. Dies ermöglichte ihm nicht nur die Abwehr von Tieren, er konnte so auch als erster Hominide kalte Klimazonen besiedeln. Manche Indizien sprechen dafür, daß er auch systematisch jagte und Werkzeuge herstellte. Sein Geschlechtsdimorphismus war weniger ausgeprägt als bei Australopithecinen oder bei Homo habilis. Die Männer waren ca. 1,8 m, Frauen ca. 1,55 m groß. Das Gehirnvolumen schwankte zwischen ca. 900 ml bei frühen Funden und ca. 1100 ml bei späteren Funden. Erstmals wurde also ein Gehirnvolumen erreicht, wie es auch Homo sapiens aufweist.

Die Kindheit von Homo erectus scheint wesentlich länger gedauert zu haben als bei den Australopithecinen. Daraus kann man schließen, daß bei ihm die Lernfähigkeit eine viel größere Rolle spielte. Ursprüngliche Merkmale waren die kräftigen Überaugenwülste und die fliehende Stirn. Ob sich Homo erectus bereits mit Hilfe einer Wortsprache verständigen konnte, ist umstritten (siehe Randspalte). Er lebte in Höhlen oder in einfachen Hütten. Die Jagd war für ihn eine wichtige Nahrungsquelle.

Ungeklärt ist bisher ein merkwürdiges Verhalten des Homo erectus: Bei mehreren Schädelfunden aus Asien und Afrika war das Hinterhauptsloch erweitert. Man kann dies als einen Hinweis auf Kannibalismus deuten. Auch geometrisch angeordnete Ritzungen auf Knochen, wie man sie an Funden aus Bilzingsleben festgestellt hat, sind in ihrer Bedeutung noch nicht geklärt.

Ein wichtiger europäischer Fund eines Homo erectus ist der *Heidelberger,* der in Mauer bei Heidelberg gefunden wurde. Die letzten Vertreter des Homo erectus wurden von den ersten Menschen der Art *Homo sapiens* abgelöst.

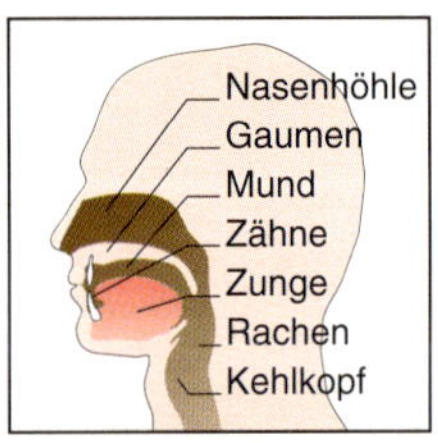

Moderner Mensch

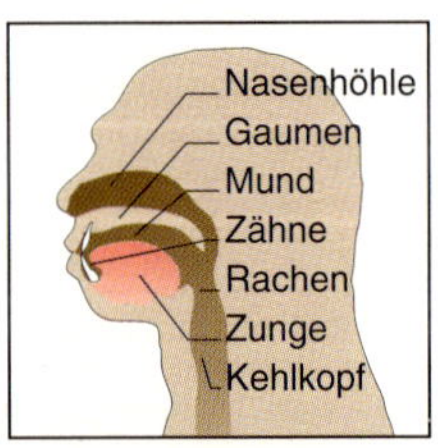

Homo erectus

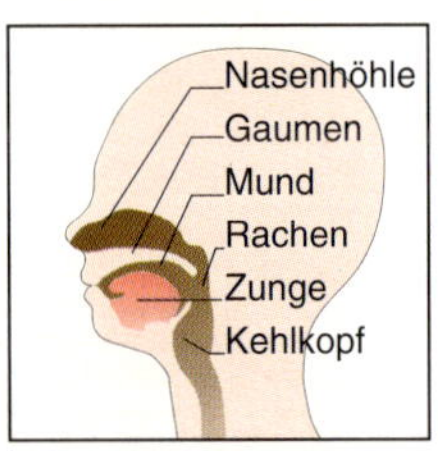

Heutiger Säugling

Entwicklungsstadien des Sprechapparates

2 Knochenfunde in Bilzingsleben

Homo erectus — Verbreitung und Lebensweise

Die untenstehende Abbildung zeigt eine Karte mit den Fundstellen von Australopithecus und Homo erectus. Außerdem sind die Fundstellen hervorgehoben, an denen ausreichende Indizien für eine Nutzung des Feuers vorliegen. In der vorliegenden Tabelle ist das geschätzte Alter dieser Funde den Gehirnvolumina dieser Menschen zugeordnet.

Die rechtsstehende Abbildung zeigt in der Übersicht die Klimaschwankungen in Asien und Europa während der Zeit von vor ca. 2,3 Mio. Jahren bis heute.

Aufgaben

① Vergleichen Sie die geographische Verbreitung der Australopithecinen mit der des Homo erectus.

② Stellen Sie mit Hilfe der gegebenen Daten fest, wo Homo erectus vermutlich entstanden ist.

③ Rekonstruieren Sie die Verbreitungswege des Homo erectus anhand des gegebenen Zahlenmaterials.

④ Vergleichen Sie Ihre Ergebnisse von Aufgabe 3 mit den Daten aus der Tabelle. Welche Rückschlüsse läßt dieser Vergleich zu?

⑤ Die in der rechten Abbildung dargestellten Klimaänderungen gelten als entscheidender Faktor für die Verbreitung des Homo erectus. Erläutern Sie diese Vermutung.

Das Gehirnvolumen variiert bei Homo erectus zwischen 850 ml und 1300 ml. Die Tabelle zeigt einige Beispiele von Funden des Homo erectus mit der Altersangabe und dem Wert für das Gehirnvolumen.

Aufgaben

① Welchen Zusammenhang zwischen dem Alter der Funde und dem Gehirnvolumen erkennen Sie?

② Welcher Selektionsdruck kann die Änderung der Gehirnvolumina bewirkt haben?

③ Welchen Zusammenhang zwischen der Änderung der Gehirnvolumina und der Verbreitung des Homo erectus sehen Sie?

Die Funde aus der Höhle von Tautavel bei Perpignan stammen aus einer Zeit von vor 500 000 Jahren bis vor 145 000 Jahren. In der Höhle wurden Knochen von Höhlenlöwen, Bisons, Moschusochsen, Nashörnern und Hirschen gefunden. Nähere Untersuchungen der Knochen und Zähne zeigten, daß die Tiere vor allem im Winter starben. Die Reste von Moschusochsen und Hirschen stammten von relativ jungen Tieren, die Reste von Nashorn und Bison stammten dagegen von älteren Tieren. Neben Überresten von Tieren wurden auch zahlreiche winzige Splitter aus Quarz und Feuerstein sowie Fossilien von Hominiden gefunden.

Aufgaben

① Rekonstruieren Sie mit Hilfe der gegebenen Fakten die Umweltbedingungen der Höhlenbewohner.

② Welche Rückschlüsse auf die Ernährungs- und Lebensweise der Bewohner lassen die Funde zu?

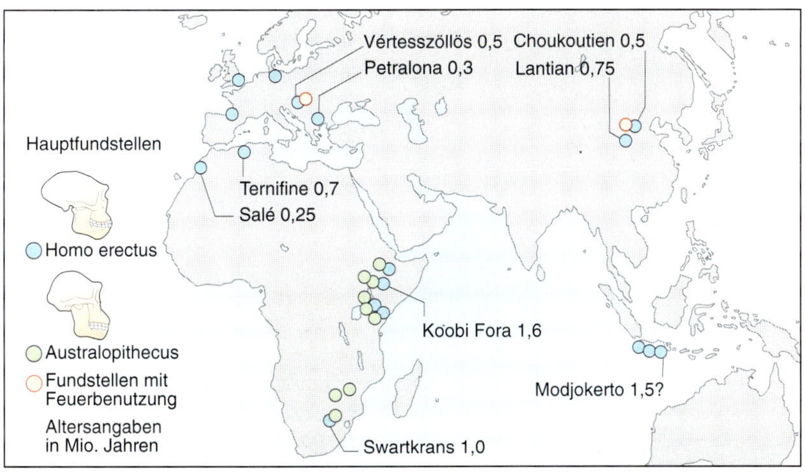

Art (Fundbezeichnung)	geschätztes Alter (Jahre)	Gehirnvolumen (cm^3)
Homo erectus (ER 3733, Ostafrika)	ca. 1,7 Mio.	850
Homo erectus (WT 15 000, Ostafrika)	ca. 1,6 Mio.	900 - 1100
Homo erectus (Leakey, Ostafrika)	0,7 - 1 Mio.	1067
Homo erectus (Modjokerto, Java)	0,7 - 1 Mio.	ca. 900
Homo erectus (Choukoutien, China)	ca. 600 000	915 - 1225
Homo erectus (Vértesszöllös, Europa)	400 000 - ca. 350 000	ca. 1300

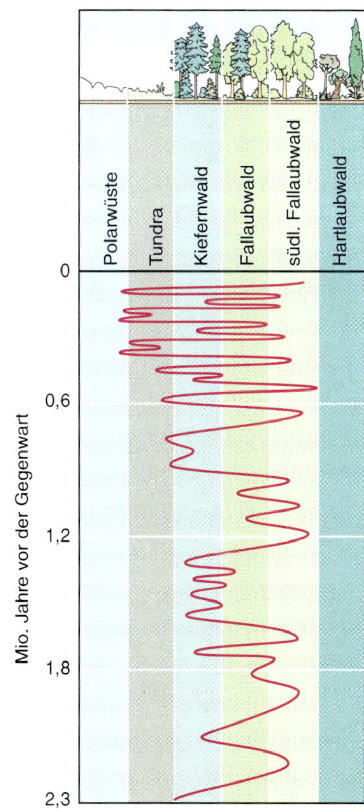

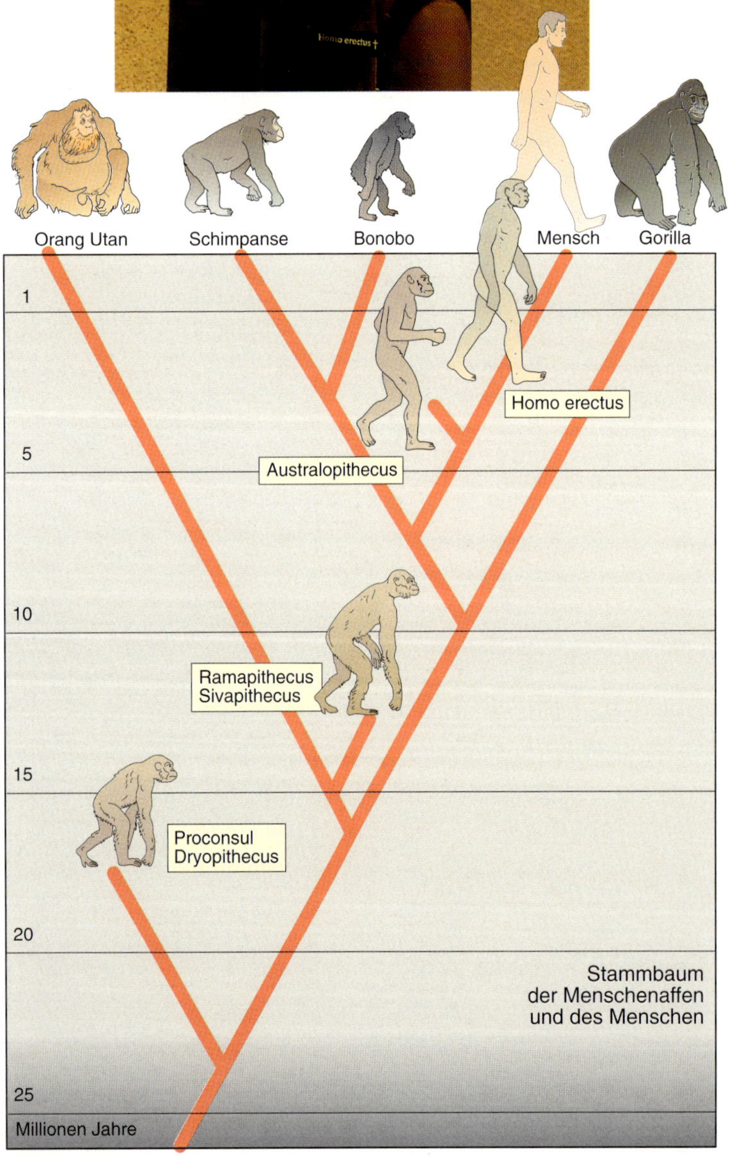

Stammbaum der Menschenaffen und des Menschen

Homo sapiens

Der *Homo sapiens* zeigt gegenüber dem Homo erectus einige Weiterentwicklungen:

- Das Gehirnvolumen ist deutlich vergrößert auf durchschnittlich 1400 ml.
- Die Herstellung von Steinwerkzeugen wird perfektioniert.
- Begräbnisstätten weisen auf religiöse Vorstellungen hin, und erste Kunstwerke entstehen.
- Eine differenzierte Wortsprache ermöglicht eine weitreichende Kommunikation und Arbeitsteilung innerhalb der Gruppe. Sie bildet die Grundlage für die Bildung von umfangreichen Traditionen.

Derzeit werden zwei Hypothesen zur Entstehung des anatomisch modernen Menschen kontrovers diskutiert: Das *Mehr-Regionen-Modell* geht von der Tatsache aus, daß bereits Homo erectus über Afrika, Asien und Europa verbreitet war. Nach diesem Modell entstand der Homo sapiens weltweit in parallel ablaufenden Entwicklungsvorgängen. Dies würde bedeuten, daß die heute lebenden Menschen verschiedener Gebiete sich schon seit sehr langer Zeit getrennt entwickelt hätten.

Das *Afrika-Modell* nimmt dagegen an, daß nur eine bestimmte Population des Homo erectus aus einem eng umgrenzten Gebiet in Afrika sich zu Homo sapiens weiterentwickelt hat. Vermutlich hat nur eine sehr kleine Gruppe Jetztmenschen Afrika verlassen und ist als *Gründerpopulation* nach Asien eingewandert. Dies könnte vor ca. 100 000 Jahren erfolgt sein. Dieser Homo sapiens verbreitete sich danach weltweit. Wo er auf noch vorhandene Populationen des Homo erectus stieß, verdrängte er sie. Dies würde bedeuten, daß alle heute lebenden Menschen, verglichen mit dem Mehr-Regionen-Modell, eine viel längere gemeinsame Entwicklung durchlaufen hätten, sich also genetisch viel stärker ähneln müßten. Die Aufspaltung der Art Homo sapiens in die heute noch erkennbaren geografischen Gruppen hätte dann erst vor ca. 100 000 Jahren eingesetzt.

Die Abbildung zeigt in einer schematischen Zusammenfassung die heute gültigen Vorstellungen über die Stammesgeschichte des Menschen. Wegen des raschen Fortschritts der Wissenschaft auf dem Gebiet der Humanevolution kann diese Abbildung keinen gesicherten Stammbaum des Menschen zeigen, sondern sie gibt den derzeitigen Stand der wissenschaftlichen Diskussion wieder.

Neandertaler — Bruder, Urahn oder Vetter?

Der *Neandertaler* ist der erste fossile Mensch, von dem Skeletteile gefunden wurden. Seine Reste wurden bereits 1856 im Neandertal bei Düsseldorf entdeckt. Der Neandertaler und der heutige Mensch, den man in der Evolutionsbiologie auch als „anatomisch modernen Menschen" bezeichnet, zeigen Unterschiede in ihrem Körperbau. Neandertaler hatten eine flache Stirn, Überaugenwülste schützten die Augenhöhlen, die Kiefer standen etwas weiter vor, das Gehirnvolumen war durchschnittlich größer, ihre Knochen waren deutlich kräftiger. Sie waren durchschnittlich 1,65 m groß, unsere damals lebenden Vorfahren dagegen maßen etwa 1,75 m. Die großen Muskelansatzstellen lassen eine stark entwickelte Muskulatur vermuten. Ihre Extremitäten waren relativ kurz und strahlten so wenig Wärme ab.

Die Abbildung zeigt eine Karte mit dem Verbreitungsgebiet der Neandertaler. Diese lebten vor ca. 150 000 bis ca. 35 000 Jahren. Neandertaler benutzten Faustkeile und Schaber aus Feuerstein. Sie gingen perfekt aufrecht, betreuten kranke oder alte Gruppenangehörige und bestatteten ihre Toten.

Früher war man der Meinung, der anatomisch moderne Mensch habe bei seiner Ausbreitung nach Europa den Neandertaler rasch verdrängt, möglicherweise sogar ausgerottet. Neuere Untersuchungsergebnisse aus dem Karmel-Gebirge in Israel zeigen nun, daß diese Vorstellung eventuell doch noch einmal revidiert werden muß: In bestimmten Höhlen des Karmel-Gebirges wurden Überreste gefunden, die eindeutig Neandertalern zugeschrieben werden konnten, Funde in anderen Höhlen stammten sicher von anatomisch modernen Menschen. Ältere, relativ unsichere Methoden der Altersbestimmung legten die Vermutung nahe, die Neandertaler seien vor ca. 45 000 Jahren ausgestorben und von modernen Menschen abgelöst worden. Neue, zuverlässigere Methoden der Altersbestimmung zeigen nun, daß in diesem Gebiet bereits vor 100 000 Jahren Neandertaler und anatomisch moderne Menschen gemeinsam lebten.

Sah man früher im Neandertaler einen primitiven Urmenschen, so hat sich heute unsere Vorstellung über ihn gewandelt. Dabei spielte sein Totenkult eine wichtige Rolle, weil nur ein Lebewesen, das an ein Weiterleben nach dem Tod glaubt, tote Artgenossen bestattet und ihnen Grabbeigaben mitgibt. Hat der Neandertaler seine Toten wirklich bestattet, müssen wir ihn also in seinen geistigen und seelischen Eigenschaften auf eine Stufe mit uns Jetztmenschen stellen. Für unser Bild vom Neandertaler ist somit von entscheidender Bedeutung, wie man seine Totenbestattungen sicher erkennen kann.

Bestattungen erkennt man an mehreren Kriterien: Die Leichen sind in einer bestimmten Körperhaltung bestattet, die zum Zeitpunkt des Todes nicht möglich war. Grabbeigaben sind vorhanden, die nicht ohne Mitwirken des Menschen zu dem Toten gelangen konnten. Bestimmte Farben wurden zum Schmücken der Leiche oder des Grabes verwendet. Der Tote wurde in ein speziell hergerichtetes Grab gelegt.

Aufgaben

① In einer Höhle im Irak wurden die Reste eines Neandertalers gefunden. Eine genauere Untersuchung der Fundstätte ergab, daß sich unter, auf und neben seinem Körper zahlreiche Blütenpollen befanden. Da der Bau der Blütenpollen artspezifisch ist und die harte Wand der Pollen sich sehr gut erhält, konnte man sogar noch die Pflanzenarten, von denen die Pollen stammen, ermitteln. Dabei zeigte sich, daß diese Arten dort auch heute noch vorkommen. Handelt es sich bei dieser Fundstelle um eine Grablegung? Begründen Sie Ihre Meinung.

② Eine neuere Hypothese zum Verschwinden der Neandertaler geht davon aus, daß diese nicht ausgestorben sind, sondern sich mit anatomisch modernen Menschen vermischt haben.
Welche Faktoren sprechen für, welche gegen diese Hypothese? Über welche weiteren Forschungsergebnisse müßte man verfügen, um diese Hypothese bestätigen bzw. falsifizieren zu können?

③ Aus welchen Tatsachen könnte man schließen, daß Neandertaler und moderne Menschen friedlich nebeneinander lebten?

④ Verbreitungsgebiet und Körperbau des Neandertalers legen die Vermutung nahe, daß er an spezielle klimatische Gegebenheiten angepaßt war.
Welche Klimabedingungen waren dies? Inwiefern könnte diese spezielle Anpassung zu seinem Aussterben beigetragen haben?

⑤ Welche Schlußfolgerungen hinsichtlich der geistigen und seelischen Eigenschaften des Neandertalers kann man aus den beschriebenen Fakten schließen?

⑥ Kann man anhand der heute bekannten Fakten klären, ob der Neandertaler unser Bruder, Urahn oder Vetter ist?

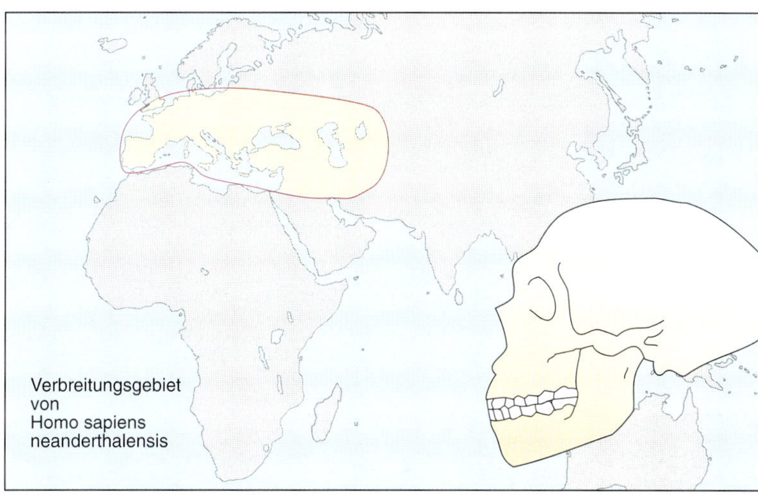

Verbreitungsgebiet von Homo sapiens neanderthalensis

Lexikon
Lexikon
exikon
xikon
ikon
kon
on

Verwandtschaft der Menschen

Gibt es Menschenrassen?

Alle heute lebenden Menschen gehören zur selben Art. Systematisch werden sie sogar in eine Unterart als *Homo sapiens sapiens* klassifiziert. Dennoch erscheinen uns Menschen aus verschiedenen geographischen Regionen sehr unterschiedlich. Daher hat man versucht, die Menschen nach auffälligen Merkmalen in sogenannte *Rassen* einzuordnen. Zunächst verwendete man sichtbare Merkmale wie Hautfarbe, Haarform und Merkmale des Gesichts. Später versuchte man die Einteilung nach Blutgruppenmerkmalen. Auf diese Weise gliederten einige Wissenschaftler die Menschheit in eine große Anzahl von Rassen; andere hielten aber nur die Einteilung in drei Großrassen *(Europide, Mongolide, Negride)* für angebracht. Bei vielen Untersuchungen stellte sich jedoch heraus, daß selbst diese Unterscheidung im Einzelfall schwierig ist. Es gibt kaum ein Merkmal, dessen Vorkommen auf eine einzige Bevölkerung beschränkt ist. Ein Beispiel: In Afrika, südlich der Sahara, haben fast alle ursprünglich dort lebenden Menschen krause Haare. Kraushaar kommt aber gelegentlich auch bei Nordeuropäern vor und ist nicht auf Afrikaner beschränkt. Die Populationen unterscheiden sich nicht absolut in Merkmalen, sondern nur in der Häufigkeit, mit der bestimmte Merkmale vorkommen. Am wichtigsten erscheint, daß die durchschnittlichen Unterschiede zwischen einzelnen Populationen und selbst zwischen den Großrassen geringer sind als die individuellen Unterschiede innerhalb der Populationen.

Neuere Untersuchungsmethoden

Die genetische Verschiedenheit der Populationen läßt sich über die Verteilung monogener Merkmale abschätzen. Dabei stellt sich heraus, daß 85 % der Merkmale, in denen sich Menschen überhaupt unterscheiden können, innerhalb der Populationen variieren, weitere 8 % sind Unterschiede, die zwischen benachbarten Populationen auftreten (z. B. zwischen zwei afrikanischen Stämmen), und nur die restlichen 7 % beruhen auf der Herkunft aus verschiedenen geographischen Regionen. Sie beziehen sich fast ausschließlich auf Gene der Hautfarbe sowie der Haar- und Gesichtsform, also auf das, was als „Rasse" bezeichnet wird.

Für die genetischen Eigenschaften eines Menschen ist also die geographische Herkunft von geringer Bedeutung. Unabhängig davon interessiert den Biologen die Populationsgeschichte der Erde. Zur Erforschung ist man auf den Vergleich der geringen genetischen Unterschiede zwischen den Populationen angewiesen.

Der Rhesusfaktor tritt in verschiedenen Populationen mit unterschiedlicher Frequenz auf. In Europa sind mit 16—25 % mehr Menschen rhesusnegativ als in Mittel- und Südafrika. Die Häufigkeit nimmt von Nord nach Süd und von West nach Ost ab. In Ostasien sowie bei den Ureinwohnern Australiens und Amerikas liegt die Häufigkeit weit unter 1 %. Geht man davon aus, daß der Rhesusfaktor selektionsneutral ist, dann darf man annehmen, daß die Allelhäufigkeiten sich nach der Trennung einer ursprünglichen Population in Teilpopulationen durch Zufallswirkung *(Gendrift)* verändert haben. Die Frequenzunterschiede eines Allels in verschiedenen Populationen sind demnach auch ein Maß für die genetische Distanz zweier Populationen. Darunter versteht man den Anteil der genetischen Information, in dem sich die getrennten Populationen unterscheiden. Modellhaft nimmt man an, daß diese Distanz proportional zu der Zeit wächst, die seit der Trennung verstrichen ist. Derartige Distanzberechnungen sind für Populationen mit einer großen Anzahl von Genen gemacht worden. So erhält man Rohmaterial zur Erstellung von Stammbäumen.

Eine zweite Methode bedient sich molekulargenetischer Erkenntnisse. Untersucht wurden Gene der Mitochondrien-DNA (mt-DNA). Diese Methode ist unabhängig von der zuvor beschriebenen, weil Mitochondrien nur von der Mutter vererbt werden, nicht vom Vater. Damit entfällt die genetische Rekombination. Die nachweisbaren mt-DNA-Unterschiede in verschiedenen Populationen sind auf Mutationen zurückzuführen. Auch hier nimmt man modellhaft an, daß die genetische Distanz, ausgedrückt in Basenpaarunterschieden, proportional zur Zeit seit der Trennung der Populationen ist. Absolute Zeitangaben liefert folgende Eichung: Die Nichtübereinstimmung der mt-DNA von Mensch und Schimpanse beträgt etwa 42 %. Die Bewertung vieler Einzelfaktoren, wie z. B. der Altersbestimmung von Fossilien, liefert für den Zeitraum seit der Trennung der beiden Entwicklungslinien etwa 5 Millionen Jahre. Damit erhält man die mittlere Zeit für die Änderung eines Basenpaares.

Dendrogramm

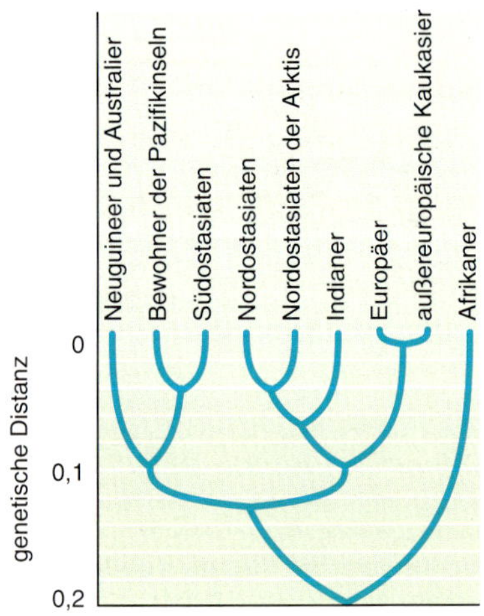

Mit diesen Methoden läßt sich das dargestellte Dendrogramm erstellen. Als wesentlichstes Merkmal zeigt es, daß die Urheimat des modernen Menschen sehr wahrscheinlich in Afrika liegt. Die genetische Distanz zwischen Afrikanern und den übrigen Menschen ist die größte. Auffällig ist, daß die Nordost- und Südostasiaten unterschiedlichen Zweigen zugeordnet sind. Die Nordostasiaten sind mit den Indianern und den Europäern näher verwandt als mit den Südostasiaten. Dies läßt auch die noch weit verbreitete Einteilung der Menschen in die drei Großrassen fragwürdig erscheinen.

Hinsichtlich des zeitlichen Ablaufs liefert das Dendrogramm folgende Aussagen in Übereinstimmung mit bekannten paläontologischen Befunden: Afrikaner und Asiaten trennten sich vor etwa 100 000 Jahren, Asiaten und Australier vor 50 000 Jahren, und vor etwa 40 000 Jahren spaltete sich die Entwicklung zwischen Asiaten und Europäern.

Druck mit beweglichen Lettern, Johannes Gutenberg (um 1440)

Optische Telegraphen, (um 1800)

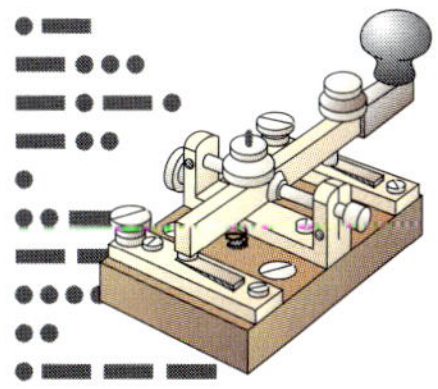

elektrischer Telegraph, Samuel Morse (1837)

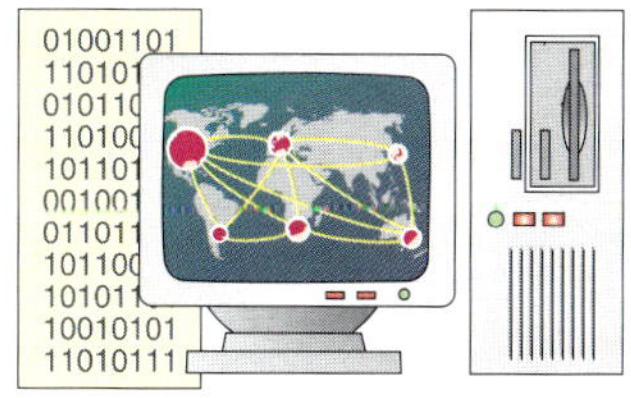

„Global Village", Internet (seit ca. 1990)

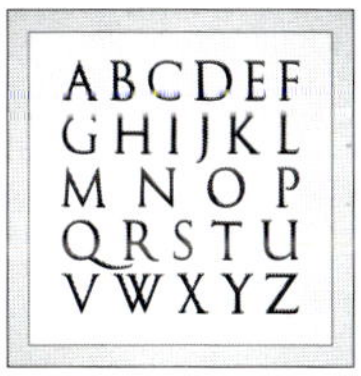

Römische Capitalis (ca.100 v. Chr.)

Griechisches Alphabet (900 v. Chr.)

Phönikisches Alphabet (1300 v. Chr.)

Ägyptische Bilderschrift (ab 3000 v. Chr.)

Höhlenmalerei, Gravuren (ab ca. 20 000 v. Chr.)

Kulturelle Entwicklung

Kultur entsteht in der Auseinandersetzung des Menschen mit seiner Umwelt. Zu den Kulturgütern gehören Sprache, Religion, Ethik, Kunst, Recht, Staat, Geistes- und Naturwissenschaften sowie die Umsetzung von Erkenntnissen aus der Erforschung der Natur in der Technik. Die Entwicklung und Weitergabe von Kulturgütern ist ein Artmerkmal des Menschen, das man bei allen Völkern antrifft.

Die *kulturelle Entwicklung* vollzog sich im Vergleich zur biologischen Evolution des Homo sapiens sapiens in atemberaubendem Tempo. Innerhalb von etwa 10 000 Jahren entwickelten sich aus umherziehenden Gruppen von Jägern und Sammlerinnen Industriegesellschaften. Als Ursache hierfür kommen insbesondere drei biologische Merkmale des Menschen in Betracht:

- Ein stark entwickeltes *Großhirn,* das es ermöglicht, lebenslang zu lernen und kreativ zu sein.
- Die Fähigkeit des *Kehlkopfs,* differenzierte Laute zu bilden als Voraussetzung zur sprachlichen Kommunikation.
- Die *Greifhand* mit dem opponierbaren Daumen, die es erlaubt, Werkzeuge herzustellen und zu gebrauchen.

Der Geschwindigkeitsunterschied zwischen biologischer und kultureller Entwicklung ist gewaltig. Dies zeigt, daß unterschiedliche Mechanismen wirksam sind. Während die Evolution mit einem ungeheuren Aufwand an Material und Zeit vergleichsweise mühsam über Mutation und Selektion zufällig hin und wieder neue, für ihren Träger geeignetere Eigenschaften hervorbringt, können Menschen zielgerichtet für Erweiterung und Weitergabe ihres Wissens sorgen. Jede Generation schöpft aus dem Vorrat an Erfahrungen und Kenntnissen ihrer Vorfahren. Durch Übernahme von Wertvorstellungen sowie Verhaltensweisen und Techniken zur Beherrschung der Umweltbedingungen entstehen Traditionen. Dieser Informationsfluß wird durch die vergleichsweise lange Jugendzeit und die engen Beziehungen zwischen mehreren Generationen begünstigt. Je besser die Möglichkeiten zur Informationsspeicherung und -verbreitung wurden, um so schneller haben sich die Kenntnisse vermehrt und verbreitet. Als besonders einschneidende Ereignisse auf diesem Weg sind die Erfindung des Buchdrucks im 15. Jahrhundert und die Entwicklung der Mikroelektronik in neuester Zeit zu bewerten. Mit Hilfe solcher Medien werden Kenntnisse, die der Einzelne im Laufe seines Lebens erwirbt, unter Umgehung des genetischen Systems in nachfolgende Generationen eingebracht. So betrachtet, verläuft die kulturelle Entwicklung teilweise nach lamarckistischen Gesetzen. Die Folge ist, daß ein einschneidender kultureller Wandel innerhalb einer einzigen Generation auftreten kann.

Als Merkmale unterliegen auch Kulturgüter der Selektion. Im Gegensatz zur biologischen Evolution werden die Merkmale selbst und nicht ihre Träger, die Individuen, selektiert. Der Computer z. B. ersetzt heute in vielen Fällen die Schreibmaschine. Das liegt an den Vorteilen des Geräts, jedoch nicht daran, daß Computerbenutzer mehr Nachkommen hätten. Auf veränderte Selektionsbedingungen kann infolge der lebenslangen Lernfähigkeit des Menschen bereits innerhalb einer Generation reagiert werden.

Durch Technik und Medizin macht sich der Mensch teilweise von den natürlichen Selektionsbedingungen unabhängig. Oft werden ursprüngliche Verhältnisse ins Gegenteil verkehrt. Nicht die Umwelt bewirkt die Anpassung des Menschen, sondern mit Hilfe der Technik wird die Umwelt in kürzester Frist den Bedürfnissen des Menschen entsprechend verändert. Dies ist nicht immer zum Nutzen der Umwelt und hat, wenn auch oft zeitlich stark verzögert, negative Folgen für den Menschen selbst. In jedem Fall beeinflußt der Mensch mit Veränderung seiner Lebensbedingungen die weitere Evolution seiner Art und die des Lebens auf der Erde.

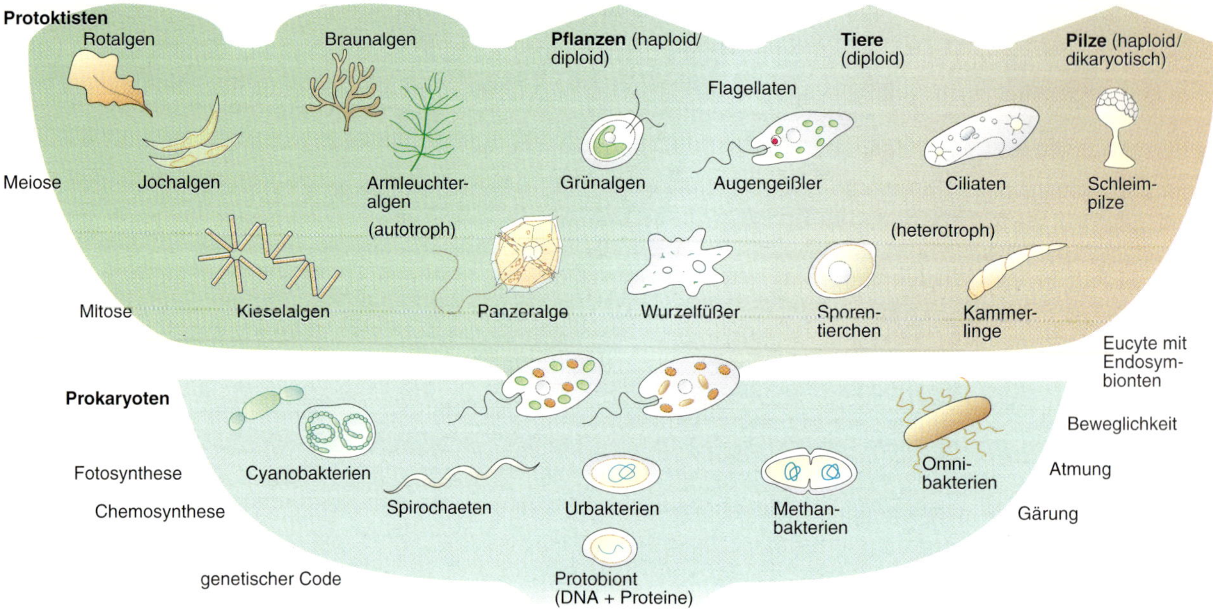

Die fünf Reiche der Lebewesen

Zellen kommen in zwei Organisationsformen vor, als kernlose Protocyte oder als Eucyte. Alle Lebewesen, die Zellen vom Typ der Protocyte besitzen, werden als *Prokaryoten* bezeichnet und als eigenes Reich von den *Eukaryoten* abgesetzt.

Bei den vielzelligen Eukaryoten haben drei Gruppen große Bedeutung erlangt, die man in den Reichen der *Pflanzen, Tiere* und *Pilze* zusammenfaßt. Bezüglich ihrer Nahrungsaufnahme vertreten diese drei Reiche die ökologischen Prinzipien der *Produzenten* (pflanzliche Primärproduktion), der *Konsumenten* (tierische Partikelfresser) und der *Reduzenten* (Stoffabsorption der Pilze).

Zwischen den Prokaryoten und den drei anderen Reichen steht das Reich der *Protoktisten.* Hierzu gehören Eukaryoten, die weder Tiere noch Pflanzen oder Pilze sind, also alle kernhaltigen Einzeller und solche Vielzeller, die sich von ihnen ableiten lassen. Offenbar haben sich im Laufe der Evolution mehrfach vielzellige Organismen aus einzelligen Vorläufern entwickelt. Bei Schleimpilzen, Rot- und Grünalgen gibt es innerhalb eines Stammes einzellige und mehrzellige Vertreter. Die Bezeichnung „Einzeller" ist also ebenso wie der Begriff „Pflanze" ungeeignet, die natürliche Verwandtschaft zu beschreiben.

Protoktisten
griech. *protos* = frühester
griech. *ktistes* = Gründer

Das Reich der Prokaryoten

Die Prokaryoten sind alle einzellig und in der Regel kleiner als 10 μm. Nur selten bilden sie Kolonien, wenn Zellen nach der Spaltung in einer gemeinsamen Gallerthülle zusammenbleiben. Die Stoffwechselleistungen der Prokaryoten sind erstaunlich. Je nach Art sind sie z. B. in der Lage, ihre Energie durch Gärung, Atmung, Fotosynthese oder auch Chemosynthese zu gewinnen.

Den ältesten prokaryotischen Mikrofossilien wird ein Alter von 3,2 bis 3,8 Milliarden Jahren zugeschrieben. Im Vergleich dazu sind die Funde von Eucyten mit einem Alter von 1,4 Milliarden Jahren recht jung.

Stämme: *Urbakterien* (Archaebacteria) sind an Lebensbedingungen angepaßt, wie sie vermutlich in der Urzeit der Erdentwicklung geherrscht haben. Methanbakterien leben anaerob im Faulschlamm. Säure- bzw. hitzebeständige Arten kommen in Gewässern mit hoher Salzkonzentration oder in heißen Quellen vor. Die *Cyanobakterien* (Blaualgen) betreiben Fotosynthese. Sie besitzen neben Chlorophyll a und Carotinoiden noch blaue und rote Farbstoffe. Die *echten Bakterien* (Omnibacteria) sind der umfang- und formenreichste Stamm.

Das Reich der Protoktisten

Protoktisten leben im Wasser oder in Körperflüssigkeiten. Ihre Stoffwechselleistungen sind nicht so groß wie die der Prokaryoten, aber auch unter ihnen gibt es heterotrophe und autotrophe, anaerob oder aerob lebende sowie parasitische Formen. Die Protoktisten sind möglicherweise eine polyphyletische Gruppe, da es denkbar ist, daß sich Eucyten ohne bzw. mit Chloroplasten unabhängig voneinander entwickelt haben.

Stämme: *Grünalgen* bilden die Hauptmasse der Phytoplanktonorganismen im Süßwasser. Sie sind sehr vielgestaltig, und es ist kaum umstritten, daß in diesem Stamm die Vorläufer der Landpflanzen zu suchen sind. *Panzeralgen* stellen die Mehrzahl des marinen Phytoplanktons. Der Riesentang ist mit 50 m Länge eine der größten *Braunalgen*. Die zu den *Zooflagellaten* gehörenden Kragengeißler zeigen zahlreiche Gemeinsamkeiten zu den Kragengeißelzellen der Schwämme. Man vermutet in dieser Gruppe den Übergang zum Tierreich. Der Ursprung der Pilze dürfte bei den *Schleimpilzen* zu suchen sein. Es gibt etwa 20 weitere Stämme der Protoktisten.

Das Reich der Pilze

Ein Pilz besteht in der Regel aus einem Fadengeflecht *(Myzel)*, das sich zu einem sporentragenden Fruchtkörper verdichten kann. Die Zellwände enthalten meistens Chitin. Geißeltragende Fortpflanzungszellen fehlen. Die Kerne der einzelnen Zellfäden *(Hyphen)* sind haploid. Wenn zwei verschiedene Pilzfäden verschmelzen, ohne daß es zur Vereinigung der Zellkerne kommt, entstehen dikaryotische Hyphen. Die bekanntesten **Stämme**, die *Schlauch-* und die *Ständerpilze*, unterscheiden sich in der Sporenbildung.

Die ältesten Pilzfossilien stammen aus dem Devon. Sie wurden in enger Beziehung zu Pflanzenresten gefunden. Es ist denkbar, daß der Übergang der Pflanzen zum Landleben durch eine Pilz-Pflanzen-Symbiose ermöglicht wurde, so ähnlich wie sie in Gestalt der Mykorrhiza heute noch vorliegt.

Flechten sind „Doppellebewesen", bei denen ein Pilz mit seinen Hyphen einzellige Grünalgen oder Cyanobakterien umschließt und von deren Fotosyntheseprodukten lebt. Etwa 25 000 verschiedene Pilzarten haben sich in dieser Form ernährungsphysiologisch spezialisiert. Flechten werden im System nach dem jeweiligen Pilzpartner eingeordnet.

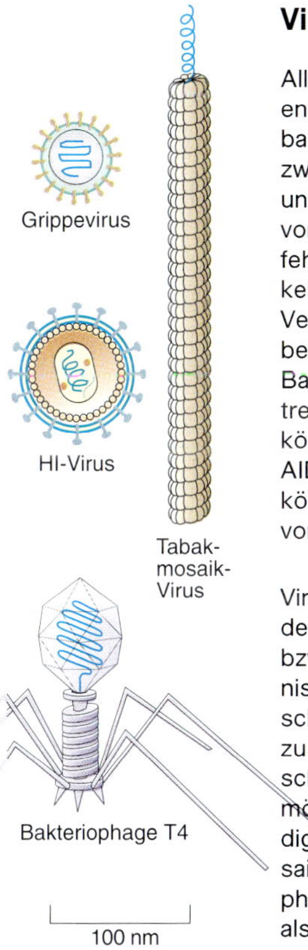

Viren

Alle Lebewesen der fünf Organismenreiche sind entweder einzellig oder aus vielen Zellen aufgebaut. Nicht so die *Viren*. Sie sind mit einer Größe zwischen 20 und 300 nm kleiner als Bakterien und bestehen nur aus einer Nukleinsäure, die von einer Proteinhülle umschlossen wird. Viren fehlt eine begrenzende Membran, sie besitzen keinen eigenen Stoffwechsel und sind in ihrer Vermehrung von einer Wirtszelle abhängig. Viren befallen Zellen aller Organismen bis hin zu den Bakterien *(Bakteriophagen)*. Beim Menschen treten sie häufig als Krankheitserreger auf und können Kinderlähmung, Masern, Grippe oder AIDS verursachen. Auch Pflanzenkrankheiten können von Viren hervorgerufen werden, z. B. vom *Tabakmosaikvirus*.

Viren lassen sich nach Baumerkmalen oder nach der Art ihrer Kernsäuren klassifizieren (DNA- bzw. RNA-Viren). Eine Einordnung in die Organismenreiche wird nicht vorgenommen. Wahrscheinlich sind die Beziehungen dieser Partikel zu ihren Wirtszellen enger als die Verwandtschaft zwischen den einzelnen Viren. Sie sind möglicherweise Plasmide, die sich verselbständigt haben. Das würde bedeuten, daß Tabakmosaikvirus und Tabakpflanze oder aber Bakteriophage und Bakterium genetisch ähnlicher sind, als diese beiden Viren untereinander.

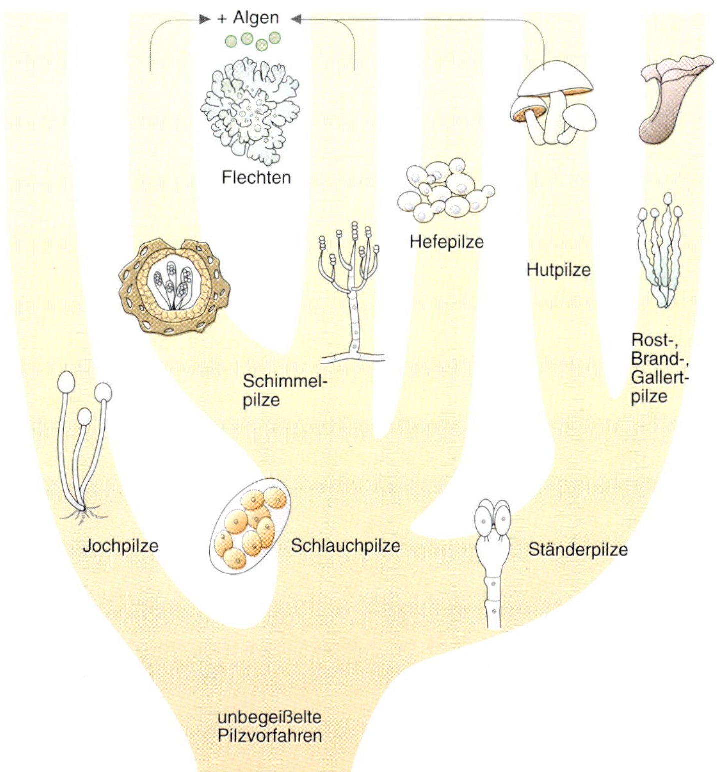

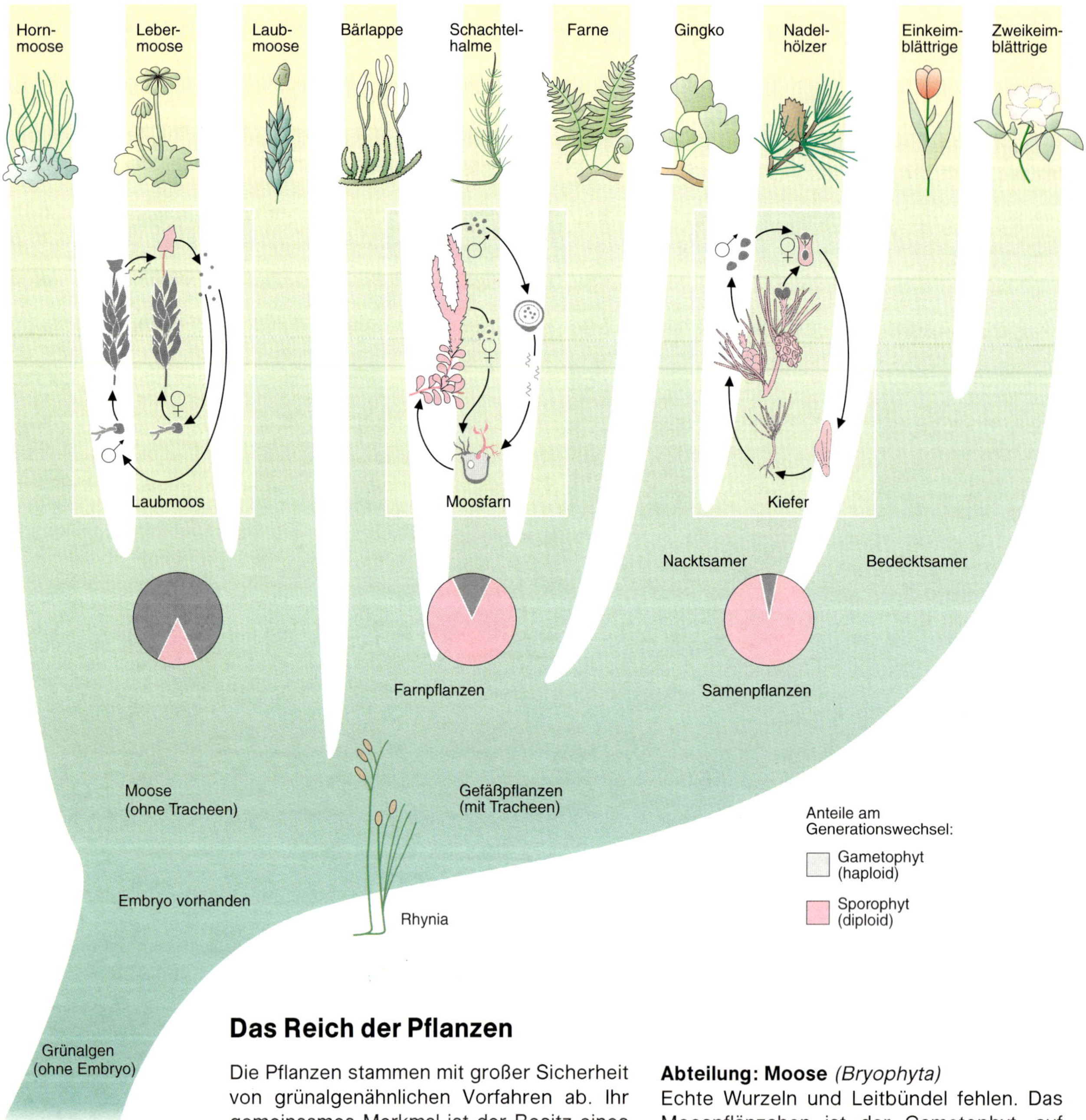

Rhynia
Gattung einfach gebauter Pflanzen, die zu den ältesten Besiedlern des Festlandes gehören

Das Reich der Pflanzen

Die Pflanzen stammen mit großer Sicherheit von grünalgenähnlichen Vorfahren ab. Ihr gemeinsames Merkmal ist der Besitz eines Embryos und – damit im Zusammenhang stehend – ein Generationswechsel zwischen einem haploiden Gametophyten und einem diploiden Sporophyten. Die einzelnen Strukturen tragen zwar unterschiedliche Bezeichnungen (Pollen, Embryosack, Spore, Vorkeim usw.), sind aber weitgehend homolog. Sichere fossile Belege für Gefäßpflanzen *(Tracheophyten)* sind aus den Kieselschiefern des Devon bekannt. Es sind Pflanzen vom *Rhynia-Typ.* Die gefäßlosen Moose stellen wahrscheinlich eine ältere Seitenlinie dar, in der sie eine eigene Entwicklung durchlaufen haben.

Abteilung: Moose *(Bryophyta)*
Echte Wurzeln und Leitbündel fehlen. Das Moospflänzchen ist der Gametophyt, auf dem der Sporophyt als Sporenkapsel sitzt.

Abteilung: Farnpflanzen *(Pteridophyta)*
Leitbündel mit Tracheen sind vorhanden. Der Gametophyt ist klein, die eigentliche Pflanze wird vom Sporophyt gebildet.

Abteilung: Samenpflanzen *(Spermatophyta)*
Sie stellen die überwiegende Zahl der heute lebenden Pflanzen. Ihr Generationswechsel ist nicht sofort erkennbar, denn der Gametophyt ist extrem reduziert (Pollenschlauch bzw. Embryosack mit Eizelle). Die Verbreitung erfolgt durch Samen.

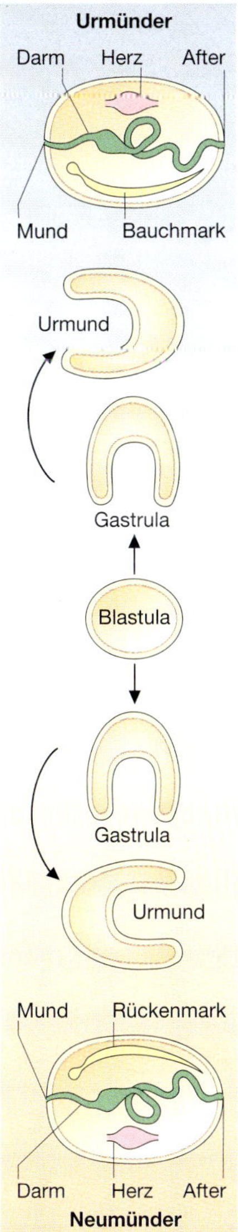

Das Reich der Tiere

In einer Systematik, die nach dem Fünf-Reiche-Konzept aufgebaut ist, versteht man unter „Tieren" vielzellige, heterotrophe, diploide Organismen, die aus der Verschmelzung einer Eizelle mit einer kleineren, männlichen Keimzelle hervorgehen. Die entstehende Zygote teilt sich mitotisch und entwickelt zunächst einen kompakten Zellkomplex *(Morula)*, aus dem dann eine Hohlkugel *(Blastula)* entsteht. Dieses Blastulastadium ist das Kennzeichen aller Tiere. Die Einzelheiten der weiteren Keimesentwicklung unterscheiden sich von Stamm zu Stamm recht deutlich. Innerhalb eines Tierstammes liegt aber eine einheitliche Embryonalentwicklung vor. Deshalb lassen sich Tiere eines Stammes durch ihre *Baupläne*, also durch Angabe von übereinstimmenden Baumerkmalen, charakterisieren (siehe folgende Doppelseite). Mehr als 30 Stämme werden unterschieden. Einige sind in der folgenden Auswahl zusammengestellt.

Stamm: Schwämme
Sie sind wasserlebende, festsitzende Tiere. Schwämme sind von einem wassergefüllten Kanalsystem mit Geißelkammern durchzogen. Diese Tiere besitzen nur wenige Gewebetypen, die noch keinen Zusammenschluß zu Organen zeigen. Außerdem ist die Körperform nicht festgelegt.

Stamm: Nesseltiere
Ihr Körper ist radiärsymmetrisch gebaut. Der innere Hohlraum besitzt nur eine Körperöffnung. Zwei Zellschichten, das Ektoderm und das Entoderm, sind durch eine Stützschicht getrennt. Muskel-, Drüsen- und Nervenzellen sind vorhanden. Einige Arten können sich durch Knospung vermehren, andere besitzen einen Wechsel von geschlechtlicher und ungeschlechtlicher Generation.

Alle Organismen der folgenden Stämme sind zweiseitig-symmetrisch *(Bilateraltiere)*.

Stamm: Plattwürmer
Diese Tiere besitzen drei Keimblätter, entwickeln aber keine echte Leibeshöhle *(Coelom)*. Ihr Kopf hat eine Mundöffnung, ein weiterer Darmausgang *(After)* fehlt. Es gibt sowohl parasitische Formen *(Bandwürmer)* als auch freilebende Arten *(Strudelwürmer)*.

Stamm: Schlauchwürmer
Sie besitzen eine Leibeshöhle, die aber kein echtes Coelom ist, da sie nicht vom Mesoderm gebildet wird. Ein durchgehender Darm und ein einfaches Nervensystem aus zwei Strängen sind vorhanden. Die Fortbewegung erfolgt schlängelnd, denn Fadenwürmer besitzen nur Längsmuskeln. Die meisten Arten sind getrenntgeschlechtlich; viele sind Parasiten *(Spulwurm, Trichine)*.

Alle folgenden Stämme besitzen ein *Coelom*. Weichtiere, Ringelwürmer und Gliederfüßer sind *Urmünder*, Stachelhäuter und Chordatiere dagegen *Neumünder* (s. Randspalte).

Stamm: Weichtiere
Der weiche, gliedmaßenlose Körper ist in Kopf, Fuß, Eingeweidesack und Mantel gegliedert. Der Mantel ist eine Hautfalte, die den Körper umschließt und bei den meisten Arten eine harte, kalkhaltige Schale ausbildet. Der Blutkreislauf ist offen. (Klassen: *Schnecken, Muscheln* und *Kopffüßer.)*

Stamm: Ringelwürmer
Tiere mit äußerer und innerer Segmentierung, mit gegliedertem Bauchmark (Strickleiternervensystem) und geschlossenem Blutkreislauf. Der Hautmuskelschlauch besitzt Längs- und Ringmuskeln.

Stamm: Gliederfüßer
Der Körper und die Extremitäten sind deutlich gegliedert, das Außenskelett besteht aus Chitin. Der Blutkreislauf ist offen, und das Bauchmark ist ein Strickleiternervensystem. *Krebse, Spinnentiere, Tausendfüßer* und *Insekten* gehören zu diesem Stamm.

Stamm: Stachelhäuter
Sie sind rein marine Tiere, deren Larven *bilateralsymmetrisch* sind. Ausgewachsene Tiere sind meist fünfstrahlig-radiär gebaut. Ihr Hautskelett besteht aus Kalk. Eine Besonderheit ist das Wassergefäßsystem, das der Fortbewegung dient. (Klassen: *Seeigel, Seesterne, Schlangensterne, Seewalzen* und festsitzende *Seelilien*.)

Stamm: Chordatiere
Alle Tiere dieses Stammes besitzen ein *Axialskelett* aus einem knorpeligen, dorsal gelegenen Stab, dessen Abschnitte zur Wirbelsäule verknöchern können. Weitere Merkmale sind das Rückenmark und Kiemenspalten, die zumindest während der Embryonalentwicklung vorhanden sind. Die *Manteltiere* und die *Schädellosen*, zu denen auch das Lanzettfischchen gehört, gelten als Vorläufer der *Wirbeltiere*, die die weitaus bekanntesten Klassen dieses Stammes stellen.

Aufgabe

① Beschreiben Sie die Unterschiede zwischen Ur- und Neumündern und geben Sie an, wie sich das auf den Bauplan auswirkt.

Das Reich der Tiere

Klasse: Insekten (*Hexapoda = Insecta*)
Körper gegliedert in Kopf, Brust mit 3 Beinpaaren und 0 bis 2 Flügelpaaren und Hinterleib (ohne Extremitäten), Tracheenatmung

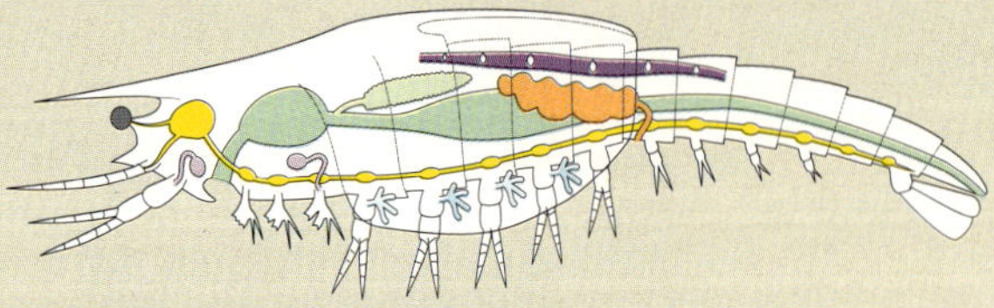

Klasse: Krebstiere (*Crustacea*)
Körper gegliedert in Kopf, Brust und Hinterleib mit verschiedener Gliedmaßenzahl, Körperabschnitte oft verschmolzen, Kiemenatmung

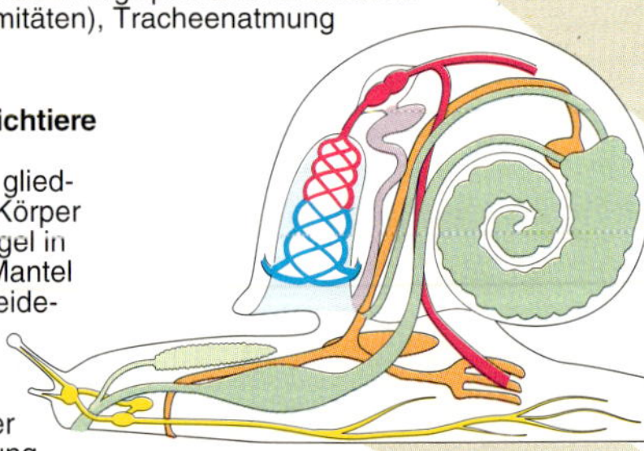

Stamm: Weichtiere (*Mollusca*)
Der weiche, gliedmaßenlose Körper ist in der Regel in Kopf, Fuß, Mantel und Eingeweidesack gegliedert, oft mit Kalkschale, Lungen- oder Kiemenatmung

Gliederfüßer

Stamm: Gliederfüßer (*Arthropoda*)
Körper und Extremitäten deutlich gegliedert, Außenskelett aus Chitin, offener Blutkreislauf, Strickleiternervensystem

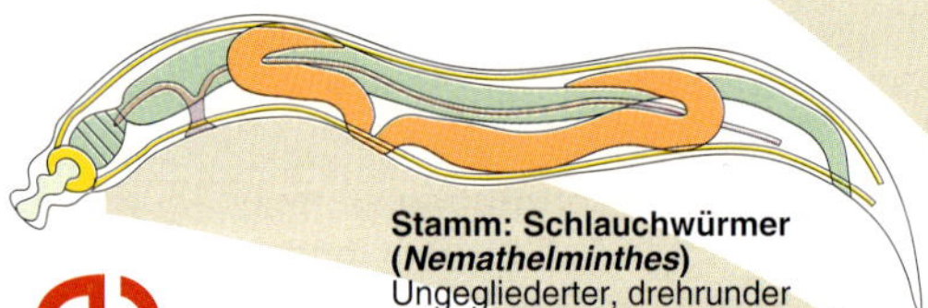

Stamm: Schlauchwürmer (*Nemathelminthes*)
Ungegliederter, drehrunder Körper, Kutikula, durchgehender Darm mit Mund und After, kein Blutgefäßsystem

Weichtiere

Stamm: Ringelwürmer (*Annelida*)
Langgestreckter, runder, gleichmäßig segmentierter Körper, durchgehender Darm, geschlossener Blutkreislauf, Strickleiternervensystem, Hautatmung

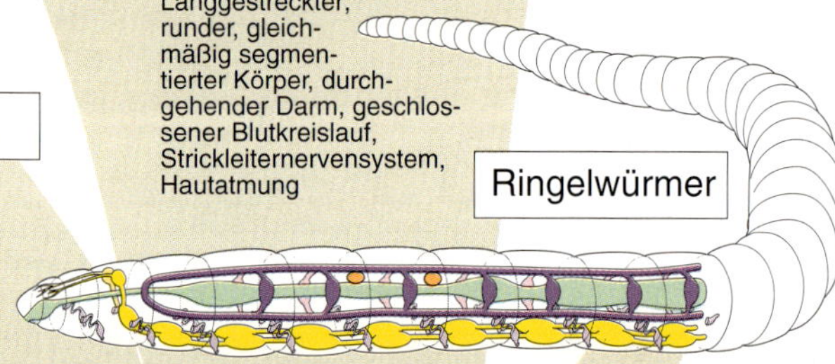

Ringelwürmer

Schlauchwürmer

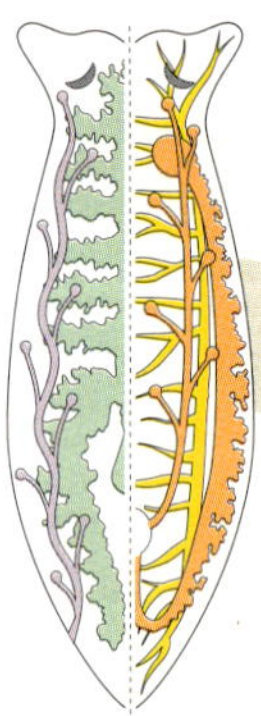

Stamm: Plattwürmer (*Plathelminthes*)
Abgeflachter Körper mit blind endendem Darm, keine Blutgefäße, oft Parasiten mit Wirts- und Generationswechsel

Plattwürmer

Urmünder

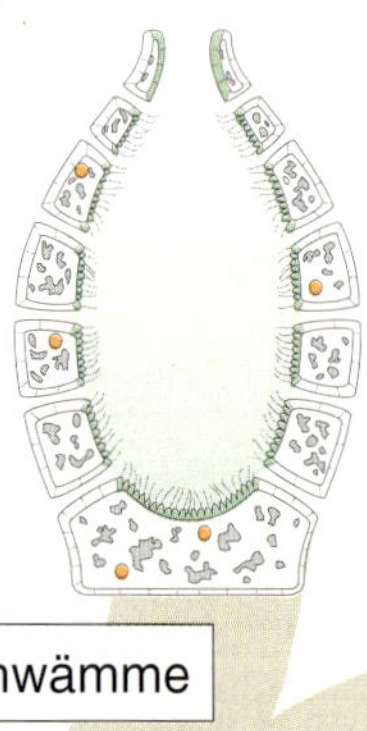

Stamm: Schwämme (*Porifera*)
Festsitzende Wassertiere, zahlreiche Poren in der Körperoberfläche führen in Wasserkanäle, Geißelkammern

ohne Coelom

Bilateraltiere mit 3 Keimblättern

mit Coelom

Neumünder

Schwämme

ohne Organe

Tiere

mit Organen

mit 2 Keimblättern

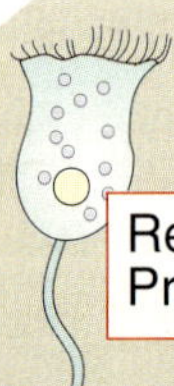

Reich der Protoktisten

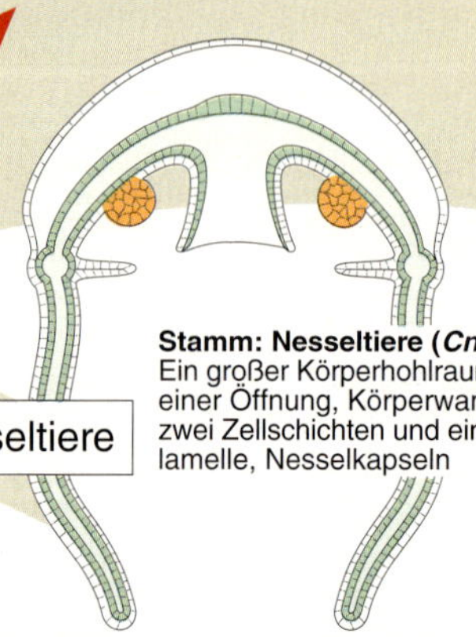

Stamm: Nesseltiere (*Cnidaria*)
Ein großer Körperhohlraum mit nur einer Öffnung, Körperwand aus zwei Zellschichten und einer Stützlamelle, Nesselkapseln

Nesseltiere

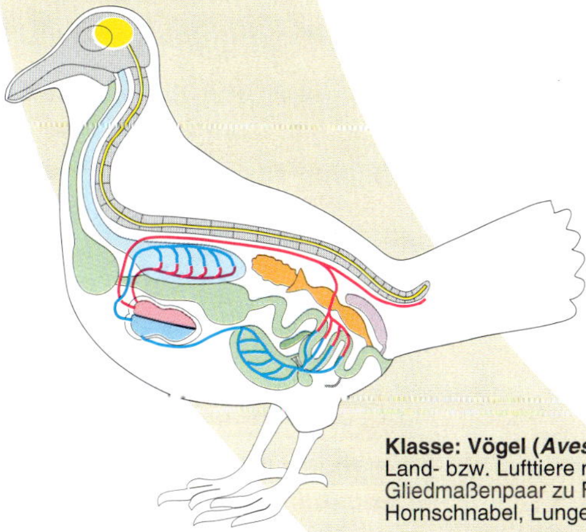

Klasse: Vögel (*Aves*)
Land- bzw. Lufttiere mit Federkleid, vorderes Gliedmaßenpaar zu Flügeln umgebildet, Hornschnabel, Lungenatmung

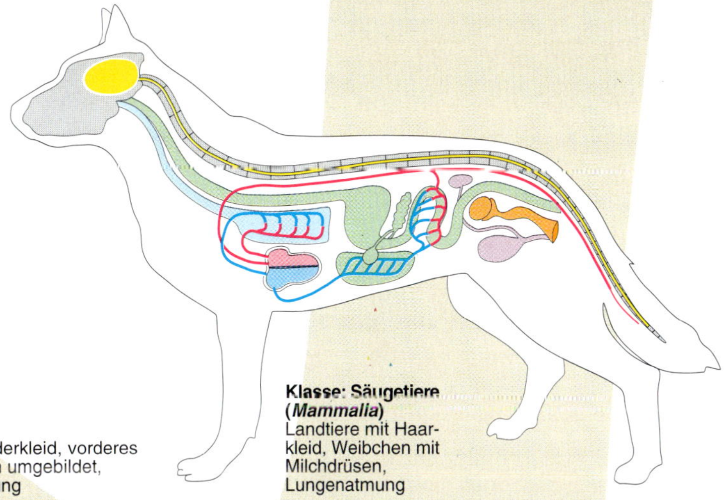

Klasse: Säugetiere (*Mammalia*)
Landtiere mit Haarkleid, Weibchen mit Milchdrüsen, Lungenatmung

Erläuterungen zu den Bauplänen

hellblau	Atmungssystem
gelb	Nervensystem
hellgrün	Verdauungssystem
lila	Ausscheidungssystem
orange	Geschlechtssystem
dunkelblau	sauerstoffarmes Blut
violett	gemischtes Blut
rot	sauerstoffreiches Blut

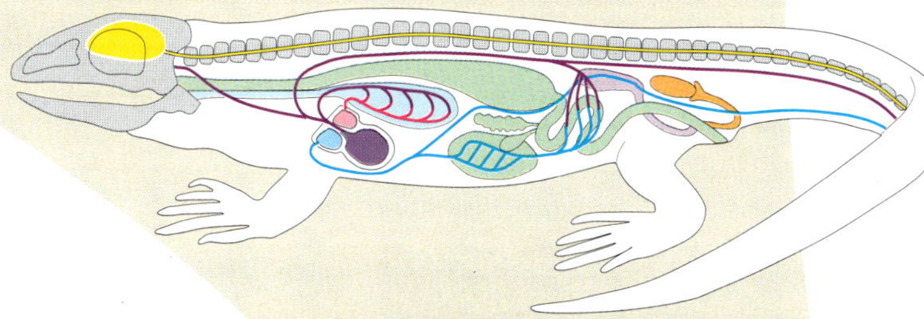

Klasse: Kriechtiere (*Reptilia*)
Landtiere mit trockener, schuppiger Haut, Lungenatmung

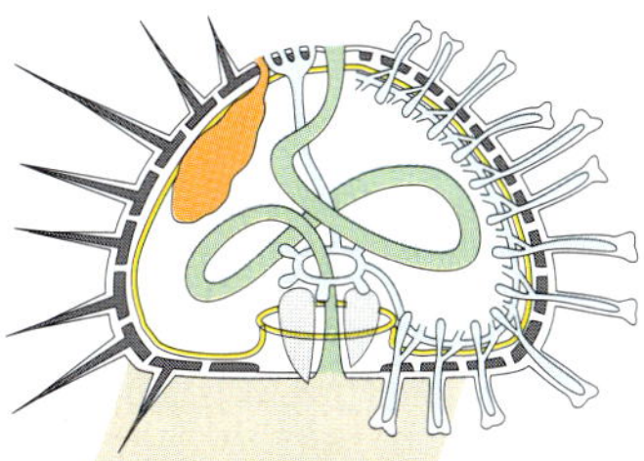

Stamm: Stachelhäuter (*Echinodermata*)
Radiärsymmetrische (oft fünfstrahlige) Meerestiere, Hautskelett aus Kalk, oft mit Stacheln, Wassergefäßsystem

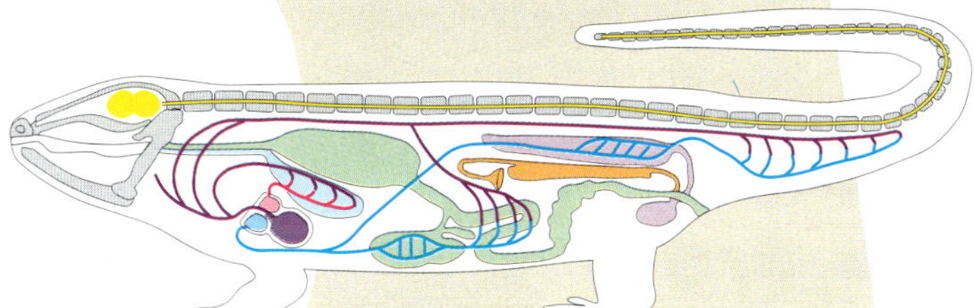

Klasse: Lurche (*Amphibia*)
Süßwasser- und Landtiere mit nackter, schlüpfriger, drüsenreicher Haut, Hautatmung, bei erwachsenen Tieren Lungenatmung, bei Larven Kiemenatmung

Stachelhäuter

Unterstamm Wirbeltiere

Unterstamm: Wirbeltiere (*Vertebrata*)
Körper gegliedert in Kopf, Rumpf und Schwanz, 2 Paar Extremitäten am Rumpf, knöcherne Wirbelsäule, Zentralnervensystem mit Gehirn und Rückenmark, Blutkreislauf geschlossen

Chordatiere

Chordatiere (*Chordata*)
Körper mit einem zelligen Stützstab (Chorda dorsalis)

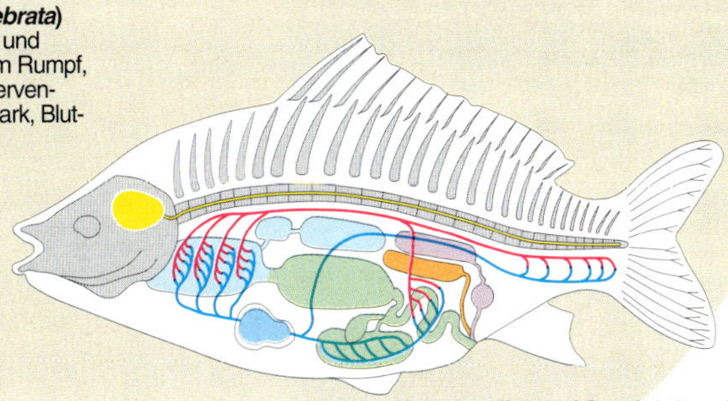

Klasse: Knochenfische (*Osteichthyes*)
Kiemenatmende Wassertiere mit schuppiger, schleimiger Haut, knöchernes Skelett

Unterstamm Schädellose

Unterstamm: Schädellose (*Acrania*)
Kleine, fischähnliche Wassertiere, körperlange Chorda und Neuralrohr, Gehirn und Schädel fehlen, mit Kiemendarm

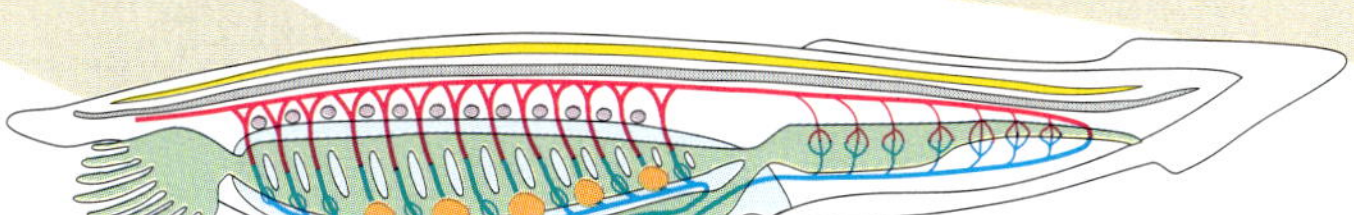

Verhaltensbiologie

Täglich machen wir Verhaltensbeobachtungen an Mitmenschen oder Tieren. Wir können sie in vielen Fällen nicht richtig einordnen, weil sich kaum Gesetzmäßigkeiten erkennen lassen. Die Ergebnisse der Verhaltensbiologie stoßen deshalb bei vielen Menschen auf großes Interesse, denn sie versprechen sich hiervon auch Aufschlüsse über das eigene Verhalten. Sind beispielsweise bestimmte Teile unseres Aggressionsverhaltens angeboren oder — besser ausgedrückt — genetisch programmiert? Für unser Selbstverständnis können sich aus der Antwort wichtige Konsequenzen ergeben.

Gegenstand des folgenden Kapitels sind Verhaltensweisen von Tieren und vom Menschen, soweit sie durch die Methoden der Biologie naturwissenschaftlich erfaßbar sind. Dabei bezeichnet man als „Verhalten" alle beobachtbaren Bewegungsabläufe, Körperstellungen und Lautäußerungen eines Lebewesens, einschließlich der Ruhezustände, z. B. während des Schlafes.

1 Balzende Zebrafinken

Fragestellungen und Methoden der Verhaltensforschung

Bei einer naturwissenschaftlichen Disziplin hängen Umfang und Wert der Erkenntnisse stark von den eingesetzten Methoden ab. Deshalb soll zunächst an einem Beispiel aufgezeigt werden, wie in der vergleichenden Verhaltensforschung, der *Ethologie,* methodisch vorgegangen wird.

Ein männlicher Zebrafink, der mit Artgenossen aufgewachsen ist, wird eine Zeitlang allein in einem Käfig gehalten. Setzt man ein Zebrafinkenweibchen hinzu, fängt das Männchen in der Regel an zu balzen. Dies beginnt mit einem eintönigen Gesang, dann folgt ein Begrüßungsanflug, und schließlich kommt es nach hüpfenden Tanzbewegungen zur Kopulation. Beim Weibchen sind während der Balzhandlungen des Männchens zunächst tiefe Verbeugungen des Körpers zu beobachten, zum Schluß begleitet von schnellem Zittern des Schwanzgefieders.

ETHOGRAMM

Funktionskreis

Verhaltensmuster

Verhaltensweise

Verhaltenselement

Derartige Beobachtungen an einzelnen Individuen und die objektive Beschreibung von wiedererkennbaren und typisierbaren Verhaltenseinheiten bilden meist den Ausgangspunkt der methodischen Arbeit. Darauf folgt die genauere *Analyse.* Es wird ein *Ethogramm*, ein Verhaltensinventar, aufgestellt, wobei alle beobachteten Verhaltensweisen in der Reihenfolge und Häufigkeit ihres Auftretens protokolliert werden. Doch bereits bei dieser einfach klingenden Aufgabe können sich Schwierigkeiten ergeben. So läßt sich ein vollständiges Ethogramm, das alle Verhaltensweisen umfaßt, kaum erstellen. Deshalb greift man bestimmte Abschnitte aus dem Gesamtverhalten heraus, z. B. Balz-, Brutpflege- oder Freßverhalten. Ein solcher Teilbereich wird *Funktionskreis* genannt. Dieser ist in seinen Elementen leichter zu überschauen und zu beschreiben.

In die Beschreibung können ungewollt Vermenschlichungen *(Anthropomorphismen)* oder Wertungen einfließen, die Ursache für Fehlinterpretationen sein können. Deshalb müssen die Begriffe der Fachsprache *(Terminologie)* eindeutig mit Inhalt gefüllt sein. Was heißt im obigen Beispiel „eintöniger Gesang" oder „Begrüßungsanflug"? Vor allem *technische Hilfsmittel,* wie beispielsweise Tonträger oder Filme, bieten die Möglichkeit für eine objektivere Beschreibung.

Schließlich muß man fragen, ob sich Tiere, die vom Menschen gehalten werden, genau so verhalten wie im Freiland. Daß man hier vorsichtig sein muß, zeigt das Beispiel von Bartmeisen. Bei dem Versuch, sie in Gefangenschaft zu züchten, zeigte sich, daß die Vögel ihre Jungen nach erfolgreichem Brutgeschäft regelmäßig aus dem Nest warfen. Wie ließ sich dieses unnatürliche Verhalten erklären? Die Ursache war, daß die fütternden Eltern ständig reichlich Nahrung im Käfig fanden. Die Jungen zeigten beim Füttern nicht mehr das übliche Sperrverhalten, sondern lagen satt und reglos im Nest. Solche scheinbar kranken oder toten Jungtiere entfernten die Elterntiere aus dem Nest. Als man den Altvögeln weniger Futter gab, gelang die Jungenaufzucht problemlos. Solche Beispiele zeigen, daß viele *Laborversuche* erst im Zusammenhang mit *Freilandbeobachtungen* sinnvoll zu deuten sind. Verhaltensweisen lassen sich nur im Zusammenhang mit der natürlichen Umwelt der Tiere zuverlässig beurteilen.

Aus dem Vergleich vieler Einzelbeobachtungen *(Synthese)* erhält man schließlich eine erste Kenntnis von gemeinsamen Verhaltensweisen der Individuen einer Art. So zeigen alle Zebrafinkenmännchen bei der Balz unabhängig voneinander das gleiche Verhaltensmuster. Daraus läßt sich im nächsten Schritt die *Hypothese* ableiten, daß dieses nicht erlernt, sondern genetisch festgelegt ist. Zur Überprüfung dieser Vermutung entwickelt man ein geeignetes *Experiment,* das unter reproduzierbaren Bedingungen durchgeführt werden kann.

Wie untersucht man beispielsweise, ob die Zebrafinkenbalz genetisch programmiert ist? Dazu brütet man Vogeleier im Brutkasten aus und zieht die geschlüpften Jungvögel isoliert auf. Sie können dann nicht von ihren Eltern oder den Artgenossen lernen. Solche Tiere, die in *Isolationsexperimenten* unter Erfahrungsentzug aufwachsen, nennt man *Kaspar-Hauser-Tiere*. Diese Bezeichnung stammt von einem Findelkind gleichen Namens, das 1828 als Jugendlicher von 16 Jahren in Nürnberg auftauchte und angeblich in seiner Kindheit keinen menschlichen Kontakt hatte.

Kaspar-Hauser-Tiere verhalten sich bei höher entwickelten Lebewesen, wie Vögeln und Säugetieren, häufig nicht normal. Ein Teil der Störungen läßt sich vermeiden, wenn sich der Erfahrungsentzug nur auf einen Funktionskreis oder ein Verhaltensmuster bezieht, wenn dem Vogel beispielsweise nur der Gesang seiner Artgenossen oder der Anblick von Zebrafinkenweibchen vorenthalten wird. Bei solchen Isolationsexperimenten hat sich herausgestellt, daß die Bewegungen und Körperhaltungen während des Balztanzes weitgehend genetisch festgelegt sind. Die Strophen des Balzgesanges dagegen sind wesentlich variabler und werden durch akustische Erfahrungen während der Jugendzeit beeinflußt.

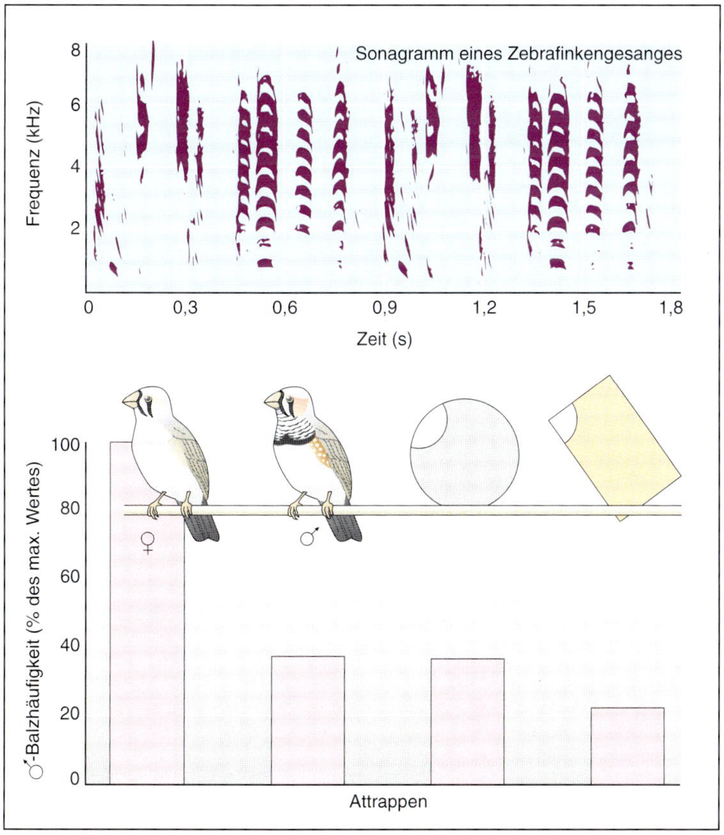

1 Sonagramm und Balzhäufigkeit bei männlichen Zebrafinken auf Attrappen

Das normal aufgewachsene Zebrafinkenmännchen reagiert auf das hinzukommende Weibchen mit Balzverhalten. Welche Signale am Weibchen lösen dieses Verhalten aus? Das läßt sich durch *Attrappenversuche* untersuchen (Abb. 1). Balzt das Männchen einen ausgestopften Balg an, dann kommt es nicht auf Lautäußerungen oder Bewegungen des Weibchens an, sondern Merkmale wie Form oder Farbe wirken schon auslösend. Anschließend können einzelne Gestaltmerkmale immer weiter vereinfacht und in *Wahlversuchen* auf ihre Wirksamkeit hin überprüft werden. Daraus läßt sich dann ein *Modell* für die minimale auslösende Reizkombination entwickeln.

Vergleicht man das Balzverhalten mit dem von anderen, nahe verwandten Vogelarten *(Gruppen-Ethogramm)* und findet dabei ähnliche Verhaltensmuster, so bezeichnet man diese als *homolog*. Verhaltensweisen werden bei diesem Vorgehen wie körperliche Merkmale verglichen. Auf diese Weise wurden an Entenvögeln und Tauben Verwandtschaftsbeziehungen aufgestellt. Sie stimmten erstaunlich genau mit den Ergebnissen der üblichen, auf morphologischen Ähnlichkeiten beruhenden Systematik überein. Daraus ergibt sich die Hypothese, daß Verhalten, zumindest in einzelnen Elementen, im Verlauf der Stammesentwicklung genetisch verankert wurde.

Aufgaben

① Entnehmen Sie dem Text alle Begriffe, die naturwissenschaftliches Arbeiten betreffen, und stellen Sie die Methoden einander gegenüber.

② Ein Mitschüler wird gebeten, vor der Klasse eine Banane zu essen. Fertigen Sie ein Beobachtungsprotokoll an. Geben Sie anschließend die Schwierigkeiten an, die bei der Beschreibung des Verhaltens — auch bei dem essenden Schüler — aufgetreten sind, und nennen Sie Möglichkeiten der Abhilfe.

③ Zebrafinken kommen wild in Australien vor. Tragen Sie möglichst viele Informationen zu den natürlichen Brutgewohnheiten und Verhaltensweisen dieser Vögel zusammen, und referieren Sie darüber.

1 Rosenköpfchen mit Nistmaterial im Bürzelgefieder

Nachweis genetisch fixierter Verhaltenselemente

Daß bestimmte Verhaltenselemente genetisch festgelegt sind, ist immer dann zu vermuten, wenn sie schon vom Zeitpunkt der Geburt an fehlerfrei beobachtbar sind, wenn Verhaltensweisen stereotyp und in immer gleicher Weise wiederkehrend ablaufen oder wenn alle Individuen einer Art vergleichbares Verhalten zeigen. Außer durch die Aufzucht unter Erfahrungsentzug (Kaspar-Hauser-Experimente) läßt sich in manchen Fällen auch durch *Kreuzungsexperimente* der direkte Nachweis führen, daß Verhaltenselemente genetisch bedingt sind.

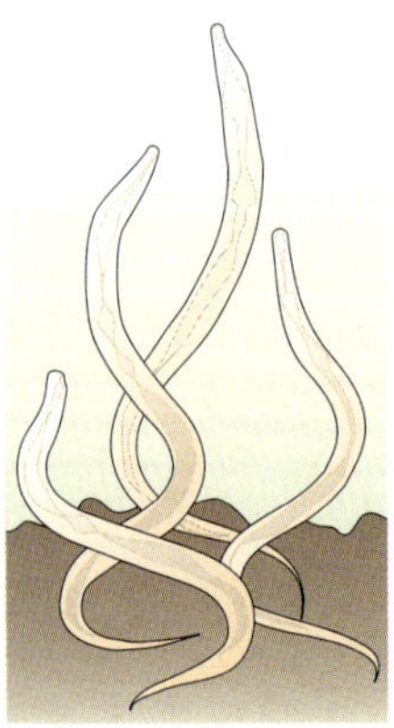

Der *Fadenwurm* (Rhabditis inermis) ist ein Fäulnis- und Kotbewohner. Er ist nicht in der Lage, selbst einen neuen Dunghaufen aufzusuchen, sondern wird durch Käfer verbreitet. Seine Larven heften sich unter den Flügeldecken von Käfern fest und lassen sich so transportieren. Von diesem Wurm gibt es zwei Unterarten, die sich im Verhalten ihrer Larven unterscheiden. Die einen warten mehr oder weniger still auf den zufälligen Kontakt mit einem Käfer. Die anderen führen auf der Oberfläche des Dunghaufens pendelnde Bewegungen mit dem Vorderkörper aus, um die Wahrscheinlichkeit des Zusammentreffens mit einem Insekt zu erhöhen (s. Randspalte). Kreuzt man diese „winkenden" Fadenwürmer mit den „nichtwinkenden", so ergeben sich in der F_1-Generation ausschließlich „winkende" Nachkommen. Das entspricht der 1. Mendelschen Regel, der *Uniformitätsregel.* Kreuzt man diese Bastarde untereinander, so treten in der F_2-Generation „winkende" und „nichtwinkende" Nachkommen im Verhältnis 3:1 auf, was mit MENDELS 2. Regel, der *Spaltungsregel,* übereinstimmt. Damit ist wahrscheinlich, daß das Verhalten auf der Wirkung eines Gens beruht und der Erbgang dominant-rezessiv ist.

Einige Arten afrikanischer Kleinpapageien, beispielsweise die zu den *„Unzertrennlichen"* gehörenden *Rosenköpfchen,* tragen ihr halmförmiges Nistmaterial in die Bruthöhle ein, indem sie es zwischen das Bürzelgefieder stecken (Abb. 1). Hier wird es von den Häkchen der Federn festgehalten. Andere Arten transportieren das Material mit dem Schnabel zur Bruthöhle. *Artbastarde* zwischen beiden Formen stecken das Nistmaterial ins Gefieder, halten es aber dann mit dem Schnabel fest und ziehen es deshalb sofort wieder heraus. Manchmal schieben sie das Material auch ins Brustgefieder oder an andere Körperstellen, häufig aber nicht tief genug, so daß der Transport mißlingt. Zusammengehörende Verhaltenselemente fallen also in Einzelkomponenten auseinander und ergeben kein sinnvolles Ganzes mehr. Dieses Verhalten wird offenbar durch mehrere Gene kontrolliert. Da die Artbastarde unfruchtbar sind, lassen sich für die einzelnen Verhaltensmuster keine weiteren Aussagen über die Art und Weise der Vererbung machen.

Der *Seehase* (Aplysia), eine zwittrige, gehäuselose Meeresschnecke, kommt in algenreichen Küstenregionen vor. Man unterscheidet mehrere Arten, die alle in wärmeren Meeren leben. Geschlechtsreife Tiere können bis zu 40 cm lang und 5 kg schwer werden. Ihr Zentralnervensystem ist relativ einfach aufgebaut und besitzt nur wenige Ganglien. Die Neuronen sind sehr groß und lassen sich somit leicht — zum Teil aufgrund farblicher Unterschiede — individuell unterscheiden. Beim Fortpflanzungsverhalten von Aplysia ist eine feste Abfolge stereotyper Verhaltensmuster zu beobachten. Gut untersucht ist das *Eiablageverhalten.*

Nach der Befruchtung legt der Seehase seine Eier in langen Laichschnüren ab, die bis zu einer Million Eier enthalten. Sobald sich die Muskeln des Genitalganges zusammenziehen und die Laichschnur an der Geschlechtsöffnung austritt, hört das Tier auf zu kriechen und zu fressen. Herzschlag und Atemfrequenz erhöhen sich. Die Schnecke erfaßt den Anfang der Laichschnur mit dem Mund, zieht mit charakteristischen, schwenkenden Kopfbewegungen daran und unterstützt so das Ausstoßen. Dabei wird der Laich aufgeknäuelt und mit einem klebrigen Sekret überzogen, das aus einer kleinen Schleimdrüse des Mundes stammt. Schließlich heftet das Tier die verklebte Laichmasse mit einer kräftigen Kopfbewegung an eine feste Unterlage an.

Auf der Suche nach den Steuermechanismen für das Eiablageverhalten machte man eine erstaunliche Entdeckung: Diese gesamte, streng koordinierte Folge von Verhaltensmustern läßt sich auslösen, wenn man einer Schnecke den Extrakt aus Beutelzellen des Eingeweideganglions injiziert. Selbst unbegattete Tiere, also solche mit unbefruchteten Eiern, zeigen das entsprechende Verhalten.

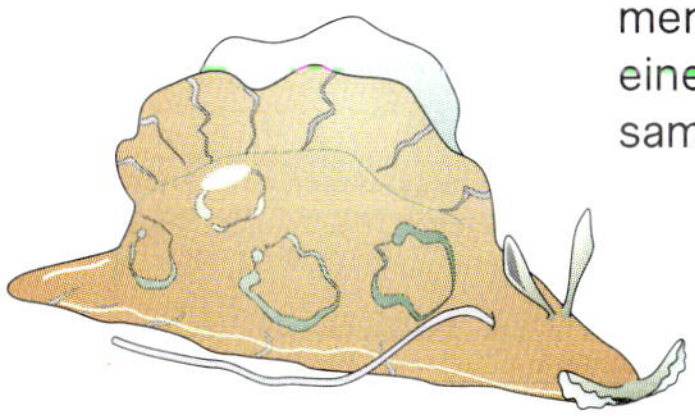

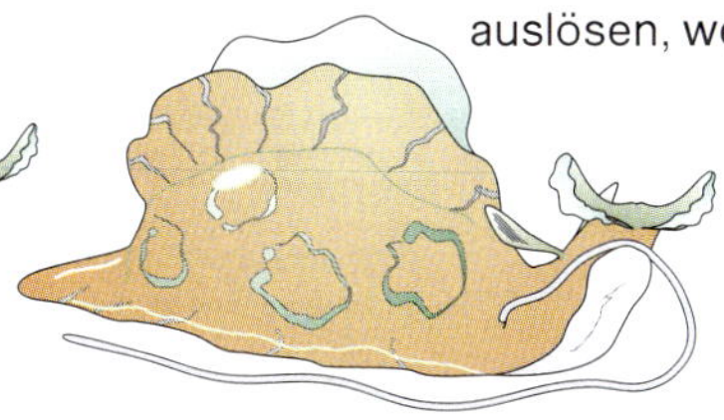

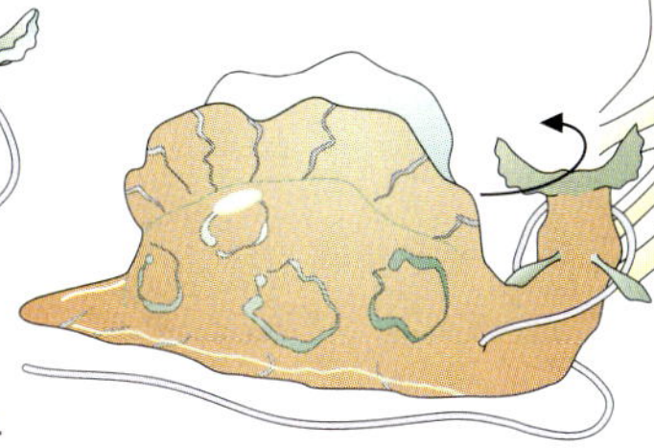

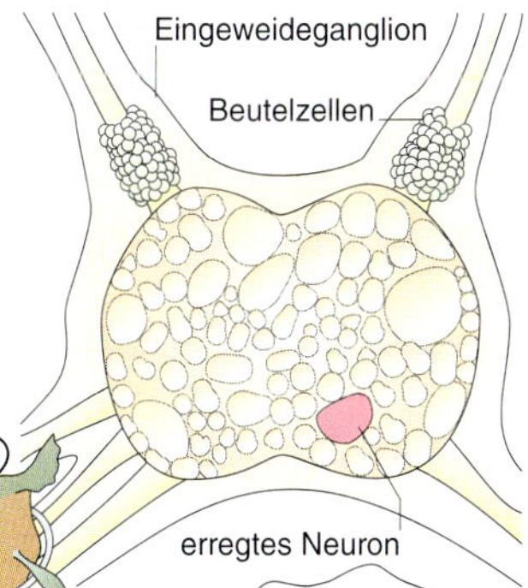

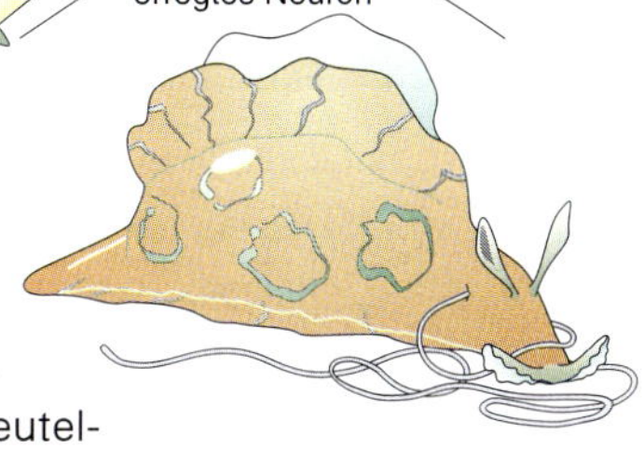

Aus dem Extrakt läßt sich ein Stoff isolieren, der an der Steuerung der Eiablage beteiligt ist. Er ist ein Peptid, das aus 36 Aminosäuren besteht und als *Eilegehormon* (ELH) bezeichnet wird. Es wirkt einerseits wie ein Hormon, indem es in die Blutbahn geht. Auf diesem Weg werden Atmung und Herzschlag erhöht sowie die Muskeln zum Austreiben der Laichschnur aktiviert. Andererseits wirkt es als Neurotransmitter und erregt ein bestimmtes Neuron des Eingeweideganglions. Das Eiablageverhalten von Aplysia hat also eine stoffliche Ursache, nämlich das ELH, und dieses Peptid wird seinerseits durch eine entsprechende DNA-Sequenz codiert. Durch gentechnische Untersuchungen konnte das zugehörige Gen mittlerweile identifiziert werden. Es ist auch für die Bildung weiterer Peptide des Beutelzellextraktes verantwortlich, die Verhaltenselemente aus dem Paarungsverhalten stimulieren. An diesem Beispiel läßt sich der Weg von einem bestimmten Verhaltenselement bis zum zugehörigen Gen zurückverfolgen.

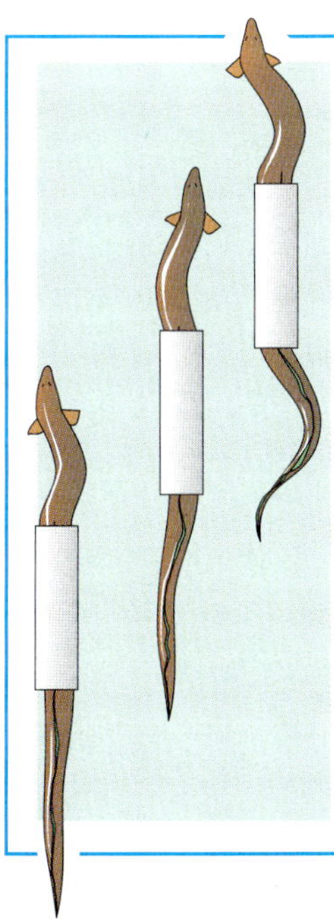

Verhalten — immer Reaktion oder auch spontan?

Wie kommen komplizierte Abläufe, beispielsweise die geordneten Beinbewegungen eines Tausendfüßers oder die Schlängelbewegungen eines Aals, zustande? Ein Erklärungsmodell greift auf den *Reflex* zurück. Rezeptoren kontrollieren die Muskelspannung eines Körperabschnitts; ihre Erregung stellt den Reiz für das folgende Segment dar. Durch diese *Reflexkette*, also die Hintereinanderschaltung mehrerer Reflexe, kommt es zum koordinierten Bewegungsablauf. Eine andere Vorstellung geht davon aus, daß das zeitliche Erregungsmuster für eine solche Bewegung im Nervensystem als Einheit *vorprogrammiert* ist.

Für die Schlängelbewegung des Aals konnte Erich von Holst experimentell entscheiden, welche Erklärung zutrifft. Er hatte am Rückenmark eines Aals sämtliche afferenten Nervenbahnen durchtrennt, der Fisch führte dennoch geordnete Bewegungen aus. Selbst wenn man das mittlere Drittel eines solchen Aals in einem Rohr festlegt, so setzt sich eine Bewegungswelle des vorderen Körperdrittels im hinteren Abschnitt fort, und zwar genau nach der Zeit, die auch ohne Fixierung der Körpermitte benötigt worden wäre. Das zeigt, daß es eine *Zentralkoordination* gibt, die spontan, d. h. ohne afferente Erregungsleitung, ein Schlängelverhalten bewirkt. Viele rhythmische Bewegungsabläufe bei Tieren beruhen auf solchen Zentralkoordinationen. Auch die beim Gehen synchron ablaufenden Armbewegungen des Menschen dürften zentral koordiniert sein.

Während beim Reflex die Reaktion nur auf einen Reiz hin erfolgt, ergibt sich bei der Zentralkoordination die spontane Aktivität des Organismus allein aus dem genetischen Programm für bestimmte Neuronen.

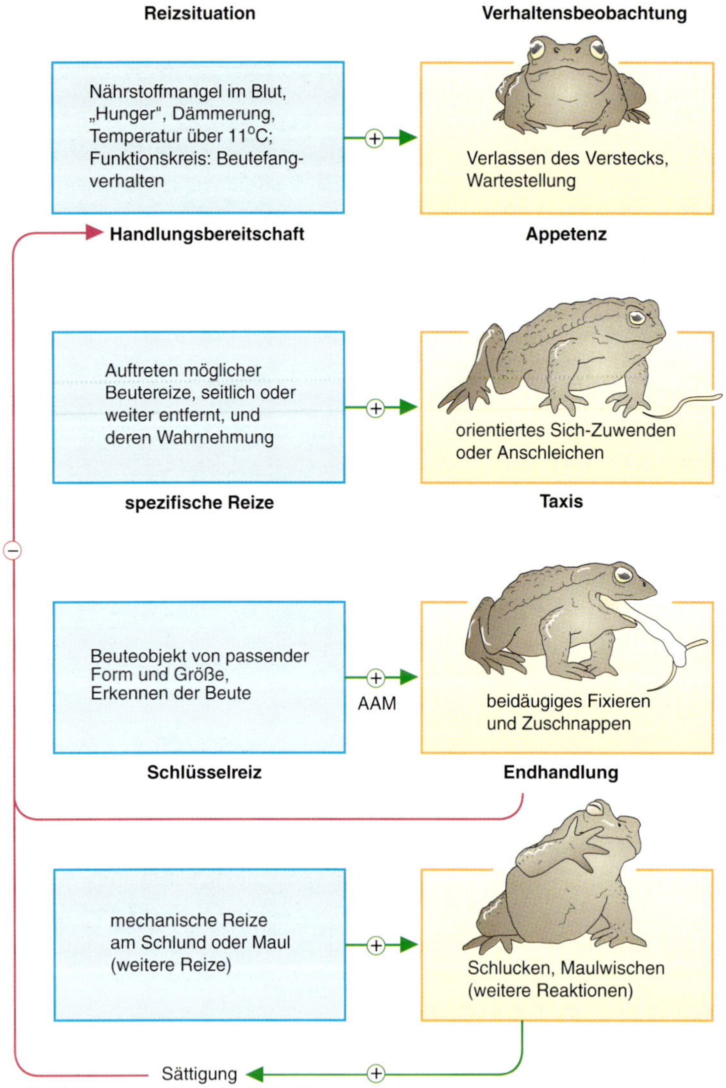

1 Beutefangverhalten der Erdkröte

Das Beutefangverhalten der Erdkröte

Eine Erdkröte verläßt in der Dämmerung ihr Versteck, durchstreift ihren Jagdbezirk und begibt sich in Wartestellung. Sowie sich in der Umgebung eine mögliche Beute bewegt, wendet sich die Erdkröte dem Objekt zu oder schleicht es an. Dann wird es mit beiden Augen fixiert, bevor die klebrige Zunge blitzartig vorschnellt. Das Beutetier wird ergriffen, in den Mund gezogen und verschluckt. Anschließend kommt es häufig zu Wischbewegungen, so als würde die Schnauze gesäubert.

In diesem Ablauf lassen sich drei Abschnitte feststellen:

— Das scheinbar richtungslose Umherlaufen und Warten, das wie Suchen nach Beute aussieht *(Appetenz).*
— Das Annähern an die Beute bzw. die mit dem ganzen Körper ausgeführten Wendereaktionen *(Taxis).*
— Das Fixieren und Zuschnappen als stereotypes Verhaltenselement, das stets in der gleichen Weise auftritt *(Endhandlung).*

Die Endhandlung läuft, wenn sie einmal ausgelöst ist, unausweichlich und in stets der gleichen, starren Bewegungsfolge ab. Falls die Beute entflieht, nachdem die Erdkröte sie fixiert und das Zuschnappen eingesetzt hat, so setzt sich der Vorgang des Zungenschlages unverändert fort. Er ist genetisch programmiert und nicht mehr beeinflußbar. Eine solche Handlung heißt auch *Erbkoordination* oder *Bewegungskoordination.*

Steckbrief der Erdkröte

Aus den befruchteten Eiern der Erdkröte schlüpfen ab Ende März, nach einer Entwicklungszeit von etwa zwei Wochen, die Kaulquappen. Bis Juni ernähren sie sich vorwiegend von Algen und Wasserpflanzen, bevor sie nach der Metamorphose das Laichgewässer als Jungkröten verlassen. Von jetzt an ernähren sie sich ausschließlich räuberisch, vorwiegend von Würmern, Nacktschnecken, Insekten und dergleichen. Nach etwa vier Jahren sind die Tiere geschlechtsreif. Erdkröten sind dämmerungsaktiv.

Im Leben einer erwachsenen Erdkröte sind im Verlauf eines Jahres drei deutlich voneinander getrennte Phasen zu erkennen, die an entsprechende Lebensräume gebunden sind: Die *Paarungszeit* (März bis April) an einem Laichgewässer, die Jagdzeit (Mai bis Oktober) in Wald, Feld oder Gartenlandschaft und die winterliche *Starrezeit* (November bis Februar) im lockeren Waldboden. Dazwischen finden *Wanderungen* statt. Diese Aktivitäten sind zeitlich programmiert und auch bei Kröten zu beobachten, die unter konstanten Bedingungen im Labor gehalten werden.

Das Krötenjahr beginnt nach der winterlichen Kältestarre mit der Paarungszeit, wenn die Abendtemperatur auf 8 – 10 °C angestiegen ist. Ohne Nahrungsaufnahme wandern die Tiere zu dem Laichgewässer, in dem sie selbst geschlüpft sind. Die Männchen umklammern zur Paarung nicht nur Weibchen, sondern manchmal auch arteigene Männchen, die sich dann durch Abwehrbewegungen und Rufe zu erkennen geben. Die Weibchen legen etwa 7000 Eier in bis zu zehn Meter langen Laichschnüren ab, die von den Männchen besamt werden. Danach kehren die Tiere in ihr Sommerquartier zurück. Erst jetzt setzen bei einer Abendtemperatur von 11 – 12 °C die Jagdstreifzüge ein, und die Tiere zeigen das oben geschilderte Beutefangverhalten.

Appetenzverhalten ist dagegen sehr variabel und stark durch Außenreize und Erfahrungen beeinflußt. Es besteht manchmal nur in erhöhter Bewegungsaktivität des Tieres. Appetenz, die möglicherweise auftretende Orientierungsbewegung *(Taxis)* und die erbkoordinierte Endhandlung werden gemeinsam als *Instinkthandlung* bezeichnet.

Das Reizmuster, das die Endhandlung auslöst, heißt *Schlüsselreiz* oder, falls es von einem Artgenossen ausgeht, *Auslöser*. Man stellt sich vor, daß es eine zugehörige nervöse Funktionseinheit gibt, die den Schlüsselreiz erkennt und das Verhalten in Gang setzt. Sie wird als *Angeborener Auslösemechanismus* (AAM) bezeichnet. Wo dieser lokalisiert ist und wie er funktioniert, ist ungeklärt.

Will man untersuchen, wie wirksam ein Reiz für die Beutefangbewegung der Erdkröte ist, kann man beispielsweise *Attrappenversuche* durchführen. Dazu wird die Erdkröte in einen Glaszylinder gesetzt. Außen werden in einem festen Abstand nacheinander verschiedene Attrappen mit konstanter Geschwindigkeit bewegt (Abb. 1). Als Maß für die Wirksamkeit auf das Beutefangverhalten dient die Anzahl der ruckartigen Wendebewegungen pro Zeiteinheit. Einige Ergebnisse sind in der Abbildung dargestellt. An ihnen ist abzulesen, daß bei gleichem Reiz bisweilen Unterschiede in der Reaktionsintensität der Tiere zu beobachten sind. Zum Beispiel löst der Anblick von Nahrung bei Sättigung oder in einem anderen Funktionskreis, z. B. zur Paarungszeit, keine Reaktion aus. Die Wirksamkeit eines Beutereizes kann sogar von der Temperatur und der Tageszeit abhängig sein. Bei einer Instinkthandlung ist der *Schwellenwert* – die Mindestgröße des Reizes, der eine Reaktion hervorruft – nicht immer gleich. Hier liegt ein deutlicher Unterschied zum typischen Reflex vor, der seinerseits nach dem *Alles-oder-Nichts-Gesetz* abläuft, sobald der Reiz den Schwellenwert überschritten hat.

Das Auftreten einer Instinkthandlung ist also nicht allein von der Stärke des Schlüsselreizes abhängig; auch innere Faktoren, die insgesamt unter dem Begriff der *Handlungsbereitschaft* zusammengefaßt werden, bestimmen die Auslösbarkeit. Dieses Phänomen, daß sowohl äußere Reize als auch endogene Faktoren zusammenwirken müssen, wird als *Prinzip der doppelten Quantifizierung* bezeichnet und ist ein wesentliches Kennzeichen von Instinkthandlungen.

Aufgaben

① Stellen Sie Unterschiede zwischen Reflex und Instinkthandlung heraus.

② In Attrappenversuchen wurde die Beutefangaktivität der Erdkröte untersucht. Als Maß diente die Anzahl der Wendereaktionen pro Zeiteinheit.
   a) Erläutern Sie den Versuchsaufbau in Abbildung 1 oben.
   b) Beschreiben Sie die drei Versuche a, b und c, und geben Sie jedem Versuch eine Überschrift.
   c) Deuten Sie die Ergebnisse der Versuchsreihe.
   d) Welche Merkmale muß demnach ein Objekt besitzen, um als Krötenbeute zu gelten?

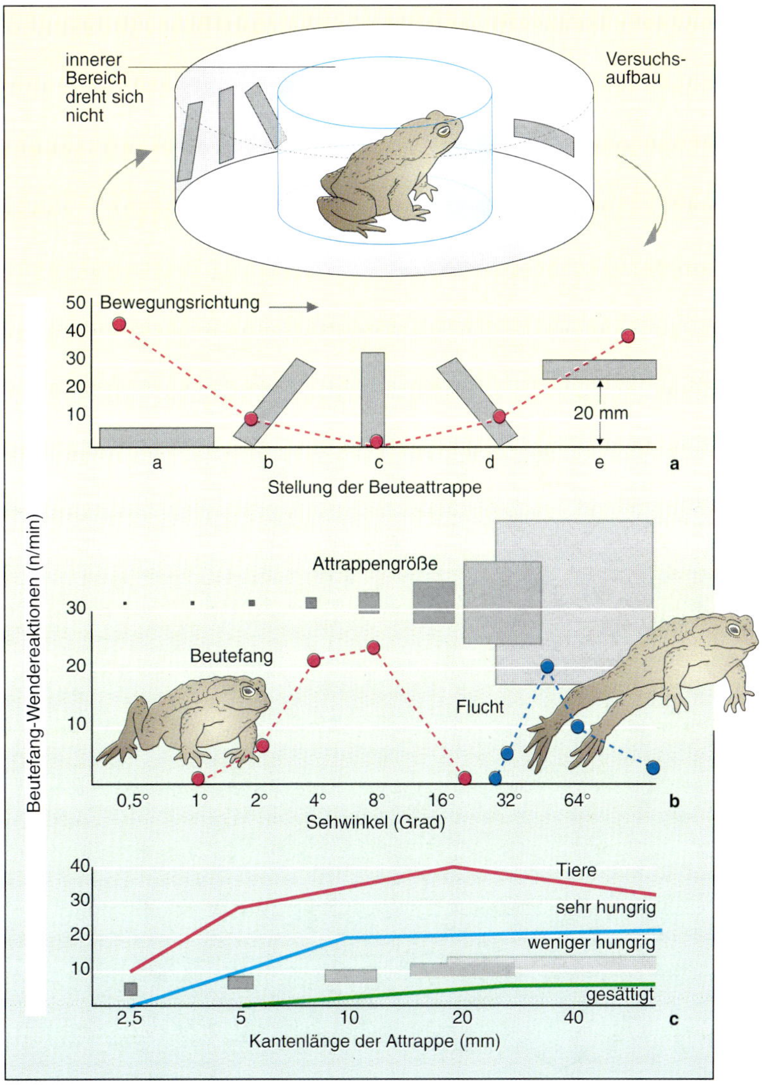

1 Attrappenversuche

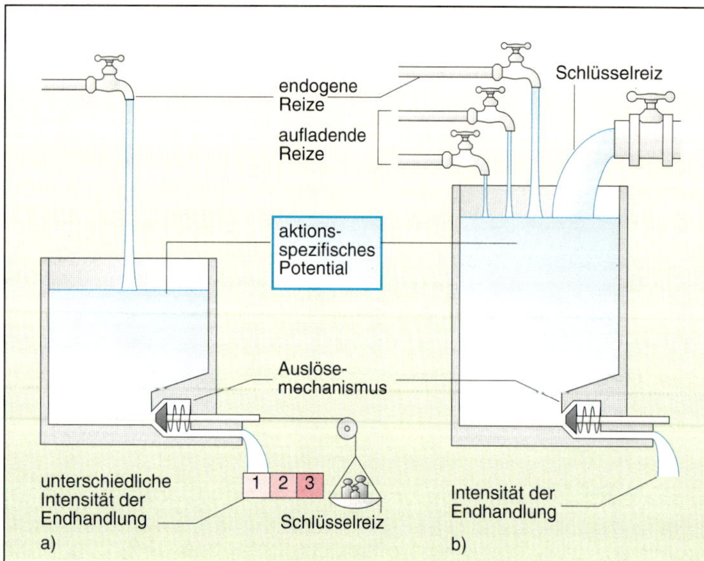

1

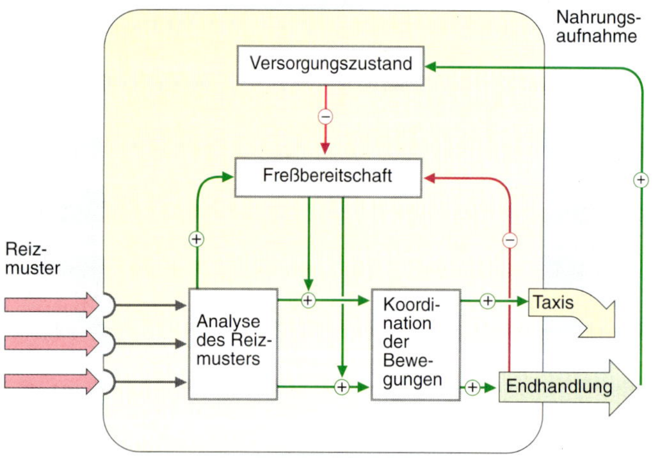

2

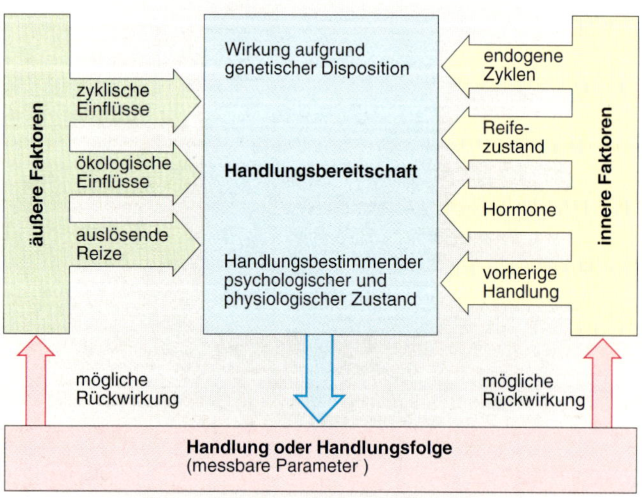

3

Erklärungsmodelle

Bei der Untersuchung ihres Beutefangverhaltens setzt man die Erdkröte bestimmten, genau bekannten *Reizen* aus und beschreibt die jeweilige *Reaktion*. Das Tier wird wie eine „Black box" behandelt. Zu den Abläufen im Organismus lassen sich zunächst nur Modellvorstellungen entwickeln, die mit fortschreitender Erkenntnis bestätigt, verworfen oder abgeändert werden müssen. Solche Modelle dienen in erster Linie dem Verständnis und der Veranschaulichung eines komplizierten Sachverhaltes. Sie sollen es aber auch ermöglichen, neue Ergebnisse einzuordnen oder Vorhersagen zu machen.

Ein historisches Modell zur Erklärung einer Instinkthandlung ist das *psychohydraulische Modell* von KONRAD LORENZ. Dieses Modell eines wassergefüllten Tanks stellt das Zusammenwirken von Handlungsbereitschaft (Höhe der Wassersäule), Auslösemechanismus (Ventil) und Reaktion (Wasserausfluß) besonders anschaulich dar (Abb. 1 a). Wegen der Einfachheit des Modells stößt man auch leicht an die Grenzen seiner Aussagefähigkeit. LORENZ selbst hat es ständig verbessert, um es neuen experimentellen Befunden anzupassen (Abb. 1 b). Dazu gehört beispielsweise die Erkenntnis, daß ein äußerer Faktor, wie die Temperatur, aufladend auf die Handlungsbereitschaft wirken kann.

Beim *kybernetischen Modell* wird versucht, die vermutlich an einer Instinkthandlung beteiligten Instanzen in ihrer hemmenden bzw. fördernden Wirkung zu verknüpfen (Abb. 2). Quantitative Gesetzmäßigkeiten sind daraus aber in der Regel nicht ableitbar. Diese Modelldarstellung berücksichtigt in besonderer Weise, daß es sich beim Verhalten um mehrfach *rückgekoppelte Systeme* handelt. Die beobachtbare Schwellenwertänderung bei einer Instinkthandlung wird durch das Schema der *Handlungsbereitschaft* erklärt. Abb. 3 zeigt die Vielzahl meßbarer äußerer und innerer Faktoren, die sie beeinflussen.

Aufgaben

① Beschreiben Sie das Schema der Handlungsbereitschaft (Abb. 3), und geben Sie am Beispiel der Erdkröte konkret an, was mit den verschiedenen Faktoren gemeint ist.

② Wenden Sie die hydraulischen Modelle (Abb. 1 a und b) und das kybernetische Modell (Abb. 2) auf das Beutefangverhalten der Erdkröte an.

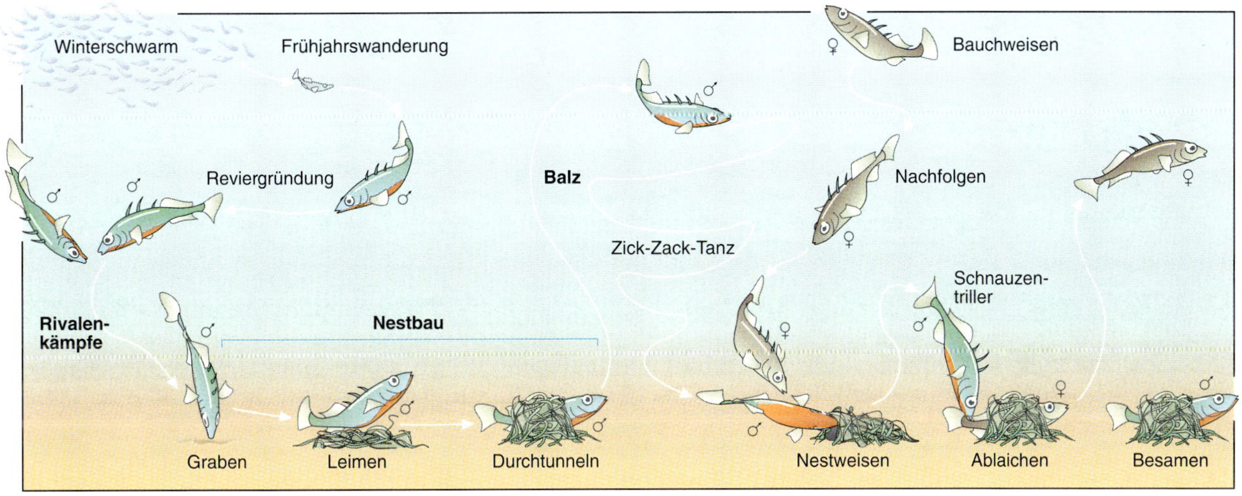

1 Fortpflanzungsverhalten des Stichlings

Zeitliche und hierarchische Ordnung von Instinkthandlungen

Der *Dreistachelige Stichling* verbringt den Winter als Schwarmfisch. Im Frühjahr beginnt die Fortpflanzungszeit. Dann suchen die Männchen nach einem geeigneten Revier, sie besetzen es und verteidigen es im *Kampf* gegen Rivalen. Ausgelöst wird dieses Verhalten durch äußere Faktoren wie ansteigende Temperaturen und Zunahme der Tageslänge. Auch innere Ursachen, z. B. ansteigender Testosterongehalt im Blut, spielen in diesem Zusammenhang eine Rolle. *Nestbau, Balz* und *Brutpflege* schließen sich an. Diese Funktionskreise und die zugehörigen Verhaltensmuster treten stets in der gleichen zeitlichen Reihenfolge auf. Auch einzelne Verhaltensweisen, zum Beispiel das Graben, Leimen und Durchtunneln beim Nestbau, sind ebenfalls zeitlich koordiniert. Eine Sonderstellung nimmt lediglich das Kampfverhalten ein, das jederzeit beim Erscheinen eines Rivalen auftreten kann. Da die genannten Verhaltensweisen sich gegenseitig ausschließen, kann man einen Mechanismus im Inneren des Tieres fordern, der die jeweils nicht angemessenen Verhaltensweisen unterdrückt *(Prinzip der gegenseitigen Hemmung).*

Andere Abläufe, wie beispielsweise die Bewegungen der Schwanz- und der Rückenflosse, müssen in sinnvoller und wechselseitiger Abstimmung zur gleichen Zeit auftreten. Auf dieser Ebene der Verhaltenssteuerung gilt also das *Prinzip des koordinierten Zusammenwirkens.*

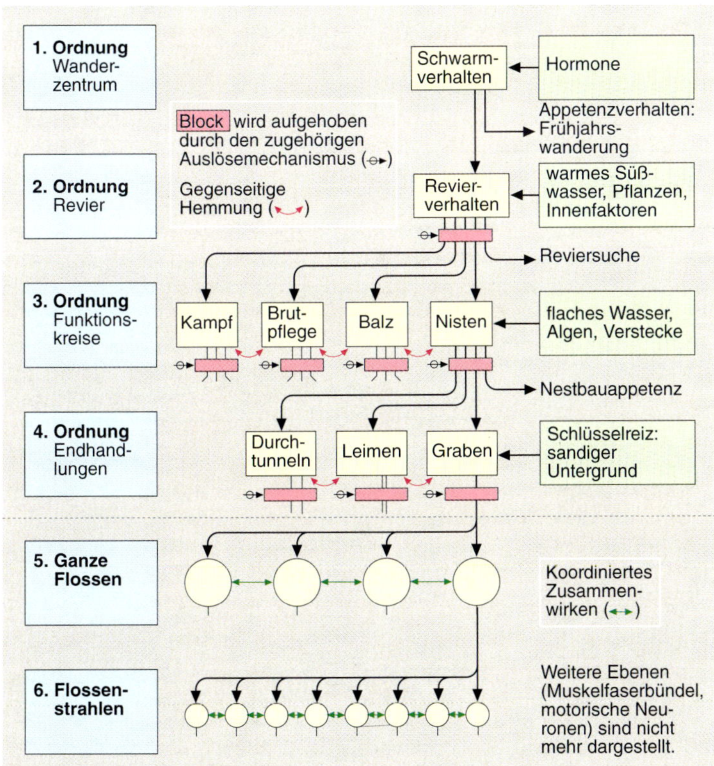

2 Modellvorstellungen über Instinktstrukturen des Stichlings

Aufgabe

① NIKOLAAS TINBERGEN hat ein Modell entwickelt, dessen verschiedene Ebenen es ermöglichen, das Verhalten des Stichlings zu strukturieren (Abb. 2). Beschreiben Sie dieses *hierarchische Modell.*

Lernen macht flexibel

Vogelkundler in England beobachteten 1921 erstmals Blaumeisen, wie sie die Stanniolverschlüsse von Milchflaschen, die vor den Haustüren abgestellt waren, aufpickten. Die Meisen fraßen von der Rahmschicht. Als Erklärung für dieses Verhalten nimmt man an, daß eine Meise zufällig einen Verschluß geöffnet hat, so wie Blaumeisen auch bei der Beutesuche Rinde anheben. Da sie Nahrung fand, wiederholte sie dieses Verhalten, d. h. sie hatte gelernt. Verhaltensänderungen aufgrund individueller Erfahrung bezeichnet man als *Lernen.* Durch Lernen wird eine genaue und schnelle Anpassung des Verhaltens an die speziellen Umweltgegebenheiten ermöglicht. Genetisch programmiertes Verhalten wird dagegen erst nach vielen Generationen im Verlaufe der Evolution verändert oder die Tiere sterben aus.

Das Lernen verläuft in zwei Phasen: Ein Lebewesen nimmt in einer Reizsituation die Informationen auf und speichert diese im Gedächtnis *(Lernphase).* In passenden Situationen wird die gespeicherte Information abgerufen und bewirkt — bedingt durch die Erfahrung — ein geändertes Verhalten *(Kannphase).* Das Öffnen der Stannioldeckel und das Fressen der Rahmschicht sind für die einzelnen Meisen, die dieses Verhalten beherrschen, vorteilhaft, aber nicht lebensnotwendig. Es handelt sich daher um *fakultatives Lernen.* Im Gegensatz dazu müssen beispielsweise Eichhörnchen die Nußsprengtechnik zum Nahrungserwerb erlernen. Dadurch können sie im Winter Nüsse fressen, die sie vorher versteckt haben. Hier liegt *obligatorisches Lernen* vor; es ist für das Überleben notwendig.

Nicht alle Tiere einer Art lernen jedoch gleich gut. Bei der Honigbiene beispielsweise konnte man feststellen, daß die Arbeiterinnen der Krainer Rasse optische Markierungen an Futterplätzen leichter lernen als die Bienen der Italienischen Rasse. Hier liegen unterschiedliche *Lerndispositionen,* d. h. genetisch programmierte und begrenzte Lernbereiche, zugrunde, innerhalb derer sich Tiere etwas aneignen können. Diese Lerndisposition ist für Bienen der Krainer Rasse biologisch sinnvoll, da sie in einem Gebiet mit unbeständiger Witterung häufig Geländemerkmale als zusätzliche Orientierungshilfe zur Sonne benötigen. Die Bienen der Italiener Rasse fliegen unter günstigen Witterungsbedingungen, so daß die Orientierung nach dem Sonnenstand ausreicht.

Instinkt-Lern-Verschränkung und Reifung

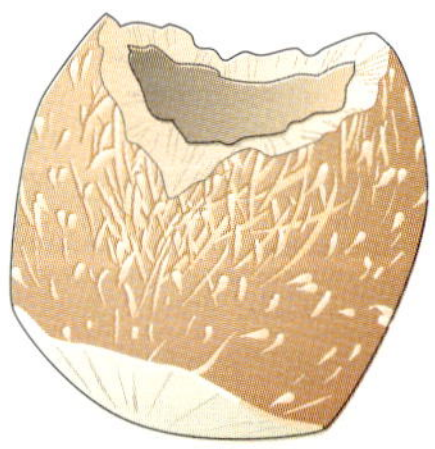

Gibt man einem 2 Monate alten Kaspar-Hauser-Eichhörnchen zum ersten Mal eine Haselnuß, so benagt es diese sofort nach allen Richtungen. Erst später versucht es, die Nuß mit den Nagezähnen aufzuhebeln. Nußgroße Ton- und Holzkügelchen werden ebenfalls von allen Seiten benagt.

Für das Aufbrechen der ersten Nüsse benötigt ein Eichhörnchen viel Zeit. Die Nagespuren sind wahllos über die ganze Nuß verteilt. Nach etwa 12 Nüssen nagt das Eichhörnchen schließlich parallel zur Faserung und benötigt somit weniger Zeit zum Aufsprengen der Nuß. Erfahrene Eichhörnchen nagen sofort ein bis zwei Längsfurchen oder ein Loch an der Spitze der Nuß auf, ehe sie die Nuß mit ihren Nagezähnen aufbrechen.

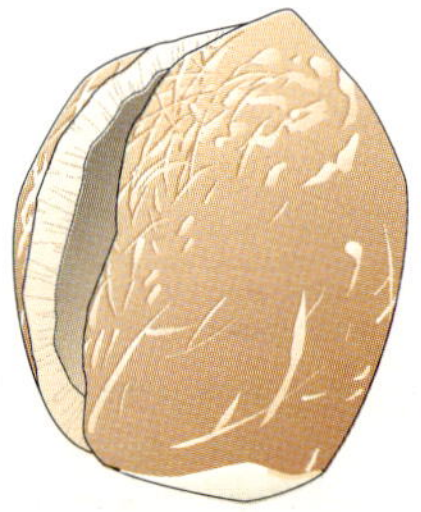

Jedes Eichhörnchen verfügt also über die angeborene Fähigkeit, nußgroße Gegenstände zu benagen und lernt ergänzend dazu seine eigene, effektivere Nußsprengtechnik, die es anschließend beibehält. Dieses Zusammenwirken von genetisch programmierten und erlernten Anteilen im Verhalten bezeichnet man als *Instinkt-Lern-Verschränkung.*

Davon unterscheidet man folgendes Phänomen: Frisch geschlüpfte Jungtauben wurden in zwei Gruppen eingeteilt: Einer Gruppe wurden die Flügel am Körper durch Tonröhren fixiert, die andere Gruppe konnte sich normal entwickeln. Waren die Tauben flügge, wurden den Vögeln der ersten Gruppe die Tonröhren entfernt. Sie konnten jetzt ebenfalls fliegen. Aus der Beobachtung folgt, daß Flugvermögen auch ohne Übung funktionstüchtig wird. Man deutet das als *Reifung.* Hierbei werden Verhaltensweisen ohne Übung als Folge von Entwicklungsprozessen im Zentralnervensystem und Bewegungsapparat zur vollen Funktionstüchtigkeit ausgebildet. Mit zunehmender Flugerfahrung wird das Flugvermögen allerdings später noch verfeinert.

Die Prägung

KONRAD LORENZ schreibt in einem seiner Bücher: „Meine erste kleine Graugans war also auf der Welt, und ich wartete. Den Kopf schief gestellt, sah sie mit großem, dunklem Auge zu mir empor. Lange, sehr lange sah mich das Gänsekind an. Und als ich eine Bewegung machte und ein kurzes Wort sprach, löste sich mit einem Male die gespannte Aufmerksamkeit, und die winzige Gans grüßte." Als LORENZ das im Brutkasten geschlüpfte Tier einer Hausgans als Pflegemutter unter den Bauch schieben wollte, kam ihm das Küken mit einem Pfeifen des Verlassenseins nachgelaufen und verhielt sich so, als sei er die Gänsemutter. LORENZ beschrieb so das Phänomen der *Prägung*.

Prägungskarussell

Man untersuchte das Phänomen, indem man Kaspar-Hauser-Küken bald nach dem Schlüpfen in eine kreisförmige Laufbahn setzte. In diesem *Prägungskarussell* wurden vor dem Küken gans- oder entenähnliche Attrappen (oder sogar ein Fußball) bewegt, die über einen Lautsprecher Laute von sich gaben. In Versuchsreihen erkannte man, daß am zweiten Lebenstag jedes Küken der Attrappe folgte, die es am ersten Tag gesehen hatte. Diese Attrappe mußte sich nur bewegt und Laute von sich gegeben haben. Die jungen Küken lernten ein individuelles Bild der Mutter, welche normalerweise unmittelbar nach dem Schlüpfen als erste gesehen wird. Das Gänseküken ist auf ein bestimmtes Objekt geprägt *(Objektprägung)*.

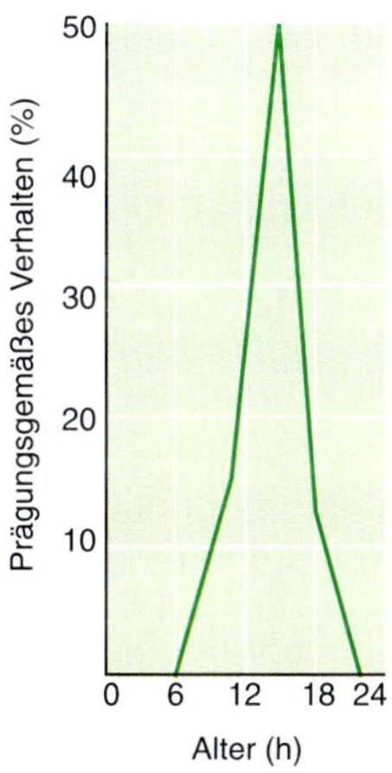

Sensible Phase

Man folgerte aus den Versuchsergebnissen als *Kennzeichen der Prägung:* Das Bild der Mutter wird sehr schnell nach der Geburt in einer *sensiblen Phase* erlernt und meist zeitlebens *irreversibel* behalten. Die geschlüpften Küken folgen normalerweise dem Kontaktruf der Gänsemutter durch Nachlaufen *(Nachfolgeprägung)*. Diese Verhaltensweise ist genetisch programmiert. In der Natur ist die sichere Kenntnis der Mutter die Voraussetzung, um ihr auf einem Gewässer mit vielen anderen Gänsen nachfolgen zu können *(obligatorisches Lernen)*. Dies ist für die Küken lebenswichtig, da die Nestflüchter von der Mutter zum Futter geführt und gegen Feinde verteidigt werden.

Andere Prägungsformen

Wissenschaftler haben Buchfinkenmännchen isoliert von den Eltern und abgeschirmt von Lauten aufgezogen. Spielt man ihnen in der sensiblen Phase Gesänge verschiedener Arten vor, bevor sie ihren Gesang voll entwickelt haben, so wird später ihr Gesang durch diese Erfahrung bestimmt. Junge Männchen, die den Gesang von Buchfinken und den anderer Arten hören, singen später nur den Buchfinkengesang. Nehmen sie nur Wiesenpiepergesang wahr, so integrieren sie Gesangselemente der Wiesenpieper. Es ist nur eine grobe Charakteristik des arteigenen Gesanges genetisch programmiert *(Lerndisposition)*. Dies erlaubt, lokale Gesangsdialekte zu lernen. Man spricht von *Gesangsprägung* oder *motorischer Prägung* (Abb. 1).

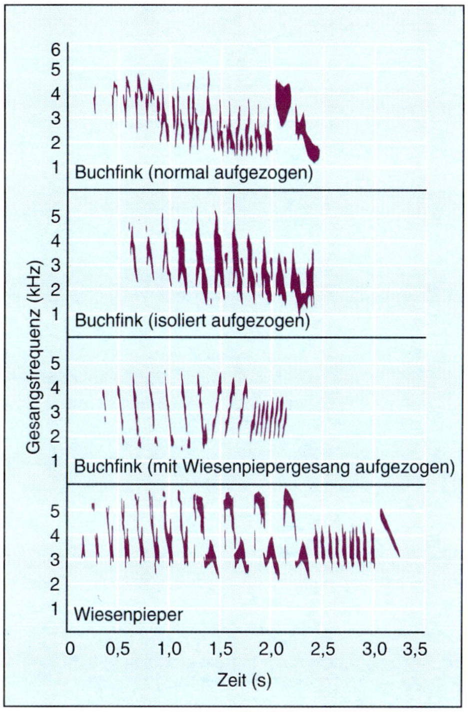

1 Gesangsprägung

Läßt man Jungtiere von Zebrafinken durch Mövchen aufziehen, so balzt ein erwachsenes Zebrafinkenmännchen, das diese spezielle Jugendentwicklung erfahren hat, im Wahlversuch stets Weibchen der Mövchen an. Zebrafinkenweibchen bleiben unbeachtet. Diese Zebrafinken verpaaren sich mit ihrer Stiefelternart und behalten diese Bevorzugung mitunter lebenslang bei. Diese Fehlprägung ist das Resultat einer *sexuellen Prägung* in einer anderen sensiblen Phase als bei der Objektprägung. Hierbei werden die Artmerkmale gelernt, die normalerweise eine falsche Partnerwahl verhindern.

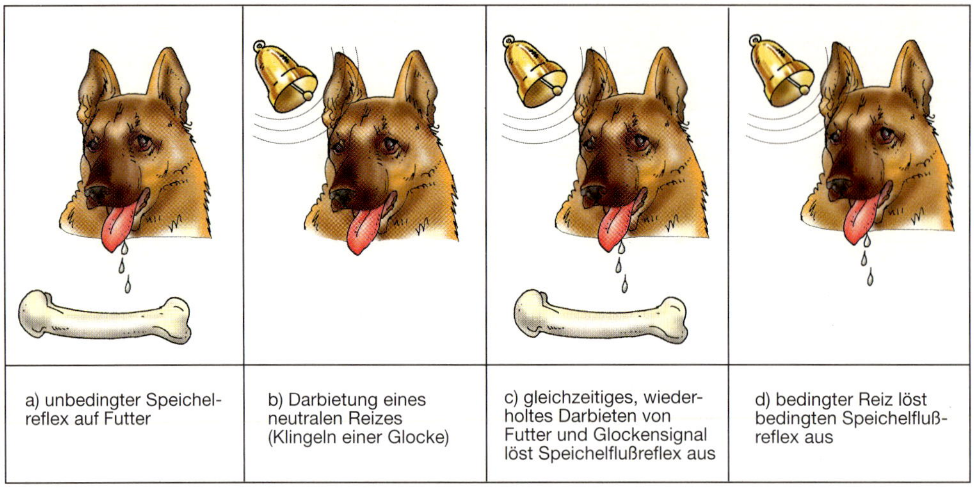

1 Schema des Ablaufs von PAWLOWS Versuchen

Die Pawlowsche Reflextheorie des Verhaltens

Der russische Nobelpreisträger IWAN P. PAWLOW studierte in Modellversuchen die Tätigkeit der Verdauungsdrüsen bei Hunden. Dabei bemerkte er, daß die Hunde bereits beim Anblick des Pflegers Speichel absonderten, ohne das Futter gesehen zu haben.

In Experimenten untersuchte PAWLOW das beobachtete Phänomen, wobei er die Hunde in einem Labor vor störenden Reizen abschirmte. Er fixierte die Hunde mit einem leichten Geschirr aus Gurten auf dem Versuchstisch. Den Speichel des Hundes ließ PAWLOW über ein Röhrchen nach außen abfließen, so daß der Speichelfluß exakt meßbar war. Das Futter sowie Licht- oder Tonreize wurden den Hunden über Hilfskonstruktionen aus dem Nachbarraum angeboten. Störungen durch Menschen unterblieben. In der ersten Versuchsreihe zeigte PAWLOW einem hungrigen Hund Futter. Sofort begann Speichel zu fließen. Wiederholte er den Versuch, so trat stets unmittelbar auf den Futterreiz die gleiche Reaktion, nämlich Speichelfluß, auf. Sie beruht auf einem *unbedingten Reflex,* also einer genetisch programmierten Verhaltensweise. Das Futter stellt für den Hund einen *unbedingten Reiz* dar, da er sofort und ohne Lernprozeß darauf reagiert. Auf einen anderen Reiz, z. B. Läuten einer Glocke *(neutraler Reiz)* ohne anschließende Fütterung, floß kein Speichel.

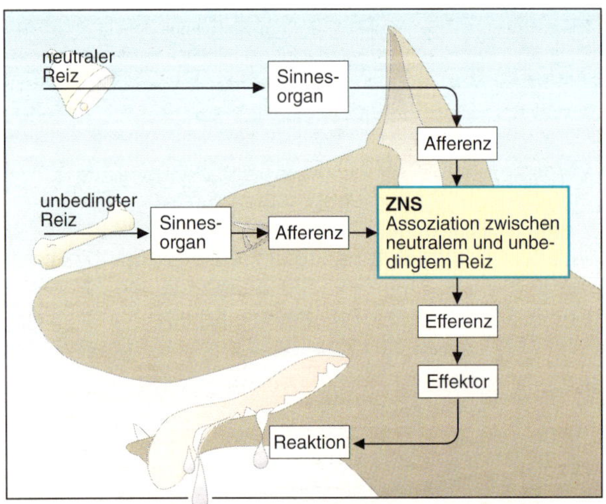

2 Funktionsdiagramm zur klassischen Konditionierung

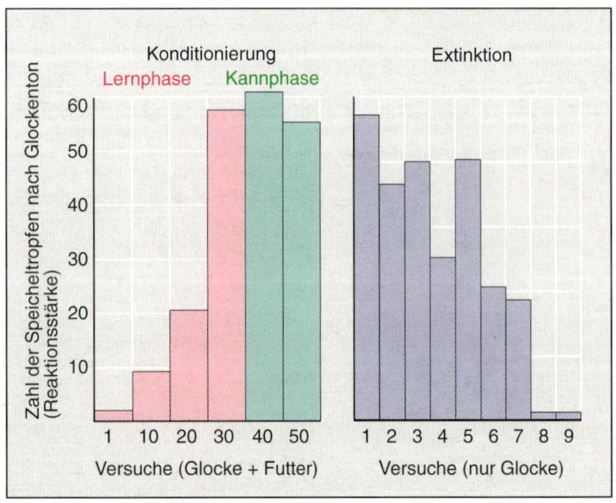

3 Konditionierung und Extinktion

In einer zweiten Versuchsreihe schlug vor dem Futterangebot jedesmal eine Glocke. Auch in diesem Fall wurde immer Speichel auf das Futter hin abgesondert. In der dritten Versuchsphase mit denselben Tieren genügte der Glockenton allein, um Speichelfluß auszulösen.

Deutung dieses Verhaltens: Der Hund hatte während der mehrfachen Wiederholungen gelernt, daß der Glockenton dem Futter vorausging *(Lernphase)*. Die Folge war, daß der Glockenton allein schon den Speichelfluß auslöste *(Kannphase)*. Diese vorzeitige Bedingung (lat. *conditio*), der Glockenton, wird jetzt als *bedingter Reiz* und die nachfolgende Reaktion als *bedingte Reaktion* bezeichnet. Bei dieser Lernform spricht man von der Bildung eines *bedingten Reflexes (klassische Konditionierung)*.

In Abb. 242.3 ist jeweils die Reaktionsstärke auf den Glockenton aufgetragen, nachdem vorher in der Lernphase Glockenton und Futter mehrmals aufeinander gefolgt waren. Voraussetzung für den Lernvorgang ist die zeitliche (und räumliche) Beziehung zwischen dem ursprünglichen neutralen und dem unbedingten Reiz. Dies kann man im Sinne der Gedächtnisforschung als eine Verknüpfung *(Assoziation)* zwischen der afferenten Nervenbahn, die den ursprünglich neutralen Reiz Glockenton meldet, mit den zentralnervösen Instanzen deuten, die den Speichelfluß steuern.

PAWLOW entdeckte ein weiteres wichtiges Phänomen: Bietet man dem Hund mehrfach hintereinander den bedingten Reiz (Glockenton bzw. Aufleuchten eines Lichtes), ohne daß der unbedingte Reiz Futter folgt, so wird der Speichelfluß schwächer und bleibt ganz aus (Abb. 242.3). Der Rückgang der bedingten Reaktion wird als *Löschung* oder *Extinktion* bezeichnet. Nach einer Erholungsphase folgt die gelöschte Reaktion aber wieder schwach auf den bedingten Reiz. PAWLOW vermutete wegen dieser Beobachtung, daß bei der Extinktion Hemmungsprozesse wirksam sind. *Vergessen* ist im Vergleich zum Umlernen bei der Extinktion ein passiver Vorgang, der auch außerhalb einer Versuchssituation abläuft.

Aus ethologischer Sicht lassen sich die Versuche PAWLOWS folgendermaßen bewerten: Der Versuch setzt bei den Hunden eine starke Handlungsbereitschaft zur Nahrungsaufnahme voraus. Der hungrige Hund wird durch die Gurte gehindert (Blockierung des genetisch fixierten Verhaltens), auf das Futter zuzulaufen *(Appetenzverhalten)* und es zu fressen *(Endhandlung)*. Das Tier hatte den Glockenton als bedingten Reiz gelernt, so daß ein frei beweglicher Hund auf den Ton (auslösender und richtender Reiz) zur Glocke eilen und dort versuchen würde, das angebotene Futter zu fressen. In der Ethologie deutet man das Verhalten als *bedingte Appetenz*. Somit liegt nach dieser Deutung eine Verknüpfung zwischen genetisch programmiertem und erlerntem Verhalten vor.

Die biologische Bedeutung der Lernform *bedingte Appetenz* wird an einer Verhaltensweise der Bienen deutlich: So lernen Bienen im Freiland Duftstoffe und Futtermale als Reize, die zeitlich und räumlich vor und mit der Nahrungsaufnahme an einer Trachtquelle auftreten. Diese erfahrungsbedingten Reize richten dann künftig den Anflug auf die Futterquelle aus.

Eine weitere Lernform ist die *Gewöhnung (Habituation)*. Bei Vögeln läßt sich beobachten, daß eine neu aufgestellte Vogelscheuche zunächst Fluchtverhalten auslöst. Bald jedoch schwächt sich die Reaktion ab und unterbleibt schließlich völlig. Die Reize der Vogelscheuche haben für die Tiere keine positiven oder negativen Folgen, so werden die primär reaktionsauslösenden Reize zu neutralen. Die Bedeutungslosigkeit der Reize wird im Gedächtnis gespeichert.

Erkundungs- und Spielverhalten

Setzt man Rennmäuse in ein unbekanntes Gehege, so laufen sie umher, beriechen und beäugen Teile der Einrichtung. Erst nach einiger Zeit des *Erkundungsverhaltens* werden sie ruhiger. Beim Erkunden lernen Säugetiere und einige Vogelarten durch orientierendes Neugierverhalten den Lebensraum, wichtige Fixpunkte und die darin enthaltenen Gegenstände kennen. Die biologische Bedeutung des Erkundungsverhaltens besteht darin, Raum und Objektkenntnisse zu sammeln, zu verfeinern und Bewegungsweisen im Umgang mit Objekten zu üben.

Junge Katzen laufen hinter Wollfäden her, genauso jagen sie beim *Spielen* hinter anderen jungen Katzen her. Dabei wechseln die Spielpartner laufend die Rollen des Jägers und des Verfolgten. Es wird gerungen und gebissen, ohne daß es zu Verletzungen kommt. Beim Spielen mit Objekten oder Sozialpartnern sammeln Jungtiere Erfahrungen mit Gegenständen, Bewegungsabläufen und Sozialbezügen, üben und ahmen so Verhaltensweisen nach, die sie später als Erwachsene benötigen.

Tiere spielen und erkunden nur, wenn sie sich, z. B. durch den Schutz der Eltern, sicher fühlen *(entspanntes Feld)* und keine lebenswichtigen Handlungsbereitschaften, wie Fluchtbereitschaft, vorhanden sind. Dabei können Verhaltensweisen aus verschiedenen Funktionskreisen (z. B. aus Flucht und Aggression) frei miteinander kombiniert werden.

Lernen

Bedingte Reaktion beim Menschen

Material: Trillerpfeife oder Reisewekker, Fön oder Reflexbrille

Vorbereitung: Bau der Reflexbrille:
In das Ende eines 50 cm langen Gummischlauches mit einer Gummiballpumpe wird die abgeschnittene Spitze einer leeren Spritzflasche gesteckt. Diese wird mit Klebeband so an einer glasfreien Schutzbrille befestigt, daß der austretende Luftstrom den inneren Augenwinkel trifft.

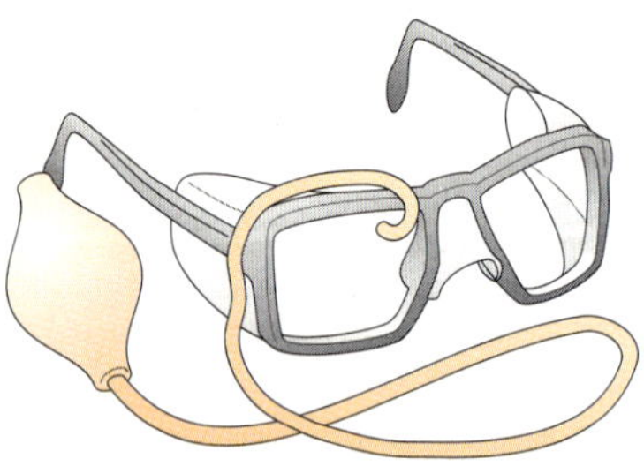

Durchführung: Ein Schüler setzt die Reflexbrille auf. Ein zweiter stellt sich mit Trillerpfeife im Mund hinter ihn. Ein dritter Schüler protokolliert die Ergebnisse. Kann keine Reflexbrille gebaut werden, läßt sich ein Luftstrom mit einem Fön von der Seite auf das Auge blasen. Die Laute können auch mit einem Reisewecker erzeugt werden.

Aufgaben

① Der Versuchsleiter pfeift. Beobachten Sie die Reaktion.
② Geben Sie einige Luftstöße auf das Auge. Welche Reaktion tritt auf?
③ In einem Abstand von 5 Sekunden 20mal pfeifen und jeweils sofort danach die Gummiballpumpe betätigen. Danach 8mal pfeifen, kombiniert mit einem Luftstrom. Noch einmal nur pfeifen. Deuten Sie die Ergebnisse kritisch!
④ Pfeifen Sie im Abstand von 5 Sekunden, bis der Lidschluß bei der Versuchsperson ausbleibt. Bestimmen Sie die Anzahl der erforderlichen Versuche. Diskutieren Sie, ob eine bedingte Reaktion, Extinktion oder bewußtes Handeln vorliegt.

Labyrinthversuche mit Mäusen

Versuchstiere und Material: Mehrere Hausmäuse oder Mongolische Rennmäuse, die höchstens 12 Stunden vor Versuchsbeginn keine Nahrung mehr erhalten haben. Benötigt werden 20 cm lange Rundhölzer, 4 cm breite und 20 cm lange Holzleisten, Bohrmaschine, Bohrersatz, Holzleim, Lack, Stoppuhr und Reinigungsflüssigkeit.

Vorbereitung: Man fertigt die Bauelemente des Hochlabyrinths aus den Rundhölzern und Holzleisten, die dann mit einem wasserabweisenden Lack gestrichen werden.

Durchführung: In Vorversuchen läßt man die Mäuse auf den Hochlabyrinthstegen laufen. In dieser Eingewöhnungsphase besteht das Labyrinth nur aus 4 Stegen, und am Ziel wartet der Wohnkäfig mit etwas Futter als Belohnung. In den eigentlichen Versuchen wird das Labyrinth auf einem Fahrtisch aufgebaut, wobei z. B. 6 Laufstege neu kombiniert werden. Nach jedem Versuch wird mit Flüssigreiniger abgewaschen, da die Mäuse ihre Wege markieren und dadurch das Lernergebnis verfälscht würde.

Arbeiten Sie jeweils in Dreiergruppen zusammen: Ein Schüler notiert die Anzahl der Fehlentscheidungen bis zum Ziel, ein zweiter ermittelt mit der Stoppuhr die Dauer der Läufe, der dritte legt Futter an das Ziel, setzt die Mäuse an den Startpunkt und reinigt nach jedem Durchgang die Stege.

Aufgaben

① Lassen Sie ein Tier 15—20mal über das Labyrinth laufen. Nach jedem Durchgang erhält das Tier 2 Minuten Pause. Setzen Sie die Ergebnisse so in eine Grafik um, daß auf der x-Achse die Anzahl der Versuche, auf der y-Achse die Zeit oder die Anzahl der Fehlentscheidungen aufgetragen wird.
② Ordnen Sie das Labyrinth spiegelbildlich an. Wiederholen Sie den Versuch mit den erfahrenen Tieren. Vergleichen Sie die Ergebnisse.
③ Verlängern Sie die geraden Laufstrecken mit weiteren Stegen. Wiederholen Sie die Versuche, und vergleichen Sie die Ergebnisse.

Labyrinthversuche mit Menschen

Material: Sperrholz-, Hartfaser- oder Kunststoffplatte 30 × 40 cm und 45 × 60 cm, Bohrmaschine, Laubsäge, Stoppuhr, Schal, Bleistift, großes Blatt Papier.

Vorbereitung: Auf die Platten wird das Labyrinthmuster (s. Abb. rechts) übertragen und mit der Laubsäge ungefähr 6 mm breit ausgesägt. An Start und Ziel wird ein Loch gebohrt.

Durchführung: Arbeiten Sie jeweils zu zweit zusammen. Der Versuchsperson werden zunächst die Augen mit dem Schal verschlossen. Danach holt der Versuchsleiter die benötigten Materialien. Er legt das Papier unter das Labyrinth und setzt die Hand der Versuchsperson mit dem Bleistift an den Startpunkt.

Aufgaben

① Die Versuchsperson durchfährt mit dem Bleistift 15mal das Labyrinth. Der Versuchsleiter ermittelt jede Fehlentscheidung auf dem Weg, bis die Versuchsperson das Ziel erreicht hat. Führen Sie eine Versuchsreihe durch, in der die Versuchsperson möglichst schnell zum Ziel gelangen soll. In einer zweiten Versuchsreihe sollen andere Versuchspersonen möglichst wenig Fehler anstreben. Am Ende jedes Versuchs wird die Hand der Versuchsperson zum Startpunkt zurückgeführt. Nach 1 Minute Pause beginnt der nächste Durchgang. Stellen Sie die Versuchsergebnisse der beiden Reihen in einer Grafik dar.

② Der Versuchsleiter dreht das Labyrinth spiegelbildlich herum, und die Versuchsperson beginnt erneut für 15 Durchgänge. Deuten Sie das Ergebnis im Vergleich zur ersten Versuchsreihe.

③ Wiederholen Sie die Versuchsreihe mit einem vergrößerten Labyrinth. Deuten Sie im Vergleich die Versuchsergebnisse.

④ Führen Sie die gleichen Versuche durch, während Rockmusik gespielt wird.

⑤ Welche Schwierigkeiten traten beim Erlernen der Wege im Labyrinth auf?

⑥ Wurden Strategien zum Vermeiden von Fehlern oder zum Erreichen einer großen Durchlaufgeschwindigkeit angewandt?

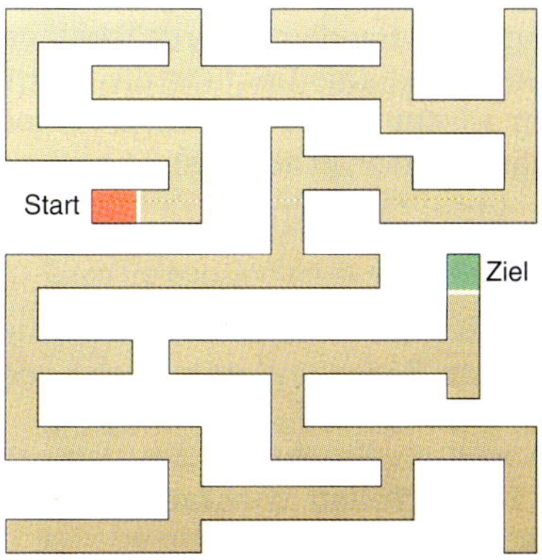

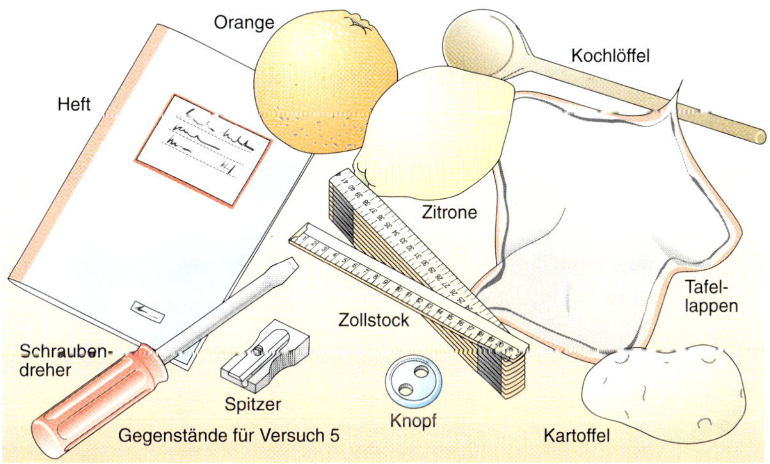

Gegenstände für Versuch 5

Lerntypen und Gedächtnisleistung beim Menschen

Material: Bringen Sie folgende Gegenstände in die Schule mit: Löffel, Gabel, Radiergummi, Lineal, Bleistift, Heft, Buch, Spitzer, Pinsel, Schwamm, Tafellappen, Apfel, Orange, Banane, Kartoffel, Zitrone, Kochlöffel, Rührbesen, Knopf, Garnrolle, Schere, Zahnbürste, Seife, Waschlappen, Kieselstein, Schraubendreher, Hammer, Zollstock, Gummischnur, Zeitung, Schal. 2 Blätter, beschrieben mit 10 Begriffen, Zettel mit den Namen der Gegenstände des 5. Versuchs.

Durchführung: Es soll in den folgenden Versuchen der Lerntyp und die Gedächtnisleistung ermittelt werden. Teilen Sie den Kurs in drei Gruppen ein. Die erste Gruppe übernimmt die Aufgabe des Versuchsleiters, die anderen beiden sind die Testpersonen. Die zweite Gruppe darf die Namen der vorgestellten Gegenstände zwischen Lernen (Merken) und Aufschreiben laut wiederholen. Die dritte Gruppe spricht leise nach dem Vorstellen der Begriffe die Reihe 2, 4, 6, 8, 10 usw.; die Reihe 3, 6, 9, 12 usw.; die Reihe 4, 8, 12, 16 usw. Jeweils nach 30 Sekunden schreiben die Testpersonen die gemerkten Gegenstände (Begriffe) auf. Die Anzahl der Begriffe wird für die Versuche in einer Tabelle festgehalten.

1. Versuch: Lassen Sie die Testpersonen die nachfolgenden 10 Begriffe lesen, wobei sie jedes Wort 5 Sekunden lang anschauen dürfen: Hose, Mehl, Mantel, Schal, Bluse, Stuhl, Lineal, Meerschweinchen, Zahnbürste, Hamster.

2. Versuch: Lesen Sie Ihrer Testperson laut und deutlich im Abstand von je 5 Sekunden die folgenden Worte vor: Sessel, Katze, Teppich, Schrank, Tisch, Buch, Reis, Hund, Gries, Linsen.

3. Versuch: Legen Sie der Testperson die folgenden Gegenstände im Abstand von 5 Sekunden auf den Tisch: Kieselstein, Gummischnur, Zeitung, Banane, Hammer, Schere, Spielzeugmaus, Waschlappen, Pinsel, Rock.

4. Versuch: Geben Sie der Testperson, der Sie die Augen mit einem Schal verbinden, die folgenden Gegenstände jeweils 5 Sekunden lang in die Hand. Sie darf sie ertasten: Radiergummi, Bleistift, Apfel, Rührbesen, Schwamm, Garnrolle, Gabel, Seife, Löffel, Nudel.

5. Versuch: Geben Sie nun alle 5 Sekunden einen Gegenstand in die Hand der Testperson, lassen Sie den Gegenstand befühlen und betrachten. Zusätzlich legen Sie einen kleinen Zettel mit dem Namen des Gegenstandes auf den Tisch und sprechen den Namen laut und deutlich vor: Heft, Spitzer, Tafellappen, Orange, Kochlöffel, Zitrone, Schraubendreher, Zollstock, Knopf, Kartoffel.

Aufgaben

① Welche Eingangskanäle werden in den Versuchen in ihrer Bedeutung für die Gedächtnisleistung überprüft?

② Vergleichen und erklären Sie die unterschiedlichen Ergebnisse. Entwickeln Sie aus den Versuchsergebnissen Konsequenzen für das Lernen des einzelnen.

③ Vergleichen Sie die Ergebnisse der Gruppen 2 und 3. Erklären Sie die Unterschiede, und schlagen Sie daraus Konsequenzen für das Lernen von Schülern vor.

Lexikon

Höhere Lernleistungen und weitere Lernformen

Früher nahm man an, daß nur Menschen Werkzeuge herstellen, einsichtiges Verhalten und Lernen durch Tradition zeigen, Begriffsbildungen leisten können und Selbstkenntnis besitzen, ehe Verhaltensforscher dazu zahlreiche Beispiele aus dem Tierreich entdeckten.

Werkzeuggebrauch

Im Jahre 1960 beobachtete JANE GOODALL Schimpansen: „Nachdem ich acht Tage auf Lauer gelegen hatte, kam David Greybeard, diesmal zusammen mit Goliath, zu dem Termitenhügel zurück, und die beiden machten sich zwei Stunden am Bau zu schaffen. Jetzt konnte ich sie sehr viel besser beobachten: Ich sah, wie sie mit Daumen oder Zeigefinger die verschlossenen Eingänge aufkratzten. Wenn ihr Werkzeug sich bog, bissen sie ein Stück davon ab, schoben das andere Ende in den Bau oder tauschten es gegen einen neuen Halm aus. Einmal entfernte sich Goliath mindestens fünfzehn Schritte von dem Hügel, um ein solide aussehendes Stück von einer Kletterpflanzenranke zu holen, und nicht selten hoben die beiden Männchen, wenn sie nach Werkzeugen suchten, drei oder vier Stengel auf, führten einen davon in den Termitenbau ein und ließen die übrigen so lange neben sich auf dem Boden liegen, bis sie sie brauchten. Am faszinierendsten war für mich, daß sie mehrmals kleine belaubte Zweige abpflückten und sie für ihren Zweck zurichteten, indem sie die Blätter abstreiften. Mit dieser Beobachtung war zum ersten Mal bewiesen, daß ein Tier in freier Wildbahn einen Gegenstand nicht nur als *Werkzeug* gebrauchte, sondern daß es einen Gegenstand für seine Zwecke herrichtete, was den Anfängen der *Werkzeugherstellung* entspricht." (aus J. GOODALL: Wilde Schimpansen, Rowohlt Verlag, Reinbeck bei Hamburg, 1971).

Heute weiß man, daß Schimpansen mit Stöcken als Werkzeug Honig aus Bienennestern holen, eßbare Wurzeln ausgraben und nach Feinden schlagen, Blätter als Schwämme zum Aufsaugen von Trinkwasser oder zum Säubern von Körperteilen benutzen.

Lernen durch Tradition

Bei verschiedenen Schimpansenpopulationen hat man unterschiedliche Techniken beim Stochern nach Termiten festgestellt: Die Schimpansen am Gombe-Fluß in Ostafrika entrinden die Zweige nicht. Sie stochern mit beiden Zweigenden. Schimpansen in Zentralafrika schälen gewöhnlich die Rinde und nutzen zum Stochern nur ein Zweigende. Schimpansen in Westafrika schlagen dagegen mit großen Stöcken Löcher in die Termitenhügel und angeln die Termiten mit der Hand. Die Technik des Termitenfischens wird *durch Nachahmung gelernt*, wobei man darunter die Übernahme einer optisch oder akustisch wahrgenommenen Verhaltensweise versteht.

1953 wusch das 16 Monate alte Weibchen Imo in einer Population von Rotgesichtsmakaken auf der Insel Koshima als erste Kartoffeln im Wasser. Sie befreite sie damit von Sand. Zunächst lernten gleichaltrige Makaken durch Beobachtung und ahmten das Kartoffelwaschen nach. Die Mütter übernahmen es von ihren Kindern. Nach zehn Jahren hatte der größte Teil der Population bis auf einige erwachsene Tiere das Kartoffelwaschen gelernt. Nachgeborene Jungtiere ahmten das Kartoffelwaschen von den vorhergehenden Generationen nach. So war eine zufällig entstandene Verhaltensweise durch Nachahmungslernen von Generation zu Generation weitergegeben worden und blieb so in der Population erhalten *(Lernen durch Tradition)*.

Lernen durch Einsicht

Schon 1917 veröffentlichte WOLFGANG KÖHLER in seinem Buch „Intelligenzprüfungen an Menschenaffen" die Untersuchungen mit Schimpansen auf der Affenstation von Teneriffa: „Die sechs jungen Tiere des Stationsstammes werden in einem Raum mit glatten Wänden eingesperrt, dessen Decke (etwa 2 m hoch) sie nicht erreichen können; eine Holzkiste (50 × 40 × 30 cm), einerseits offen, steht etwa in der Mitte des Raumes, flachgestellt, die eine offene Seite vertikal gerichtet; das Ziel (eine Banane) wird in einer Ecke (auf dem Boden gemessen, 2½ m von der Kiste entfernt) ans Dach genagelt. Alle Tiere bemühen sich vergeblich, das Ziel im Sprung vom Boden aus zu erreichen; Sultan gibt das jedoch bald auf, geht unruhig im Raum umher, bleibt plötzlich vor der Kiste stehen, ergreift sie, kantet sie hastig in gerader Linie auf das Ziel zu, steigt aber schon hinauf, als sie noch etwa ½ m (horizontal) entfernt ist, und reißt, sofort mit aller Kraft springend, das Ziel herunter. Seit Anheften des Zieles sind etwa 5 Minuten vergangen; der Vorgang vom Stehenbleiben vor der Kiste bis zum ersten Biß in die Frucht hat nur wenige Sekunden gedauert, er ist von jener Unstetigkeit (Stutzen) an, ein einziger glatter Verlauf."

Sultan hatte damit erstmals die Aufgabe bewältigt. Er hielt inne und schien in Gedanken die Lösung des Problems durchgespielt zu haben, ehe er den Lösungsweg auf einmal ausführte. Diese Lernform wurde als *Lernen durch Einsicht* bezeichnet.

Heute spricht man bevorzugt von *neukombiniertem Verhalten.* Dem Orang-Utan-Weibchen auf dem Foto wurde das gleiche Problem wie Sultan gestellt. Dabei erkannte man, daß für die Lösung des Problems das Stapeln der Kisten schon zu einem früheren Zeitpunkt gelernt werden mußte.

Handeln nach Plan

Um die Planungsphase beim einsichtigen Verhalten besser sichtbar zu machen und um zu prüfen, ob Menschenaffen längere Handlungsketten mit Werkzeuggebrauch bewältigen können, hatte sich ein Wissenschaftler eine Abfolge von Kästen, die jeweils den Öffner für den nachfolgenden Kasten enthielten, mit Schließmechanismen ausgedacht. Welchen Öffner die Kästen enthielten und wo die Belohnung lag, konnte das Tier durch Plexiglasdeckel der Kisten erkennen. Die Handhabung der einzelnen Öffner wurde der Schimpansin Julia trainiert oder sie fand es in einigen Fällen selbst heraus. Bei den Versuchen wechselte die Stellung von Kästen, Öffnern und Belohnung. Julia musterte zunächst den Inhalt der Kisten eine Weile, ehe sie ohne Probieren die Kästen nacheinander öffnete und die Belohnung erreichte. Es lag ein Erkennen von kausalen Zusammenhängen, d. h. ein Erkennen von Ursache und Wirkung und ein *Handeln nach Plan* vor.

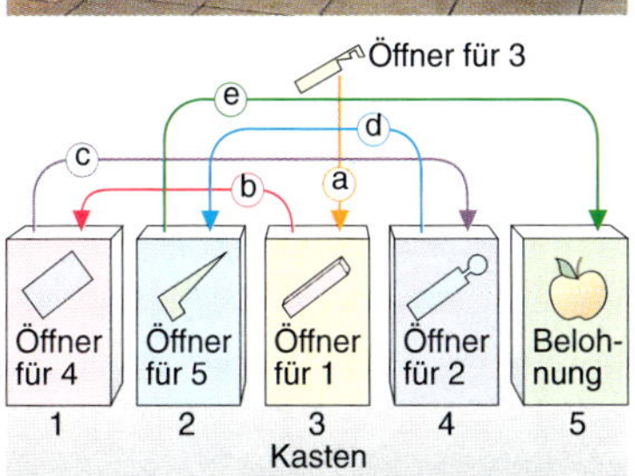

Abstraktion und Generalisieren

Um das Unterscheidungsvermögen von Ratten zu überprüfen, bietet man ihnen in einem Experiment jeweils drei Klappen mit unterschiedlichen Streifenmustern an. Zwei Muster stimmen überein, das dritte weicht ab. Hebt die Ratte die Klappe mit dem abweichenden Muster an, wird sie belohnt. Wiederholt man den Versuch mit anderen Mustern, aber entsprechender Wahlsituation, so entscheidet sich die Ratte überwiegend für das divergierende Muster, da dies verstärkt wird.

Man deutet das Verhalten der Ratte so, daß sie die jeweiligen Unterschiede in der Reizsituation abzieht *(Abstraktion)* und die Gemeinsamkeit der Fälle heraussondert (hier abweichendes Muster). Also werden bei weiteren Versuchen wesentliche Gemeinsamkeiten der belohnten Muster verallgemeinert *(Generalisation)*, und als gemeinsames Merkmal wird „abweichendes Muster" in Form eines Bildes oder Schemas zu einem Begriff *(averbale Begriffsbildung)*. In der Kannphase leistet das Tier die Übertragung des Schemas auf andere Situationen *(Transfer)*.

Averbale und verbale Begriffsbildung

OTTO KÖHLER bot einer Dohle mehrere Futterschüsselchen, die mit Deckeln verschlossen waren, und von denen jede eine unterschiedliche Anzahl von Punkten aufwies. Die Dohle lernte, den Deckel desjenigen Schälchens abzuheben, der in der Anzahl mit der Vorgabe der Anweisertafel übereinstimmte. Nur in diesem Schälchen wurde sie mit Futterkörnern belohnt. Die Dohle konnte bis zu einer Anzahl von 8 bildlich, d. h. vorsprachlich unterscheiden *(averbale Zahlbegriffe)*. Die verbale Begriffsbildung bleibt Menschen vorbehalten, sie können Begriffe in einem Denkvorgang bilden und in Worten (z. B. Zahlen) ausdrücken.

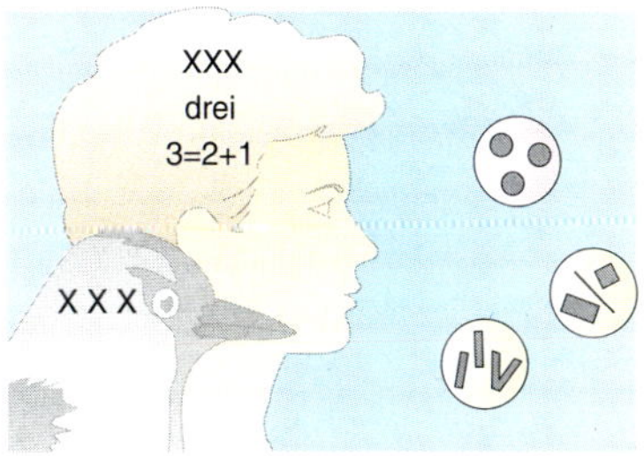

Abstrakte Wertbegriffe

Schimpansen und Rhesusaffen erhielten in Versuchen unterschiedlich gefärbte Spielmarken, wenn sie Aufgaben erfüllten. Diese konnten sie später eintauschen: Für blaue Marken erhielten sie Rosinen aus einem Futterautomaten, mit einem anderen Markentyp konnten sie die Gehegetür öffnen oder für einen dritten Markentyp mit dem Pfleger spielen. Die Tiere erfüllten Aufgaben und horteten Marken. Eine Schimpansin nutzte die Marke zum Türöffnen, beispielsweise um damit vor einem Kameramann zu flüchten, von dem sie nicht aufgenommen werden wollte. Dieses Beispiel zeigt, daß Primaten in der Lage sind, *abstrakte Wertbegriffe* zu bilden und situationsgerecht anzuwenden.

Selbstkenntnis

Gibt man Schimpansen die Möglichkeit, sich in einem Spiegel zu sehen, so manipulieren sie an sich und nehmen sogar Farbflecken wahr, die man ihnen im Schlaf beigebracht hatte. Die Schimpansen erkennen diese Veränderung an ihrem Körper und versuchen, die Farbflecken zu entfernen. Dieses Verhalten zeigt, daß Menschenaffen über einen *averbalen Ich-Begriff* verfügen.

1 Paarungsverhalten bei Ochsenfröschen

Sexualverhalten

Große Männchen der *Ochsenfrösche* locken in der Fortpflanzungszeit Weibchen mit lauten Rufen an. Überraschenderweise sitzen dabei jeweils bis zu fünf Männchen still in ihrer Nähe *(Satellitenmännchen).* Nähert sich dem Rufer ein paarungsbereites Weibchen, so versucht ein kleineres Männchen, sich mit der Angelockten zu paaren. Beobachtungen aus einer wissenschaftlichen Untersuchung zeigten, daß dies bei 73 Paarungen nur zwei Satellitenmännchen gelang.

Die Soziobiologie deutet das Verhalten der rufenden Ochsenfroschmännchen und der Satelliten als ungeplante Strategien, die im Laufe der Evolution entstanden und für die großen und kleinen Individuen vorteilhaft sind. Unter einer *Strategie* versteht man ein genetisch programmiertes Verhaltensmuster, das mit einem anderen Verhalten (Strategie) konkurriert oder konkurriert hat.

Seit DARWIN geht man in der Selektionstheorie davon aus, daß die Individuen einer Art am intensivsten um Ressourcen, wie Geschlechtspartner, Reviere und Nahrung konkurrieren. Die Selektion begünstigt die Verhaltensweise, die den geringsten Aufwand an Energie und Zeit benötigt. Die Soziobiologie analysiert deshalb unterschiedliche Verhaltensweisen verschiedener Individuen nach anfallenden Nutzen und Kosten.

Große Männchen verbrauchen ungefähr 30 Joule pro Tag für Rufen und haben eine große Chance, zur Fortpflanzung zu gelangen. Kleine Satellitenmännchen kommen zwar mit einem geringeren Energieaufwand auch zum Ziel, aber dafür weitaus seltener. So wird sich das Verhalten der Satellitenmännchen in der Population nicht durchsetzen, zumal deren Erfolgsaussichten um so geringer sind, je weniger Rufer es in der Population gibt. Es wird sich also in der Population durch natürliche Selektion ein Gleichgewicht zwischen dem Verhalten der Rufer und dem der Satellitenmännchen einstellen.

Die Selektion bestimmt den Erfolg einer Strategie. Dieser Erfolg wird in der Soziobiologie anhand der Anzahl der fortpflanzungsfähigen Nachkommen eines Individuums gemessen. Diese Tauglichkeit oder *Fitness* wird im Vergleich zu anderen Individuen der Population angegeben. Die größeren, rufenden Ochsenfroschmännchen haben also eine größere Fitness als die kleineren Satellitenmännchen.

Nicht nur Männchen untereinander, sondern auch Männchen und Weibchen weisen aus Sicht der Soziobiologie unterschiedliche Fortpflanzungsstrategien auf. Weibchen bilden bei den Ochsenfröschen große, nährstoffreiche und unbewegliche Eier. Sie investieren nach der Theorie der Elterninvestition beträchtlich in die Produktion der Eier. Ihr Fortpflanzungserfolg wird durch den Aufwand für die Produktion der Eizellen begrenzt.

Weibchen verhalten sich bei der Partnersuche wählerisch. Sie haben bei einer Fehlentscheidung mehr zu verlieren als die Männchen. Also wählen sie Männchen nach Merkmalen aus, die ihren Nachkommen zugute kommen werden *(sexuelle Selektion)*. Ochsenfroschweibchen lassen sich in der Regel nur von Männchen anlocken, die einen tiefen Balzruf ausstoßen. Tiefe Töne können nur die großen Männchen erzeugen, die wiederum in der Lage sind, Reviere im seichten und sonnigen Uferbereich von Seen und Tümpeln zu erkämpfen. In dem warmen Wasser können sich die Eier und die Kaulquappen schneller entwickeln und sind damit kürzer ihren wichtigsten Feinden, den Egeln, ausgesetzt.

Die Fortpflanzungsstrategien der Männchen werden dadurch bestimmt, daß sie mit einem geringen Energieaufwand eine Vielzahl kleiner, beweglicher Spermien produzieren. Somit können Männchen potentiell viele Eier von verschiedenen Ochsenfroschweibchen besamen und damit ihren Fortpflanzungserfolg erhöhen. Also wird ihr Fortpflanzungserfolg nicht durch die Anzahl der Spermien, sondern durch den Zugang zu möglichst vielen befruchtungsfähigen Weibchen begrenzt. Weibchen stellen für Männchen knappe Ressourcen dar, um die eine starke Konkurrenz existiert. Männchen investieren daher bevorzugt in Verhaltensweisen, wie z. B. Rufen, mit denen sie Weibchen anlocken oder in Revierkämpfe, mit denen sie direkt mit anderen Männchen um die Begattung der Weibchen konkurrieren.

Es bestehen somit unterschiedliche Fortpflanzungsstrategien für die Individuen beider Geschlechter, den Erfolg zur Weitergabe der eigenen Gene bei der Fortpflanzung zu maximieren. Männchen und Weibchen unterscheiden sich häufig in ihrem ganzen Körperbau *(Sexualdimorphismus)*, im Verhalten und im Lebenslauf der Individuen. Sie nehmen in Abhängigkeit vom Paarungssystem und in der Beteiligung der Brutpflege unterschiedliche soziale Rollen ein.

Bei der geschlechtlichen Fortpflanzung haben viele Arten zum Beispiel unterschiedliches *Balzverhalten* entwickelt, das die Paarung einleitet und den Geschlechtspartner anlockt. Außerdem gehören zum Sexualverhalten alle Verhaltensweisen, die zur Paarbildung, Kopulation und zur Aufrechterhaltung der Paarbindung erforderlich sind, wobei alle auf Artgenossen gerichteten Verhaltensweisen (z. B. die des Sexualverhaltens, Gruppenbildungen und selbst aggressives Verhalten) zum *Sozialverhalten* gehören. Weitere Aspekte des Sozialverhaltens werden im nachfolgenden Unterkapitel überwiegend aus Sicht der Soziobiologie ausgeführt.

Fortpflanzungsstrategien bei Mückenhaften

Weibliche *Mückenhafte* kopulieren in der Regel nur mit Männchen, die ihnen ein möglichst großes Beuteinsekt als Hochzeitsgeschenk übergeben. Die Nährstoffe des Geschenks setzt das Weibchen direkt in die Produktion von Eiern um.

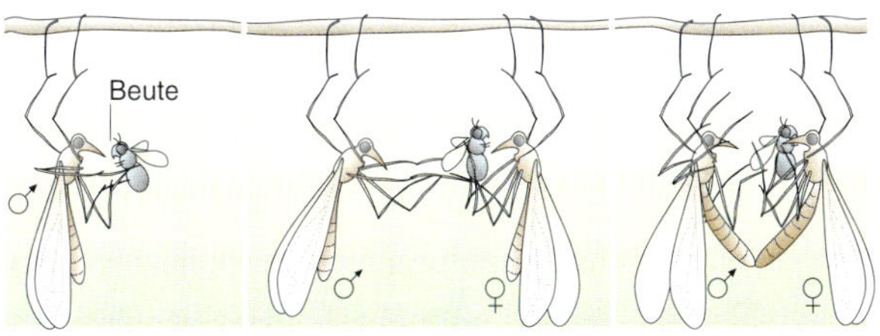

Aufgrund des hohen Aufwandes und Risikos beim Beutefang haben die Männchen während der Evolution mehrere Strategien entwickelt, ihren eigenen Fortpflanzungserfolg zu maximieren. Sie können, außer eine Beute zu jagen (Strategie 1), die Beute auch einem anderen Männchen entreißen (Strategie 2). Als 3. Strategie kann das Männchen auch ein Weibchen ohne Beuteangebot vergewaltigen. Nutzen-Kosten-Analysen zeigen, welche Strategie unter gegebenen Umständen am günstigsten ist. Für den Beutefang entstehen dem Männchen erhebliche Kosten: Zeit zum Fangen, weniger Zeit zum Kopulieren, ein erhebliches Risiko, in einem Spinnennetz gefangen zu werden.

42 % weniger Zeit erfordert die Strategie 2. Das Männchen fliegt heftig gegen ein anderes Männchen oder Paar und kämpft um die Beute, damit ist es aber nur in 14 % der Fälle erfolgreich. Beim Vergewaltigen spart das Männchen zwar die Kosten für den Beutefang, dafür tritt als Nachteil eine kurze Kopulationsdauer und damit eine geringe Besamungsrate auf.

Es wird sich in der Population ein Gleichgewicht von Individuen einstellen, welche die drei Strategien verwirklichen, denn allgemein gilt: Je größer das Beutestück ist, desto länger dauert die Kopulation, desto mehr Spermien werden übertragen und um so größer ist der Fortpflanzungserfolg.

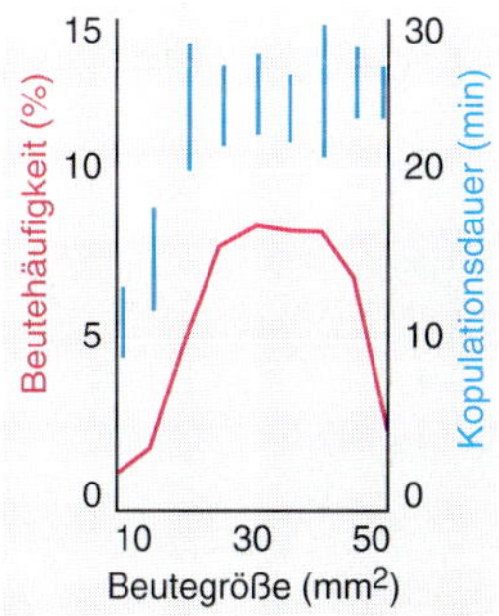

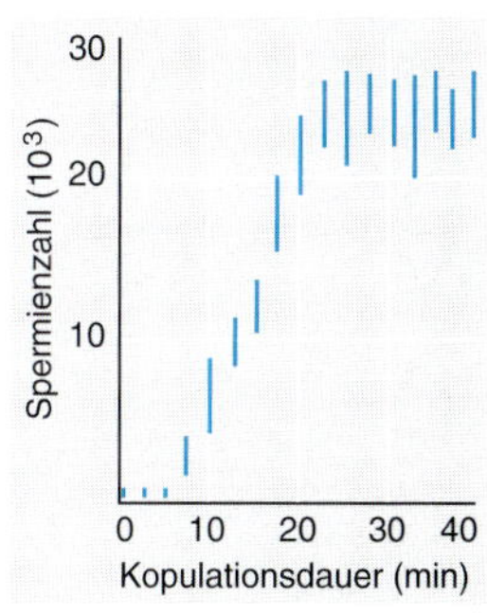

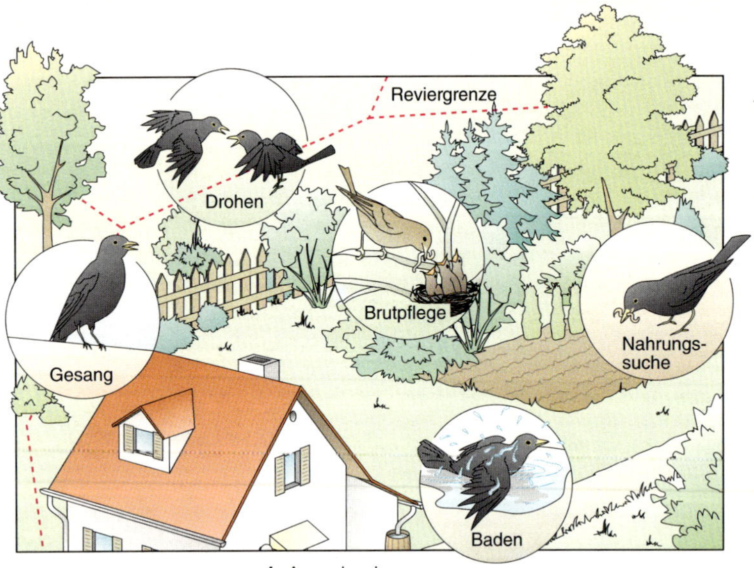

1 Amselrevier

2 Birkhahn

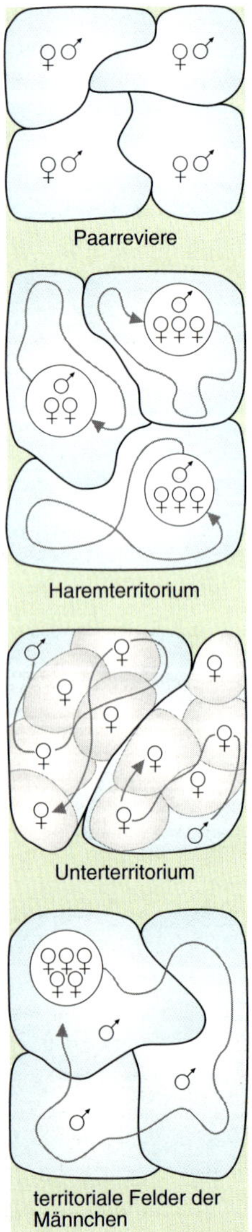

Reviere

Bereits im Herbst verteidigen Amselmännchen Wohngebiete, in denen sie Nahrung finden. Gegen Ende des Winters markieren die Amselhähne ihr Revier mit Gesang von einer erhöhten Warte aus. Im zeitigen Vorfrühling stecken die Männchen benachbarter Reviere die Grenzen durch Drohen und Beschädigungskämpfe gegeneinander ab. Besitzt ein Amselhahn ein Revier, das über geeignete Nistmöglichkeiten und ausreichend Nahrung zur Aufzucht der Jungen verfügt, so kann er ein Weibchen anlocken und sich mit ihm paaren. Danach vertreibt jeder Partner des monogamen Paares gleichgeschlechtliche Artangehörige aus dem Revier. Reviere werden im Gegensatz zum Streifgebiet, in welchem die Tiere zur Nahrungssuche umherziehen, gegen Angehörige der gleichen Art verteidigt und sichern den Zugang zu lebenswichtigen Ressourcen, wie z. B. Nahrung und Geschlechtspartnern.

Manche Reviere erfüllen ihre Funktion zeitlich begrenzt nur zur Fortpflanzungszeit. Männliche Gnus erkämpfen Gebiete, welche die Weibchen äsend durchwandern *(territoriale Felder).* Die stärksten Männchen behaupten feuchte und fruchtbare Territorien (Spezialbegriff für die Reviere der Säugetiere), auf denen das Gras besonders saftig ist und schnell wächst. Da die Weibchen sich bevorzugt in Gebieten mit bester Nahrung aufhalten, nimmt für Revierinhaber die Wahrscheinlichkeit stark zu, ein Weibchen zu begatten und damit seine Gene an die nächste Generation weitergeben zu können. In der Revierbildung gibt es Unterschiede. So weisen z. B. Tiger ein System mit Unterterritorien auf. Im Territorium eines Männchens leben mehrere Weibchen in ihren Territorien. Die kleinsten Reviere werden auf der Balzarena der Birkhühner eingenommen (Abb. 2). Die Hähne versuchen, ein möglichst zentral gelegenes Gebiet zu erstreiten, da die Weibchen mit den Hähnen dieser zentralen Plätze überproportional häufig kopulieren. Hauskatzen jagen im gleichen Wohnraum zu verschiedenen Tageszeiten. Panzernashörner verteidigen kleine Wannen im Grasdschungel, in denen sie schlafen. Reviere erfüllen also unterschiedliche Funktionen (Balzen, Fortpflanzung, Nahrungssuche und Schlafen) und dies zum Teil zu bestimmten Jahres- (bei Brunftterritorien) und Tageszeiten. Die Reviergröße richtet sich häufig nach der verfügbaren Nahrungsmenge und -qualität sowie nach der Anzahl geeigneter Plätze zur Jungenaufzucht.

Durch die Selektion werden unterschiedliche Formen des Revierverhaltens immer so ausgelesen, daß die Nutzen des Reviers die Kosten zur Verteidigung stets überwiegen. So entstehen einem Amselhahn bei einem großen Revier erhebliche Kosten, wenn er das Revier in Besitz nimmt, bei den Kämpfen an den Reviergrenzen und für die Gesänge, mit denen er regelmäßig das Revier markiert. Der Nutzen entsteht ihm dadurch, daß er sich mit einem Weibchen paaren und Junge aufziehen kann, wodurch er die eigene Fitness steigert. Außerdem erleichtert die Vertrautheit mit der Umgebung das Aufsuchen von Nahrung, Fluchtwegen und Verstecken.

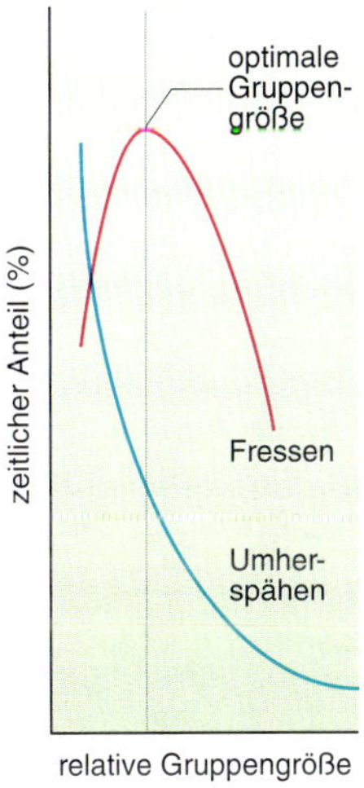

1 Huftierherde in der Savanne

Monarchfalter

Sozialstrukturen

Auch bei überwiegend einzeln lebenden *(solitären)* Arten müssen die Geschlechtspartner zur Fortpflanzungszeit wenigstens kurz zusammenkommen. Beispiele sind bei Arten von Insekten, Krebsen und Spinnen bekannt. Andere Tiere leben dauerhaft in Partnerschaft oder Gruppen zusammen. Welche Vor- und Nachteile ergeben sich aus einem Zusammenschluß bei Tieren? Wie wirken ökologische Faktoren, wie z. B. Nahrung und Feinde, auf soziale Zusammenschlüsse ein?

Monarchfalter fliegen im Spätsommer von Kanada nach Mexiko, wo sie in den Tälern der Sierra Madre im milderen Klima überwintern. Die Baumbestände einer Fläche bis zu 3 Hektar sind extrem dicht mit ruhenden Faltern bedeckt. Auf einem Baum können zehntausende sitzen. Eine solche durch Umweltbedingungen verursachte Ansammlung oder Scheingesellschaft nennt man *Aggregation.*

Gnus, Zebras, Giraffen und Antilopen ziehen in großen Herden über die Savannen Afrikas. Da sich die einzelnen Tiere untereinander nicht kennen und versprengte Tiere jederzeit wieder in die Herde aufgenommen werden können, bezeichnet man solche Sozialverbände *(Sozietäten)* als *offene anonyme Gesellschaften.* Sie sind nicht an einen festen Ort gebunden. Für die Pflanzenfresser stellt Gras in der Trockenzeit die knappe Ressource dar, die sie durch Wanderungen zu erreichen suchen. Beim Äsen befindet sich ein Herdentier in einer Konfliktsituation, da es gleichzeitig durch Feinde bedroht sein könnte. Späht es umher, muß es den Kopf heben. Da es nicht gleichzeitig fressen kann, entstehen ihm Kosten. Das Sichern erhöht die Wahrscheinlichkeit, einen Feind frühzeitig zu entdecken (Nutzen). In einer Herde sichern immer einige Tiere — die Kosten für das einzelne Individuum nehmen dadurch ab, die Zeit für das Fressen nimmt zu (Nutzen). Warnt ein Tier, so stiebt die ganze Herde blitzartig davon. Der Räuber kann bei den vielen, durcheinander laufenden Tieren seltener ein Tier für eine erfolgreiche Jagd fixieren und separieren *(Konfusionseffekt).* Dies ist die Schutzwirkung der Herde in der offenen Savanne.

Bei den Staaten der sozialen Insekten (Ameisen, Bienen, Faltenwespen und Termiten) liegt eine andere Form der Gesellschaft vor. Nur gemeinsam können die staatenbildenden Insekten die umfangreichen Nester anlegen und unterhalten. Verwechselt eine Biene das Einflugloch zum Stock, so wird sie von den Wächterbienen eines anderen Volkes vertrieben. Angehörige eines Volkes erkennen sich am gemeinsamen Stockduft. Dieser setzt sich überwiegend aus den Duftstoffen der Pflanzen zusammen, von denen Sammlerinnen Nektar und Pollen eintragen. Angehörige eines Bienenvolkes kennen sich also nicht individuell, identifizieren sich aber als Gruppenangehörige anhand des Stockduftes. Man spricht bei dieser Sozietät von einer *geschlossenen, anonymen Gesellschaft.*

Bei *geschlossenen, individualisierten Gesellschaften,* die bei Säugetieren und Vögeln vorkommen, kennen sich alle Gruppenmitglieder individuell untereinander. In der afrikanischen Savanne leben bei Löwen 2 bis 9 erwachsene Weibchen und 1 bis 6 erwachsene Männchen mit ihren Jungtieren in einem Rudel zusammen. Alle Löwinnen sind miteinander verwandt (Großmutter, Mutter, Tanten, Töchter, Schwestern und Cousinen). Heranwachsende Weibchen verbleiben im Rudel. Männchen werden mit ungefähr 3 Jahren vertrieben. Nur gemeinsam können die Weibchen in Gruppen große Tiere wie Zebras oder Gnus erfolgreich jagen. Sie laufen nicht so schnell und ausdauernd wie ihre Beutetiere. In der Gruppe schleichen sie von den Seiten auf die Beute zu und umzingeln sie. Von der geschlagenen Beute fressen alle Mitglieder des Rudels. Der Zusammenschluß der Weibchen zu einem Rudel erhöht den Jagderfolg um so mehr, je größer die Anzahl der Weibchen ist. Dadurch nimmt auch die Anzahl der überlebenden Jungtiere zu, denn normalerweise sterben 80 % der Jungtiere, davon ein Viertel den Hungertod.

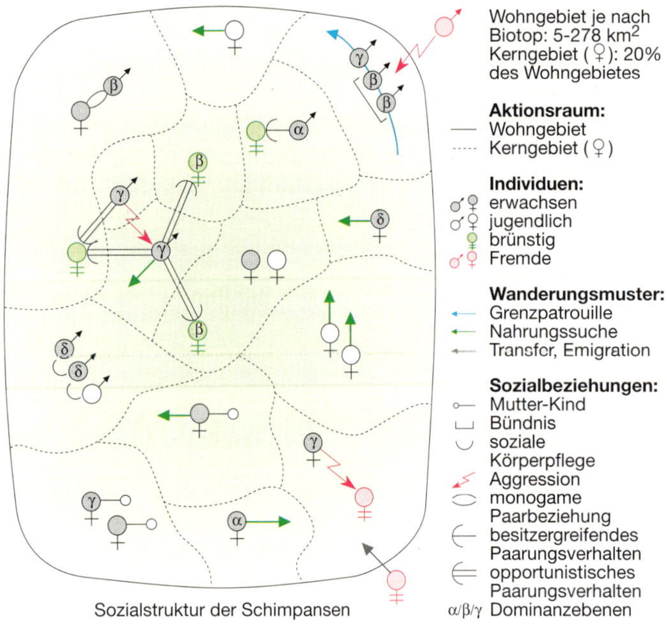

Sozialstruktur der Schimpansen

Die Gemeinschaft der Schimpansen

Schimpansen leben in Gruppen bis zu 50 Tieren zusammen und fressen bevorzugt Früchte. In Regenwaldgebieten ist die Anzahl der reifen Fruchtbäume relativ hoch, in Savannenlandschaften dagegen wechselt die Dichte der reifen Fruchtbäume stärker. So zerfällt die Schimpansengemeinschaft je nach Nahrungsangebot und der Häufigkeit brünstiger Weibchen in Männertrupps, Mutter-Kinder-Trupps und gemischtgeschlechtliche Trupps. Die Vereinigung von Individuen und der Zerfall in Untergruppen kennzeichnet die *Sammlungs-Trennungs-Gesellschaft.* Ein Vorteil des Gruppenzusammenschlusses besteht in der Möglichkeit, *kooperativ zu jagen,* womit die Wahrscheinlichkeit zunimmt, Beutetiere zu fangen.

Die Männchen verteidigen das *Gruppenterritorium* gemeinsam. Einzeln können sie ihre Fortpflanzungsstrategie, möglichst viele Weibchen zu begatten, nicht optimieren. Die Männchengruppe sichert damit gemeinsam ihre wichtigste Ressource, paarungsbereite Weibchen, da Weibchen auf der Nahrungssuche ein großes Wohngebiet durchstreifen können. Fremde Schimpansenmännchen werden an der Territorialgrenze angegriffen. Lediglich Weibchen werden in den Sozialverband aufgenommen. In der Gruppe geborene Weibchen verlassen die Gruppe vor der Geschlechtsreife, dadurch wird Inzucht vermieden. Die Männchen verbleiben in der Gruppe. Die Männchen sind untereinander verwandt oder kennen sich sehr gut. Männliche Schimpansen bilden Bündnisse, die sich an der bevorzugten gegenseitigen Fellpflege ablesen lassen.

Die Schimpansenfrauen kopulieren mit wechselnden Partnern, was vermutlich dem Gruppenzusammenhalt dient. Ein Großteil der Kinder wird nach individueller Partnerwahl in einer mehrtägigen Partnerbeziehung gezeugt, bei der sich ein Paar von der Gruppe absondert.

Eine Voraussetzung für das genau abgestimmte Sozialverhalten bei den Schimpansen ist eine differenzierte Verständigung der Gruppenangehörigen untereinander. Außerdem verfügen Schimpansen über Fähigkeiten, soziale Beziehungen zu knüpfen, soziale Beziehungen zu beobachten, Informationen darüber abzuspeichern und sie bei eigenen sozialen Kontakten zu berücksichtigen. Schimpansen sind vollendete soziale Strategen.

Rangordnung

Die bekannte Schimpansenforscherin JANE GOODALL berichtete über einen Kampf zwischen den zwei Schimpansenmännchen Figan und Humphrey: „Figan hörte auf zu fressen. Einen Augenblick saß er regungslos auf einem Baum, dann kletterte er ganz ruhig hinab. Bis er die anderen erreicht hatte, begann sich sein Fell schon zu sträuben, und als er auf ihren Baum hinaufkletterte, schwoll er an, bis er doppelt so groß wirkte, wie er wirklich war. Plötzlich ging es los; Figan zeigte eine wilde Imponierveranstaltung im Geäst, schüttelte heftig Zweige, sprang und schwang sich von einer Seite des Baumes auf die andere. Chaos brach aus, als Schimpansen kreischend vor ihm flüchteten; viele von ihnen sprangen aus den Schlafnestern. Figan scheuchte kurz ein altes Männchen und verpaßte ihm en passant einen fürchterlichen Hieb, und dann, als er sich richtig in Rage gearbeitet hatte, sprang er von oben auf Humphrey in seinem Nest hinunter. Ineinander verkrallt fielen die beiden rund neun Meter tief hinab. Humphrey riß sich los und floh kreischend. Figan verfolgte ihn kurz und stieg dann, ohne eine Pause zum Atemholen zu machen, wieder in den Baum und fuhr fort, in den Ästen herumzuspringen."

Figans Sieg über Humphrey, das Männchen mit dem bis dahin höchsten sozialen Rang, dem des *Alpha-Tieres,* leitete eine Veränderung in den sozialen Stellungen der Schimpansengruppe im Gombe-Nationalpark am Ostufer des Tanganjikasees in Afrika ein. Junge Männchen mit wachsender Kampfkraft und Erfahrung provozie-

1 Imponiergehabe eines Schimpansen

Zitat von
JANE GOODALL aus:
Ein Herz für Schimpansen, Rowohlt-Verlag, Reinbek bei Hamburg, 1993; Seite 64

ren vor entscheidenden Kämpfen Männchen, die in der Rangordnung über ihnen stehen. Sie versuchen, sie von ihrer sozialen Stellung zu vertreiben *(Rangstreben)*.

Männchen erreichen die Alpha-Position häufig über Koalitionen mit anderen Männchen. Figan hatte sich die Unterstützung seines Bruders Faben gesichert, der bei dem Kampf anwesend war. Evered, der Partner von Humphrey, fehlte bei dieser Auseinandersetzung. Einige Tage später besiegten Figan und Faben gemeinsam Evered, damit dominierten sie über die alte Spitzenkoalition.

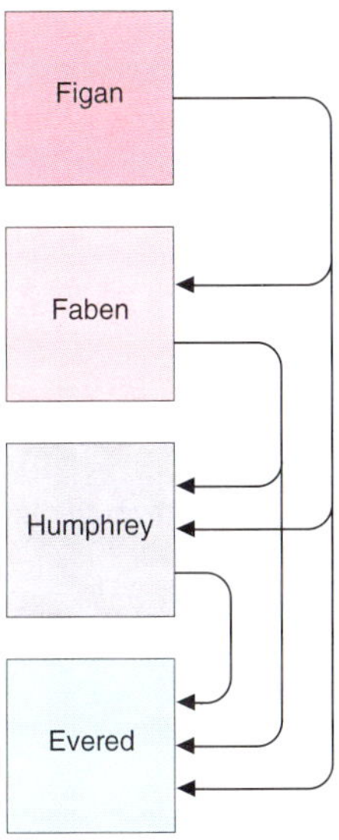

Lineare Rangordnung

Schimpansenmännchen arrangieren die entscheidenden Kämpfe dahingehend, daß der eigene Partner zur Unterstützung anwesend ist, aber Verbündete des möglicherweise körperlich stärkeren, alten Alpha-Männchens fehlen. Dann kann es zum Machtwechsel kommen. Das unterlegene Tier, hier Humphrey, ordnet sich künftig dem Sieger, Figan, unter. Die beiden Koalitionäre, Figan und Faben, teilen sich die Privilegien des hohen Ranges.

Rangordnungen innerhalb von geschlossenen individualisierten Gesellschaften sind manchmal linear gegliedert, wobei die ranghöheren jeweils über die rangniederen Tiere dominieren. Mit den Buchstaben des griechischen Alphabets stellt man meist Rangordnungen dar. Das ranghöchste wird als α-Tier bezeichnet, dann folgt das β-Tier, danach das γ-Tier und am Ende der Rangordnung das Ω-Tier (s. Randspalte).

Bei den anderen Rangordnungstypen treten Gruppen gleichrangiger Tiere oder auch Dreiecksbeziehungen mit teilweise umgekehrter Rangposition zwischen einzelnen Tieren auf. Bei den Schimpansen besteht eine geschlechtsspezifische Hierarchie unter Männchen und eine unter Weibchen. Häufig sind erwachsene Männchen stärker und damit ranghöher als Weibchen. Kämpfe zwischen den Geschlechtern sind selten.

Die biologische Bedeutung der Rangordnung besteht für ranghohe Tiere darin, anerkannt und respektiert zu sein. Sie haben bevorzugten Zugang zu wichtigen Ressourcen (brünstige Weibchen, Nahrung und Schlafplätze). Dadurch werden die eigenen Fortpflanzungschancen erhöht und die anderer Individuen verringert. Eine Nahrungsknappheit übersteht ein ranghohes Tier in einer besseren Verfassung als rangniedere Tiere. Neben dem Aufwand für das Erkämpfen und Verteidigen einer ranghohen Position müssen dominante Tiere auch als Pflichten die Verteidigung und das Führen der Gruppe sowie den Ausgleich bei sozialen Streitigkeiten übernehmen.

Rangordnungen haben für die ganze Gruppe den Vorteil, häufig über längere Zeit stabil zu bleiben. Auf Dauer werden so Rivalitäten, Verletzungen und der Verbrauch von Energie für Kämpfe in der Gruppe minimiert. Das Alpha-Tier setzt sich bei Streitigkeiten meist zugunsten des unterlegenen Tieres ein und versucht, aufkommenden Streit frühzeitig zu schlichten. Meist genügt dazu schon aufgrund der anerkannten Machtverhältnisse ein kurzes *Drohen* oder *Imponieren* zur sozialen Distanzierung.

Versöhnung

Bei Schimpansen hat der Affenforscher F. DE WAAL beobachtet, daß nach aggressiven Begegnungen in 40 % der Fälle die Gegner innerhalb von einer halben Stunde Kontakt zur Versöhnung aufnahmen.

Im einfachsten Falle wurde dem Gegner die ausgestreckte, nach oben offene Hand entgegengehalten. Gelingt es Männchen nach einem Kampf nicht, die Kommunikation wieder aufzunehmen, kann ein Weibchen zwischen beiden vermitteln. Es nähert sich einem Männchen, betreibt soziale Fellpflege *(grooming)* mit ihm, fordert gleichzeitig den Kontrahenten durch einen Augenkontakt auf, zu folgen. Wenn das zweite Männchen neben ihr sitzt, wird sie von beiden am Fell gepflegt. Zieht sich das Weibchen zurück, groomen sich die beiden bald gegenseitig.

Dieses Beispiel macht deutlich, daß im sozialen Verhalten unserer nahen Verwandten Versöhnung und Konfliktvermeidung angelegt sind.

Kommunikation

Ein Rotkehlchenmännchen lockt mit seinem Gesang ein Weibchen an und weist gleichzeitig einen Rivalen ab. Treffen wenige Moleküle des Sexuallockstoffs *Bombykol* auf die Antennen eines Seidenspinnermännchens, so fliegt es, über Kilometer der zunehmenden Duftstoffkonzentration folgend, zu dem Weibchen und kopuliert mit ihm. Diese beiden Beispiele aus dem Sozialverhalten der Tiere zeigen, daß zum Zusammenfinden von Weibchen und Männchen und zum Aufrechterhalten von Sozialstrukturen ein Informationsaustausch *(Kommunikation)* zwischen Angehörigen einer Art stattfindet.

Allgemein gilt das folgende Kommunikationsmodell: Ein Individuum, der *Sender,* beeinflußt durch das Aussenden eines Signals das Verhalten eines anderen, des *Empfängers.* Der Ablauf läßt sich in die folgenden Phasen unterteilen:

- Beim Sender besteht die Handlungsbereitschaft, sich mitzuteilen *(Nachrichtenbedürfnis).*
- Die Nachricht wird vom Sender in Signale codiert, welche der Empfänger versteht *(Codierung).*
- Die Signale werden vom Sender über einen Kanal gesendet *(Sendung).*
- Die Sinnesorgane des Empfängers nehmen die Signale auf und melden eine Information an höhere Nervenzentren weiter *(Empfang).*
- Der Empfänger entschlüsselt die Information und versteht den Sinn der Nachricht *(Decodierung).*
- Es folgt meist eine Reaktion des Empfängers, die eine Codierung und Sendung einer Antwort darstellt.

Signale werden nur wirksam, wenn sie von den Sinnesorganen des Senders und Empfängers empfangen sowie im Nervensystem des Empfängers decodiert und verstanden werden. Sie sind im Laufe der Evolution so ausgelesen worden, daß ein gemeinsamer Code für die Angehörigen einer Art besteht. Die Signalformen haben folgende Vor- und Nachteile für die Kommunikation:

- *Chemische Signale* werden zwar langsam übertragen, bleiben aber dafür lange Zeit wirksam. Sie erfordern einen geringen Energieaufwand, können aber nur langsam als Signal geändert werden. So hemmt die Königinnensubstanz der Honigbiene, ein Soziohormon oder *Pheromon,* über lange Zeit die Ovarienentwicklung der Arbeiterinnen.

Ritualisierung

Der *Jagdfasan* scharrt während der Balz, tritt zurück und pickt mit Futterlockrufen gegen den Boden. Die Henne läuft herbei. Der *Glanzfasan* entwickelt zur Balzzeit einen fächerartigen Schwanz. Er verbeugt sich mit leicht gefächertem Schwanz vor der Henne und hackt mit Schnabelschlägen in den Boden. Die Henne läuft herbei und sucht vergeblich nach Futter. Er spreizt jetzt seine Schwanzfedern und Schwingen maximal. Sein Schwanzgefieder bewegt sich langsam rhythmisch vor und zurück. Der *Pfaufasan* kratzt am Boden, verbeugt sich unter Flügelanheben und Schwanzfächern. Kommt ein Weibchen, bietet er ihm Futter an. Die Verhaltensweisen der Balz sind aus dem Futterlocken hervorgegangen. Hennen holen die Küken zum Futter, indem sie scharren, picken und Lockrufe ertönen lassen. Der Vergleich der nahe verwandten Fasanarten zeigt, daß die Verhaltensweisen aus dem Zusammenhang des ursprünglichen Funktionskreises gelöst und in den des Fortpflanzungsverhaltens eingeordnet wurden. Dabei sind Ausdrucksbewegungen entstanden, die stark verlangsamt ausgeführt, durch auffällige Farben und häufige rhythmische Wiederholungen unterstrichen werden. Im Laufe der Evolution hat das Futterlocken eine neue Bedeutung bekommen. Es erhielt Signalfunktionen *(Ritualisierungen)* und dient der innerartlichen Kommunikation.

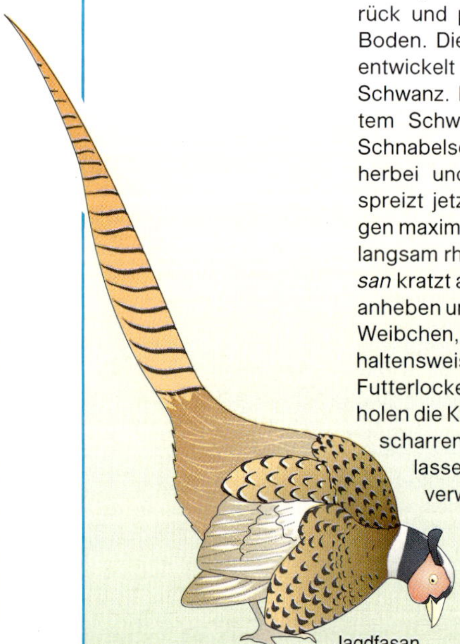
Jagdfasan

Glanzfasan

Pfaufasan

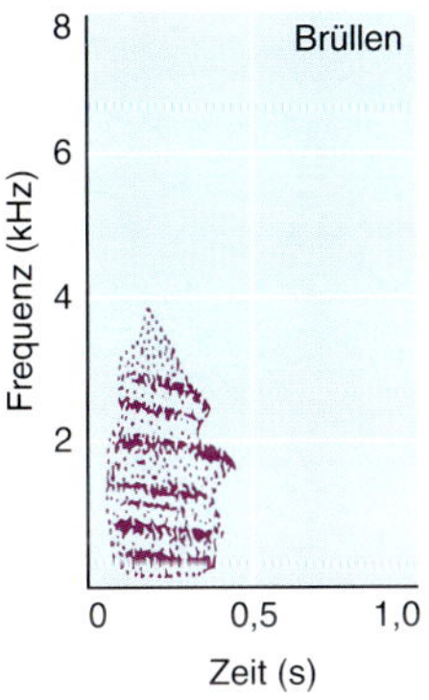

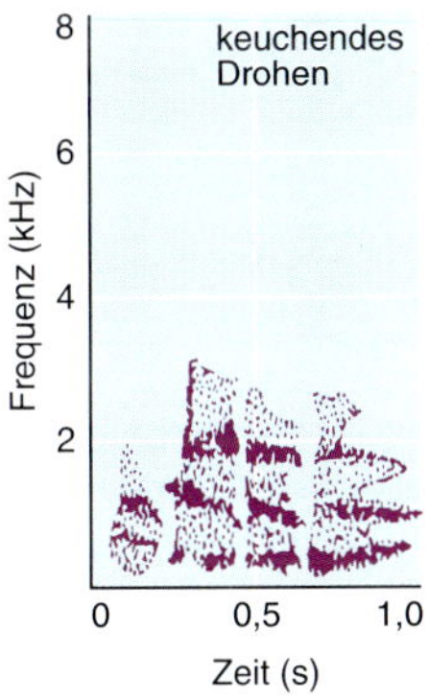

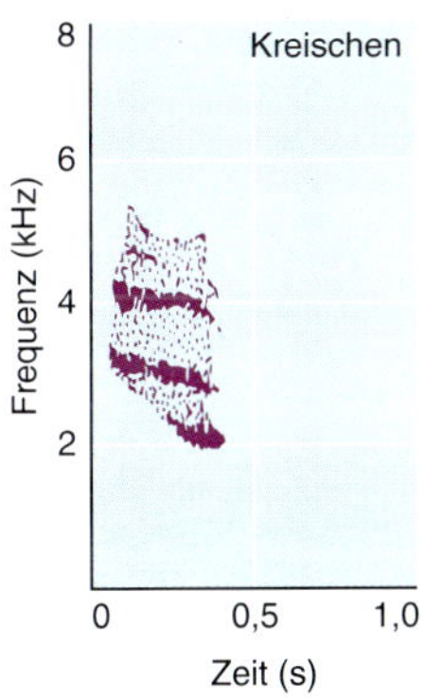

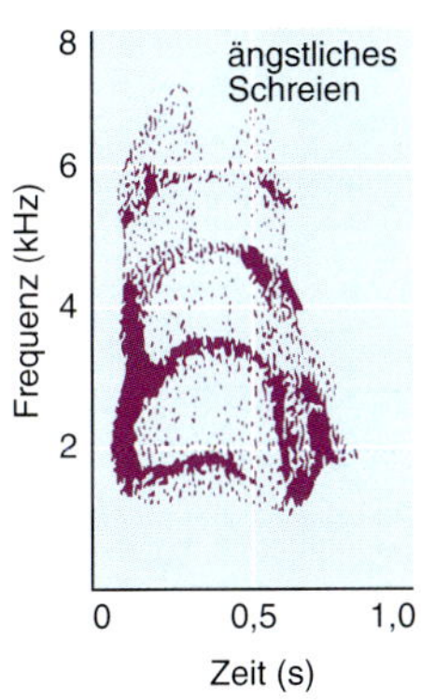

- *Optische Signale,* wie der Kehlfleck des Rotkehlchens oder Ausdrucksbewegungen der Wölfe (z. B. Drohhaltung), wirken meist im Nahbereich. Ausdrucksbewegungen des Körpers und die Gesichtsmimik stellen in den sozialen Verbänden der Säugetiere ein hoch differenziertes Mitteilungssystem dar, mit dem Nachrichten schnell übertragen und verändert werden können. Schimpansen können an der Mimik des Sozialpartners sogar Handlungsbereitschaften ablesen, wie z. B. Angst. In offenen Lebensräumen (Savannen, Wiesen und Felder) können Tiere gut optische Signale einsetzen.
- *Akustische Signale,* wie Territorialgesänge bei Gibbons, besitzen eine große Reichweite. Sie übertragen auch im Nahbereich schnell und differenziert Nachrichten (bei Rhesusaffen s. Randspalte).

Die höchste Entwicklungsstufe akustischer Kommunikation erreicht die *menschliche Wortsprache.* Mit ihr können Gefühle, Einstellungen und Meinungen wiedergegeben *(Ausdrucksfunktion)* sowie Aussagen über die Wirklichkeit gemacht werden *(Darstellungsfunktion).* Weiterhin kann versucht werden, das Verhalten zu steuern *(Appellfunktion).* Sie ist zunächst eine Lautsprache mit Worten als Zeichen, die nach einem System von Regeln zueinander in Beziehung gesetzt werden. Sätze sind die grammatikalisch strukturierten Einheiten. Der Mensch setzt die Sprache situationsgerecht und zur Verwirklichung seiner sozialen Absichten ein.

Eine der kompliziertesten Kommunikationsformen im Tierreich ist die *Tanzsprache der Bienen.* Mit einem Rundtanz informiert eine Sammlerin im Bienenstock über eine Futterquelle, die in einer Entfernung bis zu 80 Metern liegt. Die Art der Futterquelle erschließen die Bienen aus dem Duft des Pollens oder Nektars. Die Richtung von Futterquellen über größere Entfernungen kennzeichnen Arbeiterinnen durch die Abweichung der Schwänzelstrecke von der Senkrechten im Stock, die der Abweichung der Flugrichtung vom Sonnenstand entspricht. Für nahe Entfernungen folgen die Schwänzelläufe schnell und für weite langsam aufeinander. Sie werden durch Schnarrlaute von 260 Hz mit bestimmter Dauer begleitet, die die Qualität und Rentabilität der Futterquelle anzeigen. Die Bienen geben mit ihrer Tanzsprache Nachrichten über Trachtquellen, die räumlich und zeitlich entfernt liegen. Ihr Nachrichtensystem hat somit Darstellungs- und Appellfunktion wie bei der menschlichen Sprache.

Sprachähnliches Verhalten bei Menschenaffen

Am ehesten hätte man den Menschenaffen zugetraut, daß sie eine Kommunikationsform wie die menschliche Sprache nutzen können. Frühe Versuche mißlangen, ihnen menschliche Laute beizubringen. Sie lernten nur wenige Wörter. Als Ursache stellte sich heraus, daß der Sprechapparat im Bereich des Kehlkopfes anders als beim Menschen gebaut ist.

Die weiteren Untersuchungen beschränkten sich darauf, sprachähnliches Verhalten ohne Lautproduktion zu erforschen. Vom Ehepaar GARDENER lernte das junge Schimpansenweibchen Washoe eine Zeichensprache, die auf den Handgesten der *amerikanischen Taubstummensprache* (ASL) basiert. Sie beherrschte nach vier Jahren Unterricht 132 Zeichen. Später adoptierte Washoe Luolis,ein 10 Monate altes Schimpansenkind. Dieses lernte von ihr bis zum 5. Lebensjahr 40 Zeichen. ASL-erfahrene Schimpansen führten mit Hilfe der Zeichensprache Selbstgespräche. Sie kombinierten selbst neue Zeichen für bisher unbekannte Sachverhalte. Die Versuche zeigen, daß Schimpansen zur *Symbolverwendung* fähig sind. Eine *Symboldeutung,* wie sie für Wörter gefordert werden muß, bleibt strittig. Zwei Zeichenfolgen, wie „Lucy kitzelte", deuten einfache Satzkonstruktionen an.

ANN und DAVID PREMACK trainierten die Schimpansin Sarah darauf, farbige Plastiksymbole als Wortzeichen zu nutzen. Sätze wurden konstruiert, indem die Magnetsymbole an eine Stahltafel untereinander geheftet wurden. Sarah lernte 130 Plastiksymbole sinnvoll anzuwenden. Nach PREMACKS Deutung beherrschte Sarah neben einfachen Satzkonstruktionen auch Bedingungssätze (s. Abb.). Dies würde bedeuten, daß Schimpansen ein Verständnis für grammatikalische Regeln hätten. Andere Wissenschaftler stellten dies in Frage, weil die Aneignung der Zeichen von Menschen und von Belohnung abhängig war. Ein selbständiger Spracherwerb ist für Menschenaffen bisher nicht sicher nachgewiesen.

1 Brütende Heckenbraunelle

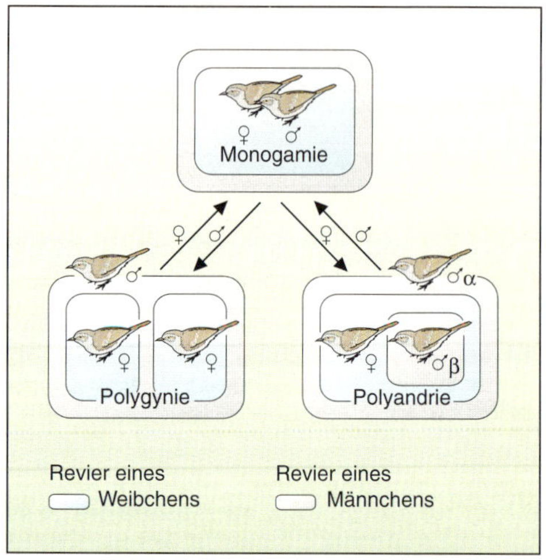

2 Paarungssysteme bei der Heckenbraunelle

Paarungssysteme

Monogamie
Paarbindungen zwischen einem Männchen und einem Weibchen über eine Fortpflanzungssaison oder bis zum Tod eines Partners.

Polygamie
Ein Individuum eines Geschlechts paart sich mit mehr als einem Partner des anderen Geschlechts. Man unterscheidet drei Formen:

Polygynie
Ein Männchen begattet mehrere Weibchen. Jedes Weibchen der Gruppe paart sich aber nur mit dem gleichen Männchen. Die Brutpflege übernehmen in der Regel die Weibchen.

Polyandrie
Ein Weibchen paart sich gleichzeitig oder nacheinander mit mehreren Männchen. Die Männchen übernehmen einen Teil der Brutpflege.

Promiskuität
Männchen und Weibchen paaren sich mehrfach mit verschiedenen Partnern. Beide Geschlechter können sich an der Brutpflege beteiligen.

Paarungssysteme und Brutpflege

Heckenbraunellen (kleine Singvögel) leben im dichten Unterwuchs von Wäldern, Gärten und Parkanlagen. Die Weibchen bauen die napfförmigen Nester in Hecken oder immergrünen Sträuchern. Ihre Nahrungsreviere, die sie gegen andere Weibchen verteidigen, sind um so kleiner, je dichter der Unterwuchs des Lebensraumes ist. Die Männchen erkämpfen eigene Reviere, die sie bis zu einer Größe von 3000 m^2 verteidigen können. Die Reviergröße ist unabhängig vom Angebot an Nahrung oder Nistplätzen. Heckenbraunellen bilden je nach ökologischen Gegebenheiten verschiedene Paarungssysteme aus.

Bei *Monogamie* stimmen die Reviere eines Männchens und Weibchens überein. Gemeinsam füttern sie die Jungen mit Insekten. Dabei ergibt sich durchschnittlich ein Fortpflanzungserfolg von 5 Jungen pro Brutsaison.

Gelingt es einem Männchen, sein Revier gegen andere Männchen auszudehnen, das zwei Weibchenreviere einschließt, so paart es sich alleine mit beiden Weibchen *(Polygynie)*, und sein Fortpflanzungserfolg liegt durchschnittlich bei 7,6 Jungen pro Saison. Der Fortpflanzungserfolg pro Weibchen beläuft sich folglich nur auf 3,8 flügge Junge.

Hat ein Weibchen ein sehr großes Revier, teilen sich darin zwei Männchen kleinere Reviere. Bei der *Polyandrie* kämpfen die Männchen zunächst ohne eindeutiges Ergebnis um den Besitz des Weibchens. Nach einer Weile klingen die Kämpfe ab, und beide verteidigen das Gesamtrevier gegen andere Männchen. Ist das Weibchen begattungsfähig, kopuliert es nicht nur mit dem dominanten Männchen, sondern auch mit dem unterlegenen. Dazu entzieht es sich der Bewachung durch das dominante Männchen und paart sich im dichten Gebüsch mit dem 2. Männchen. Obwohl das zweitrangige Männchen nur in 40 % der Fälle der Vater der Nachkommen ist, hilft es zusammen mit dem erstrangigen Männchen, die Jungen zu füttern. Der Fortpflanzungserfolg des Weibchens bei Polyandrie liegt bei 6,7 Jungen, während das erstrangige Männchen auf 4,0 und das zweitrangige nur auf 2,7 Junge pro Brutsaison kommt.

Die Paarungsstrukturen können sich im Laufe des Lebens eines Individuums verändern. Paarungssysteme werden neben ökologischen Faktoren von den unterschiedlichen Fortpflanzungsstrategien der Geschlechter mitbestimmt.

Bei Buschhähern, die in Florida im Gestrüpp von Eichen brüten, helfen Bruthelfer, meist Jungtiere vorangegangener Bruten, monogamen Paaren bei der Aufzucht der Jungen. Diese Helfer bringen bis zu 30 % des Futters für ihre Geschwister herbei. Sie wärmen sie auch. Noch bedeutsamer ist aber, daß sie die Jungvögel gegen Räuber (Greifvögel, Schlangen und Luchse) verteidigen. Ohne Helfer überleben nur 10 % der Jungen das erste Jahr, mit Helfern steigt dieser Wert auf 15 %. Warum zeigen die Helfer dieses scheinbar uneigennützige, *altruistische* Verhalten?

Nach der genetischen Theorie des sozialen Verhaltens können Individuen die Fitness dadurch erhöhen, daß sie durch altruistisches Verhalten den Fortpflanzungserfolg von nahen Verwandten steigern.

Die Helfer sind Jungvögel, die keine Fortpflanzungschance haben, da alle Reviere besetzt sind. Durch ihr Helferverhalten erhöhen sie die Wahrscheinlichkeit, daß ihre jüngeren Geschwister am Leben bleiben. Die Gene, die das Helferverhalten bedingen, werden sich also durch das Helferverhalten der Verwandten stärker in den Folgegenerationen der Population vermehren als Allele, die kein Helferverhalten bedingen. Zur Fitness eines Individuums trägt also außer der Anzahl der eigenen Nachkommen *(direkte Fitness)* auch die Anzahl der Nachkommen von nahen Verwandten bei *(indirekte Fitness)*. Die Größe der indirekten Fitness hängt vom Verwandschaftsgrad ab. Man nennt die Summe *Gesamtfitness*. Tiere können also nach dieser Vorstellung in gewissen Anteilen ihre Gene in der nächsten Generation der Population auch ohne eigene Nachkommen nur durch Hilfe bei der Brutpflege von Nachkommen naher Verwandter vermehren.

Aufgabe

① Erklären Sie, mit welchen Fortpflanzungsstrategien Weibchen und Männchen bei den Heckenbraunellen jeweils eine maximale Fitness erreichen können.

Nestflüchter, Nesthocker und Traglinge

Neugeborene Rehkitze, frisch geschlüpfte Gänse und Enten können sofort ihren Müttern folgen. Sie sind *Nestflüchter*. Geschlüpfte Amseln oder neugeborene Hunde können sich nach der Geburt nur eingeschränkt bewegen, die Augen bleiben geschlossen. Sie halten sich im Nest oder in der Höhle auf *(Nesthocker)*. Die Eltern ernähren die Jungen.

Primatensäuglinge einschließlich menschlicher Neugeborener sind weder Nestflüchter noch Nesthocker. Neugeborene Affen können ihre Sinne sofort nutzen und sich selbständig bewegen. Auf Dauer können sie ihrer Mutter beim Klettern oder Wandern nicht folgen. Sie klammern sich am Fell der Mutter fest und werden getragen *(aktive Traglinge)*. Die Sinne und die Bewegungsfähigkeit menschlicher Neugeborener sind noch unterentwickelt. Neugeborene können sich nicht festhalten. Die Eltern müssen die Säuglinge mit der Hand oder einem Tuch am Körper festhalten, wenn sie diese mitnehmen *(passive Traglinge)*.

Die Bedeutung des laufenden körperlichen Kontaktes zur Mutter konnte H. HARLOW in Attrappenversuchen mit Rhesusaffenkindern nachweisen. Trennte er die Äffchen von ihren Müttern und bot ihnen im Wahlversuch Drahtattrappen, die mit einem Fell bezogen waren oder eine Milchflasche enthielten, so hielten sich die Säuglinge bevorzugt an der Fellattrappe auf. Je länger und je früher die Äffchen von ihrer Mutter getrennt wurden, um so weniger Neugier- und Spielverhalten sowie Lernvermögen zeigten sie. Demgegenüber trat aber um so häufiger aggressives und gestörtes Sozialverhalten auf. HARLOW deutete, daß Affen ein starkes Kontaktbedürfnis zur Mutter besitzen. Die Sicherheit einer festen *Bindung* an die Mutter ist eine wesentliche Voraussetzung für eine normale soziale Entwicklung. Mutterentbehrung zieht je nach Dauer schwere Verhaltensstörungen nach sich.

Während der elterlichen Brutpflege erfahren die Jungen von Vögeln und Säugetieren offensichtlich nicht nur Schutz und Nahrung, sondern lernen von oder mit Unterstützung der Eltern wichtige Verhaltensweisen zum Sozial-, Sexual- und Brutpflegeverhalten sowie zur Bewältigung der Anforderungen von Umweltbedingungen.

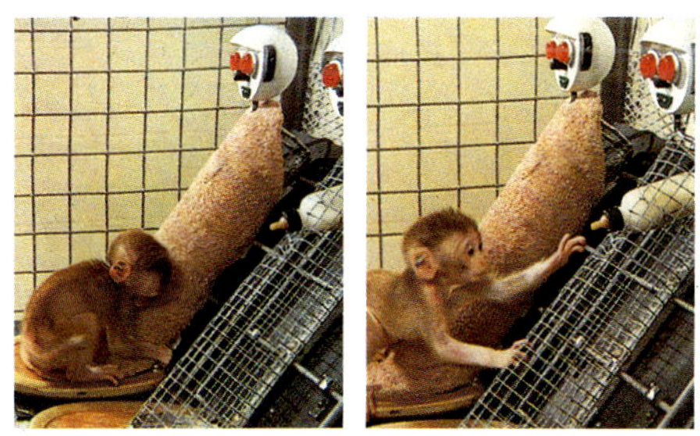

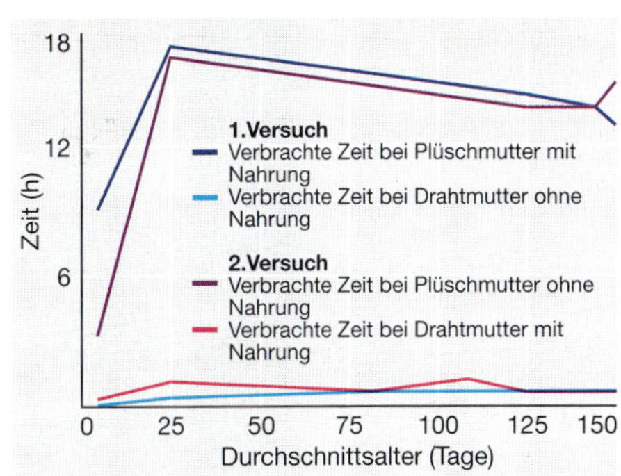

Methoden der Verhaltensbiologie des Menschen

Die an Tieren gefundenen Ergebnisse der Verhaltensbiologen können nicht einfach auf Menschen übertragen werden. Der Tier-Mensch-Vergleich liefert Anregungen und Arbeitshypothesen für eine Untersuchung des menschlichen Verhaltens. Gemeinsamkeiten im Verhalten zwischen Menschenaffen und Menschen, wie z. B. Lachen, Handgeben und Drohen, können auf gemeinsame Gene aus der Stammesgeschichte zurückzuführen sein *(Homologien)* oder Angepaßtheiten auf gleichartige Umweltbedingungen darstellen. Es ist deshalb schwierig, genetisch programmierte Verhaltensweisen zu ermitteln. Man hat dazu Methoden entwickelt:

Heben der Augenbrauen als freundlicher Gruß

— Kaspar-Hauser-Versuche verbieten sich am Menschen aus ethischen Gründen von selbst. *Beobachtungen an Säuglingen* zeigen, daß Neugeborene sofort komplizierte Reflexe, wie beispielsweise den Saug- und Greifreflex, beherrschen. Dies spricht dafür, daß diese genetisch programmiert sind. Bei dieser Methode ist es jedoch nicht auszuschließen, daß Lernprozesse im Mutterleib abgelaufen sein könnten.

— *Taubblind geborene Kinder* haben keine Möglichkeiten, auf optischem und akustischem Weg zu lernen, trotzdem lachen (Abb. 1), schmollen, zürnen und weinen sie wie Kinder mit gesunden Augen und Ohren. Dieses Ausdrucksverhalten des Menschen ist also vermutlich genetisch programmiert.

— *Attrappenversuche* mit Säuglingen, denen verschiedene Muster angeboten und deren Fixierungszeit der Augen gemessen wurde, zeigten, daß Säuglinge im ersten Monat ein normales Gesichtsmuster länger fixierten als abstrakte Muster (Abb. 2). Übereinstimmende Ergebnisse bei Versuchen mit Attrappen weisen auch beim Menschen auf genetisch programmierte Verhaltensweisen hin.

Der Vergleich von Verhaltensweisen in den *verschiedenen menschlichen Kulturen* hat I. EIBL-EIBESFELDT in die Verhaltensbiologie des Menschen eingeführt. Er dokumentierte die Verhaltensweisen von Menschen in Film, Foto und Ton. EIBL-EIBESFELDT arbeitete dabei mit Spiegelvorsätzen vor den Objektiven, so daß er um die Ecke aufnehmen konnte. Die Menschen fühlten sich dadurch nicht beobachtet und verhielten sich unbeeinflußt.

Der Vergleich der Verhaltensweisen von Menschen verschiedener Kultur zeigte, daß Ausdrucksbewegungen des Grüßens, Lachens, Flirtens, der Abwehr und der Verachtung übereinstimmten. EIBL-EIBESFELDT fand in den verschiedenen Kulturen gleiche Elemente des Sozialverhaltens. Dies stellt einen starken Hinweis für genetisch programmiertes Verhalten dar, da es sehr unwahrscheinlich ist, daß die Verhaltensweisen übereinstimmend in den verschiedenen Kulturen erlernt worden sind.

1 Lächeln als vorprogrammierte Verhaltensweise

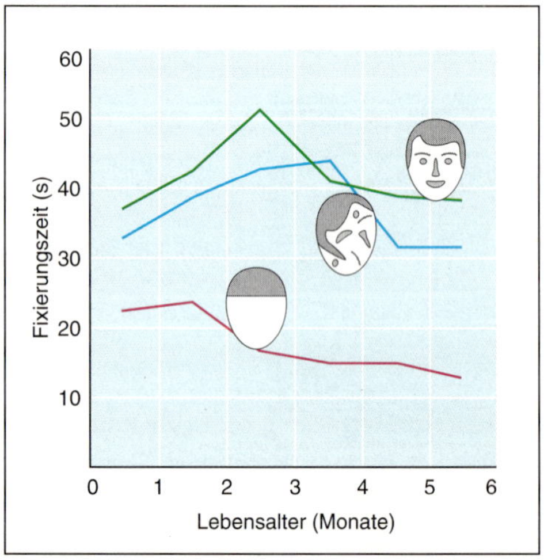

2 Fixierungsmodell bei 3 verschiedenen Mustern

1 Ko! vor ihrer Hütte sitzend

2 Stadtmenschen vor Hochhäusern

Der Mensch — ein Natur- und Kulturwesen

Anatomische und genetische Übereinstimmungen weisen darauf hin, daß Menschen mit den heute lebenden afrikanischen Menschenaffen gemeinsame Vorfahren haben. Wie weit Evolutionsprozesse das menschliche Verhalten festgelegt haben, ist im Einzelfall zu prüfen.

Der Mensch ist ein Lebewesen, das vermutlich in kleinen, individualisierten Gruppen von *Sammlerinnen* und *Jägern* zusammenlebte. Heutige Kulturen von Sammlerinnen und Jägern, wie die der *Ko!* in der Kalahari, können uns eine Modellvorstellung dafür geben, wie der anatomisch moderne Mensch in überschaubaren Familien- und Dorfverbänden für die letzte Zeit seiner Evolution gelebt hat. Vielen Menschen in Industrienationen fehlt heute dagegen das persönliche Kennen der in der Nähe wohnenden Mitmenschen und die Bindungen innerhalb einer überschaubaren Gruppe.

Wichtige Voraussetzungen für die kulturelle Entwicklung des Menschen sind bereits bei Primaten angelegt: Das Leben in Gruppen, soziales Lernen in der Kinder- und Jugendzeit, einsichtiges Verhalten und Symbolverständnis. Soziale Verhaltensweisen des Menschen können genetisch programmiert oder so angelegt sein, daß sie durch soziales Lernen während der verlängerten Kindheit und Jugendphase überformt werden. Sie können aber auch alleine durch kulturelle Lernprozesse erworben worden sein. Der Mensch ist ein *Natur*- und ein *Kulturwesen.*

Freilandbeobachtungen und Experimente haben gezeigt, daß höhere Primaten infolge ihres Lebens in komplexen Sozialverbänden über eine differenzierte Wahrnehmung in der Kommunikation, über umfangreiche Gedächtnisleistungen, ein soziales Reflexionsvermögen, Werkzeuggebrauch, über Funktions- und Symbolverständnis und wahrscheinlich über so etwas wie Selbstbewußtsein verfügen. Auf dieser Basis ist das Verhalten des Menschen weiterentwickelt worden. Entscheidend dabei war eine systematische Weitergabe individuell erworbenen Wissens, welche über die — nur Menschen eigene — *Wortsprache* objekt- und zeitunabhängig erfolgte.

Der Mensch und seine Umwelt sind auch Produkte seines Geistes. Menschen können aufgrund ihrer Vernunft mit Menschen und ihren Mitgeschöpfen zielgerichtet und durchdacht umgehen. Außerdem bestimmen Menschen über ihr Handeln selbst. Sie stellen philosophische Fragen und reflektieren sie. Menschen haben ethische Normen und Moral entwickelt.

Die Weitergabe aller sozialtradierten Verhaltensweisen, Institutionen, mentalen Konzepten und Artefakten durch Lernen an andere Menschen umfaßt die *Kultur.* Dazu gehören z. B. Benimmregeln, Verfahrenstechniken, Kunstverständnis, Sprachen, Schriften, Mythen, Religionen, Weltanschauungen, Geräte, Bauwerke und Computer. Mit Hilfe moderner Kommunikationstechniken kann ein Mensch heute zeitlebens von vielen Menschen und über unterschiedliche Medien (Sprache, Schrift, Computer und Bildinformationen) lernen. Sein Wissen und damit die *kulturelle Evolution* wandelt sich viel schneller, als es die *biologische Evolution* vermag. Aber der Mensch verändert auch seine Umwelt zu immer größerer Naturferne. Die Unwirtlichkeit vieler Städte und Industrielandschaften, die gewaltige Bevölkerungsexplosion und die zunehmenden Umweltprobleme haben Menschen zu verantworten.

Menschen sollten in Kenntnis der bestehenden genetischen Dispositionen, aufgrund ihrer Wahlfreiheit im Handeln und des Reflexionsvermögens nicht nur das menschliche Zusammenleben ordnen. Sie müssen auch in ihren Handlungen ihrer Verantwortung gegenüber den Mitlebewesen und der gesamten Biosphäre gerecht werden. An dieser Aufgabe ist die Stellung der Menschen unter allen Lebewesen zu messen.

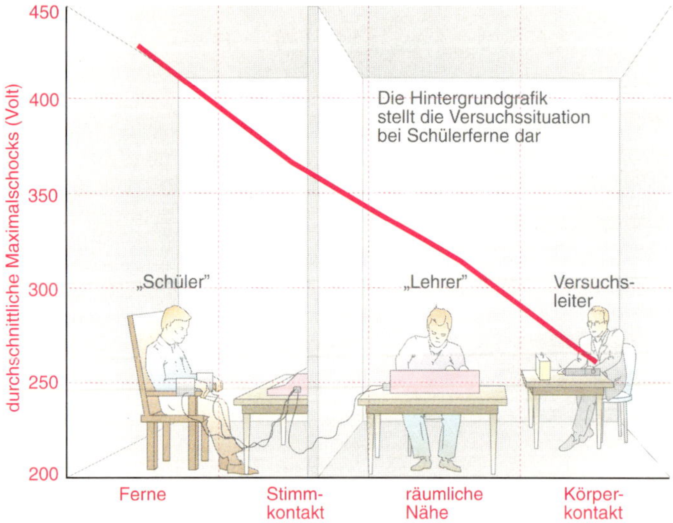

Verhalten des „Lehrers" bei unterschiedlichen „Schüler"-Entfernungen

Autorität und Gehorsam

STANLEY MILGRAM führte von 1960 bis 1963 folgende Versuche durch. Männer zwischen 20 und 50 Jahren wurden zufällig (Zeitungsanzeige oder Telefonbuch) — angeblich für eine Untersuchung über Gedächtnisleistung und Lernvermögen — von der psychologischen Fakultät der Yale Universität ausgesucht. Ein streng wirkender Versuchsleiter im grauen Kittel bat die eingeladenen Versuchspersonen („Lehrer"), einem angeblichen Schüler (ein Mitarbeiter MILGRAMS) Wortpaare zu lehren. Bei einem Fehler sollte dem Schüler jeweils steigernd ein Elektroschock verabreicht werden. Um die Versuchspersonen von der Echtheit des Schockgenerators zu überzeugen, wurde ihnen mit 45 Volt ein schmerzhafter Probeschock gegeben. Die Lehrer stellten ihre Aufgaben und konnten in 30 Schockstufen von 15 bis 450 Volt Strafen geben. Schilder kennzeichneten die Stufen 15 V leichter, 75 V gemäßigter, . . ., 195 V sehr starker, . . ., 375 V ernster Schock, Gefahr! Man schnallte den Schüler in einem Nebenraum an einen Stuhl fest, der an einen elektrischen Stuhl erinnerte. Über ein Tonband wurden standardisierte Reaktionen des Opfers eingespielt: Ab 75 V Grunzen und Stöhnen, ab 150 V verlangt das Opfer, freigelassen zu werden, ab 180 V Aufschrei, der Schmerz sei nicht länger zu ertragen, ab 300 V verweigert das Opfer Antworten auf Testfragen und besteht darauf, freigelassen zu werden. In Wirklichkeit erhielten die Schüler keine Schocks. Wollten die Versuchspersonen keine Schocks mehr verabreichen, reagierte der Versuchsleiter sehr bestimmt mit Anweisungen der Art: „Das Experiment fordert, daß Sie weitermachen!" — „Sie haben keine Wahl, Sie müssen weitermachen." Ergebnis: Während der Versuche gaben bis zu 64 % der Versuchspersonen Elektroschocks bis zu 450 V.

In einer weiteren Versuchsserie wurde der Abstand zwischen Lehrer und Opfer immer weiter verringert, bis der Lehrer im 4. Fall dem Opfer die Hand notfalls mit Gewalt auf die Elektrisierplatte legen sollte. Die Zahl der gehorsamen Versuchspersonen nahm ab (s. Abb.), aber 30 % gaben immer noch Strafen bis zu 450 V.

Aufgaben

① Erörtern Sie, ob angeborene Dispositionen für das Gehorsamverhalten des Menschen vorliegen.
② Welche Konsequenzen sind aus den Milgram-Versuchen für die Erziehung zu fordern?
③ Sind derartige Versuche ethisch zu vertreten?

Aggressionsverhalten bei Menschen

Aggressionsverhalten schließt alle Verhaltensweisen zum Angriff, zur Verteidigung und zum Drohen ein. Beim Menschen tritt aggressives Verhalten in unterschiedlichen Funktionszusammenhängen auf, wie z. B. zur Verteidigung eines Eigentums, zum Erwerb oder zur Verteidigung einer Rangordnungsposition, beim Rivalisieren um Sexualpartner, bei Frustration oder zur Selbstverteidigung. Soziologen, Psychologen und Biologen haben aggressives Verhalten erforscht und Theorien zu den Ursachen aufgestellt.

In ihrer ursprünglichen Form geht die *Frustrations-Aggressions-Theorie* aus dem Jahre 1939 auf die Vorstellungen eines Teams aus Soziologen und Psychologen zurück. Es wurde angenommen, daß Aggression immer eine Folge von Frustration ist und Frustrationen immer zu einer Form von Aggression führen. Unter einer Frustration versteht man beim Menschen die Störung einer zielgerichteten Aktivität. Aggression zielt auf die Verletzung eines Organismus. Das Ausführen einer Aggression verringert die Aggressionsbereitschaft. Die Hypothese wurde weiterentwickelt: Länger zurückliegende Frustrationen können sehr viel später zu Aggressionen führen. Als Ursache werden beispielsweise frühkindliche Entbehrungen, erzwungener Gehorsam oder Mißerfolge in der beruflichen Konkurrenz angenommen. Problematisch bleibt an dieser Hypothese, warum Menschen mit ähnlichen Frustrationserlebnissen unterschiedlich aggressiv reagieren.

In der *Lerntheorie* wird ausgesagt, daß aggressives Verhalten ausschließlich erlernt worden ist und durch Außenreize erworben wird. Aggressives Verhalten, das zum Erreichen von Zielen und zur Bedürfnisbefriedigung führt, ruft die Erwartung hervor, daß künftiges aggressives Verhalten ebenfalls Erfolg haben wird. Belohnungen und Lob wirken als Verstärkungen für aggressives Verhalten, das auch am Vorbild (Modell) erlernt werden kann.

In der *Triebtheorie der Aggression* postuliert KONRAD LORENZ auch für den Menschen einen Aggressionstrieb, der von selbst Aggressionsbereitschaft aufbaut, d. h. auch zu Appetenzverhalten für aggressive Handlungen führt. Bei starker Handlungsbereitschaft wäre dann auch aggressives Verhalten als Leerlaufhandlung zu erwarten.

Aggressionsformen

Aggressives Verhalten im Vorschulalter

BANDURA, ROSS und ROSS verteilten Vorschulkinder im Alter von 3–5 Jahren zufallsgemäß auf 4 Gruppen:

- *Gruppe 1* beobachtete 10 Minuten einen Erwachsenen, der aggressives Verhalten zeigte. Er verprügelte und trat z. B. eine Spielzeugpuppe.
- *Gruppe 2* sah die gleiche Situation in einem Film im Fernsehen.
- *Gruppe 3* bekam die identischen aggressiven Verhaltensweisen in einem Trickfilm mit einer Katze als Modell gezeigt.
- *Gruppe 4* beobachtete keine aggressiven Verhaltensweisen. Sie diente als Kontrolle.

Anschließend wurden alle als aggressiv klassifizierten Verhaltensweisen der Kinder über 20 Minuten protokolliert. Vor Protokollbeginn wurden die Kinder durch die Wegnahme eines beliebten Spielzeugs frustriert. Unter den Spielzeugen im Zimmer befanden sich eine Puppe und ein Stock.

Mittlere Anzahl der Aggressionshandlungen:

	Gr. 1	Gr. 2	Gr. 3	Gr. 4
Jungen	131,8	85,0	117,2	72,2
Mädchen	57,3	79,7	80,9	36,4

Aufgaben

① Deuten Sie die Ergebnisse hinsichtlich der erkennbaren Lernformen und einer anwendbaren Aggressionstheorie.

② Versuchen Sie, Kriterien für aggressive Handlungen aufzustellen. Untersuchen Sie mit diesem Kriterienkatalog Fernsehsendungen mit besonders aggressivem Charakter und auch Trickfilme für Kinder. Diskutieren Sie Ihre Ergebnisse.

Aggressive Mäuse

SCOTT ließ Mäuse miteinander kämpfen. Er protokollierte das Kampfverhalten der Mäuse, die jeweils die Kämpfe für sich entschieden:

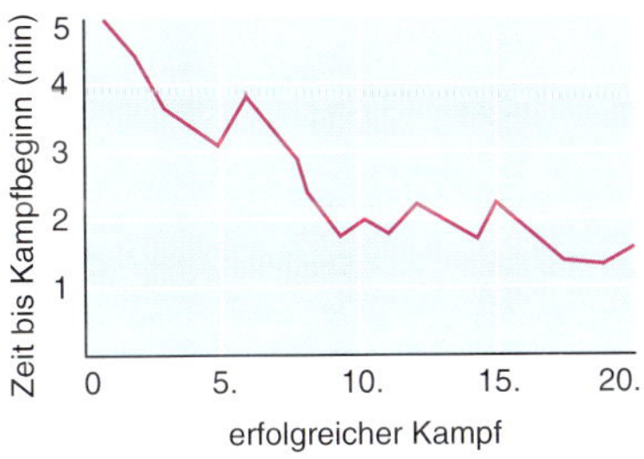

Aufgabe

① Deuten Sie das Verhalten der Mäuse.

Aggressives Verhalten bei Buntbarschen

GOLDENBOGEN hat das Aggressionsverhalten und die sexuelle Handlungsbereitschaft junger Männchen des Buntbarsches *Haplochromis burtoni* nach 2 Wochen Isolation untersucht. Die Ergebnisse zeigt die folgende Abbildung:

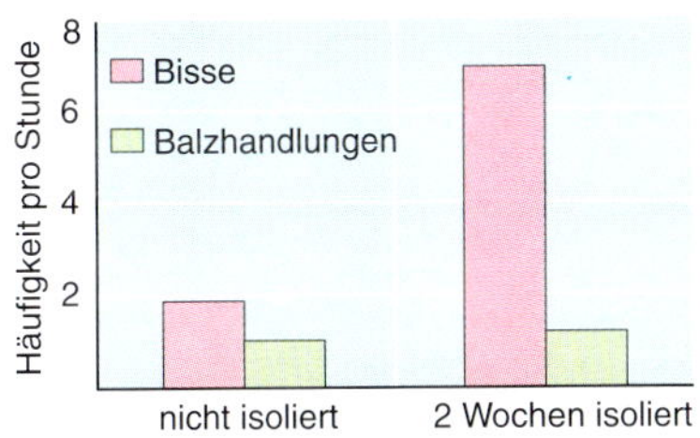

Alter: 5,5-6,5 Wochen (n=30)

Aufgaben

① Deuten Sie die Versuchsergebnisse im Sinne einer Aggressionstheorie.

② Beurteilen Sie kritisch den Aussagewert des Versuches.

„Krieg im Stadion"

Nach den Ausschreitungen im Brüsseler Heysel-Stadion beim Europacup-Finale zwischen Juventus Turin und FC Liverpool, bei denen mehr als 35 Menschen starben und Hunderte verletzt wurden, kommentierte ein Reporter: „Es gab einmal eine Vorstellung, der Sport könne so etwas wie der Ersatz sein für einen großen Krieg, könne Aggressionen kanalisieren, die sich sonst andere verhängnisvolle Wege suchen müßten. Es gab auch die Ansicht, gerade das Fußballstadion habe solch eine gleichsam reinigende Wirkung, sei ein Ort, an dem man folgenlos die über die Woche aufgestauten Aggressionen ablassen könne. Fragwürdig war das schon immer gewesen, aber am schrecklichen Mittwochabend von Brüssel wurde die Hoffnung vor den Augen Europas widerlegt: Da herrschte Krieg im Stadion selbst, und auf den Rängen steigerten sich die Zuschauer in einen Rausch der Gewalt. . . . Jugendliche sind seit mehr als 10 Jahren mehr und mehr das Stammpublikum im Stadion. Sie gehen dorthin, weil ihnen die Tribüne einen Freiraum bietet, den sie selbst gestalten und ausfüllen können. Jeder Lehrling kann hier inmitten einer Gesellschaft der Gleichaltrigen zu einer geachteten Persönlichkeit werden, sich ein Selbstwertgefühl schaffen, das der Alltag ihm vorenthält. Erwachsene gibt es kaum, Jugendliche schaffen sich ihre eigenen Sozialstrukturen, hierarchisch gegliedert, durchzogen von Laufbahnen und Karrieren. Wer sich hier durchsetzt, der ist ein Star, wie eine Untersuchung der Fan-Kultur das nennt, ein Anführer, ein Anerkannter. . . . Es ist kein Wunder, daß britische Fußballfans die Katastrophe von Brüssel auslösten: Die Jugendarbeitslosigkeit ist in Liverpool besonders hoch und meistens lang. Unter den Fans schafft das ein neues Sozialklima, eine Atmosphäre, in der man Rücksichten nicht mehr nehmen muß. . . . Wer nun unter den Fans etwas gelten möchte, der bedient sich bedenkenlos der Gewalt – er glaubt sich ihrer sogar bedienen zu müssen, sonst gelte er nichts. Was das für die Zehn- bis Zwölfjährigen bedeutet, die neu zu den Fan-Gruppen stoßen, ist nicht schwer vorzustellen. . . ."
(Süddeutsche Zeitung 31. 5. 1985 nach W. HEINRICH: Sozialverhalten I: Aggression, DIFF Tübingen, 1985)

Aufgaben

① Werten Sie den Artikel hinsichtlich angesprochener Aggressionstheorien aus.

② Bewerten Sie in der Zusammenschau aller Materialien kritisch den jeweils alleinigen Erklärungsversuch der im Text aufgeführten Aggressionstheorien für die verschiedenen Aggressionsformen.

③ Welche Möglichkeiten zur Konfliktkontrolle und zur Konfliktvermeidung bei Menschen sehen Sie?

Sexualverhalten und Eltern-Kind-Beziehungen beim Menschen

Sexualverhalten
Menschen bilden zwei Geschlechter aus. Geschlechtschromosomen bestimmen die Ausprägung des Geschlechts. Bereits in der Fetalzeit steuern Geschlechtshormone die weitere Entwicklung. Erst bei der Geburt ist die körperliche Differenzierung so weit fortgeschritten, daß an den primären Geschlechtsmerkmalen das Geschlecht eindeutig festgestellt werden kann. Bereits mit der Wahl des Vornamens und unterschiedlichen Behandlungsstilen setzt der soziale Einfluß auf die Ausbildung der Geschlechtsrolle ein.

Der Sexualdimorphismus hat beim Menschen also genetische, hormonelle und soziale Ursachen. Viele Unterschiede zwischen den Geschlechtern lassen sich nur statistisch ermitteln: Europäische Männer sind im Mittel um 20 % größer und kräftiger als Frauen, obwohl es einzelne Frauen gibt, die größer sind als viele Männer. Die mittlere Lebenserwartung einer europäischen Frau liegt etwa 10 % höher als die des Mannes, aber nicht jede Frau überlebt einen gleichaltrigen Mann.

Die gesellschaftlichen Rollenerwartungen an beide Geschlechter variieren erheblich, wie ein Kulturenvergleich zeigt, denn die ökologischen und ökonomischen Voraussetzungen sind sehr verschieden. Schwangerschaft, Entbindung und Stillen sind spezifisch weibliche Geschlechtsfunktionen, welche die Beweglichkeit der Frauen zeitweise einschränken. In vielen Epochen waren die Tätigkeiten der Frauen daher stärker auf den Innengruppenbereich bezogen, während die Männer meist Aufgaben übernahmen, die mehr Mobilität erforderten.

Bei dem Vergleich mit vielen Tieren fallen beim menschlichen Sexualverhalten einige Besonderheiten auf: Menschen kennen keine jahreszeitliche Begrenzung der Empfängnisfähigkeit und der Handlungsbereitschaft zum Sexualverhalten. Bei Frauen kommt es über das Jahr zu 13 Zyklen und beim Mann ständig zur Spermienbildung. Der Eisprung ist Frauen nicht anzumerken. Der Geschlechtsverkehr führt auch ohne die Anwendung von Verhütungsmitteln nicht immer zu einer Schwangerschaft. Man deutet diese Befunde so, daß die Sexualität beim Menschen eine partnerbindende Funktion hat. Viele Partner bleiben bis ins hohe Alter sexuell aktiv. Einen biologischen Sinn hat diese partnerbindende Funktion durch die Mitwirkung des Vaters bei der Erziehung der Kinder, der Versorgung und dem Schutz der Familie.

Die menschliche Sexualität geht durch die bewußte eigene Erlebnis- und Gestaltungsfähigkeit weit über die der Tiere hinaus. Der Mensch gestaltet mit seinen geistigen Möglichkeiten Sexualität in vielfältigen Formen. Sexualität ist ein Bestandteil der personalen Entfaltung des Einzelnen. Liebe und Sexualität erfahren ihre positiven und lustvollen Aspekte häufig in einer partnerschaftlichen Beziehung, die durch gegenseitige Verantwortung und Rücksichtnahme gekennzeichnet ist. In einer intimen Beziehung zu einer Partnerin oder einem Partner kann man Liebe, Wärme und Geborgenheit geben und empfangen. Sexualität wird aber auch durch die Werte und Normen mitgeprägt, die jeder von der Gesellschaft während seiner Sozialisation übernimmt.

Eltern-Kind-Beziehung
Zum Zeitpunkt der Geburt verfügt der Säugling über zahlreiche Verhaltensweisen, die genetisch bedingt sind. Neugeborene suchen durch rhythmisches Hin- und Herbewegen des Kopfes die Brustwarzen der Mutter, bis die Lippen sie gefunden haben *(Brustsuchen)*. Gleich darauf beginnt das Kind zu saugen *(Saugreflex)*. Dieser läßt sich auch durch den Schnuller oder einen Finger in Gang setzen. Beim Stillen bleiben Mutter und Kind im engen Körper- und Hautkontakt. Dies trägt zum Aufbau einer Mutter-Kind-Beziehung bei. Säuglinge nehmen zu vertrauten Personen Kontakt durch Lächeln auf.

Untersuchungen von R. SPITZ an Heimkindern aus den fünfziger Jahren lassen im Vergleich zu Kindern in Familien einen erheblichen Entwicklungsrückstand in den Sprachfähigkeiten und im Sozialverhalten erkennen (Abb. 265.1). In Heimen wechseln die betreuenden Personen häufig, und es bleibt ihnen zu wenig Zeit für einzelne Kinder. Bereits nach 3 Monaten ohne feste Bezugsperson werden die Kinder häufiger krank und aggressiver, verweigern Sozialkontakte und sind weniger an der Umwelt interessiert. Je länger feste Bezugspersonen fehlen, desto größer werden die Entwicklungsrückstände im Vergleich zu Kindern in Familien. Das Krankheitsbild aufgrund einer fehlenden Bindung an eine feste Bezugsperson nennt man *Hospitalismus*. Die

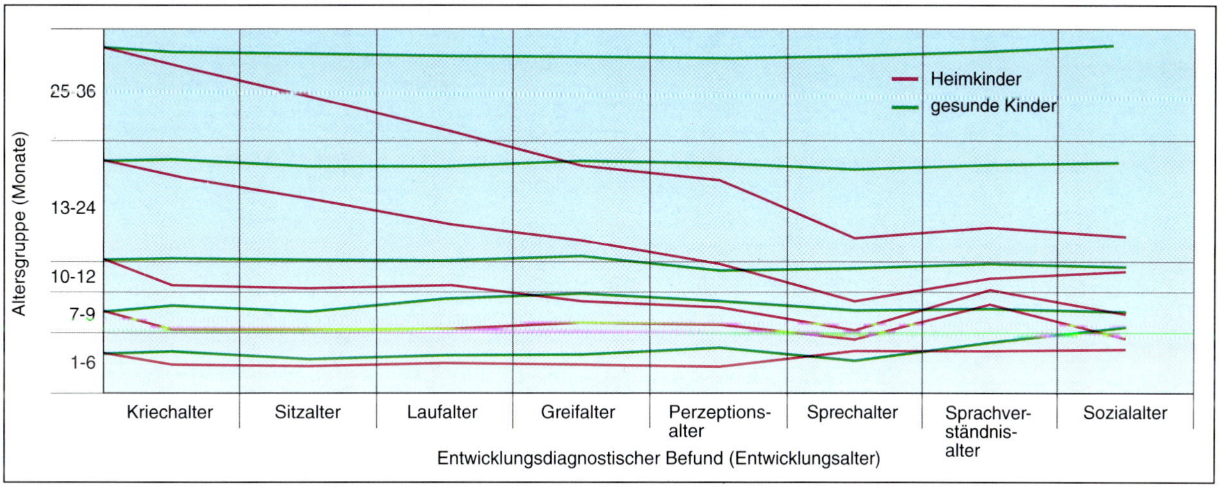

1 Entwicklungsprofile von Heimkindern gegenüber gesunden Kindern

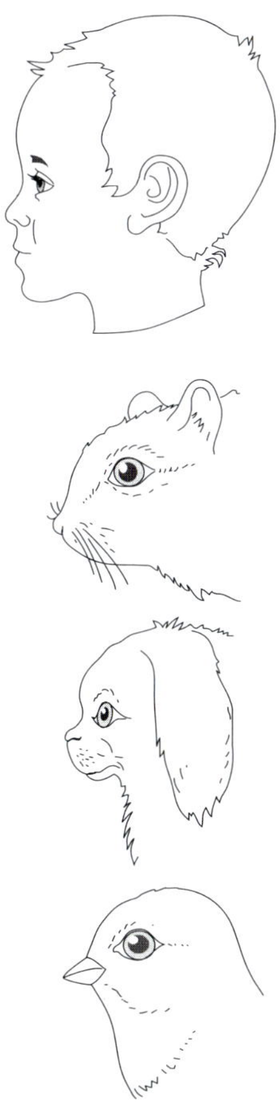

Kindchenschema

Bindung an feste Bezugspersonen scheint ähnlich wie eine Prägung bei Tieren zwischen dem 2. und 6. Monat abzulaufen. Man spricht von einem *prägungsähnlichen Vorgang,* der zur *Eltern-Kind-Bindung,* d. h. zur Bindung an feste Bezugspersonen führt.

Kinder lernen ihre festen Bezugspersonen, die sie füttern, baden, wickeln, mit ihnen sprechen, spielen usw. in den ersten Lebensmonaten individuell kennen und unterscheiden. In Versuchen mit künstlichen Gesichtsattrappen konnte man zeigen, daß die Kinder mit zunehmendem Alter Gesichter, die sie anlächeln, präzise unterscheiden konnten. Im Alter von ungefähr 5 Monaten werden feste Bezugspersonen, wie Mutter, Vater, Geschwister und Großeltern bevorzugt angelächelt. Die zahlreichen Haut- und Körperkontakte, Liebkosungen, das Lächeln, die Spiel- und Sprachkontakte mit der oder den festen Bezugspersonen führen zu einer sicheren Bindung. Das Kind traut seinen *Bezugspersonen.*

Dies gibt ihm ein *Urvertrauen* für weitere soziale Beziehungen in seinem Leben. Da der Aufbau der sozialen Bindung zur Mutter so wichtig ist, läßt man heute in vielen Entbindungsstationen die Säuglinge nach der Geburt im Zimmer der Mutter. Haben Kinder schwerwiegende Krankheiten oder Verletzungen, daß sie länger im Krankenhaus bleiben müssen, so bieten heute zahlreiche Krankenhäuser in Deutschland den Eltern die Möglichkeit, im Zimmer der Kinder zu wohnen, um Trennungen von den wichtigen Bezugspersonen und damit psychische Störungen zu vermeiden.

Das Kindchenschema

Erwachsene reagieren auf das Aussehen eines Säuglings häufig mit der Aussage: „Wie süß! Wie niedlich!" KONRAD LORENZ hat den Merkmalen großer Kopf im Verhältnis zum Rumpf, kleines Gesicht mit vorgewölbter Stirn, große Augen, rundliche Pausbakken, kurze, dicke Gliedmaßen und weiche Haut *Schlüsselreizfunktionen* zugesprochen, die eine Betreuungsreaktion hervorrufen. Alle Merkmale zusammen bezeichnete er als *Kindchenschema.* Erwachsene sprechen Kinder mit einer eigenen Kinderstimme und -sprache an, wie Vergleiche zwischen verschiedenen Kulturen deutlich machen. Sie wechseln in eine höhere Tonlage, sprechen in einfachen Satzstrukturen und wiederholen häufig ihre Aussagen. Außerdem schauen sie die Kinder ständig an und halten *Blickkontakt.* So scheint bei Menschen, die sehr große Anteile ihres Sozialverhaltens im Laufe ihrer Sozialisation erlernen, doch ein Teil der Verhaltensweisen zur Pflege und Betreuung ihrer Kinder genetisch bedingt zu sein.

Aufgaben

① Was empfinden Sie bei den Abbildungen in der Randspalte?
② Suchen Sie Beispiele in der Werbung, bei denen ein Kindchenschema verwendet wird. Erklären Sie diese.
③ Versuchen Sie, das Mann- und Weib-Schema zu beschreiben und zu ergänzen (s. Randspalte auf Seite 264).
④ KONRAD LORENZ beschrieb auch sexuelle Schlüsselreize beim Menschen. Beschreiben Sie die Verwendung von Auslösern in der Werbung.

Register

Bildnachweis

Fotos: 3.1 Okapia (Deschryver), Frankfurt — 3.2 Okapia (Aribert Jung) — 8.1 Deutsches Museum, München — 8.2 Hans Reinhard, Heiligkreuzsteinach — 8.3 Okapia (NAS, Darwin Dale) — 9.1 Focus (C. Jeczawitz); Hamburg — 10.1 T. Laursen, Göteborg — 10.2a Focus (Science Photo Library) — 11.1 FWU, Grünwald — 11.K Georg Thieme Verlag, Stuttgart — 13.5 Dawid — 16.Rd. Deutsches Museum — 19.K Grant Heilman Photography, Lititz, USA — 23.2 FWU — 24.2a K. Hägele — 25.K Johannes Lieder, Ludwigsburg — 26.2 Okapia (NAS, T. McHugh) — 26.Rd. Helmut Länge, Stuttgart — 27.2 Okapia (Hans Reinhard) — 30.K Okapia (Carl Roessler) — 32.1a Daumer, München — 32.2a Manfred Kage, Lauterstein — 33.1 Bert Leidmann, Nagold — 33.2 Okapia (NAS, J. Nettis) — 34.1 Bonnier Alba (L. Nilsson), Stockholm — 35.Rd. Focus (Science Photo Library, Adam Hart-Davis) — 36.1 Okapia (Elaine Rebman, NAS) — 38.1 Studio X, Limours — 38.2 Focus (Jackie Lewin, Royal Free Hospital/Science Photo Library) — 38.3 Focus (Biophoto Associates, Science Photo Library) — 40.1 American Philosophical Society, Philadelphia — 42.1 Klaus Loth, Burbach — 43.1 Das Fotoarchiv (Dirk Eisermann), Essen — 43.2 Alfred Pasieka, Hilden — 43.4 Okapia (S. Camazine) — 43.5 Okapia (Hans Reinhard) — 44.1 aus „Dewall/Ludish/Baltimore, Molecular Cell Biology“ — 44.2 aus „Molekularbiologie und Gentechnik, Fortschritt und Verantwortung“, Bayer AG, Leverkusen — 45.1 aus „Eberhard Passarge, Taschenatlas der Genetik“, G. Thieme Verlag — 46.Rd.1, 2 aus „Molekularbiologie und Gentechnik, Fortschritt und Verantwortung“, Bayer AG — 50.Rd. Focus (Dr. Tony Brain, David Parker/Science Photo Library) — 50.2 Focus (CNRI, Science Photo Library) — 51.2, 3 H. Frank — 55.2 W. W. Franke aus „H. Kleinig/P. Sitte, Zellbiologie“ (S. 137), Gustav Fischer Verlag, Stuttgart — 56.1a Manfred Kage — 56.1b Focus (Jackie Lewin, Royal Free Hospital, Science Photo Library) — 65.K2 Lichtbildarchiv Keil, Neckargemünd — 65.K3 Johannes Lieder — 66.1 Okapia — 74.2 Boehringer Mannheim GmbH — 74.3 Bonnier Alba — 75.3 Andreas Bockisch, Universität Mainz — 82.3 Helga Lade (roebild/Röhrich), Frankfurt — 83.2 Okapia (C. H. Fox/PR Science Source) — 86.1a MPI für Züchtungsforschung (S. Kartzke) — 86.1b Focus (Bc Möller) — 89.1 Hoechst AG, Frankfurt — 90.Rd., 91.Rd. Bayer AG — 92.1 Focus (Susan Copen) — 92.2 dpa (Martina Hellmann), Frankfurt — 93.1 Hoechst AG, Frankfurt — 95.1, 2 Bonnier Alba (L. Nilsson) — 95.3 Spektrum Akademischer Verlag, Heidelberg (Arthur J. Olsen, La Jolla, USA) — 96.1 Okapia (Manfred Kage) — 110.Rd. Focus (Science Photo Library) — 111.1 Okapia (Manfred P. Kage), Frankfurt — 111.K Current Biology Ltd. London — 114.Rd. Focus (Dr. Steve Patterson, Science Photo Library) — 116.1-4 Volker Steger (M. Raichle, St. Louis), Stuttgart — 116.5 Focus (Science Photo Library) — 117.1 Erich Klemme, Bonn — 117.2-4 Volker Steger (Max Planck Institut für Neurologie) — 121.1 Johannes Lieder — 121.3 Lichtbildarchiv Keil — 121.4 aus „Spektrum der Wissenschaft“ 11/79 (Fritz Goro) — 121.5 aus „Spektrum der Wissenschaft“ 11/79 (Museo Cajal, Madrid) — 123.K Stefan Goreau, Estate of Fritz Goro, Chappaqua, USA — 129.K1 Hans Reinhard — 129.K2 Silvestris (Hans R. Heppner), Kastl — 133.1a Johannes Lieder — 138. Rd. Silvestris (Dr. Frieder Sauer) — 142.1 Okapia (PR Science/J. Watney) — 142.2 Gamma, Paris — 149.3a/b Maximilian Montkowski — 150.1 Sammlung Josef Albers Museum, Bottrop, VG Bild-Kunst, Bonn (1995) — 151.4 Vasarely, VG Bild-Kunst (1995) — 154.2 National Institute on Drug Abuse (Michael J. Kuhar), Baltimore, USA — 162.1 Boehringer Mannheim GmbH — 166.1 Okapia (Manfred Kage) — 166.2 Bildarchiv preussischer Kulturbesitz, Berlin — 166.3 Toni Angermayer (Günter Ziesler), Holzkirchen — 166.4 Okapia (Root) — 168.1 Bruce Coleman (Hirsch), Uxbridge — 168.2 Bruce Coleman (Lanting) — 170.K Archiv für Kunst und Geschichte, Berlin — 172.1, 2, 4, 5 Deutsches Museum — 172.3 dpa — 173.1, 2 Hans Reinhard — 174.1 Okapia (Ernst Schacke, Naturbild) — 174.2 Hans Reinhard — 178.1, 2 Eckart Pott, Stuttgart — 178.3 Hans Reinhard — 178.4 Toni Angermayer (H. Pfletschinger) — 179.3 Okapia (M. J. Walker, Science Source) — 179.4 Georg Quedens, Norddorf/Amrum — 181.1 Okapia (M. Varin) — 181.2 Okapia (Helmut Göthel) — 181.3 Okapia (F. S. Westmorland, Global Pic) — 184.Rd. Eckart Pott — 189.1 Naturmuseum Senckenberg, Frankfurt — 194.1 Toni Angermayer (H. Pfletschinger) — 196.2 Ulrich Kattmann, Bad Zwischenahn — 198.2a Norbert Cibis, Lippstadt — 198.2b H. Schubothe — 199.K Okapia (C. Raymond, PR Science Source) — 202.1 Silvestris (Frank Lane) — 204.1, 2 Toni Angermayer (Rudolf Schmidt) — 205.1a/b Hans Reinhard — 208.1 Toni Angermayer (Fritz Pölking) — 208.2 Eckart Pott — 208.3 Toni Angermayer (Günter Ziesler) — 209.1 Silvestris (Volkmar Brockhaus) — 209.3 Okapia (NAS, P. A. Zahl) — 216.2, 3 Toni Angermayer (Günter Ziesler) — 217.1a Focus (Science Photo Library, John Reader) — 218.2 Dietrich Mania, Jena — 220.1a Okapia (Ulrich Zillmann) — 221.1 Naturmuseum Senckenberg — 230.1 Okapia (Hans Reinhard) — 230.2, 231.2 Toni Angermayer (Günter Ziesler) — 230.3, 231.3 Toni Angermayer (Hans Reinhard) — 231.1 Uwe Neumann, Stuttgart — 232.1, 234.1 Hans Reinhard — 240.Rd. Ardea (B. Berron), London — 244.3 Karin Skogstad, München — 248.1 Wildlife (P. Ryan), Hamburg — 248.2 Bruce Coleman, Uxbridge — 249.1, 2 Jürgen Lethmate, Ibbenbüren — 249.7 FWU — 252.2 Eckart Pott — 253.1 Hans Reinhard — 253.Rd. Silvestris (Frank Lane) — 254.1 Okapia (NAS, T. McHugh) — 255.K Toni Angermayer (Günter Ziesler) — 258.1 Silvestris (Roger Wilmshurst) — 259.K2 Toni Angermayer (Tierpark Hellabrunn) — 259.K3 Focus (Eve Arnold) — 259.K4 Klett-Film — 260.1 Werkstattfotografie (Thomas Zörlein), Stuttgart — 260.Rd., 261.1. I. Eibl-Eibesfeldt, Seewiesen — 261.2 Mauritius (Macia), Stuttgart

Grafiken: Prof. Jürgen Wirth, Fachhochschule Darmstadt, Fachbereich Gestaltung (Mitarbeit: Matthias Balonier) außer 28.1 Hartmut Klotzbücher, Fellbach